全国测绘地理信息职业教育规划教材

# 无人机测量技术

主　编　郭学林
主　审　冯伍法

黄 河 水 利 出 版 社
·郑　州·

## 内容提要

本教材比较系统、全面地介绍了无人机的飞行原理、结构、导航飞控、飞行操作与维护、无人机应用管理、无人机航空摄影的特点、无人机摄影测量的基本理论、数据处理、产品获取方法与流程、无人机倾斜摄影数据处理技术、真正射影像制作与实景三维建模、无人机摄影测量技术应用领域等知识。

本教材适合非无人机测绘专业的学生学习无人机测绘技能,在具备一定的摄影测量基础知识前提下,可以作为专业新技能的扩展和提升的专业教材,也适合高职高专摄影测量与遥感专业的师生阅读,还可作为从事和准备从事无人机摄影测量技术工作人员的参考书。

**图书在版编目(CIP)数据**

无人机测量技术/郭学林主编.—郑州:黄河水利出版社,2018.9 (2022.1 重印)
全国测绘地理信息职业教育规划教材
ISBN 978-7-5509-2047-7

Ⅰ.①无… Ⅱ.①郭… Ⅲ.①无人驾驶飞机-航空摄影测量-高等职业教育-教材 Ⅳ.①P231

中国版本图书馆 CIP 数据核字(2018)第 115074 号

策划编辑:陶金志 电话:0371-66025273 E-mail:838739632@qq.com

出 版 社:黄河水利出版社 网址:www.yrcp.com
地址:河南省郑州市顺河路黄委会综合楼 14 层 邮政编码:450003
发行单位:黄河水利出版社
发行部电话:0371-66026940、66020550、66028024、66022620(传真)
E-mail:hhslcbs@126.com
承印单位:河南承创印务有限公司
开本:787 mm×1 092 mm 1/16
印张:19
字数:462 千字
版次:2018 年 9 月第 1 版 印次:2022 年 1 月第 3 次印刷

定价:45.00 元

# 前 言

近年来，伴随着经济建设的快速发展，地表形态发生了剧烈变化，地理空间数据的快速获取与实时更新变得越来越重要。由飞行平台载体、机载遥感设备、地面辅助设备以及摄影测量软件系统构成的无人机测绘系统，综合集成了摄影测量技术、遥感传感器技术、遥测遥控技术、GPS 差分定位技术、无人驾驶飞行器技术、通信技术和遥感应用技术等高端科学技术。无人机测量技术在获取三维空间、地面地形、灾害预警、地下地层、地质等信息方面得到广泛应用。对测绘地理信息技术类摄影测量与遥感专业的学生而言，无人机测量技术是该专业学生必须学习和掌握的核心课程。编写本教材的目的在于让学生对航测新技术（无人机测绘）的理论与应用拥有更深层次的认识和理解，重点掌握无人机测量技术的特点及其与传统摄影测量技术之间的区别，以及利用无人机测量技术获取各种地理信息产品的技术方法和流程。通过对本教材的学习，学生可为毕业后运用所学知识、技能进行无人机航测生产或从事相关的工作打下坚实的基础。

本教材比较系统、全面地介绍了无人机的飞行原理、结构、导航飞控、飞行操作与维护、无人机应用管理、无人机航空摄影的特点、无人机摄影测量的基本理论、数据处理、产品获取方法与流程、无人机倾斜摄影数据处理技术、真正射影像制作与实景三维建模、无人机摄影测量技术应用领域等知识。本教材的主要特色体现在：

（1）详细阐明了无人机的飞行原理、结构、导航飞控、飞行操作与维护，以及无人机摄影测量技术的原理、方法、作业流程和技术应用情况。

（2）对地理信息数据获取技术（高空遥感、中空飞机摄影、地面测量）的发展，低空无人机摄影测量技术起到了很好的补充作用。地面信息数据的获取形成高、中、低、地面多种途径协同作业。学生通过该课程的学习将更加全面地掌握地理信息测绘技术。

（3）以大量的插图和表格形式说明各项技术工作的内容、特点、程序步骤和技术要求。

（4）在兼顾教材知识的系统性、逻辑性的同时，力求结构严谨、宽而不深、多而不杂、语言简练、文字流畅、内容精练、通俗易懂。注重对基本知识、基本技能、基本方法的介绍，注重对航测技术能力的培养，符合职业教育规律和高素质技能人才培养规律，适应教学改革的要求。

本教材由具有三十多年实践和执教经验的河南测绘职业学院郭学林高级讲师任主编，华北水利水电大学刘辉博士任副主编。全书共分八章，第一章、第三章由田方老师编写，第二章、第四章第一至四节由郭学林编写，第五章、第七章由刘辉编写，第六章第二、三、四、六节由戴晓琴老师编写，第六章第一、五节由雷闪老师编写，第四章第五节、第八章由盛庆伟老师编写。全书由郭学林统稿，由战略支援部队解放军信息工程大学冯伍法教授主审。

在本教材编写过程中，编者对多家地理信息测绘生产单位和地理信息测绘高新企业进行了走访和调研，在这里尤其要感谢河南省遥感测绘院、河北省第三测绘院、中测新图（北京）遥感技术有限责任公司、武汉航天远景科技股份有限公司及其北京分公司、武汉讯图科

技有限公司、北京达北时代科技有限公司对本教材的编写所提供的大力支持。感谢北京航空航天大学无人机所首席试飞员、总体设计工程师孙毅对参编人员的培训指导。

由于编者水平有限，时间仓促，书中不足之处在所难免，恳请读者指正。

**编　者**

2018 年 6 月

# 目 录

# 第一章　无人机概述

## 第一节　无人机的基本概念

无人机是无人驾驶飞机（Unmanned Aerial Vehicle，UAV）的简称，是利用无线电遥控设备和自备的程序控制装置的不载人飞机，机上无驾驶仓，但有自动驾驶仪，也被称为空中机器人。即无人机是不搭载操作人员，采用空气动力为飞行器提供升力，能够自动飞行或远程引导，可一次性或多次重复使用，携带各类有效载荷的有动力的空中飞行器。

### 一、无人机的发展轨迹

无人机的发展与战争密不可分，现代战争是推动无人机发展的基本动力。世界第一架无人机诞生于1917年，而无人机真正投入作战始于越南战争，主要用于战场侦察。随后，在中东战争、海湾战争、科索沃战争、阿富汗战争、伊拉克战争等局部战争中，无人机频频亮相、屡立战功。尤其在阿富汗战场上，无人机更是成为当之无愧的主角。无人机行业发展历程如图1-1所示。

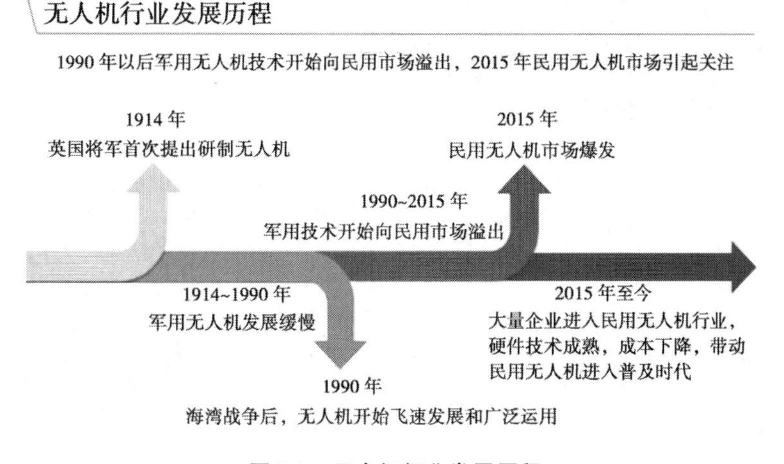


图1-1　无人机行业发展历程

目前，全世界无人机型号超过200种，总数达30 000多架。有30多个国家和地区从事研究和生产军用无人机，其中美国、意大利、俄罗斯三国处于领先水平。美国无人机领跑世界，美国最早于1939年开始研制无人靶机，先后研制出“火蜂”系列和“石鸡”系列靶机。

从20世纪50～60年代开始，美国相继研制成功“火蜂”、“先锋”、“猎人”、“捕食者”（见图1-2）和“全球鹰”等战术或战略无人侦察机，以及“捕食者”改进型无人侦察作战飞机，先后应用在越南战争、海湾战争、科索沃战争和对阿富汗的军事行动中。

中国无人机的研究始于20世纪50年代后期，已有近60年的历史，先后研制出多种无

图 1-2　美国的“捕食者”无人机

人机。1959 年已基本摸索出安－2 和伊尔－28 两种飞机的自驾起降规律。60 年代中后期投入无人机研制，形成了长空 1 号靶机、无侦 5 高空照相侦察机和 D4 小型遥控飞机等系列，并以高等学校为依托建立了无人机设计研究机构，具有自行设计与小批量生产能力。其中，无侦 5 的研制在中国无人机发展史上具有重要意义。图 1-3 所示为国产无人机代表机型。

(a)DR-5　(b)WJ600

(c) 刀锋　(d) 中国想象的未来无人机

图 1-3　国产无人机代表机型

随着我国对无人机产品的研发投入不断加大，相关技术的不断成熟，以及对国外相关技术的引入，从整体来看，国内无人机发展比较快，国内无人机的研究发展在总体设计、飞行控制、组合导航、中继数据链路系统、传感器技术、图像传输、信息对抗与反对抗、发射回收、生产制造和部队使用等诸多技术领域积累了一定的经验，具备一定的技术基础。

## 二、无人机的分类及特点

### （一）无人机的分类

1. 按用途分类

无人机搭载不同的设备，利用大数据和可视化技术，其应用范围不断扩大。无人机按用途可分为军用无人机和民用无人机。军用无人机可分为侦察无人机、诱饵无人机、电子对抗无人机、通信中继无人机、无人战斗机以及靶机等；民用无人机包含消费级无人机和工业级无人机。消费级无人机主要应用在航拍领域；工业级无人机应用在电力、物流、农业、林业、安防、气象、勘探以及测绘等领域，大多数可以融入计算机的分析计算和人的感知，辅助人们更为直观和高效地洞悉大数据背后的信息，成为大数据的采集器，应用范围不断扩大。无人机技术分类及特点见表 1-1。

**表 1-1　无人机技术分类及特点**

| 类型 | 特点 |
|---|---|
| 无人固定翼 | 优点：续航时间长、载荷大<br>不足：起飞须助跑、降落须滑行、不能空中悬停<br>应用领域：军事、专业级民用 |
| 无人直升机 | 优点：垂直升降、空中悬停<br>不足：机翼结构复杂、维修费用高<br>应用领域：军事、专业级民用 |
| 无人多旋翼飞行器 | 优点：垂直升降、空中悬停、结构简单<br>不足：续航时间短、载荷小、飞控要求高<br>应用领域：消费级、专业级民用 |
| 其他：无人飞艇、无人伞翼机、仿生无人机 | |

2. 按飞行平台构型分类

按飞行平台构型（飞机形态）不同，无人机可分为固定翼无人机、旋翼无人机、无人飞艇、伞翼无人机、扑翼无人机等，现在最常见的是多旋翼无人机。

（1）固定翼无人机：由动力装置产生前进的推力或拉力，由机体上固定的机翼产生升力，在大气层内飞行的重于空气的无人航空器。

固定翼无人机相对载荷比较高、续航时间长，相对比较安全，在军事领域应用较多。

（2）旋翼无人机：一种重于空气的无人航空器，其在空中飞行的升力由一个或多个旋翼与空气进行相对运动的反作用获得，与固定翼无人机为相对的关系。

旋翼无人机分为无人直升机、多旋翼无人机等。无人直升机有垂直升降的功能，和多旋翼无人机相比载荷更大，因为动力效率更高。无人直升机结构复杂，它的零部件比较多。多轴飞行器是一种具有三个及以上旋翼轴的特殊的无人直升机。其旋翼的总距固定，而不像一般无人直升机那样可变。通过改变不同旋翼之间的相对转速可以改变单轴推进力的大小，从而控制飞行器的运行轨迹。多旋翼无人机能够垂直起降，具备无人直升机的特点，操

作简单,可靠性高,出问题的概率低,维护容易,因为是由很多标准组件组成的,在其他行业中都有广泛的应用。

(3)无人飞艇(见图1-4):一种由发动机驱动的、轻于空气的、可以操纵的航空器。无人飞艇在空中勘测、摄影、救生以及航空运动中得到了广泛的应用。

图1-4　无人飞艇

无人飞艇从结构上可分为软式飞艇、硬式飞艇、半硬式飞艇三类。软式飞艇气囊的外形是靠充入主气囊内浮升气体的压力保持的,因此此类飞艇也叫压力飞艇。硬式飞艇具有一个完整的金属结构,并有金属结构保持主气囊的外形,浮升气体冲入在框架内的几十个或更多的相互独立的小气囊内,以产生飞艇所需的浮升力。半硬式飞艇基本上属于压力飞艇,虽然以金属或碳纤维龙骨做支撑构架,但其气囊外形仍需靠浮升气体的压力保持。

从充气类型上飞艇分为氢气飞艇、氦气飞艇和热气飞艇。早期飞艇都是氢气飞艇,由于氢气易燃易爆,现代飞艇以氦气飞艇居多。

现代无人飞艇主要由九大主要部件和八大主要系统组成。九大主要部件包括气囊(主气囊和副气囊)、头部装置(包括艇锥和撑条)、尾部装置、吊舱、动力装置、起落架、尾翼、系留装置和遥控装置。八大主要系统包括电气系统、操纵系统、压力系统、燃油系统、仪表系统、照明系统、压舱系统和飞控系统。

3. 按尺度质量分类

无人机按照空机质量分为4种:7 kg以下的为微型,7～116 kg的为轻型,0.116～5.7 t的为中型,5.7 t以上的为大型。

4. 按活动半径分类

超近程:15 km以内;近程:15～50 km;短程:50～200 km;中程:200～800 km;远程:大于800 km。

5. 按任务高度分类

超低空:0～100 m;低空:100～1 000 m;中空:1 000～7 000 m;高空:7 000～18 000 m;超高空:大于18 000 m。

**(二)无人机的优势与特征**

与有人机相比,无人机具有多种优势:

(1)体积小,重量轻,机动灵活。

(2)由于机上没有驾驶员,因此可省去驾驶舱及有关的环控及安全救生设备,机身成本低,运行时的能量消耗也低于其他飞行器,从而降低飞机的重量和成本。

(3)无人机组装后可直接使用,起飞方式简单,对环境要求低;隐蔽性强,有较好的抗干扰性。

(4)无须担心飞行员的安全,飞机可以适应激烈的机动和恶劣的飞行环境,执行危险性高的任务,留空时间也不会受到人所固有的生理限制。

(5)在使用维护方面,无人机比较简单,不需考虑停放场地建设及培训飞行员带来的额外成本,操纵员只需在地面进行训练,无需上天飞行。

显然,无人机的核心特征主要表现在灵活性高、成本低、安全性高等方面。

## 三、无人机的应用领域

由于无人机具有很多优势,因此无人机在军事领域以及科学研究、航空拍照、地质测量、高压输电线路巡视、油田管路检查、高速公路管理、农林生产、森林防火巡查、毒气勘察、缉毒和应急救援、救护、监测及特殊使命等民用领域应用前景极为广阔。尤其是消费级无人机在民用领域内的用途多种多样,总结来说主要有以下几种。

### (一)航拍摄影

随着民用无人机的快速发展,广告、影视、婚礼视频记录等越来越多地出现无人机的身影。纪录片《飞越山西》超过三分之二的镜头由航拍完成,许多镜头由无人机拍摄。2014 年年底,在第二届英国伦敦华语电影节上,《飞越山西》获得最佳航拍纪录片特别奖和最佳航拍摄影奖两项大奖。该片拍摄时规划并执行无人机拍摄点近 300 个,许多近景由无人机拍摄完成,产生了意想不到的绝佳效果。

### (二)电力巡检

2015 年 4 月 9 日,济南供电公司输电运检室联合山东电力研究院对四基跨黄河大跨越高塔开展了无人机巡视工作。无人机巡视具有不受高度限制、巡视灵活、拍照方便和角度全面的优点,特别适合于大跨越高塔的巡视,弥补了人工巡视的不足。

### (三)新闻报道

美国有线电视新闻网络(CNN)已经获得由美国联邦航空管理局(FAA)颁发的牌照,将测试配备摄像头、用于新闻报道的无人机。早在 2013 年芦山地震抗震救灾中,中央电视台用深圳一电科技有限公司自主研发的某款无人机拍摄了灾区的航拍视频。救灾人员无法抵达的地方,无人机可轻松穿越,在监测山体、河流等次生灾害的同时,还能利用红外成像仪在空中搜寻受困人员。

### (四)保护野生动物

位于荷兰的非营利组织影子视野基金会等机构正在使用经过改装的无人飞行器,为保护濒危物种提供关键数据,其飞行器已在非洲广泛使用。经过改良的无人机还能够被应用于反偷猎巡逻。英国自然保护慈善基金——皇家鸟类保护协会也将越来越多的无人机应用于鸟类和自然栖息地的保护工作。

### (五)环境监测

近年,环保部组织 10 个督查组在京津冀及周边地区开展大气污染防治专项执法督查,安排无人机对重点地区进行飞行检查。无人机已经越来越频繁地被用于大气污染执法。从 2013 年 11 月起,环保部门开始使用无人机航拍,对钢铁、焦化、电力等重点企业排污、脱硫设施运行等情况进行直接检查。2014 年以来多个省份使用无人机进行大气污染防治的执法检查,以实现更到位的监管。

**(六)快递送货**

2015 年 2 月 6 日,阿里巴巴在北京、上海、广州三地展开为期 3 天的无人机送货服务测试,使用无人机将盒装姜茶快递给客户。这些无人机不会直接飞到客户门前,而是飞到物流站点,“最后一公里”的送货仍由快递员负责。在国外,亚马逊在美国和英国都有无人机测试中心。亚马逊表示其目标是利用无人飞行器将包裹送到数百万顾客手中,顾客下单后最多等半小时包裹即可送到。

**(七)提供网络服务**

早在 2014 年 Google 就收购了无人机公司 Titan Aerospace,目前已研制成功并开始测试无人机 Solara 50 和 Solara 60,其通过吸收太阳能补充动能,可在近地轨道持续航行 5 年而不用降落。通过特殊设备,高空无人机最高可提供每秒达 1GB 的网络接入服务。Facebook 也收购了无人机生产商 Ascenta,成立 Connectivity Lab,开发包括卫星、无人机在内的各自互联网连接技术。

**(八)制造浪漫**

汪峰向章子怡求婚,通过无人机运送戒指,这一事件迅速登上了各大媒体娱乐版头条,同时无人机这一科技产品也进入大众视野。此前淘宝送货试用无人机,也引起不少用户关注,这架无人机随即上了各大媒体娱乐版的头条。

## 第二节　无人机涉及的技术领域

无人机与所需的控制、拖运、储存、发射、回收、信息接收处理装置统称为无人机系统。随着技术的进步,无人机的性能不断提高、功能不断扩展,在军事领域已从辅助装备逐步发展成为不可或缺的主战装备。

### 一、无人机的技术领域

随着军用、民用领域对无人机性能的要求越来越高,无人机技术已不再是将有人机简单地无人化,而是需要解决一系列独特的关键技术。无人机技术是一项涉及多个技术领域的综合,它对通信、传感器、人工智能和发动机技术有比较高的要求。主要体现在以下几个方面。

**(一)飞控系统**

飞控系统是无人机的“驾驶员”——更精确、更清晰,据《2016—2020 年中国无人机行业深度调研及投资前景预测报告》,飞控系统是无人机完成起飞、空中飞行、执行任务和返场回收等整个飞行过程的核心系统,飞控系统对于无人机而言相当于有人机驾驶员的作用,是无人机最核心的技术之一。飞控系统一般包括传感器、机载计算机和伺服作动设备三大部分,实现的功能主要有无人机姿态稳定和控制、无人机任务设备管理和应急控制三大类。

其中,机身大量装配的各种传感器(包括角速率、姿态、位置、加速度、高度和空速等)是飞控系统的基础,是保证飞机控制精度的关键,在不同飞行环境下,不同用途的无人机对传感器的配置要求也不同。未来对无人机态势感知、战场上识别敌我、防区外交战能力等方面的需求,要求无人机传感器具有更高的探测精度、更高的分辨率。一些国外无人机传感器中已经大量应用了超光谱成像、合成孔径雷达、超高频穿透等新技术。

（二）导航系统

导航系统是无人机的“眼睛”，多技术结合是未来发展方向，导航系统向无人机提供参考坐标系的位置、速度、飞行姿态，引导无人机按照指定航线飞行，相当于有人机系统中的领航员。无人机导航系统主要分非自主（GPS 等）和自主（惯性制导）两种，但分别有易受干扰和误差积累增大的缺点，而未来无人机的发展要求具备障碍回避、物资或武器投放、自动进场着陆等功能，需要高精度、高可靠性、高抗干扰性能，因此多种导航技术结合的“惯性 + 多传感器 + GPS + 光电导航系统”将是未来发展方向。

（三）动力系统

动力系统中，涡轮发动机有望逐步取代活塞发动机，新能源发动机也是发展方向，用以提升续航能力。不同用途的无人机对动力装置的要求不同，但都希望发动机体积小、成本低、工作可靠。我国无人机的发展很大程度上受制于发动机，一方面我国发动机研制基础本身较为薄弱；另一方面在无人机特定的高空低雷诺、大过载等飞行条件下，对发动机也提出了特殊的要求。目前，我国无人机动力以活塞和燃气涡轮发动机为主，活塞发动机技术成熟、应用广泛。但活塞式只适用于低速低空小型无人机；作为未来主流，无人机动力所采用的涡扇发动机与国外差距明显，不能完全满足无人机对飞行速度、航时等指标的要求。

对于军事上一次性使用的靶机、自杀式无人机或导弹，要求推重比高，但寿命可以短（1 ~ 2 h），一般使用涡喷式发动机。

低空无人直升机一般使用涡轴发动机，高空长航时的大型无人机一般使用涡扇发动机（美国全球鹰重达 12 t）。

消费级微型无人机（多旋翼）一般使用电池驱动的电动机，起飞质量不到 100 g，续航时间小于 1 h。

随着涡轮发动机推重比、寿命不断提高、油耗降低，涡轮将取代活塞成为无人机的主力动力机型，太阳能、氢能等新能源电动机也有望为小型无人机提供更持久的生存力。

（四）数据链

数据链是“放风筝的线”——从独立专用系统向全球信息栅格（GIG）过渡，据《2016—2020 年中国无人机行业深度调研及投资前景预测报告》，数据链传输系统是无人机的重要技术组成部分，负责完成对无人机遥控、遥测、跟踪定位和传感器传输，上行数据链实现对无人机遥控，下行数据链执行遥测、数据传输功能。普通无人机大多采用定制视距数据链，而中高空、长航时无人机则都会采用视距和超视距卫通数据链。我国在无人机数据链技术方面取得了长足进步，但需要进一步提高不同类别无人机之间、无人机与有人机之间、不同使用单位之间大范围、大规模使用无人机的互操作能力，规范完善数据链与任务载荷、数据链与航电系统之间的接口标准体系，提高网络化水平，进一步提高测控与信息传输速率，以满足高分辨率、多光谱/超光谱、多载荷的传输速率需求。

现代数据链技术的发展也推动着无人机数据链向高速、宽带、保密、抗干扰的方向发展，无人机实用化能力将越来越强。随着机载传感器、定位的精细程度和执行任务的复杂程度不断上升，对数据链的带宽提出了很高的要求，未来随着机载高速处理器技术的突飞猛进，预计几年后现有射频数据链的传输速率将翻倍，未来在全天候要求低的领域可能还将出现激光通信方式。从美国制定的无人机通信网络发展战略上看，数据链系统从最初 IP 化的传输、多机互连网络，正在向卫星网络转换传输，以及最终的完全全球信息栅格（GIG）配置过渡,为授权用户提供无缝全球信息资源交互能力,既支持固定用户,又支持移动用户。

## 二、无人机的关键技术

在无人机各技术领域中主要有五项关键技术,分别是机体结构设计技术、机体材料技术、飞行控制技术、无线通信遥控技术、无线图像回传技术,这五项技术支撑着现代化智能型无人机的发展与改进。

(1)机体结构设计技术:包括飞机结构强度研究与全尺寸飞机结构强度地面验证试验。在飞机结构强度技术研究方面,包括飞机结构抗疲劳断裂及可靠性设计技术,飞机结构动强度、复合材料结构强度、航空噪声、飞机结构综合环境强度、飞机结构试验技术以及计算结构技术等。

(2)机体材料技术:有机体材料(包括结构材料和非结构材料)、发动机材料和涂料,其中最主要的是机体结构材料和发动机材料,结构材料应具有高的比强度和比刚度,以减轻飞机的结构重量,改善飞行性能或增加经济效益,还应具有良好的可加工性,便于制成所需要的零件。非结构材料量少而品种多,有玻璃、塑料、纺织品、橡胶、铝合金、镁合金、铜合金和不锈钢等。

(3)飞行控制技术:提供无人机三维位置及时间数据的GPS差分定位系统,实时提供无人机状态数据的状态传感器,从无人机地面监控系统接收遥控指令并发送遥测数据的机载微波通信数据链,控制无人机完成自动导航和任务计划的飞行控制计算机,所述飞行控制计算机分别与所述航姿传感器、GPS差分系统、状态传感器和机载微波通信数据链连接。采用新型一体化全数字总线控制技术、微波数据链和GPS导航定位技术,可使无人机平台满足多种陆地及海上低空快速监测要求。

(4)无线通信遥控技术:无人机通信一般采用微波通信,它传送的距离一般可达几十公里。频段一般是902～928 MHz,常见有MDSEL805,一般都选用可靠的跳频数字电台来实现无线遥控。

(5)无线图像回传技术:采用COFDM调制方式,频段一般为300 MHz,实现视频高清图像实时回传到地面,比如NV301等。

## 三、军事应用方面的特殊技术要求

军用无人机的主要用途包括战术侦察和地域监视、目标定位和火炮校射、电子侦察和电子干扰、通信中继转发、靶机和实施攻击等。

早在20世纪70年代西方就产生用无人机进行对地攻击和格斗空战的构想,美国还进行了大量飞行试验,但是由于技术上的难度,这些构想无法实现。

无人机存在两个致命弱点:一是自主作战能力差。无人机执行任务时需要有人参与遥控,其自主作战能力有限,缺乏有人机所具有的灵活性和适应能力。二是完成任务的有效性低。控制人员对无人机所处环境的了解须借助远距离通信,而这种通信随时会被压制而中断,造成人机之间无法及时、准确交流信息,影响无人机完成任务的有效性。

随着战场实时信息网和人工智能技术的发展,人机之间的信息交换和无人机的自主工作能力有了很大提高,这就保证了无人机能够最大限度地发挥其特有的长处,从而使无人机技术成为对未来作战最有影响的技术之一。但是,军用无人机技术还必须在以下几个方面取得长足的发展。

(1)从低空、短航时向高空、长航时发展。

(2)向隐形无人机方向发展。如果在恶劣环境下用于军事,它需要有比较好的隐身能力。为了应对日益增强的地面防空火力的威胁,许多先进的隐形技术被应用到无人机的研制上。

①采用复合材料、雷达吸波材料和低噪声发动机。如美军“蒂尔”Ⅱ无人机除了主梁外,几乎全部采用了石墨合成材料,并且对发动机出气口和卫星通信天线做了特殊设计,飞行高度在300 m以上时,人耳听不见;在900 m以上时,肉眼看不见。

②采用限制红外光反射技术。在机身表面涂上能够吸收红外光的特制油漆并在发动机燃料中注入防红外辐射的化学制剂。

③减小机身表面缝隙,减少雷达反射面。

④采用充电表面涂层,具有变色的特性。从地面向上看,无人机具有与天空一样的颜色;从空中往下看,无人机呈现与大地一样的颜色。

(3)从实时战术侦察向空中预警方向发展。美军认为,21世纪的空中侦察系统主要由无人机组成。美军计划用预警无人机取代E－3和E－8有人驾驶预警机,使其成为21世纪航空侦察的主力。

(4)向空中格斗方向发展。攻击无人机是无人机的一个重要发展方向。由于无人机能预先靠前部署,可以在距离所防卫目标较远的距离上摧毁来袭的导弹,从而能够有效地克服“爱国者”或C－300等反导导弹反应时间长、拦截距离近、拦截成功后的残骸对防卫目标仍有损害的缺点。如德国的“达尔”攻击型无人机,能够有效地对付多种地空导弹,为己方攻击机开辟空中通道。以色列的“哈比”反辐射无人机,具有自动搜索、全天候攻击和同时攻击多个目标的能力。

## 四、民用无人机方面的关键技术

民用无人机系统的关键技术大体上与军用无人机基本相同,针对民用无人机的一些特殊关键技术主要包括以下几个方面。

### (一)环境感知和防撞技术

民用无人机飞行高度较低,在山区和城市使用,要避免撞上山体和楼房及其他飞行物,就必须有灵敏的感知能力和机动规避能力。

### (二)测控和信息传输技术

由于无人机数量的不断增加,普通无线电射频链路已日益受到频率拥塞的束缚,民用无人机飞行高度低,对电磁波的反射物多,多路径效应严重,通信链路容易中断,信道的安全与管理成为必须首先考虑的问题。

### (三)使用维护和适航问题

民用无人机的空域管理、气象、通信保障比军用无人机研制要困难很多,虽然在特定的小空域范围、近距离低高度的灾情探测与抢险,局部边境巡逻,海关缉私等可在当地驻军和政府的特别许可下使用,但要进行更广泛地商业活动,如空中摄影、资源普查、交通管理等,就必须将民用无人机飞行空域、通信和气象保障纳入统一管理体系中。

## 第三节　无人机的运行环境与空域管理

无人机在环境适应性方面，对冲击、振动、高温、低温、湿度等有一定要求。冲击：设备承受的冲击应满足相应的强度和刚度要求；振动：应能承受振动幅度大于 3 g（频率 20 ~ 2 000 Hz）；高温：应满足在 55 ℃温度环境中运输、贮存、工作的使用要求；低温：应满足在 -10 ℃温度环境中运输、贮存、工作的使用要求；湿度：应满足在 70% 湿度环境中运输、贮存、工作的使用要求。

2017 年曾被英国《经济学者》杂志称为无人机元年，无人机的应用特别是民用无人机的应用已经渗透到国民经济的方方面面，但是在无人机应用的广度不断扩张的背景下，无人机应用的深度还受到很多因素制约，因而无人机要达到像汽车一样普及，配套设施完善，仍需时日。随着科技的进一步发展，无人机运行的环境、条件和任务要求会越来越复杂。与此同时，对于安全级别的要求也不能放松。

无人机运行环境下各种因素是相互关联的。在 2017 年国际民航组织（简称 ICAO）第二届全球无人机研讨会上，美国通用原子技术公司（简称通用原子）对无人机运行各因素进行了分析。USA/RPAS（远程控制飞行器系统，俗称无人机）运行环境前景如图 1-5 所示。

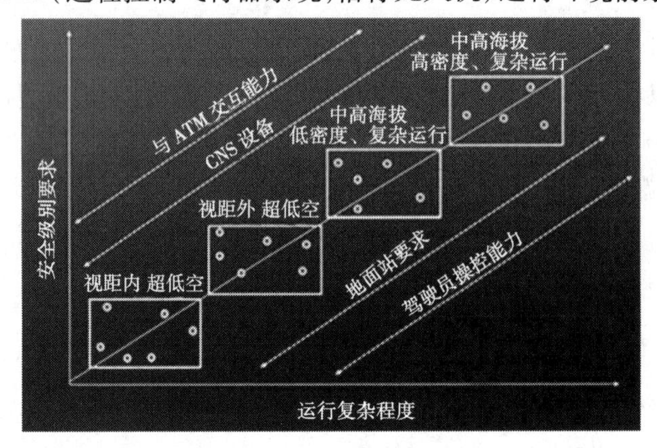


图 1-5　无人机运行环境前景

可以看出，随着运行环境复杂程度不断深化，对安全级别的要求也越来越高。通用原子将运行环境分为四类，分别是视距内超低空运行、超视距超低空运行、中高海拔低密度复杂运行、中高海拔高密度复杂运行。这四类情况的复杂程度随高度增大而逐渐递增，同时，和 ATM（空中交通管理）的交互、CNS（通信、导航、监视）设备、地面站可靠性、驾驶员操控能力也成正相关。

其中，ATM 交互能力是指飞行计划申请、批复，动态飞行间隔调度等方面的能力；CNS 设备要满足陆空通话要求，包括导航系统、具备感知与避让能力的系统；地面站要具备可靠性、功能性、规划及应急处置能力等；驾驶员操控能力是指具备全自主模式与手动模式切换，应变能力等。

由于视距内超低空运行的那一类，运行简单，安全风险低，各国都推出了实名注册、持证飞行、低空无人机云系统等管理手段。

我国自 2017 年 6 月 1 日以来，对 250 g 以上的无人机进行实名注册管理，截至 2017 年

10月1日，民用无人机驾驶员持证人数已经达到近两万人。中国航空器拥有者及驾驶员协会（中国AOPA）宣布，推出“U－Cloud”轻小型无人机监管系统，以无人机监管系统（U－Cloud）为代表的无人机云系统运转正常，可进行飞行计划申报、飞行时间记录、飞行经历查询、飞行区域查看等，功能正不断完善。“U－Cloud”系统目前主要针对15～150 kg（起飞全重），飞行高度150 m以下作业的无人机。另外，15 kg以下，在视距外、人口稠密区飞行的无人机也将纳入监管范围。届时，无人机飞行时的航迹、高度、速度、位置、航向等都会被实时纳入云数据库，利用这些数据可以定位无人机的“一举一动”。

对于相对复杂的运行情况，各国的标准、法规还在起草研讨过程中，ICAO（联合国的一个专门机构，国际民用航空组织）也会针对复杂运行情况出台相应的指导性文件。

例如，大疆无人机安全工作环境温度为－10～40 ℃，最大飞行海拔4 500 m。为了安全和责任的考虑，最好在空旷无干扰的地方飞行。根据国际民航组织和各国空管对空域管制的规定以及对无人机的管理规定，无人机必须在规定的空域中飞行。大疆无人机上增加了特殊区域飞行限制功能，在DJI（大疆创新）的APP DJI GO里面有禁飞区，但是禁飞区也是会变化的，有永久禁飞区和临时禁飞区，有些禁飞区有明确的文件规定，有些则没有。目的是帮助用户更加安全合法地使用产品。这些禁飞区包括各地机场和一些因飞行而可能带来不必要风险的特殊区域，例如国境线、敏感机构所在地等。

永久禁飞区是指：

（1）所有政府机构上空。

（2）所有军事单位上空，比如当地的军分区、武警、武装部等。

（3）具有战略地位的设施，比如之前有飞行爱好者（飞友）在三峡大坝违规放飞，很明显，三峡大坝是极具战略防卫地位的（开放参观不代表开放上空）；还有一些大型水库、水电站等，如果有军事单位驻守，应远离！特别是大坝附近。

（4）政府执法现场，比如游行示威、上访等大型群体事件，虽然不指定禁飞区，但是严禁未经批准而使用无人机拍摄。

（5）政府组织的大型群众性活动，比如运动会、露天联欢晚会、演唱会等，警方会进行治安监控、无线监测，甚至也有无人机巡逻，如果飞友也去飞的话，会造成干扰，或撞机伤人，或引起骚动、围观。

（6）监狱、看守所、拘留所、戒毒所等监管场所上空。

（7）火车站、汽车站广场等人流密集地方，是反恐敏感地带。

（8）危险物品工厂、仓库等，比如炼油厂。

从2017年开始，我国正式管制遥控航空模型，开始进入持证飞行年代。管理办法规定：飞行高度在120 m以上的飞行器必须持证驾驶，并将实行无人机驾驶等级证书，与飞行高度和区域挂钩。不符合规定的驾驶人，将受到处罚；出售无人机的航空模型商店，将按照规定对飞机进行技术限制，并需在当地公安部门备案。除非室内飞行、在视距内飞行（视距距离500 m，相对高度120 m以下，必须是你能看见）、微型（7 kg以下），不需要考证。超出该范畴的，比如送快递等商用领域，则须在飞行资质管理范围内。

无人机是否需要持证主要看三点：一是看机身质量，根据中国民用航空局的规定，7 kg以上的需要持证驾驶。二是看价格，目前售价万元以下的无人机基本不需持证。三是看操控设备，一般娱乐类的民用无人机，可使用智能手机替代传统控制器。专业的商用无人机，

需要使用专业的手持操控设备,而且要配备专业的地面站和调度系统,这些专业设备的售价往往要高于无人机本身,整套设备动辄十几万元,需要持证。

尽管驾驶大部分万元以下的民用无人机不需要驾照,但是很多事故都是由这类无人机造成的。建议:不要在人员密集的环境下使用,不要在气象环境恶劣的情况下使用,一定要谨慎驾驶,不要以玩玩具的心态驾驶无人机。

无人机上天,其安全性已经引起国家的重视,因此对其管理也越来越严格。根据《遥控航空模型飞行员技术等级标准实施办法(试行)》,遥控航空模型飞行员执照分为特级、中级和初级,经过理论和现场飞行考试成绩合格者,方能拿到执照。在飞行前,要向当地民航局或当地空军航空管制室申报飞行计划。根据《中华人民共和国民用航空法》,任何航空器只要升空,必须经管制部门批准。

2014 年 11 月,国务院、中央军委空中交通管制委员会组织召开全国低空空域管理改革工作会议。在沈阳、广州飞行管制区,海南岛,长春、广州、唐山、西安、青岛、杭州、宁波、昆明、重庆飞行管制分区进行真高 1 000 m 以下空域管理改革试点,标志着我国低空空域资源管理由粗放型向精细化转变。

我国低空空域的逐步有序放开,以及无人机适航法规的出台,将会消除无人机行业推广在政策上的障碍,促进无人机产业健康有序发展。

## 第四节　无人机现状、发展趋势与应用前景

### 一、我国民用无人机产业市场现状

民用无人机用户基本上由政府部门、商业公司、个人爱好者构成,民用无人机产业主要分为消费级和工业级两个市场。

**(一)消费级无人机现状**

随着无人机产业链配套逐渐成熟、硬件成本曲线不断下降和市场价格降低,无人机市场关注度持续攀升,消费级无人机的客户群体从小众拓展至大众,客户规模呈现指数级增长。近年来爆发式增长的无人机产业点燃了创业企业及互联网巨头的热情,全球顶级风投机构进入消费级无人机市场,高通、通用、英特尔、谷歌、腾讯、小米等企业巨头纷纷加入,甚至宗申动力、山东矿机等传统制造企业也蜂拥而至,还有很多尚未出名的小团队也在开发消费级无人机,大量低成本同质化无人机的不断进入让市场竞争更加焦灼,整个市场呈现出一片火热的状态。迄今,在注册名称中直接含有无人机字样的中国公司已有 474 家,近 3 年内成立的为 439 家,占比 93%。2016 年年末,无人机行业“负面”新闻不断,许多无人机项目失败,部分无人机厂商出现产品质量问题频发、内部管理混乱、出货靠刷单、拖欠供应商货款等问题。由于国内无人机产业的整体水平仍然良莠不齐,产业市场目前已经呈现出拥挤态势。表 1-2 是 2016 年我国部分无人机企业。

国内无人机十大品牌分别是大疆创新公司、零度智控公司、Xaircraft 公司、Power Viroment 公司、北京航空航天大学研究所、亿航智能技术公司、普洛特无人飞行器科技公司、中科遥感信息科技公司、智能鸟无人机公司和爱生技术集团公司。其中,前五家公司更是进入了全球前十位。无人机行业很快将迎来洗牌整合,资本正从跟风式的概念投资转向理性的价值导向的理

性投资,并开始关注和最新人工智能产品以及无人机软件服务相关的其他领域。

表 1-2 2016 年我国部分无人机企业

| 应用领域与主要业务 | 主要公司 | 进入时间 |
|---|---|---|
| 研发、航拍及娱乐、农林植保无人机等生产 | 大疆创新 | 2006 年 |
| 无人机研发制造及解决方案 | 零度智控 | |
| 农林植保无人机为主的生产制造 | 全丰航空 | 2013 年左右 |
| | 无锡汉和 | 2012 年之前 |
| | 极飞科技 | 2015 年 |
| | 天鹰兄弟 | |
| | 北方天途 | 2013 年初 |
| 电力巡检为主的研发制造 | 易瓦特 | 2010 年 |
| | 臻迪科技 | 2012 年 |
| 警用执法 | 一电科技 | 2012 年 |
| | 易瓦特 | 2013 年 |
| | 鹰眼科技 | 2011 年 |
| 禁毒侦查 | 观典防务 | 2008 年 |
| 无人机研发制造,植保服务为主 | 极飞科技(Xaircraft) | 2007 年 |
| 无人机操作系统研发,生产 | Power Viroment | |
| 无人机操作系统研发 | 北京航空航天大学 | |
| 无人机操作系统研发,整机生产 | 纵横无人机 | |
| 无人机研发制造 | Yuneec | |
| | 亿航无人机 | |
| | 万户航空 | |
| | 致导科技 | |
| 无人机及周边产品研发制造 | 极翼无人机 | |
| 消费级无人机研发制造 | 飞豹 | |
| 无人机整机系统研发设计、生产飞行服务 | 西安伟德沃尔 | |
| 无人机操作系统研发,整机生产 | 智航无人机 | |
| 智能无人机研发生产和服务 | 中祥腾航 | |
| 无人机视觉研发 | 领域智控 | |
| 无人机操作系统研发,整机生产 | 基石信息 | |
| 无人机研发制造、大数据分析及可视化系统集成 | 臻迪科技 | |

### (二)工业级无人机现状

无人机正在应用到涉及国计民生的很多领域,发挥着各种重要的生产力作用。与消费

级无人机市场不同,工业级市场由于主要侧重飞机的技术性能和行业应用,在实际运用中需要与行业客户进行反复的沟通和不断地改进方案,因此具有很强的客户黏性和壁垒。工业级无人机在行业应用的深度和广泛是技术与经验长期积累的结果,在各行业不同细分领域具有极大的商业价值,可以深入应用于农林植保、电力巡线、石油管道巡检、国土测绘、海洋监测、气象探测、人工降雨、航空遥感、抢险救灾、环保监测、森林防火、警用巡逻、交通监控、物流快递、医疗救护、地质勘探、海洋遥感、新闻报道、野生动物保护等诸多行业场景。我国工业无人机制造应用尚处在起步和示范阶段,总体技术还比较落后,只在为数不多的领域得到较好的发展,在很多工业应用领域依旧处于不断探索阶段,还没有形成规模化的市场,整体处于爆发前的积累阶段。随着无人机技术的不断发展和商业应用的不断成熟,各行业应用领域的潜在需求市场空间极大,无人机在工业领域的普遍应用将具有更大的商业价值和市场规模。图 1-6 所示为无人机市场未来 5 ~ 10 年的前景规模。

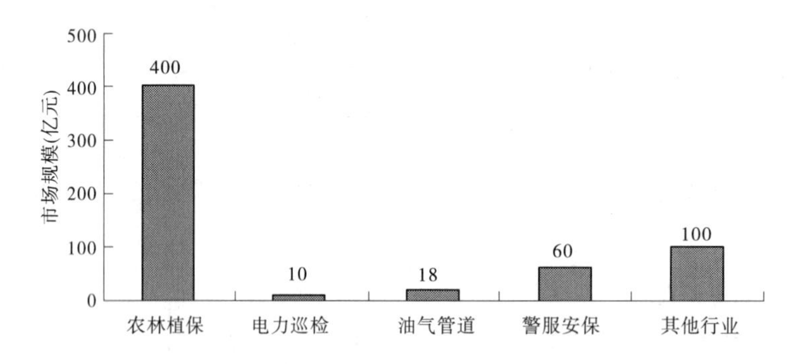


**图 1-6　无人机市场未来 5 ~ 10 年的前景规模**

## 二、我国民用无人机产业的发展机遇

无论是资本投入、企业资源配置还是市场的参与度,民用无人机行业已经从盲目扩张转向有节制发展,从狂热无序的初期逐步走向理性健康发展的新阶段,但是发展前景依然光明。

### (一)国家政策环境优化

国务院印发的关于国家战略性新兴产业发展和信息化的"十三五"规划中,针对无人机行业的发展,均有明确的指导性规划和具体的扶持政策,并积极推动人工智能技术融合应用于无人机,大力推进民用无人机的商用化进程。国家发改委关于推进通用航空发展的政策频繁出台,并积极开展通航产业试点示范。国家进一步明确通用航空发展路线图,确立了"放管结合,以'放'为主"的通航管理改革思路,并于 2017 年初在华东地区开展无人机研发试飞基地建设试点,探索无人机研发试飞管理,引导无人机有序发展,避免飞行冲突。

### (二)产业供应链较完善

无人机所需要的碳纤维材料、特种塑料、锂电池、磁性材料等关键配件及材料,在深圳、成都等地产业配套齐备,我国拥有无人机发展所需的全产业链,可以实现对无人机系统的产品供应链的全部自给。国内无人机厂商借助于完善的电子元器件供应链与庞大供应商系统的支撑,以较低的成本生产和销售产品,凭借强大的性价比优势在海外市场抢占市场。

### (三)飞行文化加大普及

无人机从最初少数航模爱好者的小众消费品,到目前火热培训市场的招牌,再到正式入主部分高校相关专业，航空类院校创办了无人机研究机构，社会组织开展了各类航拍、无人机设计、无人机竞技等比赛活动，无人机产业联盟、无人机系统标准协会等行业组织相继成立，各地兴起建设无人机文化小镇、无人机研发制造基地的热潮，应用无人机已成为社会风尚。

## 三、我国无人机产业发展的现实瓶颈

当前，我国无人机产业虽然比较火热，但是应用范围有限，商业开发和私人使用的市场亟待加强。国内无人机产业发展受到政策、法规、市场、应用等诸多方面的制约，呈现无人机用户“用不了、用不起、用不好”的现象。根据调研情况来看，我国无人机行业面临着诸多发展障碍，主要是以下三个方面的瓶颈。

### （一）技术开发还不成熟

虽然无人机技术近年来实现了巨大的突破，产业化水平也得到了大幅提升，但是目前的无人机产品故障率高，无法保证稳定性、良品率和适应性，无人机关键技术难突破，其研发能力还需加强。消费领域的无人机还存在诸如 GPS 信号丢失之后无人机漂移问题、续航问题、稳控问题以及负荷有限、机身不够耐久、抗风雨能力弱、维修、网络连接不稳定等问题，用户的使用便捷性不足，娱乐体验还不好。目前国产工业级无人机的技术并不成熟，性能不稳定，无人机的智能性并不能满足使用需求，这成为制约商业应用的核心问题，阻碍着更多的市场需求释放。国内大部分无人机企业都是整合型公司，主要只从事装配业务，就开始为用户提供某项服务或多种服务，而且研发团队不稳定，研究机构创新力量还不够强，任务完成效能不高，真正掌握核心技术的不到 10%。

### （二）产业市场尚未完善

由于无人机产品性价比不高，技术水平相对落后，导致国产无人机接受程度低、受众规模小，无人机很难在消费市场全面推广普及，推广工业级民用无人机依靠政府补贴和项目扶持的模式不可持续，在一定程度上制约了我国民用专业无人机产业发展。无人机在诸多领域都具有很广阔的前景，例如公共管理方面，如警用、测绘、环境保护、科学研究和灾害预防和管理等；或者是商用运营方面，如影视航拍、农业植保、物流载重等，充分挖掘这些领域的民用无人机需求后，将呈现出难以估量的产业发展潜力。

### （三）监管政策还不健全

民用无人机坠毁，伤及人财物、扰乱空中秩序和危及公共安全的事件时有发生，造成严重的安全隐患。生产技术、低成本生产，以及使用者操作不规范和不守法运营是主要原因。我国虽然有无人机政策管理条例，但法律属性尚不明晰，规定的内容比较笼统，而且缺乏强制执行效力和可操作性，申请流程也不明确，很多无人机操作者很少申请空域，“黑飞”仍然非常普遍，存在着监管不全面、执行监管不到位的局面，无法解决民用无人机可能带来的安全问题。

## 四、民用无人机产业的发展趋势展望

政策、技术和应用需求是无人机产业的三大驱动力，降低成本、注重实用将是今后无人机产业发展的重要特征。随着国家传统产业转型升级与供给侧结构改革落地，在鼓励创业创新的大背景下，极具市场价值的无人机行业将继续保持高速增长。工信部 2017 年 12 月

印发《关于促进和规范民用无人机制造业发展的指导意见》,提出发展目标:到 2020 年,民用无人机产业持续快速发展,产值将达到 600 亿元,年均增速 40% 以上;到 2025 年,民用无人机产值将达到 1 800 亿元,年均增速 25% 以上。各领域市场规模大致如图 1-7 所示。

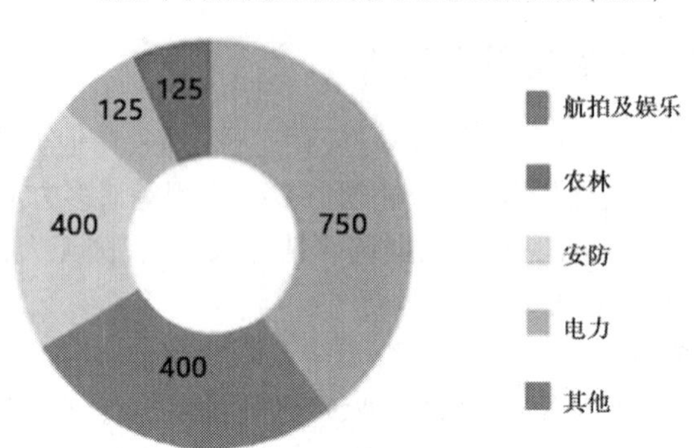


图 1-7　民用无人机市场规模

**(一)产业体系协同化**

随着无人机市场的逐渐兴盛,无人机产业将从设计、研发、制造等技术领域延伸到无人机租赁、操作员培训等管理、服务、保障领域,进而触及社会生产、生活更广更深的层面,逐步形成一条新的产业链条。通过建立完善的生产制造能力及供应链管理和质量控制能力,增强上下游产业链高度信任磨合,加强顺应时势与需求导向的市场推广,健全完善的销售渠道与售后服务中心等,上下游的企业互相促进,共同成长,构建产业发展的良性循环格局,实现民用无人机产业体系的协同化发展。军用无人机厂商以贯彻军民融合发展战略为契机,利用技术优势进入民用无人机市场。同时,大型消费级无人机企业利用市场优势与技术积累进军工业级市场,工业级无人机企业也可利用专业优势生产迎合大众市场需求的消费级无人机产品。通过无人机产业链上下游企业共同协作创新,跨界融合发展,创新商业模式,从而形成跨产业、跨领域的产业形态,构建制造业与服务业一体化的新型产业体系。

**(二)消费产品个性化**

消费市场的无人机资本将更多地向视频、相机领域拓展,以形成沉浸式航拍体验,让普通大众享受到无人机飞行的乐趣。消费级无人机企业要抓住市场需求与用户心理,通过准确定位产品,技术改良升级,增强便携性、安全性、易操控性等,并赋予无人机更多的社交、媒体属性,开发出新的应用场景,推出迷你型、个性化、便携式的消费级电子消费品,让消费者得到意外的使用体验,从而使行业规模获得更大的拓展。随着技术的进步和多种应用的开发,无人机研发或将以贴近生活、开放开源为立足之本,深层次地满足消费者的需求,在旅游、生活摄影、导航、看护、运动、比赛、娱乐、教育、表演、婚庆、游戏乃至个性化社交等方面的能力得到强化,未来大量用户和设备的聚集将形成空中飞行圈、空中竞技圈等社区,实现无人机实用性和文化性的双重跃进。

**(三)行业应用专业化**

工业级无人机只有实现用途多领域、性能多样化发展,才能把潜在的需求变为现实的市场。无人机搭载不同负荷之后可适用于多种作业环境,以满足不同作业环境的要求,能够大大提高作业效率,省时省力,并能更好地完成目标任务。美国 FAA 批准的无人机商业用途高达2 000多种，发展趋势不可阻挡。随着对无人机应用价值认知程度的加深，无人机技术的不断创新必将颠覆众多行业的传统作业方式。基于工业级无人机高效的作业与强大的功能，将进一步推进传统行业变革，以实现产业更新升级。随着在救灾、警务、环保、监测气候、货物运输等方面应用的扩大，尤其是太阳能无人机的使用场景更加丰富，无人机呈现出全领域发展的趋势，无人机的经济效益与社会价值更加突显。通过实施“无人机 +”计划，与传统职业跨界融合，细分出无人机应急救援、无人机公共安全、无人机环境保护、无人机石油巡线等垂直应用领域，将开拓全新的无人机产业民用发展新局面。

### （四）研发升级智能化

智能化趋势下，消费者对于无人机功能性需求提升，复杂的工业应用场景对无人机也提出了更多的技术要求与更高的安全要求，需要进行深入系统的技术研发，在硬件、软件、算法、系统等方面构建起飞行安全体系。无人机智能化研发正在不断深入，推动人工智能技术在无人系统领域的融合应用，无人机将集成先进的机器人技术和算法技术、丰富的传感器和任务设备，可以自动、智能化地完成各项复杂的任务。智能无人机与VR技术、大数据、云计算、互联网、物联网相结合，未来成为具备智能视觉、深度学习的“空中智能机器人”，能够自适应、自诊断、自决策、重规划，完全脱离人机一体的实体操作，可以实现飞行轨迹、操作控制的全过程数字化与自动化以及未来的交通管理过程的数字化，这将在普通消费用户市场获得巨大的应用空间，延续无人机在工作环境中的价值，向人类提供智慧服务。

### （五）运营服务精准化

无人机行业不仅需要技术的创新，还要围绕行业应用市场的实际需求和用户的具体要求，积极探索商业模式来实施精准化的运营服务。随着民用无人机市场的升温，扩大而衍生出的无人机运营企业产业服务主要包括飞行服务、租赁服务、维修保养服务、培训服务、金融保险服务和大数据服务等。无人机飞行服务包括特定应用领域的专业应用服务，现在国内已有专业无人机航拍公司、无人机植保公司等，客户不用购置专业机型和训练飞手，根据工作实际需求购置无人机服务来完成目标任务。工业级无人机售价高，若任务使用不频繁，可以通过租赁高质量、大规模、全系列的专业级无人机产品来解决。伴随着消费级市场的火热与工业级市场的拓展，无人机研发操作培训、维修保养服务与金融保险服务也拥有较大市场空间。无人机作为空中的数据端口，针对不同行业进行数据采集、传输和存储、提取、分析和展现，为用户提供更精确、更强大的数据流服务。

### （六）安全监管规范化

无人机飞行时对其他飞行物和地面人员可能构成安全隐患，可能会带来间谍行为、交通事故、飞入政府禁区、偷拍、偷运毒品、抢占航线等严重的安全问题，这已经引起政府部门与社会各界的强烈关注。虽然现在我国无人机系统已经形成一定规模，有一定的技术储备和制造能力，但是民用无人机的飞行运营、适航管理、安全管理等还没有建立较为完善的标准规范和法规体系，在研发制造、销售使用、流转情况等方面尚无制度安排，导致各种违规飞行现象也随之而来，整体产业发展不规范。我国政府相关部门要建立统一高效的多部门联动协调监管机制，协同制定无人机产业发展顶层规划，并通过立法明确民用无人机的法律属性、制定无人机生产标准与适航标准、加强民用无人机驾驶员管理培训力度、实施统一规范民用无人机的实名登记制度和销售流通备案登记制度、明确和统一民用无人机的申报使用流程、建设无人机监管信息云平台、规范行业市场准入退出制度等举措，从研发、制造、销售、运营等多方面系统进行全方位管理与全过程监管，明确无人机违法违规的行政责任、刑事责任，统一监管、统一追责，防止无人机失控影响公众安全和飞行安全，确保无人机的合理、合法、合规使用，使我国民用无人机产业实现持续、安全、创新发展。

## 五、无人机应用前景

### (一)军用到民用扩大了无人机的应用前景

从军用到民用，应用场景逐渐扩大。无人机像其他大多数高科技产品一样，也经历了从军用到民用这一过程。但民用无人机真正蓬勃发展是在2010年大疆无人机被市场所熟知之后。这是无人机历史上一个重要的转折点，也是无人机应用场景不断丰富的一个重要的历史机遇。

无人机搭载不同的设备，利用大数据和可视化技术，其应用范围不断扩大，如图1-8所示。目前，消费级无人机主要应用在航拍领域；工业级无人机在电力、物流、农业、林业及安防等领域，大多数可以融入计算机的分析计算和人的感知，辅助人们更为直观和高效地洞悉大数据背后的信息，成为大数据的采集器，应用范围不断扩大。应用领域扩大催生强力需求，行业天花板不断上移。军用无人机市场受制于军费支出比例以及宏观经济，百年来一直发展较为缓慢，市场容量很难出现大的放量提升。而民用无人机需求更加广泛，使用频率较高，市场需求增长的潜在空间巨大。

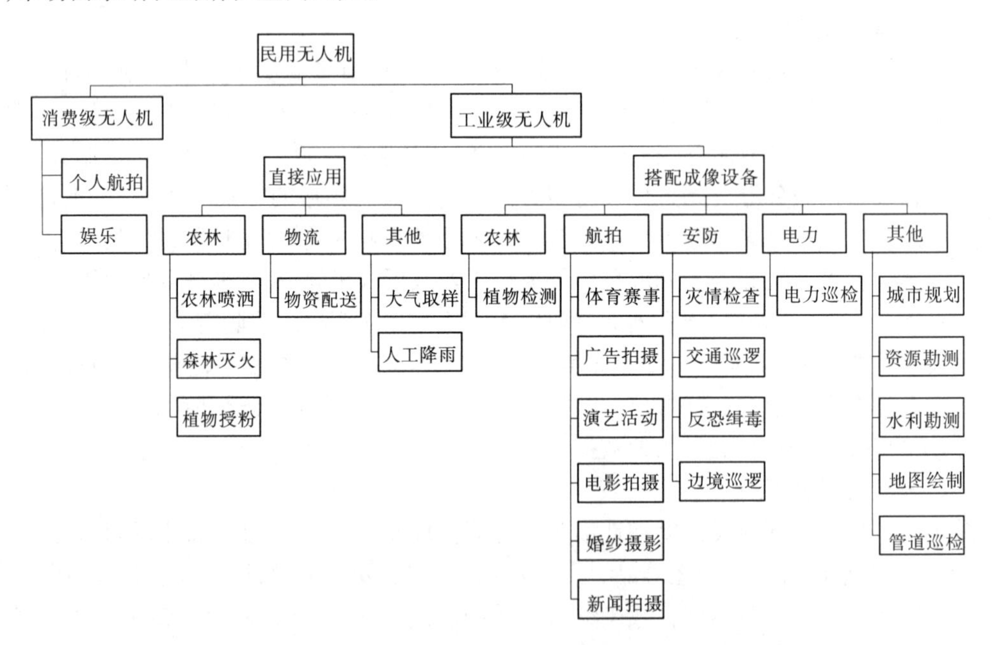


图1-8　民用无人机应用领域

### (二)消费升级与商业价值驱动消费级无人机

航拍主要包括以个人娱乐为主的应用场景和以商业应用为主的婚纱摄影、体育赛事、广告拍摄、影视拍摄等应用场景。传统航拍大部分为载人航拍，有拍摄不清晰、不灵活等弊端，无人机可以实现搭载高清摄像头灵活飞行，因此消费升级和航拍质量的改善驱动了无人机的需求：

(1)消费升级不断加大对新的摄影模式的猎奇,使个人航拍需求得到一定释放。

(2)无人机爬坡能力强,更加灵活,能够到达危险区域进行拍摄,具备商业价值,推动了航拍市场规模的进一步扩大。

**(三)植保无人机应用条件已经逐渐具备**

土地流转推动无人机巨大空间,现有土地流转政策将促使农业土地整块化。2016 年 10 月发布了《国务院关于完善农村土地所有权承包权经营权分置办法的意见》,12 月发布《中共中央、国务院关于稳步推进农村集体产权制度改革的意见》,都阐述了农村土地权利改革的主要着力点是农村集体产权制度,将农村土地视作一种归属于农村集体经济组织的一整块资产,单个农民持有的是农村集体资产的一部分股权,而不再将农民所有权具体确权到某一零碎的小块土地上,并且以整块土地为单位进行流转,将使现有零碎的农业土地转变为整块的集体所有土地,并以此为基础进行统一的耕作规划,农业土地得以整块化。

农业土地整块化为植保无人机创造了应用场景。零碎的土地不利于使用植保无人机进行空中喷洒。原因有二:一是零碎土地耕作的经济作物不统一,无人机在对零碎土地撒药的同时很容易将一种药物喷洒到其他地块上,而由于农药对非目标作物一般具有相对毒性,很容易造成经济损失;二是对公司而言,为零碎地块提供无人机喷洒服务不具备经济性,为零碎地块使用无人机将难以摊薄无人机前期投入以及飞手培养等固定成本。

农林植保无人机服务具备巨大经济性,农村人口因城镇化自 1996 年至今减少了 2.5 亿人,农村人口大幅减少,农民耕地所得收入相比城市就业而言毫无优势可言,劳动力的减少导致了人工喷洒农药成本的上升,植保无人机相比之下在用水量、用药量、作业价格等方面具有经济上的优势。我们计算得出相对于人工植保,植保无人机每公顷将节约 45 元。

**(四)传统巡检的低效与高风险催生无人机发展**

无人机电力巡检是无人机发挥其应用价值的一个重要领域。电力巡线是电网公司巡检工作中的一个瓶颈,传统作业巡检的工作人员劳动强度大、工作条件艰苦、劳动效率低。随着无人机技术的发展,无人机可以装配高清数码摄像机、照相机及 GPS 定位系统等高科技装备,可沿电网进行定位自主巡航,可以在高山大岭或特高压电线路等人工难以巡视的地方作业,并实时传送拍摄影像,监控人员可在电脑上同步收看与操控。传统的卫星遥感和载人航拍技术,不仅成本高昂、缺乏灵活性,还有一个关键的缺点:清晰度有限,而无人机收集的图片比卫星图片清晰很多倍。

无人机大大提升了巡检效率,改善了员工的工作条件,电网公司积极推广无人机巡检。南方电网公司 2014 年开始推广无人机巡检,打造“机巡为主、人巡为辅”架空输电线路巡检模式;国家电网公司也积极推广应用输电线路直升机、无人机和人工巡检相互协同的新型巡检模式,2015 年采购了带有 2 100 万像素摄像头的无人机约 300 架,同比增长了近 5 倍,预计 2020 年,实现输电线路智能巡检全覆盖。

我国输电线路总长度逐年增长,2015 年输电线路(110 kV 及以上)达到 107 万 km,按照每周一次的巡检频率(每年需要巡检 52 次)、巡检均速 21.6 km/h 计算,假设无人机寿命 400 h,那么单机每年的飞行距离为 8 640 km,则该领域无人机潜在需求架数约为 6 400 架。按照均价 50 万元/架的单价计算,则电力巡线无人机市场规模为 32 亿元。

和电力巡检工作原理类似的安防工作中,无人机主要应用于灾情检查、指挥调度、反恐缉毒、交通及边境的巡逻。主要依靠摄像机、照相机及 GPS 定位系统,高端一些的可以搭载

热成像系统或其他高端设备进行巡逻，操作人员进行后台监控。

警用无人机蓬勃发展，潜力巨大，相关无人机企业陆续与各地公安部门进行合作，为其提供能够执行特定任务的警用无人机。民用的安防无人机由于成本（价格数十万元）等问题，还未形成有效的市场。目前，已有25个省、自治区、直辖市公安机关，147个实战单位，配备了近300架警用无人机，涉及50种型号，市场均价普遍在50万元/架，警用安防无人机的市场规模大概为35亿元。

民用无人机的应用场景涉及物流、管道巡检、城市规划、地图测绘、资源和水利勘测等领域。这些应用场景目前市场规模不是很大，但未来发展潜力巨大。特别是物流、管道巡检，随着技术的进步，这两个市场有望爆发。网购规模扩大，配送质量与效率是关键。伴随着消费升级及便利性需求的提升，我国网购规模正在逐渐扩大，至2017年底，我国网络购物用户规模已达到5.33亿元，较2016年增长14.3%，占网民总体的69.1%。与日俱增的网购规模，对我国物流生态面造成了巨大的挑战，庞大的快递队伍已经成为很多物流公司的发展瓶颈之一。

多家公司尝试无人机物流配送，行业前景可期。为提升客户体验，多家物流公司如亚马逊、淘宝、京东等都纷纷尝试无人机配送。无人机配送无视地形，可以快速飞到指定配送地点，不仅提高了配送效率，也降低了物流公司人工成本。此外，无人机除了能够应用于物流配送之外，在物流仓库也可以参与物件的分拣。

无人机配送爆发需等待技术成熟和政策宽松时机。一方面，无人机配送最大的瓶颈在于续航能力不足，且不易配送质量过大的物件，这使得其应用范围大大受限；另一方面，无人机配送有航空管制，并且在人口稠密的地区，无人机配送或遭禁止。这两方面对无人机配送的发展都有一定的阻碍作用，无人机配送爆发还需政策和技术的配套。

管道巡检是无人机应用的可能场景，但市场空间有限。和电力巡检面临的问题一样，随着我国油气管道长度不断增加，“十三五”末将达到16万km，同时检测难度不断加大。无人机巡检成为一个可能的选择。目前中石化、中石油等涉及油气管网等行业均在观望电力行业采用无人机巡线的效果，一旦电力巡线效果得到验证，油气管网等市场预计也会呈现爆发式增长。

其他应用场景无人机大有可为。城市规划、地图测绘、资源和水利勘测等使用无人机搭载高清摄像头、热成像仪等专业级高端设备，可以很大程度上提高作业效率，降低成本，改善工作条件，未来也将成为无人机行业发展的潜在增长点。

# 第二章　无人机结构和系统

## 第一节　无人机的结构

一般来说,一架无人机主要由飞行平台(飞行载体)及动力装置、导航飞控、电气系统、任务设备(云台相机)等组成,如图2-1所示。

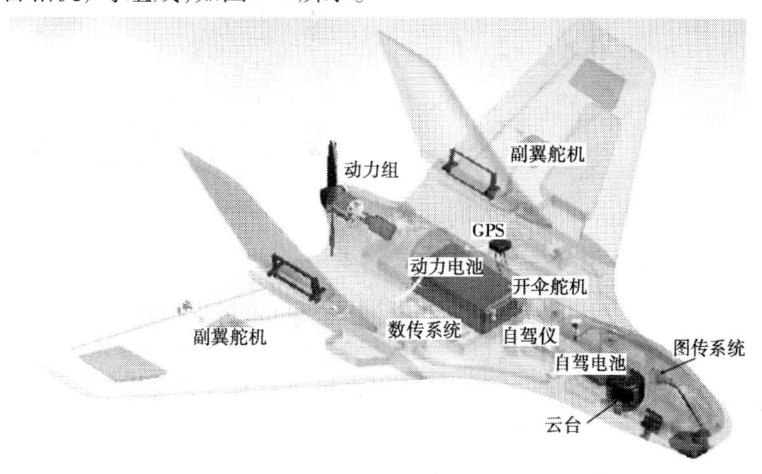


图2-1　无人机组成结构

### 一、无人机平台及飞行原理

飞行平台按构型可分为固定翼无人机、旋翼无人机、无人飞艇、伞翼无人机、扑翼无人机等。

**(一)固定翼无人机**

固定翼无人机是由动力装置产生前进的推力或拉力,由机体上固定的机翼产生升力,产生升力的主翼面相对于机身固定不变,是在大气层内飞行的重于空气的无人航空器。其结构简单、相对载荷比较高、续航时间长,抗风能力也比较强,相对比较安全。固定翼无人机是类型最多、应用最广泛的无人驾驶飞行器,适合林业和草场监测、矿山资源监测、海洋环境监测、土地利用监测及水利、测绘航拍等领域的应用。

固定翼无人机主要组成部分:①机身及机翼;②起落架;③发动机;④螺旋桨;⑤油箱(电池);⑥机上飞行控制系统;⑦通信天线(地面运用);⑧机载GPS及天线;⑨地面控制导航和监控系统(电脑软件);⑩人工控制飞行遥控器;⑪云台相机;⑫地面供电设备;⑬降落伞(无人机上应急用);⑭弹射式起飞轨道。

固定翼无人机平台结构主要有常规式或正常式(后置平尾)、鸭式、无尾或飞翼、三翼面等形式。正常式布局具有良好的大迎角特性和中、低空机动性,其缺点是在配平状态尾翼会

带来升力损失(见图 2-2);鸭式布局具有高机动性能,其缺点在于副翼位置与主翼的配置较难,大迎角时飞机上仰力矩大;无尾布局由于没有前翼和尾翼,跨、超声速时阻力小,结构简单,重量较轻,缺点是纵向操纵及配平仅靠机翼后缘的升降舵实现,尾力臂较短,操纵效率低,配平阻力大;三翼面布局是在正常式布局的基础上增加了前翼,因此它综合了正常式和鸭式布局的优点。

鸭式布局固定翼无人机如图 2-3 所示,也是无人机常选用的一种布局形式,其优点为前翼不会受到翼身组合体的阻滞作用和下洗作用干扰,操纵效率较高;前翼、主翼产生的都是正升力,全机升阻比大,因而具有良好的续航性能和起飞着陆性能。

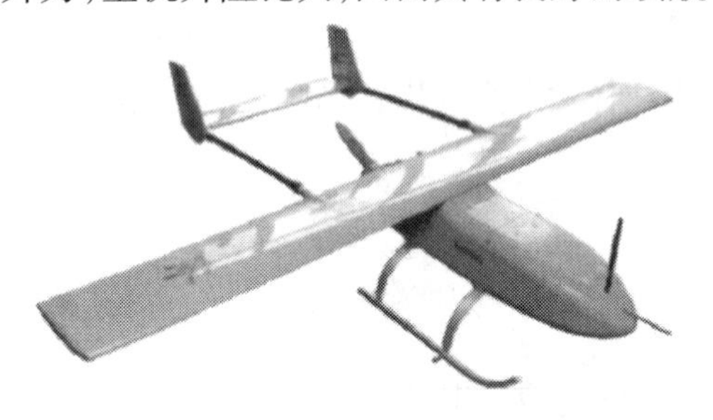

图 2-2 正常式布局固定翼无人机

图 2-3 鸭式布局固定翼无人机

飞翼布局无人机如图 2-4 所示,也是无人机的又一种布局形式,具有升阻比大、气动效率高、载荷分布均匀、结构效率高、有效载荷大、隐身性能等突出的优点。飞翼布局全机没有平尾、垂尾、鸭翼等安定面,甚至没有明显的机身,其结构高效,可以实现更大的起飞质量,这意味着飞翼布局的航程和航时必然比常规式布局的大。但是采用这种布局,飞机会失去原来常规式布局中由平尾和垂尾所提供的气动力和气动方短,所以无尾飞翼布局的飞行品质相对较差,特别是没有对航向稳定起决定性作用的垂尾,航向稳定性导数接近于零,因此部分飞翼布局无人机增加了垂直尾翼或翼尖小翼,用以增加航向稳定性和操纵性。图 2-5 是飞翼布局控制原理,通过四个常规舵面即可实现三轴控制,舵面量少且简单。

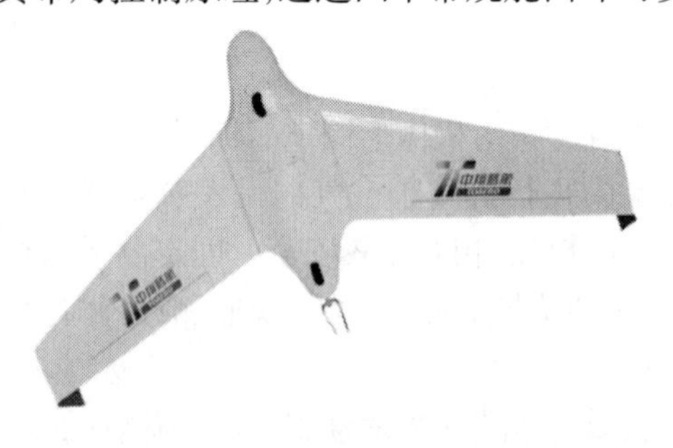

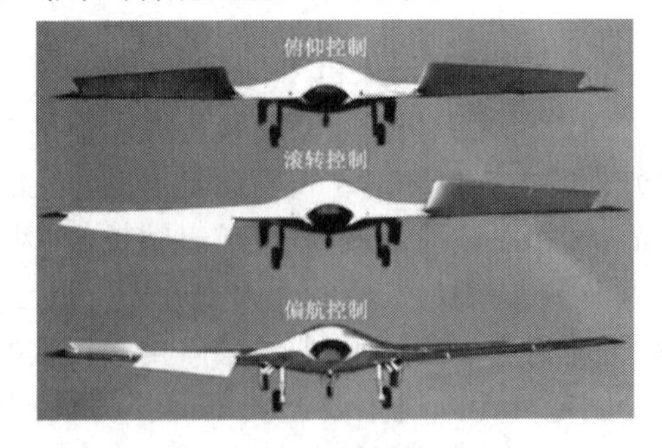


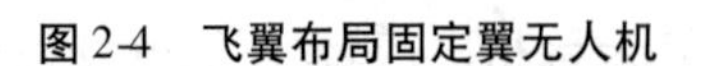

图 2-4 飞翼布局固定翼无人机

图 2-5 飞翼布局控制原理示意图

固定翼无人机的飞行原理:固定翼无人机的飞行原理是发动机产生推力,使飞机向前运动,从而形成机翼与空气的相对运动。由于机翼的特殊构造,空气在经过机翼上下表面时,气流流过机翼所用的时间相同,机翼上表面的空气流速大,而下表面的流速小。流体等高流动时流速越大压强越小,因而在机翼下表面产生的向上的压力比机翼上表面产生的向下的压力大,这个压力差就为飞机飞行提供了升力,从而使飞机能在天空飞行。图 2-6 是固定翼无人机在飞行过程中的姿态控制原理。

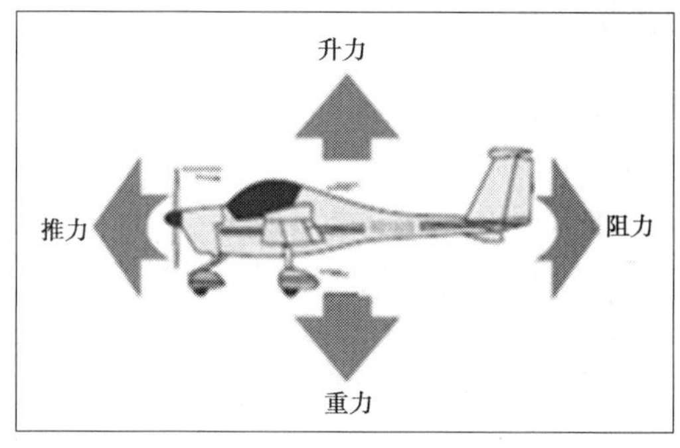


(a) 飞机飞行时承受的四种作用力

竖轴(偏航)
纵轴(侧滚)
侧轴(俯仰)

(b) 飞机上假想的轴线

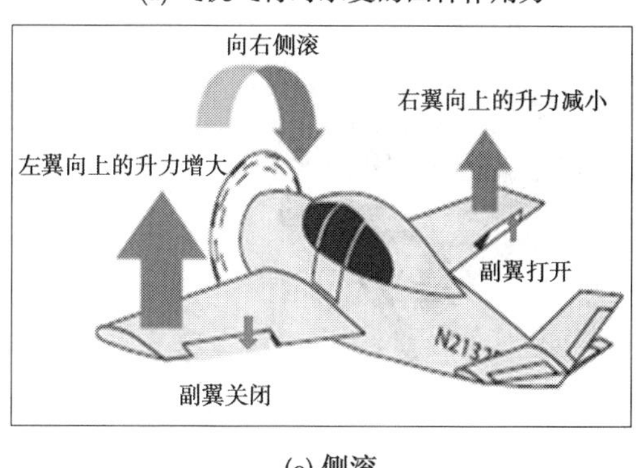


(c) 侧滚

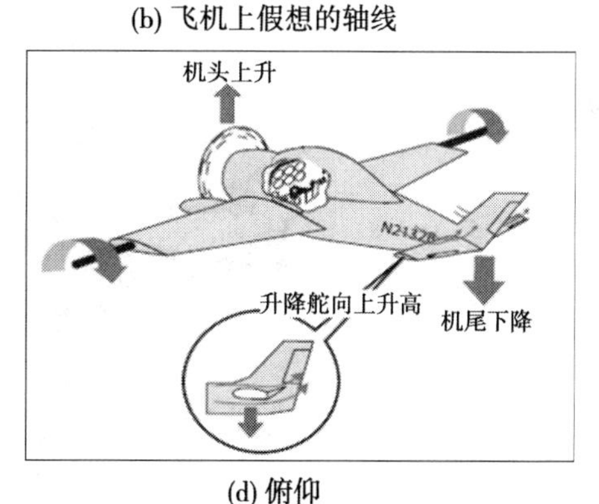


(d) 俯仰

图 2-6 固定翼无人机在飞行过程中的姿态控制原理

### (二)旋翼无人机

旋翼无人机主要由机架、动力系统、控制系统、摄像机等组成,其中控制系统主要是飞控、接收机、遥控器,动力部分主要有电机、电调、电池和桨叶。图 2-7 所示为四旋翼无人机的部分。

旋翼无人机是一种重于空气的无人航空器,旋翼无人机产生升力的旋翼桨叶在飞行时相对于机身是旋转运动的,又可分为无人直升机、多旋翼无人机和无人旋翼机,前两者的旋翼由动力装置直接驱动,可垂直起降和悬停,后者的旋翼则是无动力驱动。

多旋翼无人机能够垂直起降,具备直升机的特点,操作简单、可靠性高、出问题的概率低,维护容易,应用广泛。其中,多轴飞行器是一种具有三个及以上旋翼轴的特殊的无人直升机,如图 2-8 所示。旋翼的轴距固定不变。通过改变不同旋翼之间的相对转速可以改变单轴推进力的大小,从而控制飞行器的运行轨迹。

四旋翼无人机的工作原理:四旋翼无人机的四个旋翼呈十字交叉结构,四个旋翼由四个电机控制,分别位于十字支架的四个顶端,前端旋翼和后端旋翼沿着逆时针旋转,左端旋翼和右端旋翼沿着顺时针旋转,以平衡旋翼旋转时产生的反扭力矩,如图 2-9 所示。通过改变每个电机的转速来实现无人机飞行时的垂直起降、悬停、俯仰、偏航等姿态和运动状态的控

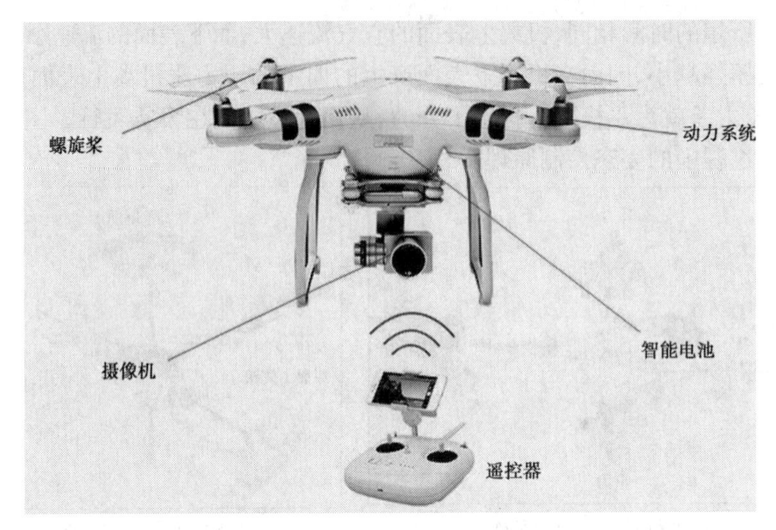


图 2-7 四旋翼无人机组成

图 2-8 多轴旋翼无人机

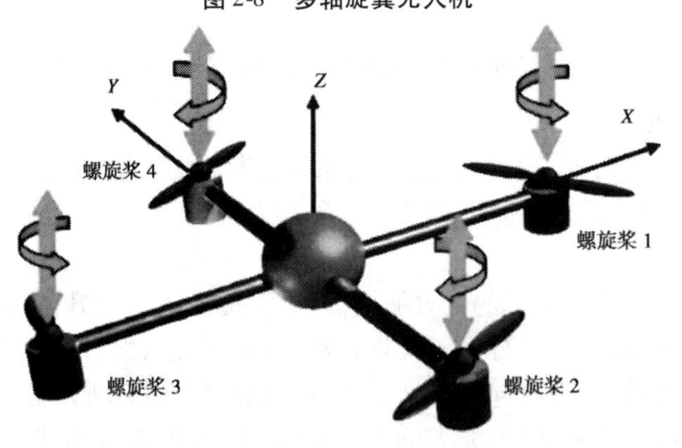


图 2-9 四旋翼无人机的工作原理

制，如图 2-10 所示。

**（三）无人直升机**

作为无人机家族中的重要成员，无人直升机具有垂直起降、悬停、低空低速过场等飞行能力，只有一个主螺旋桨（配合尾螺旋桨消旋转反扭力），其主要组成结构如图 2-11 所示。无人直升机效率高，适合高原、大风等环境，可以在复杂地形进行起降而不需跑道，这些优势使其能够顺利完成许多常规固定翼飞行器所不易完成的任务。根据平衡直升机主旋翼反扭

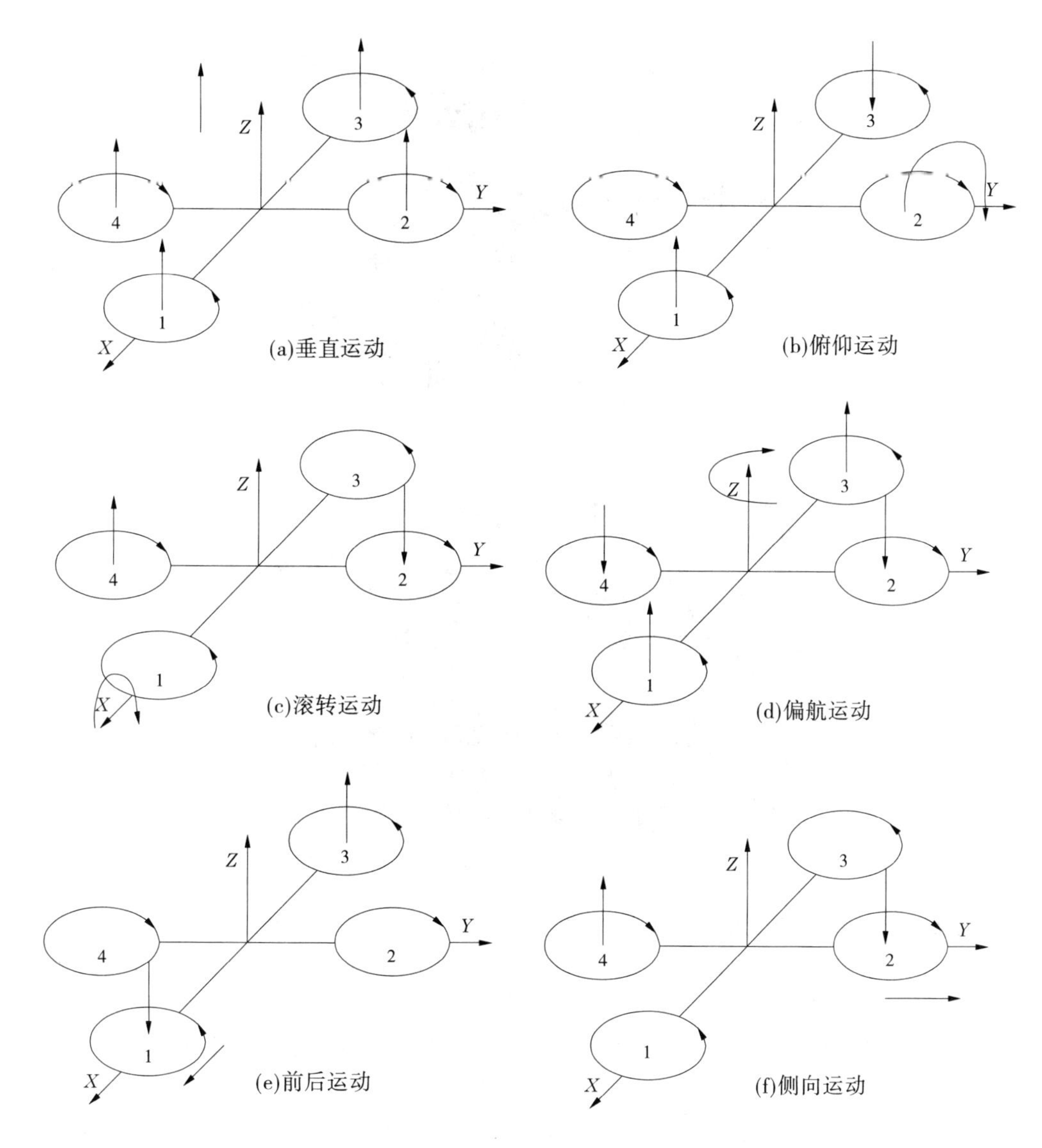


**图 2-10　四旋翼无人机各种飞行姿态**

矩的方式不同，无人直升机的典型布局有单旋翼带尾桨式、共轴双旋翼式、共轴双旋翼带尾桨式等。

1. 单旋翼带尾桨式直升机特点

单旋翼带尾桨式直升机结构技术成熟、维修方便。单旋翼带尾桨式结构的无人直升机通过主旋翼产生飞行升力并操纵直升机俯仰和滚转运动，由尾桨升力产生偏航力矩来平衡旋翼反扭矩，从而实现航向操纵。图 2-12 是北京航景创新科技有限公司生产的 FWH－160 型单旋翼带尾桨式结构的无人直升机。

2. 共轴式无人直升机特点

与常规单旋翼带尾桨布局相比，共轴式无人直升机由于取消了尾叶，其纵向尺寸仅为常规布局的 60%；在气动特性方面，两副旋翼全部用来提供升力，使得悬停效率提高，空气动力分布也比较对称，旋翼直径相对较小；而在操纵特性方面，由于纵、横向操纵力臂较长，且

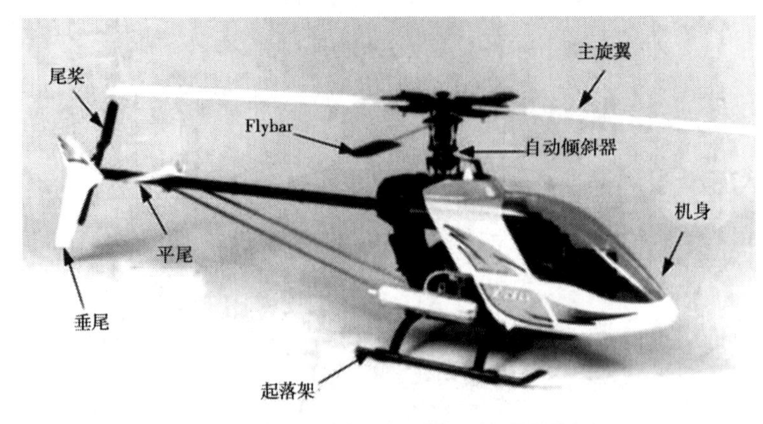


图 2-11　无人直升机的组成结构

图 2-12　北京航景创新科技有限公司生产的 FWH－160 型单旋翼带尾桨式无人直升机

各轴转动惯量明显减小，因此其纵、横及航向操纵能力均得到提升。无尾叶设计避免了其受到附加的侧力及俯仰力矩影响，一定程度上简化了操纵过程。以上优点使得共轴式无人直升机具有较好的发展优势，近几年迅速发展起来的微型直升机中，共轴式布局也是相当受欢迎的一类。

我国在共轴式无人直升机的研发方面取得了很大的成就。例如，北京中航智科技有限公司研发的 TD220 共轴无人直升机（见图 2-13）、沈阳通飞航空科技有限公司研发的共轴双旋翼带尾桨式无人直升机（见图 2-14）。

**（四）无人飞艇**

无人飞艇是一种由发动机驱动的，轻于空气的，可以操纵的航空器，其外观如图 2-15 所示。现代无人飞艇由九大主要部件和八大主要系统组成。九大主要部件包括气囊（主气囊和副气囊）、头部装置、尾部装置、吊舱、动力装置、起落架、尾翼、系留装置和遥控装置。八大主要系统包括电气系统、操纵系统、压力系统、燃油系统、仪表系统、照明系统、压舱系统和飞行控制系统。无人飞艇在空中勘测、摄影、广告、救生以及航空运动中得到了广泛的应用。

**（五）伞翼无人机**

伞翼无人机是一种用柔性伞翼代替刚性机翼为升力面的重于空气的固定翼的航空器，也称柔翼机。其外观如图 2-16 所示。伞翼位于全机的上方，用纤维织物制成的伞布形成柔性翼面。翼面一般由左、右对称的两部分圆锥面组成。伞翼大部分为三角形，也有长方形

图 2-13　北京中航智科技有限公司研发的 TD220 共轴无人直升机

图 2-14　沈阳通飞航空科技有限公司研发的共轴双旋翼带尾桨式无人直升机

图 2-15　无人飞艇

的。伞翼可收叠存放,张开后利用迎面气流产生升力而升空。图 2-17 所示是美国 PM2 伞翼无人机。

图 2-16　伞翼无人机

图 2-17　美国 PM2 伞翼无人机

伞翼无人机的机翼采用铝合金构架、不透气的尼龙蒙布结构，具有与正常机翼类似的气动特性。由于机翼结构的原因，在同样高度与速度下，伞翼能提供的升力只能达到通常机翼的 1/3 左右，伞翼本身的升阻比较低，一般只有 10 左右，因而不能飞到较高的高度。由于飞行高度低，适合于低空飞行，常用于运输、通信、侦察、勘探和科学考察等，适合低空农林作业、查线、探矿、水文测量、运动和娱乐业。

伞翼机结构简单，体积小，重量轻，速度慢，可在 18°～30°的迎角（相对于龙骨的迎角）下安全飞行，最大速度一般不超过 70 km/h，转弯半径可小到 30 m 以下，操纵简单，空中停机后仍有一定滑翔能力，由于采用三角形伞翼，飞机翼展较小。这样在低空复杂气流作用下，相对容易保证平稳飞行。缺点是不能在较高高度飞行，动力较小，受强风影响较大，受侧风影响较强烈，顶风飞行较困难。

**（六）扑翼无人机**

扑翼无人机是机翼能像鸟和昆虫翅膀那样上下扑动的重于空气的航空器，又称振翼机。图 2-18 所示为仿昆虫扑翼无人机。

扑动的机翼不仅产生升力，还产生向前的推动力，适合于小型和微型的无人机。中国春秋时期就有人试图制造能飞的木鸟。意大利人也尝试过扑翼机模型的试飞。但由于控制技术、材料和结构方面的问题一直未能解决，尚停留在模型制作和设想阶段。尽管如此，仍有不少科学家、工程师和业余爱好者致力于扑翼机的研究工作。

随着现代材料、动力、加工技术，特别是微机电技术（MEMS）的进步，已经能够制造出接近实用的扑翼飞行器。这些飞行器从原理上可以分为仿鸟扑翼和仿昆虫扑翼，以微小型无人扑翼为主，也有大型载人扑翼机试飞。仿鸟扑翼的扑动频率低，翼面大，类似鸟类飞行，制造相对容易；仿昆虫扑翼扑动频率高，翼面小，制造难度高，但可以方便地实现悬停。

现代扑翼无人机虽然已经能够实现较好的飞行与控制，但距实用仍有一定差距，在近期内仍无法广泛应用，只能用在一些有特殊要求的任务中，例如城市反恐中的狭小空间侦查。现代扑翼需要解决的主要问题是气动效率低、动力及机构要求高、材料要求高、有效载荷小。以气动效率低问题为例，微小型扑翼属于低雷诺数、非定常过程，目前仍未完全了解扑翼扑动过程中的流动模型和准确气动力变化，也没有完善的分析方法可以用于扑翼气动力计算，相关研究主要依赖试验。

2013 年，科技公司 Festo 的科学家研制出一款既能够模拟鸟类飞行也能够极逼真地扑动翅膀的机器鸟，如图 2-19 所示，命名为 Smartbird。研究者认为扑翼形式无法让飞机产生

图 2-18 仿昆虫扑翼无人机

向上的动力,但是该类机器鸟可以如真正的鸟儿一样起飞降落,也算是扑翼无人机的终极之作。

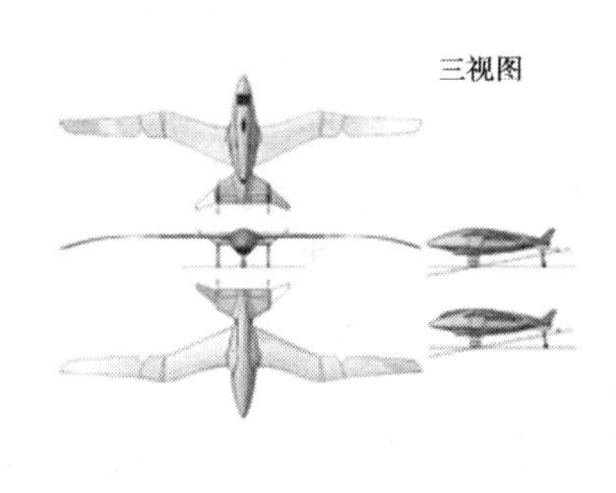


图 2-19 扑翼无人机 Smartbird

### (七)复合式布局无人机

复合式布局无人机由基本布局类型组合而成,主要包括固定翼多旋翼无人机和倾转旋翼固定翼无人机等。

1. 固定翼和多旋翼机复合

复合翼平台搭载固定翼和多旋翼两套动力系统,工作原理是:在起降及低速状态下按照多轴模式飞行,通过多个螺旋桨产生的拉力克服重力和气动阻力进行飞行;而在高速状态下,切换至固定翼模式飞行,通过气动升力克服重力,通过拉力向前的螺旋桨克服气动阻力实现飞行,使其在不同的飞行阶段发挥不同的飞行优势,从而达到最优的整体性能。复合后的无人机型和固定翼比较,起飞距离明显缩短甚至可垂直升降,和直升机比较,飞行速度明显提高。其中一套动力系统工作时,另一套基本处于闲置状态,两套动力系统之间切换采用的是跳转方式,这种方式在切换过程中稳定性较差,如遇侧风,会增加飞机坠机的风险,这就对飞行平台控制的自适应能力有较高的要求。

复合式布局垂直起降飞行器结构如图 2-20 所示。优点为:采用多旋翼加固定翼的复合式布局,实现飞行器的垂直起降与水平飞行,充分发挥了多旋翼优异的垂直起降能力与固定翼高效率的巡航能力,增加续航时间。

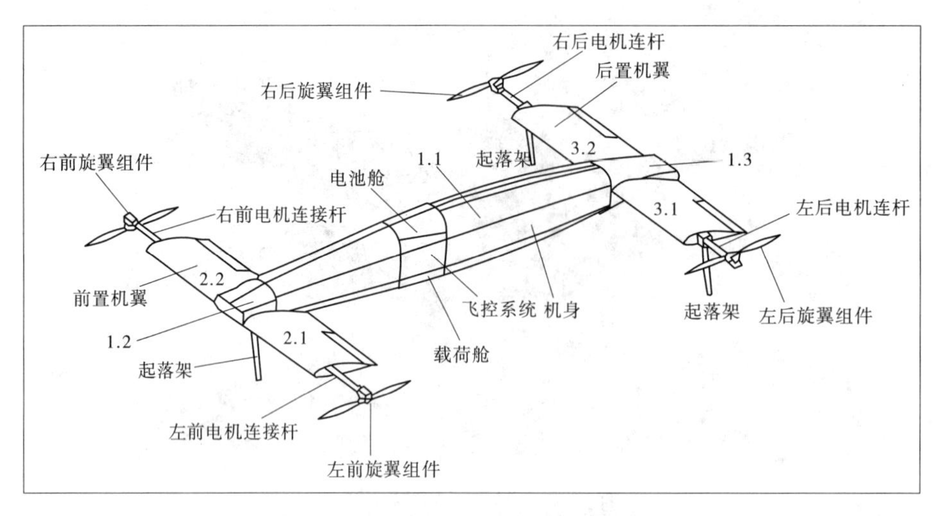


图 2-20 复合式布局垂直起降飞行器结构

近几年,由于垂直起降、高航速、长航时的整合型技术的进步,垂直起降无人机由梦想成为现实,相对于多旋翼和固定翼无人机具有较多优势,主要表现在以下几个方面:

(1)不需要跑道或其他辅助设施,靠近目标起飞,机动灵活,可以快速实现对区域目标或重点目标的空中监视和侦察功能。

(2)可以在大风、高温高湿环境、炎热、寒冷等恶劣的极端环境条件下正常运行。

(3)发射和回收方便。

(4)可以完成定点起降、悬停、盘旋等操作,从而更准确地执行监察任务。

(5)快速拆装,运输携带方便。

(6)能适应山区、丘陵、丛林、建筑物密集区等多种需要快速反应且地形复杂的场合作业,极大地扩展了无人机应用范围,如精准农业、高精度地图测绘、专业搜索和救援、自然灾害评估、管线巡查、环境监测、空中交通监视、消防火情监测和农牧林业等方面。

2. 倾转旋翼固定翼构型

倾转旋翼固定翼构型在思路上明显比固定翼多旋翼构型要高明许多,至少有一部分动力是多旋翼模态和固定翼模态共用的,减小了整个飞行过程的死重,而代价只是增加一套(或多套)旋转机构。

由美国贝尔公司和波音公司联合设计制造的一款倾转旋翼机 V-22,具备直升机的垂直升降能力及固定翼螺旋桨飞机速度较高、航程较远及耗油量较低的优点。V-22 的设计基于贝尔负责的实验机 XV-15,20 世纪 80 年代后期,倾转旋翼机获得了美国陆军的支持,由此引出了 V-22 鱼鹰运输机,其于 2007 年开始在美国海军陆战队服役,取代 CH-46 海骑士直升机承担拯救及作战任务,2009 年美国空军也开始配备。

目前全球唯一成熟的倾转旋翼机 V-22 可以说是集五十年之大成,并且 V-22 也是历史上第一架且仅有的一架可以垂直/短距起落的量产型运输机,如图 2-21 所示。

依靠两套倾转旋翼完成了垂直起降和固定翼飞行。但是有得必有失,表 2-1 总结了倾转旋翼固定翼构型相对于固定翼多旋翼构型的缺点。

图 2-21　V－22 鱼鹰运输机

表 2-1　倾转旋翼固定翼构型相对于固定翼多旋翼构型的缺点

| 项目 | 内容 |
| --- | --- |
| 结构 | 增加了旋翼扭转机构。动力系统越复杂,飞机越大,扭转机构越复杂 |
| 控制 | 动力的复用造成了控制系统相对复杂,以电动四倾转旋翼为最简单,油动或双旋翼机型则需要增加螺旋桨周期变距机构,结构和控制复杂度都接近于直升机 |
| 驱动 | 旋翼在垂直起降阶段下洗流会覆盖部分机翼,造成动力损失,连同机翼一起倾转的构型可以避免这个可题,但是会增加倾转机构复杂度 |
| 效率 | 垂直起降阶段和固定翼飞行阶段所需桨距不同,如果采用同样的桨型,效率将显著降低,小型电动机型可以通过提高转速弥补,但油动机型需要有螺旋桨变总距机构 |

因此,与固定翼多旋翼复合构型类似,固定翼起飞重量(质量)要求非常小(小于 5 kg)时,也不宜采用倾转旋翼固定翼布局,而对于载荷要求比较大的应用,倾转旋翼的效率提升就可以弥补结构、控制复杂的劣势了,特别是如果有大载重、长航时需求,由于现在大载重直升机的飞控仍有很多不足,倾转旋翼可作为一种折中策略。当前固定翼多旋翼复合构型市场非常活跃,PX4 等开源飞控也都支持倾转旋翼,可预见,倾转旋翼的产品和应用也将越来越多。

在产品方面,深圳智航一直在进行倾转旋翼固定翼构型的研发和测试,并且推出了面向物流(V330)和测绘(V400)的两款产品,图 2-22 所示是 V330 机型外观。智航产品的一个优点是旋翼下洗流不会打到机翼上,因此垂直起降模态的动力损失较少,而在实际应用中,这两款产品具有不错的载荷能力和续航时间。

沈阳无距科技有限公司 2017 年 6 月推出了串列翼布局的倾转旋翼,图 2-23 所示是沈阳无距科技公司生产的倾转旋翼机的概念模型。虽然实用化的产品目前还较少,但具有创新、设计合理的倾转旋翼无人机在未来几年将大放异彩。

图 2-22　深圳智航 V330

图 2-23　沈阳无距科技公司生产的倾转旋翼机的概念模型

## 二、无人机机架结构

所谓机架，是指无人机的机体结构，即机身、机翼、尾翼、起落架和螺旋桨等，若动力装置不在机身内，则动力短舱也属于机体结构的一部分。机架是整个飞行系统的载体。所有设备都是用机架承载起来飞上天空的，所以无人机的机架好坏，很大程度上决定了这部无人机好不好用。衡量一个机架的好坏，可以从坚固程度、使用方便程度、元器件安装是否合理等方面考察。一般使用强度高、重量轻的碳纤维材料。飞行器机架的大小，取决于桨翼的尺寸及电机（马达）的体积：桨翼越长，马达越大，机架大小便会随之而增加。机架一般采用较轻材料制造，以减轻无人机的负载量。

无人机机身的主要功用是作为飞机其他结构部件的安装基础，将尾翼、机翼及发动机等连接成一个整体。但飞翼机是个例外，它的机身被隐藏在机翼的内部。

典型的机身结构是半硬壳结构，通常被分为前部、中部和尾部三个部分。应力蒙皮的半硬壳结构中，机身蒙皮由一些沿机身方向的部件加强，当这些部件很轻时，它们被称为长桁；当它们很重时，称为机身大梁。蒙皮的形状由一些横向的结构框或隔板来维持。主要的一根纵向与机身方向一致的梁称为龙骨。

机翼是飞机产生升力的部件，机翼后缘有可操纵的活动面，靠外侧的叫作副翼，用于控制飞机的滚转运动，靠内侧的则是襟翼，用于增加起飞着陆阶段的升力。机翼下面可挂载附加设备。图 2-24 是常见机翼类型。

尾翼是用来平衡、稳定和操纵飞机飞行姿态的部件，通常包括垂直尾翼（垂尾）和水平尾翼（平尾）两部分。垂直尾翼由固定的垂直安定面和安装在其后部的方向舵组成，水平尾翼由固定的水平安定面和安装在其后部的升降舵组成，一些型号的飞机升降舵由全动式水平尾翼代替。方向舵用于控制飞机的航向运动，升降舵用于控制飞机的俯仰运动。安定面的作用是提供升力面，升力面提供用于控制飞机飞行所必需的空气动力。尾翼部分连在机

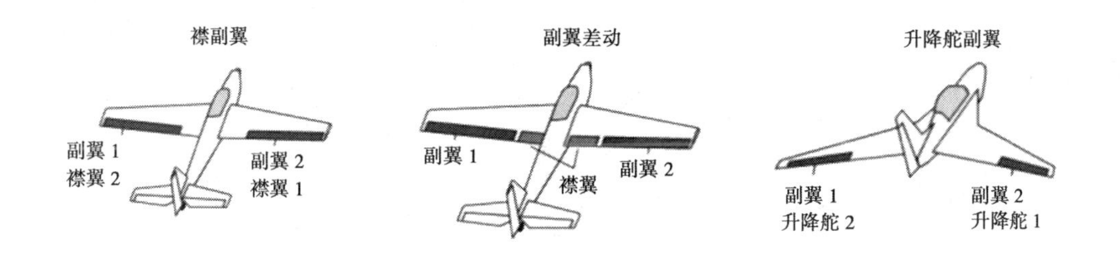


图 2-24　常见机翼类型

身后部，通常由一至多个垂尾或垂直安定面和一个水平安定面组成。图 2-25 是常见尾翼类型。

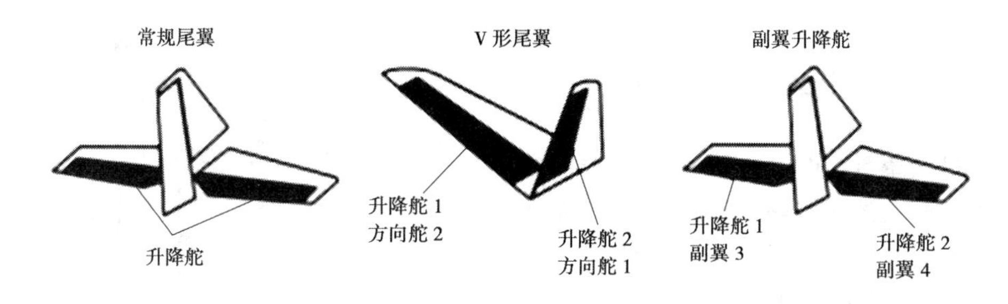


图 2-25　常见尾翼类型

起落架是用来支撑飞机停放、滑行、起飞和着陆滑跑的部件，由支柱、缓冲器、刹车装置、机轮和收放机构组成。

固定翼无人机机架主要由机身（内部电子设备，比如接收机、舵机、电池、电子变速器、电机、螺旋桨组、起落架）、主翼、尾翼、发动装置等组成（见图 2-26）。主翼主要包含襟翼、副翼、襟副翼。尾翼主要指水平尾翼、垂直尾翼，一般由机身内的舵机通过拉杆控制水平尾翼与垂直尾翼的舵面，也有较为特殊的将舵机装于尾翼附近的结构。具体有以下几种：常规结构是水平尾翼在主翼之后，如图 2-27 所示。除了水平尾翼的位置，主翼的位置不同也对飞机的结构布局产生影响。上单翼：指主翼安装位置在机身上方，具有较高的稳定性，但灵活性较差；中单翼：指主翼安装位置在机身中部，兼具灵活性和稳定性；下单翼：指主翼安装位置在机身下方，具有较高的灵活性，但稳定性较差。鸭式结构布局：水平尾翼位于机翼之前，具有在大机动动作下，较好的空气动力性能。无尾结构布局：只有一对机翼，根据飞机本身应用环境，决定是否装垂直尾翼。

多轴飞行器的机架主要由中心板、力臂、脚架组成，有着结构简单的特点。通过多个螺旋桨转速的不同而实现上升下降、左右旋转、前进后退等动作。

直升机机架由旋翼头、机身、尾旋翼组成。旋翼头由很多拉杆组成，零件多且精密，是直升机控制的核心部分。机身一般负责负载固定电池、电子变速器、电机、舵机、接收机、陀螺仪。尾旋翼包含尾管、尾旋翼控制组（与旋翼头类似，但是结构稍为简单）。

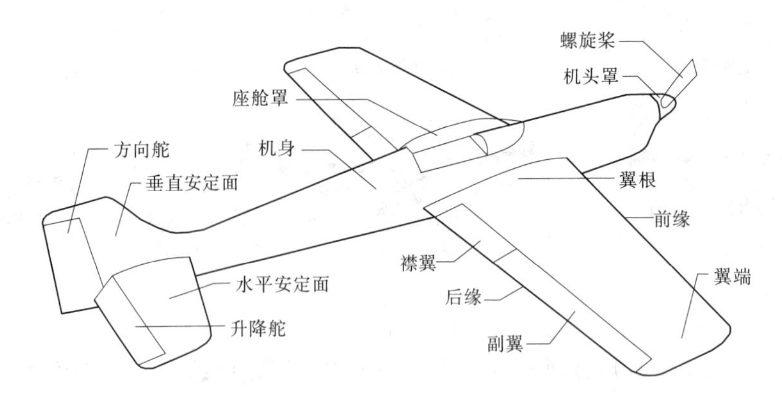


图 2-26　固定翼无人机机架结构

## 第二节　无人机系统

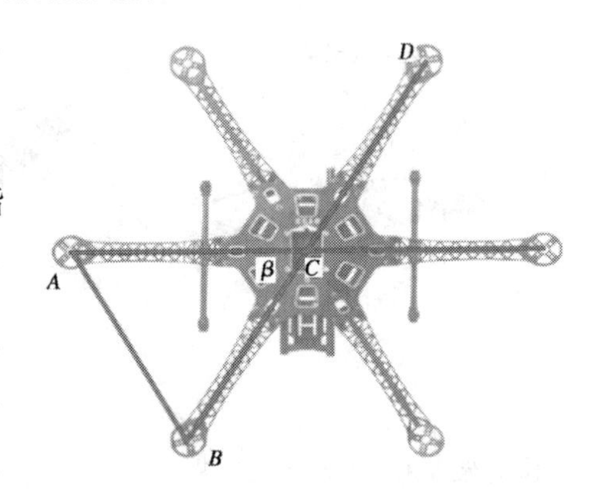


图 2-27　六旋翼机架

无人机系统，也称无人驾驶航空器系统，是指一架无人机相关的遥控站、所需的指令与控制数据链路以及批准的型号设计规定的任何其他部件组成的系统，包括地面控制系统（地面站、发射回收系统）、飞机系统（电源系统、推进系统、飞行控制系统）、数据链系统（遥控器、遥控信号接收器）、任务设备和无人机使用保障人员。

无人机使用保障人员由无人机系统驾驶员、机长以及拆装维护人员组成。无人机系统驾驶员，是指由运营人指派对无人机的运行负有必不可少职责并在飞行期间适时操纵飞行控制的人员。无人机系统的机长，是指在系统运行时间内负责整个无人机系统运行和安全的驾驶员。

### 一、无人机动力系统

无人机的动力系统主要有电动动力和内燃动力两种装置。作为动力装置的核心发动机，它为无人机提供满足飞行速度、高度要求的推力或电力输出，是无人机实现飞行的基础。发动机的主要功能是用来产生拉力或推力，克服与空气相对运动时产生的阻力使飞机前进，并为一些附属装置提供动力。其中，小型无人机以电动装置为主。大、中型无人机使用内燃动力装置，主要有小型活塞式发动机、涡轮发动机。

无人机的动力装置除发动机外，还包括螺旋桨、发动机空气进气口和排气口、润滑系统、发动机控制、传动附件以及传动机匣等一系列保证发动机正常工作的系统，如发动机燃油系统、发动机控制系统等。对于有螺旋桨的无人机，在高转速的发动机轴和低转速的螺旋桨传动之间的减速齿轮和轴系称为动力传动齿轮系统。

### (一)小型活塞发动机

1. 往复式活塞发动机

活塞式发动机也叫往复式活塞发动机,由汽缸、活塞、连杆、曲轴、气门机构、螺旋桨减速器、机匣等组成。活塞式发动机属于以燃油为燃料的内燃机,内燃机通过燃料在汽缸内的燃烧,将热能转变成机械能,带动螺旋桨叶等推进器才能为无人机提供动力。活塞发动机系统一般由发动机本体、进气系统、增压器、点火系统、燃油系统、启动系统、润滑系统以及排气系统构成。发动机的一个循环包括进气、压缩、燃烧、膨胀和排气五个过程,根据活塞运动形式分为往复式活塞发动机和旋转活塞发动机。

往复式活塞发动机工作的五个过程可以在两个或四个行程内完成,分别称为两冲程发动机或四冲程发动机,且大多安装有增压器,使空气进入汽缸以前先经过增压器增压,增加进入汽缸的空气量。图 2-28 为小型往复式活塞发动机。图 2-29 为往复式活塞发动机的四个行程示意图。

图 2-28　小型往复式活塞发动机

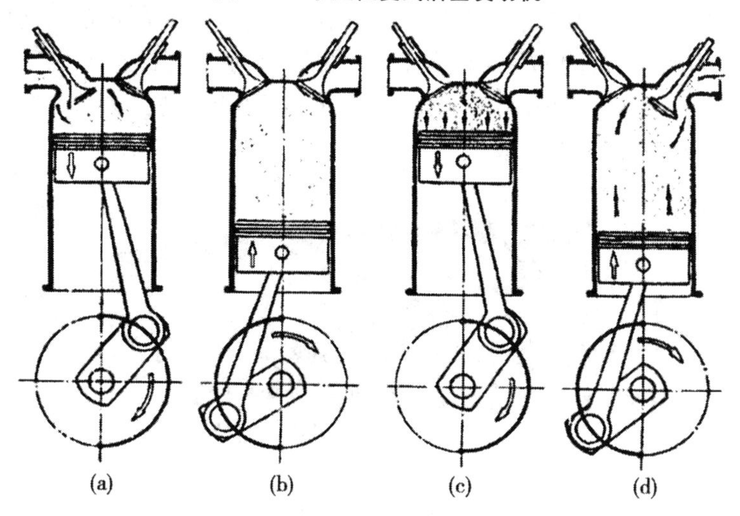


图 2-29　往复式活塞发动机的四个行程

往复式活塞发动机的主要优点是效率高、耗油低,在无人机上得到广泛应用。小型两冲程发动机体积小、重量轻、结构简单、使用维护方便,能满足一般小型低空、短航时无人机的要求。但由于两冲程发动机缸数和冷却的限制，进一步提高功率有很大困难，而且两冲程活塞发动机耗油率较高，废气涡轮增压系统难以实现，无法满足中高空、长航时无人机的要求。相比之下，四冲程发动机具有较高的功率、较低的耗油率、优良的高空性能和较高的可靠性。

目前，国内大部分轻小型无人机采用的小型往复式活塞发动机为德国3W系列和中国DLE系列，其中，由弥勒浩翔科技有限公司生产的DLE系列活塞发动机，凭借优异的性能得到国内外用户广泛好评，是目前唯一进入国际赛事的中国制造的发动机。

2. 旋转活塞发动机

旋转活塞发动机又称转子发动机，与往复式活塞发动机工作原理相同，都是依靠空气燃料混合气燃烧产生的膨胀压力来获得转动力，但旋转活塞发动机采用三角转子的偏心旋转运动来控制压缩和排放，而不需要曲柄连杆机构，通过气口换气而不需要复杂的气阀配气机构，因此旋转活塞发动机的结构大为简化，而且明显地具有重量轻、体积小、比功率高、零件小、制造成本低、运转平衡、高速性能良好等优点。

但由于活塞发动机的一些局限性，活塞发动机只适合用于低空、低速且起飞重量小的无人机。

**（二）涡轮发动机**

绝大多数活塞发动机主要适用于低速、低空的无人机，而对于更大使用范围的无人机，燃气涡轮发动机是首选的动力装置。对于轻小型无人机平台而言，微型涡喷发动机主要用于固定翼无人机，微型涡轴发动机主要用于无人直升机。

1. 微型涡喷发动机

一般将推力量级在1 000 N及以下的涡喷发动机称为微型涡喷发动机。微型涡喷发动机由于具有结构相对简单、加速快、经济性较好等特点，在军用和民用领域都有广泛的应用。

微型涡喷发动机通常由进气道、压气机、燃烧室、涡轮和尾喷管等组成，其工作过程的原理是热力循环。该循环包括三个热力过程，即空气在进气道和压气机内的压缩过程、空气在燃烧室与燃料混合燃烧的加热过程，以及所形成的高温高压燃气在涡轮的排气装置内的膨胀过程。高温高压燃气拥有的膨胀功远大于压气机需要的空气压缩功，燃气在喷管内膨胀时几乎所有的剩余势能都转换成动能，燃气流加速到很高的速度，从而产生推力。图2-30所示是微型涡喷发动机结构示意图。

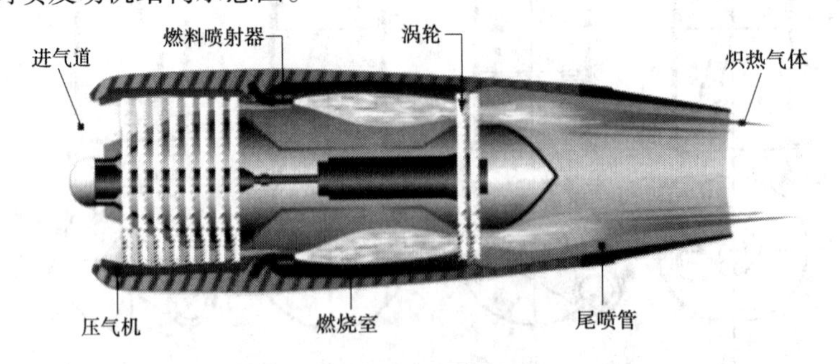


**图2-30　微型涡喷发动机结构示意图**

2. 微型涡轴发动机

微型涡轮轴发动机，简称微型涡轴发动机，是一种输出轴功率的涡轮喷气发动机。与一般航空喷气发动机一样，微型涡轴发动机也有进气装置、压气机、燃烧室、涡轮及排气装置等五大机件。微型涡轴发动机利用一个不与压气相连的自由涡轮带动直升机的旋翼,从而把功率传出去。微型涡轴发动机结构示意图见图2-31,微型涡轴发动机外形见图2-32。

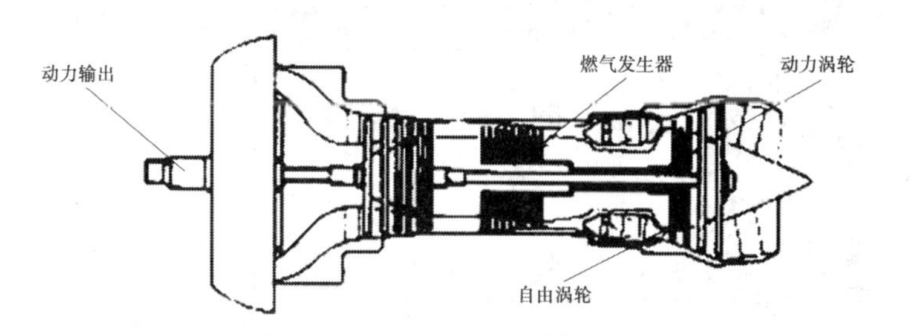


图2-31　微型涡轴发动机结构示意图

图2-32　微型涡轴发动机外形

涡轮发动机和活塞发动机对大、中型无人机的飞行速度、高度及续航时间等而言,发动机的选择是不同的。

### (三)电动动力系统

无人机使用电动动力系统具有其他动力装置无法比拟的优点,如结构简单、重量轻、使用方便,噪声很小,又能提供与内燃机不相上下的比功率。它尤其适合作为低空、低速、微型无人机的动力。电动系统主要由动力电机、动力电源、调速系统以及螺旋桨等几部分组成。系统各个部分之间是否匹配、动力系统与整机是否匹配,直接影响到整机效率、稳定性,所以说动力系统至关重要。

1. 电机(马达)

对无人机上的电机需要关注最大电流(A)、最大电压(V)及KV值三项参数。电机KV值是指在某电压下电机的转速(空载)。例如,KV1 000的电机在10 V电压下的转速(空载)就是10 000 r/min。该参数的意义是帮助我们判断马达的特性,KV值高的电机在相同电压下爆发出来的功率高,内阻小,电流大,转速快,拥有很好的极限转速,但是受到电机自身的设计与材料限制,会有一个功率上限,一般KV值高的配小的高速桨,KV值低的配大的低速桨。

微型无人机使用的动力电机一般分为有刷电动机和无刷电动机两类。有刷电动机由于效率较低,在无人机领域已逐渐不再使用。目前主要使用外转子无刷动力电机。外转子无刷电机一头固定在机架力臂的电机座上,一头固定螺旋桨,通过旋转产生向下的推力。无人机机架的大小、负载不同,需要配合不同规格、功率的电机,电机并不是越大越好,关键看效率。

外转子无刷电机工作原理:把线圈绕在定子上,定子绕组多做成三相对称星形接法,同三相异步电动机相似。然后把磁铁做成一片片转子,贴到外壳上,电机运行时,整个外壳磁铁转动,而中间的线圈定子不动。通过电调使3根电源线不停地改变线圈产生的磁场,使搭配的永磁铁来驱动转子转动。

图2-33所示是一个三相12绕组8极(4对极)外转子无刷电机,8个永磁体采用表面贴片式。从图可见,其三相绕组也是在中间点连接在一起的,属于星形连接方式。一般而言,电机的绕组数量都和永磁极的数量不一致,主要是为了防止定子的齿与转子的磁铁相吸对齐。运动时转子的N极与通电绕组的S极有对齐的运动趋势,转子的S极与通电绕组的N极有对齐的运动趋势(S极与N极相互吸引)。利用无刷电调,给线圈组对应地供电以产生

相应的旋转磁场，就可以实现不停地驱动磁铁转子保持转动。

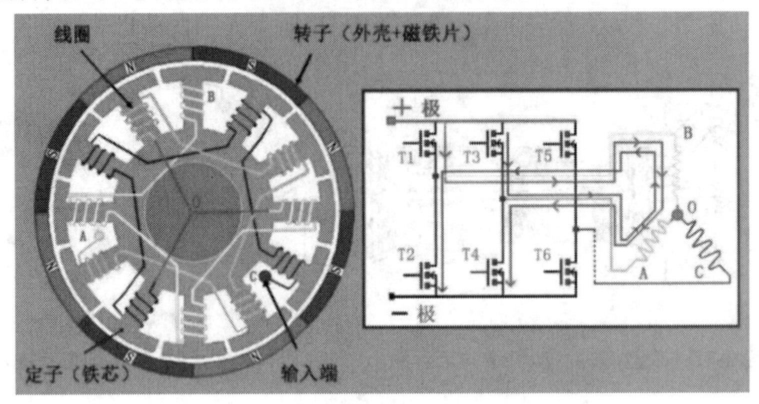


图 2-33　外转子无刷电机工作原理示意图

电机的型号主要以尺寸为依据。比如，无刷外转子 2208 电机是指它定子线圈的直径是 22 mm，不包括轴电子线圈的长度是 8 mm。电机的技术指标很多，与无人机动力特性最相关的两个是转速和功率。转速一般用 KV 来表示。比如，使用 KV1 000 的电机，11.1 V 电池，电机转速应该是 1 000 × 11.1 = 11 100，即每分钟 11 100 转。图 2-34 所示是一台 4108 外转子无刷动力电机。

图 2-34　外转子无刷动力电机 4108（KV480）

2. 电调

电调的全称为电子调速器（ESC），是一个半导体开关，是连接飞控板和电机的部件，其主要功能是接收飞控板发出的信号，根据此信号调节电机的转速，从而影响飞行器的飞行状态。

单独的电机并不能工作，需要配合电调，后者用于控制电机的转速。与电机一样，不同负载的动力系统需要配合不同规格的电调，虽然电调用大了没太大影响，但电调大了，自然也重了，效率自然也不会提高。例如电机最大效率电流为 30 A，那么选择的电调起码要 30 A，但从安全考虑，电调要选择稍大一点的，如 35 ~ 40 A，但不要超出太多，以免影响电机的使用寿命。电调参数指标指的是电流输出能力，一般是指稳定工作电流，也有个别标的是最大电流（超过指标就会烧）。

无刷电调输入是直流，可以接稳压电源，或者锂电池。输入端是正负极 2 根电源线，输出则是 3 根线，是三相交流，直接与电机的三相输入端相连。通电后，若电机反转，需要把这 3 根线中的任意 2 根对换位置即可。据此以控制电机的运转。无刷电调上的线共有 8 根，3 根连电机，2 根接电源，剩下 3 根红黑白细线（带插头）是 3P 信号线，红黑线为接收机供电线，白线是 PWM（脉冲宽度调制）波形调速信号线。电调一般有电源输出功能（BEC），即在信号线的正负极之间有 5 V 左右的电压输出，通过信号线为接收机及舵机供电。电调外形及连接如图 2-35 所示。

无人机上无刷电调的种类、品牌较多，按照功率分为 30 A、40 A、50 A、60 A、80 A 和 120 A 等，不同功率的电调要对应不同的电机，否则会出现电机转速不足，或烧坏电调的情况。

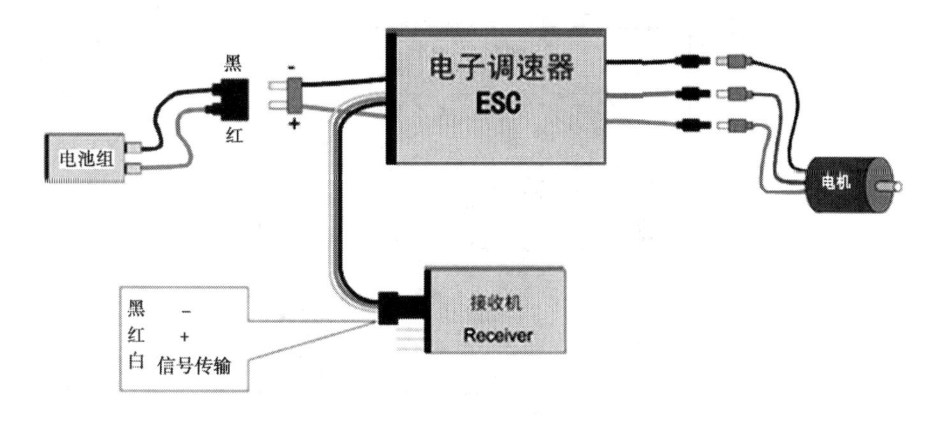


图 2-35 电调外形及连接示意图

3. 螺旋桨

螺旋桨是直接产生推力的部件,以追求效率为首要目的。匹配的电机、电调和螺旋桨搭配,可以在相同的推力下耗用更少的电量,这样就能延长无人机的续航时间。螺旋桨是有正反两种方向的,因为电机驱动螺旋桨转动时,本身会产生一个反扭力,导致机架反向旋转。而通过一个电机正向旋转、一个电机反向旋转,可以互相抵消这种反扭力,相对应地,螺旋桨的方向也就相反了。

螺旋桨有不同型号,一般以桨片的长度和桨片的角度来决定。选择螺旋桨时要注意与电机配合,否则电机和电调都会烧掉。

螺旋桨是一个旋转的翼面,产生推力的方式类似于机翼。产生的升力大小依赖于桨叶的形态、螺旋桨叶迎角和发动机的转速。螺旋桨叶本身是扭转的,因此桨叶角从毂轴到叶尖是变化的。最大安装角在毂轴处,而最小安装角在叶尖,如图 2-36 所示。

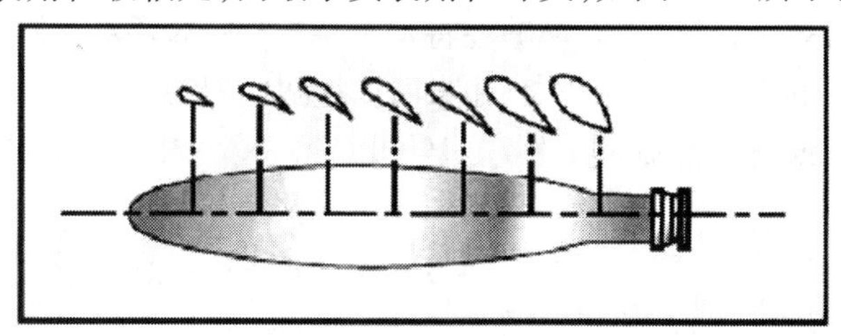

图 2-36 螺旋桨截面安装角的变化

螺旋桨叶扭转的原因是为了从毂轴到叶尖产生一致的升力。当桨叶旋转时桨叶的不同部分有不同的实际速度。桨叶尖部线速度比靠近毂轴部位的要快,因为相同时间内叶尖旋转的距离比毂轴附近要长。从毂轴到叶尖安装角的变化和线速度的相应变化就能够在桨叶长度上产生一致的升力。螺旋桨各截面同一角速度下不同的线速度如图 2-37 所示。

轻型、微型无人机一般安装定距螺旋桨,大型、小型无人机根据需要可通过安装变距螺旋桨提高动力性能。

1)定距螺旋桨

定距螺旋桨是指桨距不能改变。这种螺旋桨,只有在一定的空速和转速组合下才能获得最高的效率。另外,还可以把定距螺旋桨分为两种类型,即爬升螺旋桨和巡航螺旋桨。飞

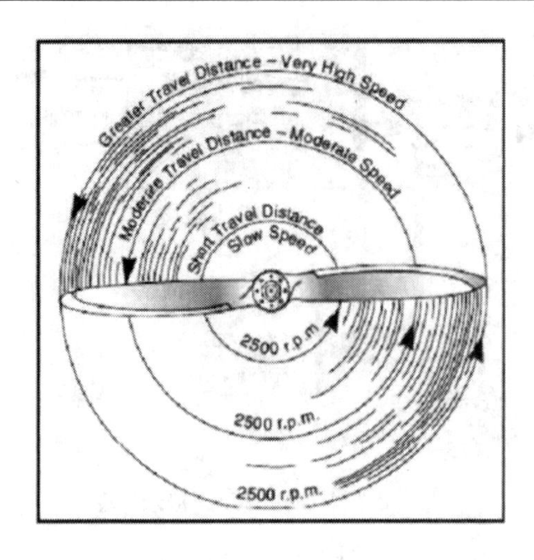


图 2-37　螺旋桨各截面同一角速度下不同的线速度

机是安装爬升螺旋桨还是巡航螺旋桨，依赖于它的预期用途。

轻型、微型无人机一般使用 2 叶桨，少数使用 3 叶桨或 4 叶桨等。根据无人机行业习惯，通常定义右旋前进的螺旋桨为正桨，左旋前进的螺旋桨为反桨，桨径 20 in(1 in = 2.54 cm)以下的螺旋桨有木材、工程塑料或碳纤维等材质，需要根据实际需要选用。部分螺旋桨桨叶设计成马刀形状，桨尖后掠，这样可以在一定程度上提高效率。

2）变距螺旋桨

可调桨距螺旋桨可以在飞行中调节螺旋桨的桨距。所有可调桨距螺旋桨系统都可以在一定范围内调节桨距。恒速螺旋桨是最常见的可调桨距螺旋桨类型。恒速螺旋桨的主要优点是它在大的空速和转速组合范围内，把发动机功率的大部分转换成推进马力。恒速螺旋桨比其他螺旋桨更有效率，是因为它能够在特定条件下选择最有效率的发动机转速。

装配恒速螺旋桨的无人机有两项控制，即油门控制和螺旋桨控制。油门控制（进气压力表指示）功率输出，螺旋桨控制调节发动机转速。

4. 电池

无人机上电机、电调的运转是离不开动力源电池的，但电池选择首先看电池容量，其次看放电倍率；如：2 200 mA，10 C，该电池的最大放电电流为 22 A(2.2 A × 10 = 22 A)。再次看电机的最大负载电流以及电调，最后确定电池。若是多轴无人机需要考虑电池要为多个电机分别供电，电池自然要大些。

目前，轻小型无人机主要以聚合物锂离子电池为动力，使用方便可靠，但使用时间短，航程受到限制。燃料电池以及蓄电池和燃料电池混合动力开始在无人机上应用，技术上有待进一步的发展；而新型石墨烯电池实验阶段的成功有望使轻小型无人机电池动力实现突破，成为新的发展点。

无人机上的电调、电池、电机三者之间的关系是相互影响的。在选择无人机时应注意以下问题：

（1）电池电压不能超过电调最高承载电压。

（2）电池输出电流能够持续输出大于电调最大持续电流。

（3）电机工作电压由电调决定，而电调电压由电池输出决定，所以电池的电压要等于或小于电机的最大电压。

(4)电调最大电压不能超过电机能承受的最大电压。

## 二、无人机电气系统

为了使无人机上各种系统和设备正常工作,完成预定的功能,需要使用各种形式的能源。在无人机上使用的动力、导航、飞行控制、测控与管理、任务设备等系统以及它们的工作状态都与电气系统有关。因此,电气系统是无人机系统的一个重要组成部分,它的工作状态及运行直接影响到无人机和全系统的正常工作。

无人机电气系统一般包括电源、配电系统、用电设备三个部分,电源和配电系统两者的组合统称为供电系统。供电系统的功能是向无人机各个用电系统或设备提供满足预定设计要求的电能。

无人机电气系统根据其位置可以分为机载电气系统和地面供电系统两部分。机载电气系统主要由主电源、应急电源、电气设备的控制与保护装置及辅助设备组成。

机载电气系统的供电电源一般是指无人机主动力装置直接驱动的发电装置,而电动无人机的动力电池即为无人机供电电源。在一些大型无人机上,为了适应用电系统或设备对供电类型的不同要求,还应该根据需要设置变换电源。一旦主电源系统发生故障,必须有应急电源,为无人机安全飞行和返航着陆所必需的系统或设备提供足够的电能。

## 三、无人机任务载荷

无人机的载荷能力主要由各种类型的任务载荷决定。所谓无人机任务载荷,就是在无人机平台上装载的实现无人机飞行要完成的特定任务的仪器、设备和分系统,统称为无人机的有效载荷或者叫任务载荷。无人机只是这些设备的平台和运输工具。任务载荷包括传感器和执行运送等任务所需的设备,不包括航空电子设备、数据链路和燃油。

一般来说,一个典型的无人机的任务载荷系统应该包括信息采集系统、信息收发系统、任务执行系统、供电系统和辅助机构等,一些高智能无人机还包括信息分析及决策系统。

无人机任务载荷的快速发展极大地扩展了无人机的应用领域,无人机根据其功能和类型的不同,其上装备的任务载荷也不同。大致分为投放类(救援、架线、撒农药)、获取类(大气监测、采样、应急、搜救、遥测)、光电类(监控、监视)、其他类(通信、实验、中继)。

### (一)机载云台

云台是安装、固定摄像机或其他成像设备的支撑设备。任务载荷大多需要安装在云台上面,以使任务载荷充分发挥其功能。随着无人机和各种任务载荷的发展,机载云台作为无人机系统的重要组成部分,直接影响无人机执行任务的能力。

由于无人机在飞行过程中空中姿态角度经常发生变化,同时电机转动也会造成极强的高频振动,所以需要一个设备来稳定镜头以保证画面的稳定性。云台的工作原理就是通过内置的陀螺仪等传感器来监测飞行器的角度变化,通过电机带动镜头转动来主动补偿角度的倾斜,使镜头始终保持在一个固定的角度。同时云台与飞机的连接采用减震球等阻尼器件,可以减小电机的高频振动产生的影响。

云台分为固定和电动两种。固定云台适用于定点摄像或监视范围不大的情况;电动云台适用于对所有范围进行扫描监视,可以扩大摄像机的监视范围。固定云台利用纵横两个

方向上的调整机构对已安装好的摄像机进行水平和俯仰角度的调整，最终锁定在最好的工作姿态之上；电动云台利用两台电机作为执行机构，可以实现水平和竖直方向的两自由度转动。通过串口接收来自控制器的命令信号精确控制电机转动，保证云台转动的稳定性和灵活性，使载荷符合运行和定位的要求。在控制信号的作用下，云台上的摄像机既可自动扫描监视区域，也可跟踪监视对象。

无人机上的任务载荷一般都配备了专用的云台系统，云台系统应具备以下功能：云台的电机驱动及控制、遥控指令处理、航拍图像获取与传输、目标检测与跟踪。

目标检测与跟踪功能主要根据摄像头获取的图像信息，对图像中感兴趣的目标进行长时间稳定的自动跟踪，并生成控制步进电机转动的命令发送给云台，控制电机带动摄像头转动，使目标一直处于摄像范围之中。此功能有助于实现无人机的自动导航与寻找目标着陆。

**（二）无人机任务载荷常见类型**

无人机的任务载荷是由无人机的尺寸和载重量以及任务需求所决定的。常用的光电类任务载荷设备有可见光载荷、光电摄像机、红外摄像机、红外热像仪、合成口径雷达、激光雷达以及多光谱、高光谱相机等传感器。

1. 光电类传感器

光学照相机是一种古老的光化作用成像设备，也是最早装上无人机使用的侦察设备，最大优点是具有极高的分辨率，目前其他成像探测器还无法达到。但其缺点是需回收冲洗，不能满足实时情报的需要。

光电摄像机通过电子设备的转动、变焦和聚焦来成像，在可见光谱工作，所生成的图像形式包括全活动视频、静止图片或二者的合成。大多数小型无人机的光电摄像机采用窄视场到中视场镜头。光电传感器可执行多种任务，还可与其他不同类型的传感器结合使用，以生成合成图像。光电摄像机大多在昼间使用，以便尽可能提高视频质量。

2. 红外类传感器

红外摄像机一般是主动红外，基本原理是利用普通 CCD 摄像机可以感受红外光的光谱特性（可以感受可见光，也可以感受红外光），配合红外灯作为“照明源”来夜视成像；而热像仪完全是被动红外，其原理是探测目标自身发出的红外辐射，并通过光电转换、信号处理等手段，将目标物体的温度分布图像转换成视频图像。红外热成像仪可分为冷却式和非冷却式两大类。

红外行扫描器（IRLS）：是一种热成像装置，它利用扫描镜收集地面红外辐射并投射到红外探测器上，形成红外图像信号。也可以用这种红外图像信号调制视频通道，经过数据传输系统发送回地面接收站。

红外摄像机在红外电磁频谱范围内工作。红外传感器也称为前视红外传感器，利用红外或热辐射成像。前视红外（FLIR）即热成像器，是采用凝视焦平面阵列红外探测器，可一次完成成像探测、积分、滤波和多路转换功能。这种全固态红外成像器不仅体积小、重量轻、可靠性高，而且凝视比扫视具有更高的灵敏度和分辨率以及更远的作用距离。这显然对无人机执行监察、监视任务更为有利。

无人机采用的红外摄像机分为两类，即冷却式和非冷却式。现代冷却式摄像机由低温制冷器制冷，可降低传感器温度到低温区域。这种系统可利用热对比度较高的中波红外波段工作。冷却式摄像机的探头通常装在真空密封盒内，需要额外功率进行冷却。总而言之，冷却式摄像机生产的图像质量比非冷却式摄像机的要高。

非冷却式摄像机传感器的工作温度与工作环境温度持平或略低于环境温度,当受到探测到的红外辐射加热时,通过所产生的电阻、电压或电流的变化工作。非冷却式传感器的设计工作波段为7~14 nm的长波红外波段。在此波段上,地面温度目标辐射的红外能量最大。

3. 激光类传感器

无人机激光雷达是一种新兴的技术手段。无人机激光雷达作为无人机的有效载荷设备,将现场真实的信息转化为点云的图像,可直观地展示和还原现场情况。

激光雷达原理与雷达原理相似,激光雷达使用的技术就是根据激光遇到障碍物后的折返时间,计算目标与传感器的相对距离。激光光束可以准确测量视场中物体轮廓边沿与传感器间的相对距离,这些轮廓信息组成所谓的点云并绘制出3D环境地图,精度可达到厘米级别,从而提高测量精度。激光雷达作为"机械之眼",已大量应用在无人机上。

激光雷达还具备独特的优点,如较高的距离分辨率、角分辨率、速度分辨率,测速范围广,能获得目标的多种图像,抗干扰能力强,比微波雷达的体积小和重量轻等。

激光测距仪利用激光束确定到目标的距离。激光指示器利用激光束照射目标。激光指示器发射不可视编码脉冲,脉冲从目标反射回来后,由接收机接收。然而,这种利用激光指示器照射目标的方法存在一定的缺点。如果大气不够透明(如下雨、有云、尘土或烟雾),则会导致激光的精确度欠佳。此外,激光还可能被特殊涂层吸收,或不能正确反射,或根本无法发射(如照到玻璃上)。

4. 合成孔径雷达(SAR)传感器

合成孔径雷达是利用雷达与目标的相对运动把尺寸较小的真实天线孔径用数据处理的方法合成一个较大的等效天线孔径的雷达,也称综合孔径雷达。无人机传统上一直使用轻小型电光成型探测设备,其监视和目标截获任务的价值也得到证实。但是它们的不足之处在于探测距离短,受云雾雨雪气象条件限制,也不能测量距离。而这些正是机载雷达的长处。不过由于雷达一般体积、重量和功耗较大,很少有无人机能承受得了。目前专家们认为无人机有源成像探测设备的发展方向是合成孔径雷达(SAR)。它突破了一般雷达由于天线长度和波长的限制使分辨率不高的缺点。合成孔径雷达采用侧视天线阵,利用载机向前运动的多普勒效应,使多阵元合成天线阵列的波束锐化,从而提高雷达的分辨率:其特点是分辨率高,能全天候工作,能有效地识别伪装和穿透掩盖物,所得到的高方位分辨力相当于一个大孔径天线所能提供的方位分辨力。

5. 多光谱相机传感器

多光谱照相机是在普通航空照相机的基础上发展而来的。多光谱照相是指在可见光的基础上向红外光和紫外光两个方向扩展,并通过各种滤光片或分光器与多种感光器件的组合,使其同时分别接收同一目标在不同窄光谱带上所辐射或反射的信息,即可得到目标的几张不同光谱带的照片。

多光谱照相机可分为三种:第一种是多镜头型多光谱照相机。它具有4~9个镜头,每个镜头各有一个滤光片,分别让一种较窄光谱的光通过,多个镜头同时拍摄同一景物,同时记录几个不同光谱带的图像信息。第二种是多相机型多光谱照相机。它是由几台照相机组合在一起,各台照相机分别带有不同的滤光片,分别接收景物的不同光谱带上的信息,同时拍摄同一景物,各获得一套特定光谱带的胶片。第三种是光束分离型多光谱照相机。它采

用一个镜头拍摄景物,用多个三棱镜分光器将来自景物的光线分离为若干波段的光束,分别将各波段的光信息记录下来。这三种多光谱照相机中,光束分离型照相机的优点是结构简单,图像重叠精度高,但成像质量差;多镜头和多相机型照相机也难准确地对准同一地方,重叠精度差,成像质量也差。

多光谱成像仪多数属于被动工作,按其工作方式的不同可以分为光学成像和扫描成像两大类。光学成像有分幅式多光谱相机、全景相机、狭缝式相机等。扫描成像有光机式扫描仪、成像光谱仪、成像偏振仪等。

多光谱成像分光技术就是把入射的全波段或宽波段的光信号分成若干个窄波段的光束,然后把它们分别成像在相应的探测器上,从而获得不同光谱波段的图像。实际使用时,要更有效地提取目标特征并进行识别,探测系统需要有精细的光谱分辨能力,就要求把光谱分得更窄并用对各波段,而完成这一任务的就是成像分光技术。

6. 高光谱相机传感器

高光谱成像技术是基于非常多窄波段的影像数据技术,它将成像技术与光谱技术相结合,探测目标的二维几何空间及一维光谱信息,获取高光谱分辨率的连续、窄波段的图像数据。目前,高光谱成像技术发展迅速,常见的包括光栅分光、声光可调谐滤波分光、棱镜分光、芯片镀膜等。

高光谱相机在电磁波谱的可见光、近红外、中红外和热红外波段范围内,获取许多非常窄的光谱连续的影像数据。高光谱图像在光谱维度上进行了细致的分割,不仅仅是传统所谓的黑、白或者 R、G、B 的区别,而是在光谱维度上也有 $N$ 个通道,例如把 400 ~ 1 000 nm 分为 300 个通道。因此,通过高光谱设备获取到的是一个数据立方,不仅有图像的信息,而且在光谱维度上进行展开,结果不仅可以获得图像上每个点的光谱数据,还可以获得任一个谱段的影像信息。

目前,无人机载荷向多样化发展,使无人机具备更多的任务能力,以应对各类复杂情况;载荷的小型化,使机体内部空间一方面可以装载更多的任务载荷,另一方面,可以增大电池的体积或发电机的功率,从而进一步提高无人机的性能;载荷的模块化设计,让无人机在执行不同任务或升级传感器时,能够迅速地重新安装各种传感器,可更快地满足执行特定任务的需要;多种任务载荷的集成,将多种任务载荷集成到一起,使采用单一任务载荷时易受到声、光、电、大气等影响的情况大大减少,提高完成任务的质量。随着计算机和自动控制技术突飞猛进的发展,无人机已不再是传统意义上的无人驾驶飞行器,而向着具备更高自主能力的空中机器人迈进。

## 第三节　无人机导航技术

无人机的导航系统是无人机的“眼睛”,无人机导航是指无人机依赖机载电子设备和飞行控制系统等实现无人机的姿态和位置解算、路径规划以及控制引导无人机实现精准定位悬停,沿指定航线安全、平稳飞行,到达或平稳着陆的过程。无人机载导航系统主要分非自主(GPS 等)和自主(惯性制导)两种,但分别有易受干扰和误差积累增大的缺点,而未来无人机的发展要求障碍回避、物资投放、自动进场着陆等功能,需要高精度、高可靠性、高抗干扰性能,因此多种导航技术结合是未来发展的方向。一套完善的无人机导航系统应具有以下功能：

(1)获得必要的导航要素，包括高度、速度、姿态、航向；

(2)给出满足精度要求的定位信息，包括经度、纬度；

(3)引导飞机按规定计划飞行；

(4)接收预定任务航线计划，并对任务航线的执行进行动态管理；

(5)接收控制站的导航模式控制指令并执行，具有指令导航模式与预定航线飞行模式相互切换的功能；

(6)具有接收并融合无人机其他设备的辅助导航定位信息的能力；

(7)配合其他系统完成各种任务。

## 一、卫星导航

卫星导航是接收导航卫星发送的导航定位信号，并以导航卫星作为动态已知点，实时测定运动载体的在航位置和速度，进而完成导航与定位。目前世界上能够使用的卫星导航技术有美国的 GPS 导航、俄罗斯的 GLONASS 导航和中国的北斗(BDS)导航以及欧洲正在研发中的伽利略(Galilio)导航技术。

目前在世界范围内使用最多的是 GPS。由于 24 颗卫星的特殊分布，除个别地区外，可保证地球上和近地空间任意位置用户在任何时刻均可同时观测到至少 4 颗 GPS 卫星，实现了全球覆盖、全天候、高精度、连续实时导航定位。

俄罗斯 GLONASS 全球卫星导航系统于 1996 年 1 月开始运行，但近年来由于维护问题，其正常使用已受到影响。

北斗导航系统是我国自行研制的全球卫星定位与通信系统，是继美国全球卫星定位系统和俄罗斯全球卫星导航系统之后第三个成熟的卫星导航系统。系统由空间端、地面端和用户端组成，截至 2017 年 11 月底，北斗导航系统的卫星总数已达到 25 枚，开始全球组网，可在全球范围内全天候、全天时为各类用户提供高精度、高可靠定位、导航、授时服务，并具有短报文通信能力。该功能在无人机有效监控区域外的使用更有实用价值，在这些区域可通过北斗导航系统的短报文功能实现对无人机的监控，大幅提高无人机的远距离测控能力及可靠性。

利用北斗导航系统短报文通信功能实现对无人机的监控，需要的通信设备器材主要包括机载北斗通信模块、通信天线，地面北斗通信端机、通信天线、地面供电电源。设备器材之间必须做到，机载北斗通信模块应分别与无人机的驾驶仪主板、机载北斗通信天线连接，地面北斗通信端机分别与地面站、地面北斗通信天线连接，地面供电电源为地面北斗通信端机供电，机载北斗通信天线和地面北斗通信天线通过北斗卫星链路通信。

基于北斗 4.0 的通信协议进行短报文通信的通信链路已经开通，但需要解决以下问题：无人机监管的飞行诸元定义，研制无人机飞行诸元机载发射装置、地面接收装置，研究建立无人机运行综合管理平台系统，利用平台系统管理无人机系统资源、飞行任务数据库、飞行监管记录数据库、结合空管数据库等，发挥无人机遥感系统产业化应用效能，确保飞行安全和管理有序。

## 二、惯性导航

惯性导航是以牛顿力学定律为基础，依靠安装在载体内部的加速度计测量载体在三个轴向运动的加速度，经积分运算得出载体的瞬时速度、位置和测量载体姿态的一种导航方式。

### （一）惯性导航概述

按惯性测量装置在载体上的安装方式，把惯性导航系统分为平台式和捷联式惯性导航两大类。由于平台式惯性导航系统结构复杂、尺寸大，所以轻小型无人机基本上不采用。

捷联式惯性导航系统是一种没有实体平台的惯性导航系统，通常由陀螺仪、加速度计和导航计算机等组成，陀螺仪和加速度计直接装在机体上，加速度计测量加速度在机体三个轴上的分量，陀螺仪的敏感轴与机体固连，位置陀螺仪利用陀螺的定轴性测量机体的姿态角，速率陀螺仪利用陀螺的进动性测量机体的瞬时角速度，导航计算机则把加速度计、陀螺仪输出在机体坐标系的加速度、机体姿态角或瞬时角速度通过坐标变换转换到制导系统中，实际上替代了复杂的陀螺稳定平台功能。陀螺仪的精度是惯性导航系统精度的决定因素。

陀螺仪主要分为机械陀螺、激光陀螺和光纤陀螺几种。陀螺仪技术从传统的以旋转刚体的进动性敏感惯性运动的机电装置发展到已广泛应用的激光陀螺、光纤陀螺（固态陀螺仪），直至目前正迅速兴起的应用微机电仪表，如硅微机械陀螺、微机械加速度计等新技术的前沿性新技术。激光陀螺、光纤陀螺适用于中高精度领域，如各类军用和民用飞机主惯导系统等。就目前国内的研究形势来看，我国陀螺还是以机械陀螺为主，它的制造成本较低，但是受环境影响较大，精确度也较低。为了进一步提高测量的精确性，我国的惯性导航研究开始向光纤陀螺迈进。光纤陀螺的特点在于基于光学干涉原理，具有全固态结构形式，理论上具备轻小型、高精度、快启动、宽带宽、长期性能稳定等特点。图 2-38 为两种型号的激光陀螺。图 2-39 为三种型号的光纤陀螺。

图 2-38　两种型号的激光陀螺

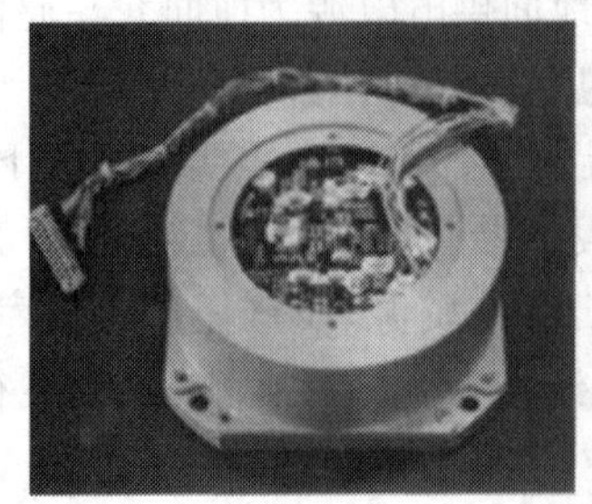

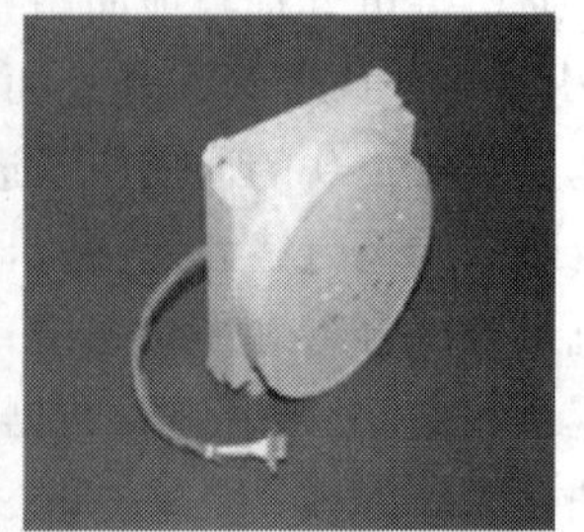

图 2-39　三种型号的光纤陀螺

## （二）基于微机电系统的微型惯性测量单元

与传统惯性导航设备相比，微型惯性测量单元具有尺寸小、重量轻、成本低、功耗小、寿命长、可靠性高、动态范围宽、响应速度快等优点。微型惯性测量单元的出现，犹如从晶体管到集成电路一样，给惯性技术带来了一场革命。

### 1. 微机电系统

微机电系统就是通过微制造技术将机械单元、传感器、执行器、电路等集成在同一个基片上，完成一定功能的装置和系统，是微电子的微型化、集成化的概念在机电器件和系统领域内的延伸。微机电系统使用户不仅能得到高集成度的电子系统，也把机械系统缩小并集成到与电路相应的尺度内，从而实现一个完整的真正集成化的功能系统。

### 2. 微机械加速度计

目前微机械加速度计的工作原理均基于牛顿第二定律。加速度计中间的敏感质量由四角的四个弹性梁支撑，弹性梁的另一端固定在基片上，敏感质量两侧的梳齿状结构为检测电容。当载体受到沿箭头所示方向的加速度时，敏感质量受惯性力的作用相对于基片反向运动，该运动导致敏感质量上的流齿与基片上的梳齿的距离改变，从而导致电容改变，通过检测该电容的变化就可测量出加速度的大小和方向，见图 2-40。

### 3. 微机械陀螺

微机械陀螺在根本上仍属于机械陀螺，工作原理基本上采用科氏振动陀螺原理，简单地说，就是用振动的振子代替机械转子陀螺中的连续旋转转子。

如图 2-41 所示，振子由四个弹性梁支撑，弹性梁的另一端固定在基片上，振子左下和右上两个边上有梳齿状静电驱动器，施加交变电压可驱动振子沿左下角箭头所示方向振动，这相当于机械转子陀螺的转子自转。当载体受到垂直于振子表面的角速度时（图 2-41 中向上箭头所示），振子则会受到沿右下角箭头所示方向的科氏力的作用，该科氏力也是交变的，其频率与振子振动频率相同，幅值与角速度的大小成正比，因此振子也会沿该力的方向振动，通过振子右下边和左上边的流齿状检测电容可以检测出该振动，从而可以检测到角速度的大小和方向。

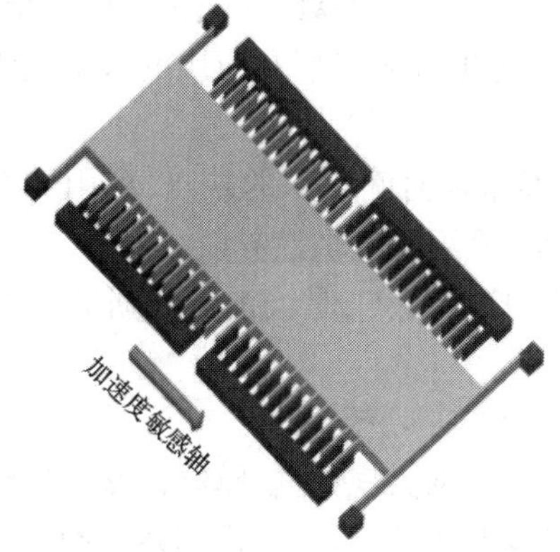


图 2-40　微机械加速度计的工作原理

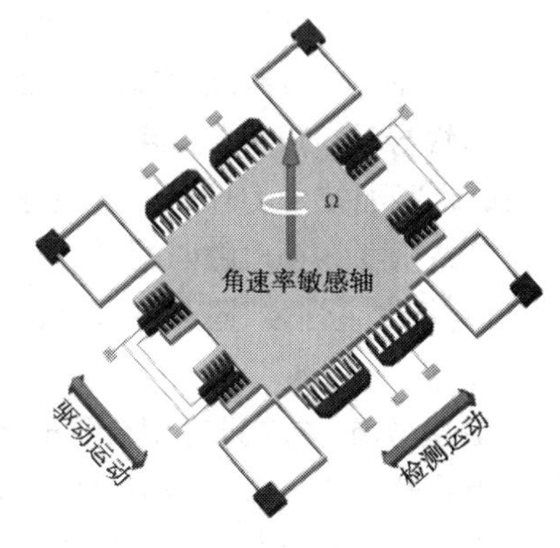


图 2-41　微机械陀螺的工作原理

### 4. 微机械惯性测量单元

微机械惯性元件中一个主要的基本器件是陀螺仪，自从 Draper Lab 于 1989 年发明世界上第一个微机械陀螺以来，世界上投入微机械陀螺研究的研究机构和大学多达上百家，在各个方面取得的成果也难以计数。

当前,基于微机械惯性元件的航姿测量系统和飞行控制系统已经在轻小型无人机上得到大量应用,完全能够满足无人机平台飞行控制的需求。但由于元器件生产工艺上的差距,用于测绘载荷的高精度微机械惯性单元主要还依赖进口。

## 三、组合导航

组合导航是近代导航理论和技术发展的结果。每种单一导航系统都有各自的独特性能和局限性,把两种或多种单一导航系统组合在一起,就能利用多种信息源,互相补充,构成一种有多余度和导航精度更好的多功能系统。常见的组合导航系统有惯性导航/卫星导航、惯性导航/地形匹配等。

### (一)惯性导航/卫星导航组合导航系统

惯性导航/卫星导航组合导航系统是应用最为广泛的组合导航系统。该组合的优点表现在对惯性导航系统可以实现惯性传感器的校准、惯性导航系统的空中对准、惯性导航系统高度通道的稳定等,从而可以有效地提高惯性导航系统的性能和精度;对卫星导航系统来说,惯性导航系统的辅助可以提高其跟踪卫星的能力,提高接收机动态特性和抗干扰性。另外,惯性导航/卫星导航组合还可以实现卫星导航系统完整性的检测,从而提高可靠性;惯性导航/卫星导航组合可以实现一体化,把卫星导航系统接收机放入惯性导航部件中,以进一步减小系统的体积、质量和成本,便于实现惯性导航和卫星导航系统同步,减小非同步误差。惯性导航/卫星导航组合导航系统是目前多数无人飞行器所采用的主流自主导航技术。

将卫星导航定位与微机电技术结合起来,可以取长补短,极大地提高输出数据更新率,防止导航定位误差随时间积累,并且提高了精度和可靠性,为低成本、轻小型导航与制导系统提供了一个非常有吸引力的方案,也是当前导航技术发展的主要方向之一。

### (二)惯性导航/地形匹配组合导航系统

由于地形匹配定位的精度很高,因此可以利用这种精确的位置信息来消除惯性导航系统长时间工作的累计误差,提高惯性导航系统的定位精度。由于地形匹配辅助导航系统具有自主性和高精度的突出优点,将其应用于装载有多种图像传感器的无人机导航系统,构成惯性导航/地形匹配组合导航系统,将是地形匹配辅助导航技术发展和应用的未来趋势。

### (三)惯性导航/地磁导航组合导航系统

利用地磁匹配技术的长期稳定性弥补惯性导航误差随时间累积的缺点,利用惯性导航系统的短期高精度弥补地磁匹配系统易受干扰等不足,则可实现惯性导航/地磁导航组合导航系统,其具备自主性强、隐蔽性好、成本低、可用范围广等优点,是当前导航研究领域的一个热点。

### (四)卫星导航/航迹推算组合导航系统

在卫星导航系统失效或是卫星信号较差的情况下,依据大气数据计算机测得的空速、磁航向测得的正北航向以及当地风速风向,推算出地速及航迹角,由航迹推算系统确定无人机的位置和速度,当卫星导航系统定位信号质量较好时,利用卫星导航系统高精度的定位信息对航迹推算系统进行校正,从而构成了高精度、高可靠性的无人机导航定位系统,在以较高质量保证飞行安全和品质的同时,有效降低了系统的成本,使无人机摆脱对雷达、测控站等地面系统的依赖。

**(五)惯性导航/卫星导航/视觉辅助组合导航系统**

惯性导航/卫星导航/视觉辅助组合导航系统在无人机导航中应用最多,但是当无人机在低空飞行的环境下(山谷、城市及室内)不能有效获得卫星信号以校正惯性导航系统的累计误差,为此需要增强无人机对未知动态环境的感知能力,从而为合理的路径规划和准确的导航提供可靠丰富的环境信息。

采用环境感知传感器与惯性导航相结合或完全依靠环境感知传感器的方式可以获得低空无人机导航中的关键信息。按所采用环境感知传感器的类型,导航方法可分为三类。

1. 基于非视觉传感器的导航方法

这类方法往往具备全天候工作、获取信息精度较高的优点,但由于传感器的功耗和自重较大,一般的小型无人机难以承载,所以并未得到广泛应用。

2. 基于视觉传感器的导航方法

视觉传感器作为被动式感知测量,具有隐蔽性好、功耗低、信息量丰富等优点。此外,由于视觉传感器获得的信号具有很强的描述性,为后续的目标识别等处理提供了良好的支持,因而广泛应用于低空无人机导航中。

3. 基于立体视觉技术的导航方法

立体视觉技术作为计算机视觉的重要分支,是一种重要的环境感知方法,它模拟人类视觉原理,能够在多种条件下灵活测量三维距离信息,而且隐蔽性好、功耗低、信息量丰富。因此,广泛应用于未知环境下无人机自主导航的关键信息获取。

### 四、无线电导航

利用无线电方法确定飞机的距离、方向和位置,以引导飞机飞行的方法,称为无线电导航。由于无线电导航具有在任何气象条件下迅速、准确定位的优点,所以它是目前应用最广泛的一种导航方法,加上无线电导航设备日趋自动化,因此无线电导航设备及系统在导航技术中占有特殊的地位。

## 第四节　无人机飞行控制

无人机的飞行控制系统简称飞控系统,是无人机完成起飞、空中飞行、执行任务、返场回收等整个飞行过程的核心系统,对无人机进行全权控制与管理。因此,无人机的飞控系统相当于有人机的驾驶员,是无人机执行任务的关键。飞控系统主要包括传感器、机载计算机和伺服作动设备三部分。

### 一、飞控系统的原理

飞控系统是一个典型的反馈控制系统,它代替驾驶员控制飞机的飞行。假设一架有人驾驶飞机,现在要求飞机做水平直线飞行,驾驶员就要进行以下操作:飞机受干扰(如阵风)偏离原姿态(如飞机抬头),驾驶员用眼睛观察到仪表板上陀螺地平仪的变化,用大脑做出决定,通过神经系统传递到手臂,推动驾驶杆使升降舵向下偏转,产生相应的下俯力矩,飞机趋于水平。驾驶员又从仪表上看到这一变化,逐渐把驾驶杆收回原位,当飞机回到原水平姿态时,驾驶杆和升降舵面也回原位。该过程就是飞控系统的模拟原理,如图2-42所示。

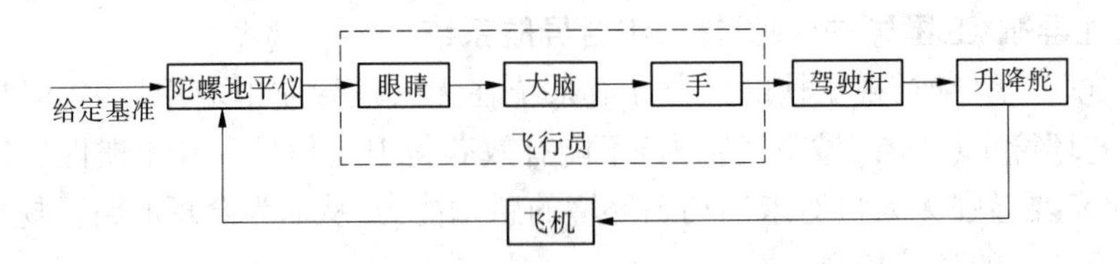


图 2-42　飞控系统的模拟原理

自动飞行的原理如下：飞机偏离原始状态，敏感元件感受到偏离方向和大小并输出相应信号，经放大、计算处理，操纵执行机构（如舵机），使控制面（如升降舵面）相应偏转。由于整个系统是按负反馈原则连接的，其结果是使飞机趋向原始状态。当飞机回到原始状态时，敏感元件输出信号为零，舵机及与其相连接的舵面也回原位，飞机重新按原始状态飞行。由此可见，飞控系统中的敏感元件、放大计算装置和执行机构可代替驾驶员的眼睛、大脑神经系统与肢体，自动地控制飞机的飞行，因此这三部分构成了飞控系统的核心。飞控系统流程如图 2-43 所示。

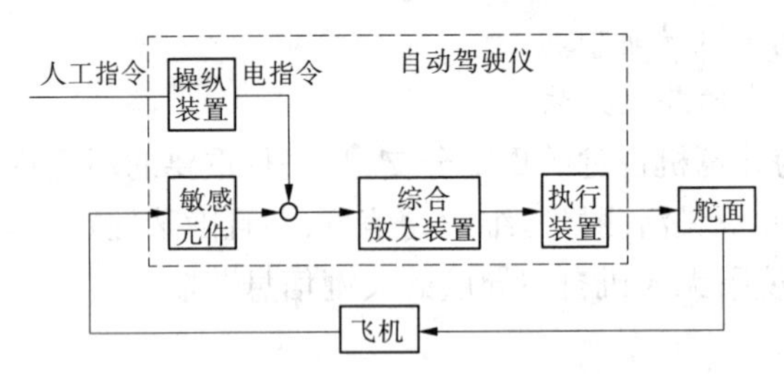


图 2-43　飞控系统流程

飞控系统与飞机组成一个回路。这个回路的主要功能是稳定飞机的姿态，或者说稳定飞机的角运动。敏感元件用来测量飞机的姿态角，由于该回路包含了飞机，而飞机的动态特性又随飞行条件（如速度、高度等）而异，所以使稳定回路的分析变得比较复杂。放大计算装置对各个传感器信号的综合计算，即控制规律应满足各个飞行状态的要求，并可以设置成随飞行条件变化的增益程序。

如果用敏感元件测量飞机的重心位置，而飞机还包含了运动学环节（表征飞机空间位置几何关系的环节），这样组成的控制回路简称制导回路。这个回路的主要功能是控制飞行轨迹，如飞行高度的稳定和控制。

飞控系统集成了高精度的感应器元件，主要由陀螺仪（飞行姿态感知）、加速计、角速度计、气压计、GPS 指南针模块（可选配），以及控制电路等部件组成。根据机型的不一样，可以有不同类型的飞控系统，有支持固定翼、多旋翼及直升机的飞控系统。

飞控系统通过高效的控制算法内核，能够精准地感应并计算出飞行器的飞行姿态等数据，再通过主控制单元实现精准定位悬停和自主平稳飞行。

在没有飞控系统的情况下，有很多的专业飞手经过长期艰苦的练习，也能控制飞行器非常平稳地飞行，但是，这个难度和要求特别高，同时需要非常丰富的实战经验。如果没有飞行控制系统，飞手需要时时刻刻关注飞行器的动向，眼睛完全不能离开飞行器，时时刻刻处于高度紧张的工作状态。而且，人眼的有效视距是非常有限的，即使能稳定地控制飞行，控制的精度也很难满足航拍的需求，控制距离越远，控制精度越差。

## 二、飞控系统的组成

飞控系统主要由主控单元、IMU(惯性测量单元)、GPS 指南针模块、LED 指示灯模块等部件组成。

主控单元是飞控系统的核心,通过它将 IMU、GPS 指南针、舵机和遥控接收机等设备接入飞控系统,从而实现飞行器的自主飞行功能。除了辅助飞行控制外,某些主控单元还具备记录飞行数据的黑匣子功能,比如 DJI 的 Ace One。主控单元还能通过 USB 接口,进行飞行参数的调节和系统的固件升级。

IMU(惯性测量单元),包含三轴加速度计、三轴角速度计和气压高度计,是高精度感应飞行器姿态、角度、速度和高度的元器件集合体,在飞行辅助功能中充当极其重要的角色。

GPS 指南针模块,包含 GPS 模块和指南针模块,用于精确确定飞行器的方向及经纬度。对于失控保护自动返航、精准定位悬停等功能的实现至关重要。

LED 指示灯模块,用于实时显示飞行状态,是飞行过程中必不可少的,它能帮助飞手实时了解飞行状态。

## 三、飞控系统的功能

飞控系统不仅要具备丰富的硬件资源与外围设备接口,还要具有较强的数据处理能力,在规定控制周期内完成导航、控制的解算。小型无人机由于其尺寸、成本的限制,飞控系统一般由低成本的传感器以及低功耗的嵌入式处理器组成,利用这些传感器实现高精度飞控系统成为一个关键问题。

### (一)飞控系统的基本功能

保证无人机完成起飞、空中飞行、执行任务、返回等整个飞行过程是飞控系统的基本功能,一架无人机应具备下面的基本功能。

#### 1. 控制无人机飞行姿态与航迹稳定

获取无人机前飞、后飞、左飞、右飞、左转弯和右转弯的手动控制信号或自动控制指令,经过飞控系统进行计算并进行补偿后把指令输出到方向控制舵机,让舵机实现相应的动作,从而配合动力系统完成姿态的控制。

#### 2. 速度控制系统

速度控制系统包括最大速度设定和巡航速度设定,基本用途是获取手动控制信号或自动控制指令,经过飞控系统进行计算并进行补偿后把指令输出到电机控制器或发动机油门控制系统,从而实现对飞行速度的控制。

#### 3. 高度控制系统

高度控制系统包括最大高度设定、上升、下降和悬停,基本用途是获取手动控制信号或自动控制指令,经过飞控系统进行计算并进行补偿后把指令输出到电机控制器或发动机油门控制系统,从而实现对飞行高度的控制。

#### 4. 自动着陆系统

自动着陆系统先把飞行器导引和控制到某一高度(拉平起始高度),然后利用拉平计算机、自动油门系统和自动抗偏流系统使飞行器拉平直到接地。自动抗偏流系统用来自动消除飞行器在接地前由侧风等因素引起的偏流,保证飞行器航向精确对准航迹,并保证机身水平。

5. 无人机飞行管理

无人机飞行管理功能主要包括飞行状态参数采集、导航计算、信息收集与数据传送、故障诊断处理、应急情况处理等。

另外,还有无人机任务设备管理与控制,以及按照遥控指令或预设(高度、航线、航向、姿态等)进行自动驾驶。

**(二)传感器**

无人机导航飞控系统常用的传感器包括角速率传感器、姿态传感器、位置传感器、迎角侧滑角传感器、加速度传感器、高度和空速传感器、特定应用传感器等,这些传感器构成无人机导航飞控系统设计的基础。

1. 角速率传感器

角速率传感器也称为陀螺仪,它是飞行控制系统的基本传感器之一,用于感受无人机绕机体轴的转动角速率,以构成角速率反馈,改善系统的阻尼特性,提高稳定性。角速率传感器应安装在无人机重心附近,安装轴线与要感受的机体轴向平行,要特别注意极性的正确性。

2. 姿态传感器

姿态传感器用于感受无人机的俯仰、滚转和航向角度,用于实现姿态稳定与航向控制功能。姿态传感器应安装在无人机重心附近,振动要尽可能小,安装精度要求较高。

3. 高度和空速传感器

高度和空速传感器用于感受无人机的飞行高度和空速,是高度和空速保持的必备传感器。一般和空速管、通气管路构成大气数据系统。要求安装在空速管附近,尽量缩短管路。

4. 位置传感器

位置传感器用于感受无人机的位置,是飞行轨迹控制的必要前提。惯性导航设备、GPS卫星导航接收机、磁航向传感器是典型的位置传感器。位置传感器的选择一般要考虑与飞行时间相关的导航精度、成本和可用性等问题。

惯性导航设备有安装位置和较高的安装精度要求。GPS卫星导航接收机的安装主要应避免天线的遮挡问题。磁航向传感器要安装在受铁磁性物质影响最小且相对固定的地方,安装件应采用非磁性材料制造。

5. 特定应用传感器

这类传感器并不影响无人机的核心功能运作,但越来越多地用在无人机上,以提供各种不同应用,例如温湿度传感器,是能将温度量和湿度量转换成容易被测量处理的电信号的设备或装置,用于对飞行器周围的温湿度进行监测,在周围环境温湿度不符合飞行要求时,对飞行器禁止起飞;或飞行中发现温湿度变化较大,接近下雨的湿度值时提示驾驶者紧急降落,从而达到保护飞行安全的目的,在气候监测、农耕等方面应用广泛。

**(三)飞控系统的扩充功能**

飞控系统扩充的功能包括自动避障系统、摄录系统、自动寻路控制系统、自动跟踪系统、一键返航系统、降落伞系统等。

自动避障系统利用测距模块测得前方障碍物的距离,采用捕获中断方式测得发射信号发送的边沿跳变信号与经障碍物反射回来的反射信号边沿跳变信号,做差换算得到测距模块与障碍物的距离。

摄录系统主要运用于拍照摄像、信号指示、资料存储,也可用于现场降落环境勘察等。

自动导航系统与自动避障系统相互配合构成自动寻路控制系统，该系统通过超声波等传感装置，探测和识别障碍物并测距，避免飞行器对障碍物进行碰撞，及时避开障碍物，还可通过自带的摄像头拍摄周围环境图像，自动对飞行器进行路径规划控制。

一键返航系统是指飞行器在完成既定任务接收到自动返航指令或中途取消飞行任务自动返航时，通过其自身视觉系统或 GPS 的记录，自动返回返航点上方并完成自动降落的功能系统。

降落伞系统是当飞行器的旋动系统在飞行中出现问题时，采取的一种安全措施。主要为旋动系统的桨叶折断或停止旋转而设计，当出现上述问题时，便可以使用降落伞系统打开降落伞，保障人的安全。

**（四）飞控系统的其他功能**

1. 实现精准定位悬停

飞控系统，由于配置有 GPS 指南针模块，可以实现锁定经纬度和高度的精准定位。即使碰到风力或者其他外力的作用，飞行控制系统也能通过主控制单元发出的定位指令来自主控制飞行器以实现精准定位悬停。

2. 智能失控保护和自动返航降落

飞控系统能自动记录返航点，若飞行过程中，出现控制信号丢失，即无线遥控控制链路中断的情况，飞行控制系统能自动计划返航路线，实现自动返航和降落，使飞行或航拍更加安全可靠。

3. 低电压报警或自动返航降落

多旋翼飞行系统普遍采用电池供电的方式，巡航时间有限。为保证更高效地完成飞行作业任务，飞行控制系统的低电压报警功能会及时通过 LED 指示灯提醒飞手当前的电压状态，在紧急的情况下，还可以实现自主返航或者降落，以保证整个飞行系统的安全。

4. 云台增稳功能

无人机除了飞行外，还需要挂载摄像设备来实现航拍。如果直接将摄像设备进行硬连接，会导致拍摄画面抖动，这样的图像信息即使通过软件后期调试也基本不能使用。云台系统作为无人机航拍不可缺少的设备，主要用以稳定相机，从而拍摄出稳定流畅的画面。

## 四、无人机的操控方式

无人机的操控方式通常分为自主控制、指令控制和人工控制三种方式。自主控制也称程序控制，是指由飞控系统按照预先设定的航路和任务规划控制无人机飞行，无需人工参与；指令控制是指由操作员通过地面站发送遥控或遥调指令，无人机由飞控系统响应这些指令的控制方式；人工控制是完全由操作员通过操控设备来遥控无人机的飞行。

无人机控制系统原理如图 2-44 所示。

## 五、飞行控制计算机

导航飞控计算机，简称飞控计算机，是导航飞控系统的核心部件，从无人机飞行控制的角度来看，飞控计算机应具备如下功能：

（1）姿态稳定与控制；

（2）导航与制导控制；

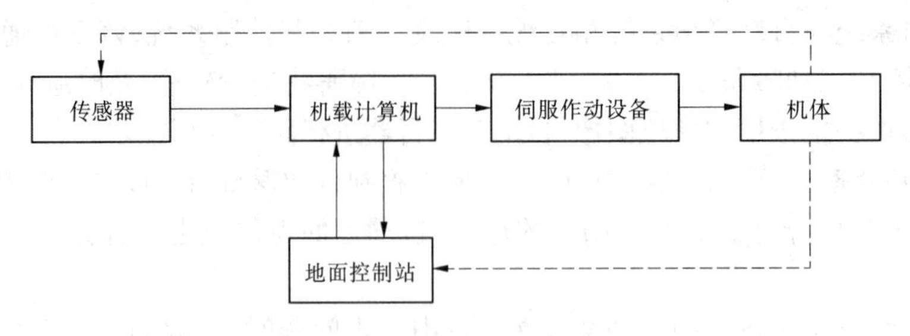


图2-44　无人机控制系统原理

(3)自主飞行控制；

(4)自动起飞、着陆控制。

无人机飞控系统采用的是数字式飞控计算机,无人机没有人身安全问题,因此会综合考虑功能、任务可靠性要求和性能价格比来进行余度配置设计。就飞控计算机而言,一般大、小型无人机都有余度设计,一些简单的微、轻型无人机无余度设计。

**(一)飞控计算机的主要硬件**

(1)主处理控制器。主要有通用型处理器(MPU)、微处理器(MCU)、数字信号处理器(DSP)。随着FPGA技术的发展,相当多的主处理器将FPGA和处理器组合成功能强大的主处理控制器。

(2)二次电源。二次电源是飞控计算机的一个关键部件。飞控计算机的二次电源一般为5 V、15 V等直流电源电压,而无人机的一次电源根据型号不同区别较大,要对一次电源进行变换。现在普遍使用集成开关电源模块。

(3)模拟量输入/输出接口。模拟量输入接口电路将各传感器输入的模拟量进行信号调理、增益变换、模/数(A/D)转换后,提供给微处理器进行相应处理。模拟信号一般可分为直流模拟信号和交流调制信号两类。模拟量输出接口电路用于将数字控制信号转换为伺服机构能识别的模拟控制信号,包括模/数转换、幅值变换和驱动电路。

(4)离散量接口。离散量输入电路用于将飞控计算机内部及外部的开关量信号变换为与微处理器工作电平兼容的信号。

(5)通信接口。通信接口用于将接收的串行数据转换为可以让主处理器读取的数据或将主处理器要发送的数据转换为相应的数据。飞控计算机和传感器之间可以通过RS232/RS422/RS485或1553B总线等进行通信。

微型无人机使用的集成飞控硬件系统如图2-45所示。

图2-45　微型无人机使用的集成飞控硬件系统

**(二)机载飞控软件**

机载导航飞控软件,简称机载飞控软件,是一种运行于飞控计算机上的嵌入式实时任务软件。它不仅要具有功能正确、性能好、效率高的特点,而且要具有较好的质量保证、可靠性和可维护性。机载飞控软件按功能可以划分成如下功能模块：

(1)硬件接口驱动模块；

(2)传感器数据处理模块；

(3)飞行控制律模块;
(4)导航与制导模块;
(5)飞行任务管理模块;
(6)任务设备管理模块;
(7)余度管理模块;
(8)数据传输、记录模块;
(9)自检测模块;
(10)其他模块。

## 六、无人机执行机构

伺服作动器是将控制指令转化为舵面动作及发动机阀门动作的无人机执行机构。它是导航飞控系统的重要组成部分。其主要功能是根据飞控计算机的指令,按规定的静态和动态要求,通过对无人机各控制面和发动机节风门等的控制,实现对无人机的飞行控制。

无人机上大多采用电动伺服执行机构。舵机即是一种电动伺服执行机构。电动伺服执行机构通常由电机、测速装置、位置传感器、齿轮传动装置驱动电路等组成。电动伺服作动设备的制造和维修比较方便,和飞行控制系统采用同一能源,信号的传输与控制也比较容易,其系统组成简单,线路敷设方便。因此,在无人机上主要使用电动伺服作动设备。随着稀土永磁材料的发展和电机制造技术的进步,执行电动机性能的不断提高,电动伺服作动设备在体积、重量和静动特性指标上有很大的进步。如图2-46所示为电动伺服作动设备。

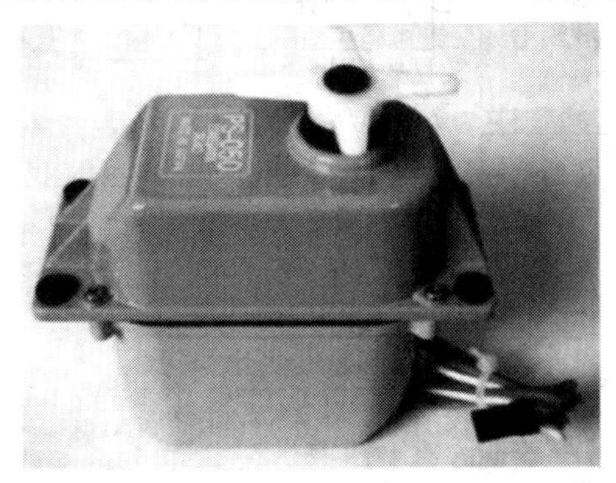

**图2-46　电动伺服作动设备**

伺服执行机构的主要参数。

### (一)额定输出力矩

额定输出力矩指在额定工作状态下,伺服作动设备输出的最大力矩。伺服作动设备的负载一般包括铰链力矩、惯性力矩、摩擦力矩和阻尼力矩。其中,铰链力矩是伺服作动设备的最主要力矩。

作用在伺服作动设备上的铰链力矩,主要是由于舵面偏转,作用在舵面上的气动力产生的。其大小取决于操纵面的类型及几何形状、空数、迎角或侧滑角以及舵面的偏转角。

### (二)额定输出速度

额定输出速度指在额定状态下输入指令时,伺服作动设备的输出速度。

### (三)输出行程

输出行程指输入信号从最大到最小变化时，伺服作动设备在正反两个方向运动的位移量的总和。最大行程是对控制权限的一种限制。

## 七、无人机自驾仪

### (一)概述

无人机自驾仪(自动驾驶仪)是按一定技术要求自动控制飞机的装置，也就是按照设计好的飞控系统要求模仿驾驶员的动作来自主驾驶飞机，代替有人机驾驶员完成对无人机的控制、导航和数据传输三个方面的工作。随着无人机技术的发展，自驾仪越来越智能化。

自驾仪硬件主要由各种内置传感器、输入/输出接口、数据交换接口、扩展设备接口、选配的外置传感器等组成。

自驾仪的主要技术指标有传感器量程、空速量程、气压高度、分辨率、姿态量程、工作电压、输入电压、工作电流等。

自驾仪工作流程如图 2-47 所示。

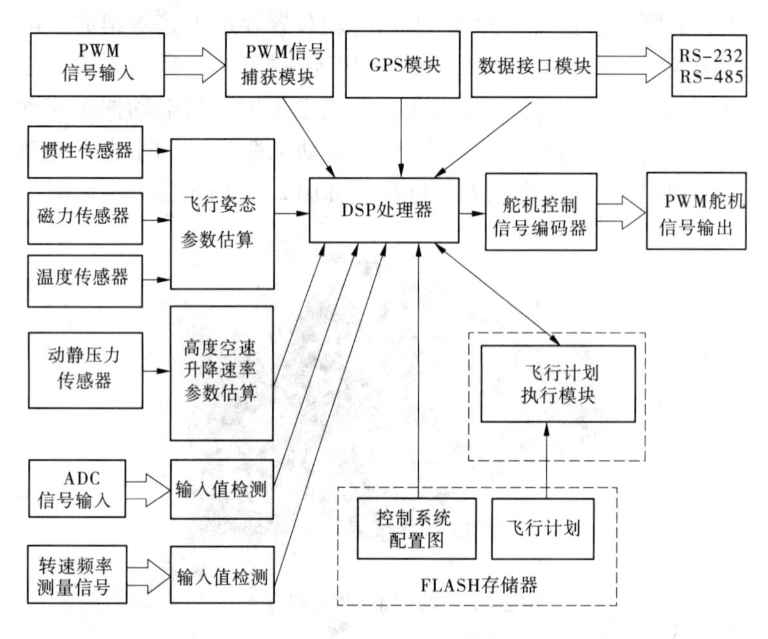


图 2-47　自驾仪工作流程

### (二)无人机自动控制技术的现状与发展

自动控制是在非受控的环境下采用的高度自动控制。其中，高度自动控制指的是无人机无需外界干预的控制过程，而非受控的环境结构主要由不确定性引起。

无人机自动控制技术是指在没有人直接参与的情况下，利用自动控制装置(或称控制器)，能在线感知外部态势，使无人机的工作状态或参数(称为被控量)自动地按照预定的使命和原则在飞行中进行决策并自主执行任务。

无人机飞行环境的高动态性、不确定性和复杂性是无人机自动控制技术发展面临的主要问题。人工智能和高性能计算技术的发展为制造拥有高度自主能力的无人机提供了条件。

随着无人机技术的进步，无人机在军事和民用领域都有广阔的应用前景。在军事领域，无人机凭借其全向传感系统、毫秒级决策周期以及超高过载机动能力，将可能成为颠覆现有空战手段的全新武器系统。在民用领域，无人机可以凭借其低成本和集群优势，成为取代传统资源探测、环境监控、通信中继手段的分布式异构飞行平台解决方案。

鉴于无人机使用者有限的预先规划能力，基于程序的自动控制策略已经不能满足未来自主化无人机在复杂环境下的多任务需求。因此，自主飞行控制能力的提高将是未来无人机飞行控制系统发展的主要目标。由于无人机现实飞行环境的高度动态性、不确定性和飞行任务的复杂性，实时、临场决策与控制问题已成为自主无人机研制面临的主要技术挑战。人工智能和高性能计算技术的不断进步为迎接上述挑战提供了有利条件。

无人机自主控制技术的发展趋势是由数据驱动到信息驱动，再到知识驱动。数据驱动方法的代表性成果包括无人机遥控系统和飞机自动驾驶仪；数据与信息驱动方法相结合的代表性成果包括无人机自主起降与航路重规划技术；信息驱动方法的代表性成果有察打一体无人机动态任务规划和逃避机动控制技术；知识驱动方法则主要用于信息融合、态势感知、空中决策等领域。

无人机自动控制技术主要体现在以下几个方面：

（1）无人机在计算和决策方面的个体能力，例如实时在线航路重规划、空中决策等。需要的关键技术如下：

①自主控制系统架构设计。自主控制技术的作用对象和应用场景较以往自动控制系统更为复杂和动态，因此需要设计合理的系统架构，妥善解决软、硬件功能划分和系统内各要素的协调问题，确保复杂系统的灵活、开放、可配置。

②任务/航路重规划。该技术要求在尽可能减少人类干预的情况下，令无人机根据任务目标自主完成任务或航路重规划，提高无人机的灵活性。任务/航路重规划的技术难点在于如何在机载计算资源支持的范围内实现短延迟，甚至实时重规划。

③自主空中加/受油。赋予无人机自动完成空中加/受油操作的能力，扩大无人机的续航能力，提高无人机的任务半径。自主空中加/受油的难点在于加/受油的机间气流环境复杂，自主精度要求高。相关子技术包括加油流程规范制定、精确相对定位引导、紧密编队抗扰控制、精密对接控制、防撞规避控制以及仿真评估。

④综合验证方法设计。传统自动控制系统测试以重复的、响应式测量为主要特征，测试手段是给特定系统输入加入激励，然后判读系统响应，并将响应与既定性能规范进行对比。自主控制系统的测试方法需要应对自主系统行为的逻辑复杂性和动态性挑战。

（2）无人机在高带宽互联和互操作类技术上的群体融合能力，例如无人机协同编队、有人/无人协同飞行、协同侦查等。需要发展的关键技术如下：

①飞行自组织网络。飞行自组织网络（FANET）是在无地面基础通信设施环境下执行无人机集群任务的使用技术。尽管飞行自组织网络属于移动自组织（MANET）、车联网（VANET）的子集，但考虑到无人机高速移动、三维空间通信和部分任务可预见性等特征，飞行自组织网络的研究需要在物理层、网络层、传输层的设计方面制定新的协议标准。

②分布式态势共享。在通信链路通畅的前提下，无人机集群协同一致地完成任务的另一前提是享有对当前任务环境的相同认知。这就需要在机间数据链的基础上发展分布式态势共享技术。未来大规模无人机集群任务对共享态势信息的更新频度、同步程度、通信带宽等方面是极大的挑战。

③有限通信条件下的多机协同。未来自主无人机的应用环境可能存在无线电干扰和障碍物遮挡等复杂情况,无人机间的通信链路无法做到全时全连通。因此,无人机集群需要在有限的通信条件下实现协同,也就是说,无人机群成员间需要具备通过默契配合完成任务的能力。

④有人机/无人机空域集成。由于未来自主无人机的应用范围增大,有人机与无人机空域重合已是必然趋势。参照民机飞行程序,实现有人机/无人机空域融合,是制造有人机与无人机协同完成任务的基础条件。与此同时,还需要积极探寻无人机交通信息申报、飞行路线冲突消解等问题的自动解决方案,以应对未来因无人机发展导致空中交通流量急剧增大的局面。

(3)无人机应对非预期状况的能力,即高容错和提高环境适应性类技术,例如健康管理、故障重构、容错控制、碰撞检测与规避等。需要发展的关键技术如下:

①健康管理。通过对专家系统和监督学习方法的综合运用,实现无人机系统建模和主动故障检测,提高无人机的故障预测能力和任务可靠性。

②故障容错。从重构控制律设计、控制分配、操纵面损伤重构、软件容错、信息安全等技术研究入手,形成一套无人机故障容错机制的整体设计方案,提高无人机任务成功率。

③碰撞检测与规避。设计空中交通警告和防撞系统,研究基于视觉、雷达的防撞探测,使无人机具备碰撞感知与规避能力,提升无人机使用的安全性。

人工智能与自动控制领域的发展与交融,也促使自动控制系统相关领域(如导航、控制、健康管理、机载计算、人机交互等)不断进步。将人工智能技术与传统自动控制理论相结合的最新成果用于无人机自动控制系统的设计,无人机智能化时代将为时不远。

## 第五节　无人机状态监控与地面控制站

无人机状态监控的目的是采集飞机的飞行姿态参数、传感器状态以及执行机构的参数,并在地面监控系统中对相关信息进行处理后,由地面指控系统发送相关指令给无人机控制系统,从而实现无人机的飞行和作业控制等。

无人机状态监控系统主要包括电源系统、机载系统和地面系统。机载系统包括数据链路(数据链)、卫星导航接收机等。地面系统包括地面控制站(数据链路终端、地面站配套软件及硬件),完成与机载系统的数据通信。系统各个组成部分通过总线进行通信,机载系统与地面系统通过无线链路进行通信。图 2-48 所示为无人机状态监控系统组成框图。

无人机的飞行数据或参数按照数据类型可分为定性数据与定量数据。定性数据主要包括开关遥控指令、飞行状态及任务设备状态、故障类别及飞行时间等。定量数据主要包括飞机运动参数、发动机参数、机载设备参数、导航参数等。其中,飞机运动参数包括三个姿态角(俯仰、偏航、滚转)、三个角速度(俯仰、偏航、滚转)、两个气流角(迎角和侧滑角)、两个线性位移(纵向角方向和侧向角方向)及一个线速度(速度向量);导航基本参数包括无人机的即时位置、速度和航向等。

### 一、无人机地面监控系统

无人机地面站(地面控制站)的一项基本功能是状态监控,也被称作无人机地面监控系统。无人机地面监控系统是无人机控制验证系统及可视化的一部分,系统执行地面站的监控功能,为

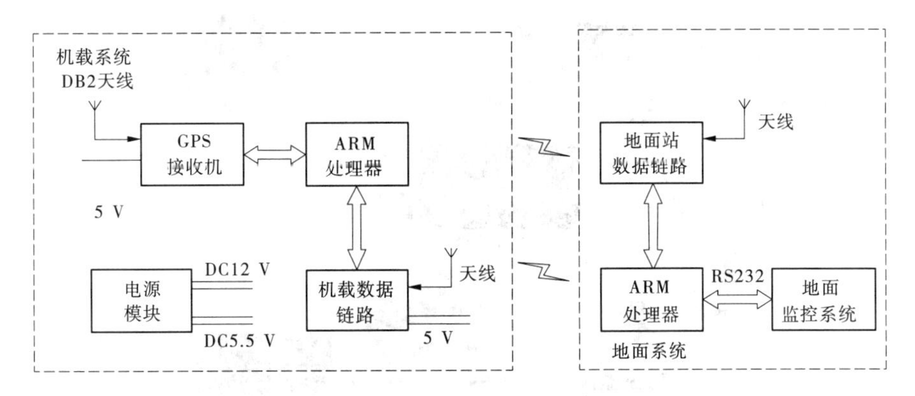


图 2-48 无人机状态监控系统组成框图

地面人员提供实时的、直观的无人机飞行信息,实现地面人员与无人机的高效沟通。无人机在实际飞行过程中,地面监控系统实时输出大量来自机载终端系统的飞行数据,操纵人员要快速判断并做出反应,灵活及时地进行无人机的控制,这对无人机飞行操纵安全至关重要。

无人机地面站利用计算机上的视图监控和控制软件,以图形和图像方式表示飞行数据,以相对直观、易于领会的图形方式表达隐藏在大量数据中的信息,人机交互,可加快从大量数据中获取信息的速度。地面监控系统在计算机上运行,利用无人机数据链路设备实现机载软件和地面站之间的通信,从而形成上行下行数据的传输通道。

对于飞行数据中的定量数据,如无人机的三个姿态角,速度、航向、高度信息等数据及可视化的图形图像可直接或间接地绘制在数字地图上,在显示无人机飞行航迹的同时,实时获得无人机飞行过程中的其他信息。

## 二、无人机地面指控站

无人机系统的控制是一种“人在回路”的控制。无人机上没有驾驶员,需要地面人员进行操控。在飞行前需要事先规划和设定飞行任务和航路。在飞行过程中,地面人员还要随时了解无人机的飞行情况,根据需要操控飞机,调整姿态和航路,及时处理飞行中遇到的特殊状况,以保证飞行的安全和飞行任务的完成。另外,地面操控人员还要通过数据链路操控机上任务载荷的工作状态,确保遥感或侦察监视等任务的圆满完成。地面人员要完成这些指挥控制与操作功能,除了需要数据链路的支持以传输数据和指令外,还需要能够提供状态监控、任务规划与指控等相应功能的设备或系统,这就是无人机的指挥控制站。无人机的指挥控制站经常被简称为地面指控站(GCS),也称控制站或遥控站,如图 2-49 所示。

无人机地面指控站的主要功能是进行无人机的状态监控、任务规划与指挥控制,包括指挥调度、任务规划、操作控制、显示记录等。指挥调度功能包括上级指令接收、系统之间联络和内部调度。任务规划功能包括飞行航路的规划与实时重规划以及任务载荷的工作规划与重规划。操作控制功能包括起降操纵、飞行器操控、任务载荷操控和数据链路控制。显示记录功能包括飞行状态参数的显示记录、航迹的显示与记录、任务载荷状态的信息显示与记录。

### (一)系统组成

标准的无人机地面控制站通常由数据链路控制、飞行控制、载荷控制、载荷数据处理四类硬件设备构成。无人机地面控制站系统可以由不同功能的若干控制站模块组成,主要包括以

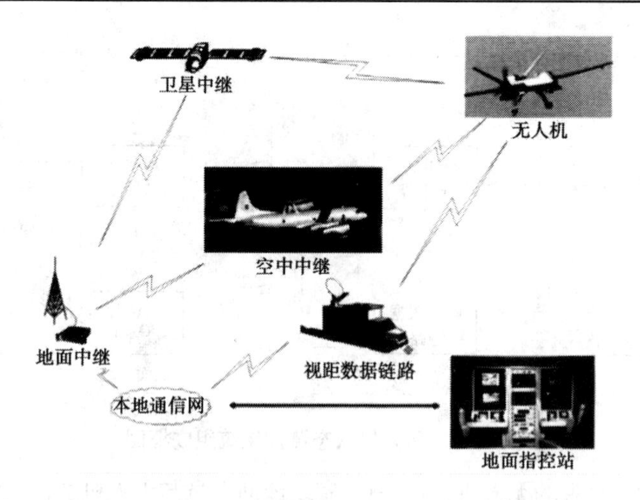


图 2-49　无人机地面指控站作用关系示意图

下内容。

1. 指挥处理中心

指挥处理中心主要制定无人机飞行任务、完成无人机载荷数据的处理和应用。指挥处理中心一般都是通过无人机控制站等间接地实现对无人机的控制和数据接收。

2. 无人机地面控制站

无人机地面控制站可完成对无人机机载任务载荷等的操纵控制。一个无人机地面控制站可以指挥控制一架无人机,也可以同时控制多架无人机;一架无人机可以由一个地面控制站完成全部的指挥控制工作,在规模较大的无人机系统中,可以由若干个不同功能的地面控制站通过通信设备连接起来协同完成指挥控制工作。

3. 载荷控制站

载荷控制站与无人机地面控制站的功能类似,但载荷控制站只能控制无人机的机载任务设备,不能进行无人机的飞行控制。

**(二)显示系统**

地面控制站内的飞行控制席位、任务设备控制席位、数据链路管理席位都设有相应分系统的显示装置,因此需综合规划,确定所显示的内容、方式、范围。主要的显示内容包括以下三个方面。

1. 飞行参数综合显示

飞行参数综合显示可根据飞行与任务需要,选择显示内容,便于无人机操控员判读。主要包括以下四个方面。

(1)飞行与导航信息。飞行与导航信息是无人机驾驶员控制无人机执行任务所必需的信息,内容一般包括:无人机飞行姿态角及角速度信息;无人机飞行位置、高度、速度信息;大气数据信息;发动机状态信息;伺服控制及舵面响应信息。

(2)数据链路状态信息。它包括数据链路设备工作状态及信道状态等,显示的主要内容应包括:链路工作状态的主要工作参数;各种链路设备的工作参数;各种链路设备的工作状态。

(3)设备状态信息。在飞行过程中,需要提供必要的系统设备状态信息,帮助无人机驾驶员正确进行相关控制,内容一般包括:机载航空电子状态信息;机载任务设备状态信息;地面设备状态信息;机载供电信息;导航状态信息;时钟信息等。

(4)指令信息。控制指令是显示无人机驾驶员判断操纵指令发送有效性的重要信息。控制指令作为在线监测内容,能够明确表达和描述指令发送是否有效,同时可对指令通道简单故障定位,显示内容应包括指令代码、发送状态、接收状态。

2. 告警

告警信息包括视觉告警和听觉告警。视觉告警主要包括灯光告警、颜色告警和文字告警等,听觉告警主要包括语音告警和音调告警等。告警按级别又可分为提示、注意和警告三个级别。

(1)提示:表明需要提示操纵人员重视系统安全或工作状态、性能状态及提醒操纵人员进行例行操纵的信息。

(2)注意:表明即将出现危险状况,发展下去将危及飞行安全,或某系统、设备发生故障,将影响飞行任务完成或导致系统、设备性能降低,需引起操纵人员注意,但无须立即采取措施的信息。

(3)警告:表明已出现了危及飞行安全的状况,需立即采取措施的信息,它是告警的最高级别。

3. 地图航迹显示

地图航迹显示可为无人机驾驶员提供无人机位置等导航信息。它包括飞机的导航信息显示、航迹绘制显示以及地理信息显示。

(1)导航信息显示:能够显示无人机实时定位信息、机载定位传感器设备状态信息、无人机导航信息、导航控制器相关参数和任务规划信息。

(2)航迹绘制显示:在无人机飞行过程中,往往要动态监视无人机位置及飞行轨迹,无人机驾驶员可以据此信息进行决策,规划飞行航路。无人机位置和航迹显示能直观形象、简洁地显示无人机图标、背景地图、规划航线和飞行航迹等信息。

(3)地理信息显示:地理信息可视化是地图航迹显示软件功能的一个重要组成部分,应包含多层信息内容,可根据需要选择若干层面予以显示。主要有图形用户界面、开窗缩放功能、窗口自动漫游、多种显示方式的运用、比例尺控制显示、符号、注记、色彩控制等。

### (三)操纵系统

无人机的操纵主要包括起降操纵、飞行控制、任务设备(载荷)控制和数据链路管理等。地面控制站内的飞行控制席位、任务设备控制席位、数据链路管理席位都应设有相应分系统的操作装置。

1. 起降操纵

起降阶段是无人机操纵中最难的控制阶段,起降控制程序应简单、可靠、操纵灵活,操纵人员可直接通过操纵杆和按键快捷介入控制通道,控制无人机的起降。根据无人机不同的类别及起飞重量,其起飞降落的操纵方式也有所不同。

1)发射方式

(1)手抛:采用人力手掷起飞,一般用于微型无人机。

(2)弹射:采用压缩空气或橡皮筋等储能发射无人机,一般用于轻、微型无人机。

(3)零长发射:采用火箭助推方式发射无人机,一般用于小、轻、微型无人机。

(4)投放发射:采用母机挂载发射方式或投抛方式发射无人机,一般用于小、轻型无人机。

(5)滑跑起飞:采用跑道滑跑起飞,一般用于大、小型无人机。

2)回收方式

(1)伞降回收:利用机载降落伞回收无人机,一般用于小、轻、微型无人机。

(2)撞网回收:利用地面回收网,引导无人机撞网回收,一般用于轻、微型无人机。

(3)气囊回收:利用机载气囊装置回收无人机,一般用于微型无人机。

(4)滑跑降落:利用地面跑道滑跑降落,一般用于大、小型无人机。

目前,民用无人机系统的起降,可采用自主控制、人工遥控或组合控制等模式进行。自主控制是指在起降阶段,操纵人员不需介入控制回路,无人机借助于机载传感器信息,或辅助必要的引导信息,由机载计算机执行程序控制可自动完成无人机的起飞和回收控制。人工遥控是指无人机驾驶员通过无线电数据链路,利用地面站获取的无人机状态信息,发送无人机控制指令,引导无人机发射和回收。

2. 飞行控制

飞行控制是指采用遥控方式对无人机在空中整个飞行过程的控制。无人机的种类不同、执行任务的方式不同,决定了无人机有多种飞行操纵方式。遥控方式是通过数据链路对无人机实施的飞行控制操纵,一般包括舵面遥控、姿态遥控和指令控制三种方式。

(1)舵面遥控。这种控制方式是由控制站上的操纵杆直接控制无人机的舵面,遥控无人机的飞行。

(2)姿态遥控。姿态遥控是在无人机具有姿态稳定控制机构的基础上,通过操纵杆控制无人机的俯仰角、滚转角和偏航角,从而改变无人机的运动。

(3)指令控制。这种方式是通过上行链路发送控制指令,机载计算机接收到指令后按预定的控制模式执行。这种方式必须在机载自动驾驶仪或机载飞行管理与控制系统自动控制的基础上实施。指令方式一般包括俯仰角选择与控制、高度选择与保持、飞行速度控制、滚转选择与控制、航向选择与保持、航迹控制。

3. 任务设备控制

任务设备控制是地面站任务操纵人员通过任务控制单元(任务控制柜),发送任务控制指令,控制机载任务设备工作。同时,地面站任务控制单元处理并显示机载任务设备工作状态,供任务操纵人员判读和使用。

4. 数据链路(数据链)管理

数据链管理主要是对数据链设备进行监控,使其完成对无人机的测控与信息传输任务。机载数据链主要有 V/UHF 视距数据链、L 视距数据链、C 视距数据链、UHF 卫星中继数据链、Ku 卫星中继数据链。

**(四)地面指控站的形式**

无人机地面指控站有多种形式,如便携式、车载式和舰载式等。在小型无人机系统中,往往采用便携式地面指控站,有利于设备的高度集成,具有小型化、一体化及智能化的特点。对于大型无人机系统,地面指控站通常包括若干个功能不同的控制站,这些控制站通过通信设备连接起来,就构成了无人机的指挥控制系统。地面指控站一般包括指控中心站、无人机控制站、载荷控制站和单收站。

1. 掌上微型地面指控站

掌上微型地面指控站是为了满足微小型、手抛型等无人机起飞而开发的地面测控系统。

该系统包括掌上计算机、地面遥控遥测软件、地面数传电台等几个部分，可以在手掌上执行无人机遥控遥测任务。内置的地面测控软件，集成了便携式地面指控站的功能，可以满足较高要求的任务执行。

2. 便携式地面指控站

便携式地面指控站是为起飞质量 10～100 kg 的无人机定制的。便携式地面指控站的主体是配置指挥控制和任务规划软件的便携式计算机，利用无线数传电台或无线网络进行数据传输，操作人员通过防误操纵按键键盘、鼠标和遥控器等设备完成指令设定，并采用 360°的航向操纵盘，配合飞行控制系统的定向飞行功能，轻松操控无人机。便携式地面指控站一般采用 LCD 显示器，这种显示器适合在野外强光环境下使用。便携式地面指控站具有机动灵活、隐蔽性好及环境适应能力强的特点，多用于监视侦察、航空测绘以及科研试验等方面。

### 三、机载控制系统

机载控制系统由飞行控制模块、导航定位模块、通信设备和电源模块组成。机载系统中电子设备种类繁多，设备内部电路的供电需求各异，加上大电流与小电流电源分别供电，需要多个电源转换器进行电压转换。锂聚合电池具有供电电压可选、容量高、放电能力强、可循环充放电、体积小等特点，是目前普遍使用的轻小型无人机电池。

导航定位模块为机载终端提供有效准确的位置、状态信息。目前轻小型无人机的导航技术为惯导/DGPS 组合导航系统。通信设备（数据链路设备）在无人机系统中占有非常重要的地位，用于实现无人机和地面站之间的信息传输。数据链路设备利用上下行链路传输无人机飞行数据，必要时可以采用中继链路。地面站数据链路设备接收数据后予以处理显示，形成人机交互界面，实现无人机状态监控。

## 第六节　无人机数据链路

### 一、数据链路概述

地面控制站与无人机之间进行的实时信息交换需要通过通信链路来实现。地面指控站需要将指挥、控制以及任务指令及时地传输到无人机上，同样，无人机也需要将自身状态（速度、高度、位置、设备状态等）以及相关任务数据发回地面指控站。数据链路是无人机对外联系的神经网络，是无人机系统的重要组成部分。

无人机数据链路是一个多模式的智能通信系统，能够感知其工作区域的电磁环境特征，并根据环境特征和通信要求，实时动态地调整通信系统工作参数（包括通信协议、工作频率、调制特性和网络结构等）达到可靠通信或节省通信资源的目的。

民用无人机系统一般使用点对点的双向通信链路，也有部分无人机系统使用单向下传链路。无人机数据链路按照传输方向可以分为上行链路和下行链路。上行链路主要完成地面站到无人机遥控指令的发送和接收，下行链路主要完成无人机到地面站的遥测数据以及红外或电视图像的发送和接收，并根据定位信息的传输利用上下行链路进行测距，数据链路性能直接影响到无人机性能的优劣。

无人机通信链路，主要指用于无人机系统传输控制、无载荷通信、载荷通信三部分信息

的无线电链路。根据ITU－RM.2171报告给出的定义，无人机系统通信链路是指控制和无载荷链路，主要包括指挥与控制（C&C）、空中交通管制（ATC）、感知和规避（S&A）三种链路。通信网络中两个结点之间的物理通道称为通信链路。根据通信链路的连接方法，可把通信链路分为：①点对点连接通信链路，这时的链路只连接两个结点；②多点连接链路，指用一条链路连接多个（>2）结点。

根据通信方式不同，可把链路分为：①单向通信链路；②双向通信链路。

数据链路的主要任务是建立一个空地双向数据传输收发的通道，用于地面站对无人机的远距离遥控、遥测和任务信息传输。遥控实现对无人机和任务设备进行远距离操作（任务执行、起降控制）。遥测实现无人机状态的监测。任务信息传输则通过下行无线信道向测控站传送由机载任务传感器所获取的视频、图像等信息。

任务信息传输是无人机完成任务的关键，任务信息传输质量的好坏直接关系到发现和识别目标能力。任务信息传输需要比遥控和遥测数据高得多的传输带宽（一般要几兆赫，最高的可达几十兆赫甚至上百兆赫）。通常，任务信息传输和遥测可共用一个下行信道。

确保无人机数据链路的安全和正常运作是完成对无人机精确控制的关键。在大多数无人机坠机事件中，与地面的通信链路中断，或受到干扰做出错误的判断是事故的主要原因。因此，在许多行业广泛应用的无人机，其数据链路的重要性不言而喻。所以，在数据链路的稳定性、大带宽、高速率等方面必须加强。

无人机数据通信链路技术的主要内容是关于带宽、频率及信息/数据流的灵活性、适应性以及基于认识的适应控制能力。一架无人机的数据链路是否健壮主要从以下几个特征进行衡量。

（1）跳频扩频功能。跳频组合越高，抗干扰能力越强。

（2）存储转发功能。

（3）数据加密功能。应提高数据传输的可靠性，防止数据泄密。

（4）高速率。无人机数据链属于窄带远距离传输的范畴，115 200 bps的数据速率即属于高速率。对需要获取高分辨率二维或三维图像的无人机而言，由于高分辨率图像数据量相当大，而且随着地面分辨率的提高，需要传输的图像数据量呈几何级数增长，数据速率也迅速增长，因此图像的高速传输已经成为制约无人机应用的重要问题。

（5）低功耗、低误码率和高接收灵敏度。由于无人机采用电池供电，而且传输距离又远，所以要求设备的功耗低（低发射功率）、接收灵敏度高（灵敏度越高传输距离越远）。一般以多少误码率下的接收灵敏度衡量设备的接收性能。

## 二、无人机数据链路系统组成

无人机数据链路一般由几个子系统组成。链路的机载部分包括机载数据终端（ADT）和天线。机载数据终端包括RF接收机、发射机以及用于连接接收机和发射机到系统其余部分的调制解调器。有些机载数据终端为了满足下行链路的带宽限制，还提供了用于压缩数据的处理器。天线采用全向天线，有时也要求采用具有增益的定向天线。

数据链路的地面部分也称地面数据终端（GDT）。该终端包括一副或几副天线、RF接收机和发射机以及调制解调器。若传感器数据在传送前经过压缩，则地面数据终端还需采用处理器对数据进行重建。地面数据终端可以分装成几个部分，一般包括一条连接地面天线和地面控制站的本地数据连线以及地面控制站中的若干处理器和接口。

以上描述的是无人机数据链路系统的最基本组成。对于长航时无人机而言,为了克服地形阻挡、地球曲率和大气吸收等因素的影响,并延伸链路的作用距离,中继是一种普遍采用的方式。图2-50为卫星中继的情形。当采用中继通信时,中继平台和相应的转发设备也是无人机链路系统的组成部分之一。

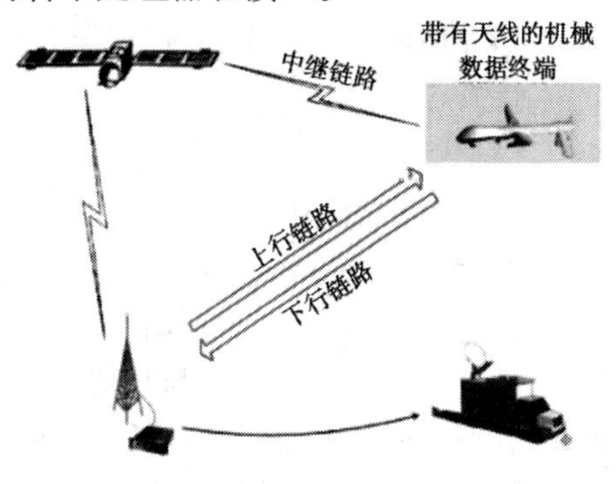


图2-50　无人机数据链路系统基本构成

## 三、无人机数据链路信道传输特性

无人机地空数据传输过程中,无线信号会受到地形、地物以及大气等因素的影响,引起电波的反射、散射和绕射,形成多径传播,并且信道会受到各种噪声干扰,造成数据传输质量下降。在测控通信中,无线传输信道的影响随工作频段的不同而异,因此首先需要了解无人机测控使用的主要频段。

无人机数据测控链路可选用的载波频率范围很宽。低频段设备成本较低,可容纳的频道数和数据传输速率有限,而高频段设备成本较高,可容纳较多的频道数和较高的数据传输速率。无线电波的频率范围可按频段或波段划分,如表2-2所示。

表2-2　无线电频段划分

| 序号 | 频段名称 | | 频率范围 |
|---|---|---|---|
| 1 | 高频(HF)(短波) | | 3~30 MHz |
| 2 | 甚高频(VHF)(超短波) | | 30~300 MHz |
| 3 | 超高频(UHF)(分米波) | | 300~1 000 MHz |
| 4 | 特高频 | L | 1~2 GHz |
| 5 | | S | 2~4 GHz |
| 6 | 超高频(SIIF)(厘米波) | C | 4~8 GHz |
| 7 | | X | 8~12 GHz |
| 8 | | Ku | 12~18 GHz |
| 9 | | K | 18~27 GHz |
| 10 | 极高频(EHF)(毫米波) | Ka | 27~40 GHz |
| 11 | | V | 40~75 GHz |
| 12 | | W | 75~110 GHz |
| 13 | | 缺 | 110~300 GHz |

无人机数据链路应用的主要频段是微波(300 MHz~3 000 GHz),因为微波链路有更高的可用带宽,可传输视频画面,它所采用的高带宽和高增益天线抗干扰性能良好。不同的微波波段适用于不同的链路类型,一般来说,VHF、UHF、L和S波段较适用于低成本的近程、

短程无人机视距链路;C、X 和 Ku 波段适用于短程、中程和远程无人机视距链路和空中中继链路;Ku、Ka 波段适用于中程、远程无人机的卫星中继链路。

## 四、无人机数据链路设备

### (一)机载链路设备

机载链路设备是指无人机上用于通信联络的电子设备。机载链路设备的发展趋势主要是数字化(实现以机载电子计算机为中心的数字通信)和综合化(将单一功能电台综合为多功能电台,进而将无人机电台与其他机载电子设备组成多功能综合电子系统),进一步减小机载通信设备的体积、重量和功耗,提高其可靠性、保密性和抗干扰能力。

机载电台一般由发信机、收信机、天线、控制盒和电源等组成。发信机和收信机是电台的主体,一般安装在飞机电子舱或靠近天线处,通过电缆与控制盒连接。视距内通信的无人机多数安装有全向天线,需要进行超视距通信的无人机一般采用自跟踪抛物面卫通天线。

### (二)地面链路设备

民用通信链路的地面终端硬件一般会被集成到控制站系统中,称作地面电台,部分地面终端会有独立的显示控制界面。视距内通信链路地面天线采用鞭状天线、八木天线和自跟踪抛物面天线,需要进行超视距通信的控制站还会采用固定卫星通信天线。

小型无人机数据链路系统大多采用远距离控制器(Remote Controller,RC)遥控、无线数传电台、无线局域网和视频传输四种模式。考虑到无人机通信数据的多样性,通信系统通常是两种或两种以上数据链模式的结合。

1. RC 遥控

无人机的 RC 遥控主要用于视距范围内地面人员对无人机的手控操纵。由于无人机自主起降技术还不是很成熟,无人机在空中出现异常状况时需要通过 RC 遥控迅速切换到手控状态,作为保证无人机安全的数据链路,无人机主要研究机构和生产厂家都配备了 RC 遥控模式。

2. 无线数传电台

无线数传电台(Radio Modem)是采用数字信号处理、数字调制解调等技术,具有前向纠错均衡软判决等功能的无线数据传输电台。其传输速率在一般为 300 ~ 19 200 bps,发射功率最高可达数瓦甚至数十瓦,传输覆盖距离可达数十千米。无线数传电台主要利用超短波无线信道实现远程数据传输。

与常规的调频电台相比,无线数传电台增加了一个调制解调器,可以实现数据在无线通信信道上更可靠地传输。无线数传电台的调制方式对数据传输的可靠性有很大影响,数字调制有三种基本的调制方式:幅移键控(ASK)、频移键控(FSK)和相移键控(PSK)。目前,常用无线数传电台的调制方式为频移键控调制方式。

3. 无线局域网

无线局域网(WLAN)是使用无线电波作为数据传送媒介的局域网,用户可以通过一个或多个无线接取器 WAP 接入无线局域网。目前,无线局域网最通用的标准是 IEEE 定义的 802.11 系列标准。无线局域网具有以下优点:①可移动性和灵活性。无线局域网在无线信号覆盖区域内的任何一个位置都可以接入网络,并且可以自由移动。②安装便捷。无线局域网能够最大限度地减少网络布线的工作量,通常只要安装一个或多个接入点设备,就能够建立覆盖整个区域的局域网络。③易于扩展。无线局域网有多种配置方式，可以很快从小型局域网扩展成为大型网络。由于无线局域网以上的诸多优点，其发展十分迅速，现在已经广泛应用在商务区、大学、科研机构、机场及其他公共区域。

无线局域网存在的缺陷主要体现在以下几个方面：①性能。无线局域网是依靠无线电波进行传输的，高山、建筑物和树木等障碍物都可能因为阻碍电磁波的传输而影响网络性能。②速率。与有线信道相比，无线信道的传输速率要低得多，因此只适合小规模网络应用。③传输距离。无线局域网的传输距离一般都比较短，所以一般情况下需要使用大功率天线，以增加传输距离。

在工程实践中，无线局域网是由地面笔记本工作站的无线网卡通过无线路由器与机载设备中的无线网络模块组成。表2-3是Power King ARG－1206无线路由器的技术参数，安装平板天线WLP－2450－10后，其有效通信距离可达2.5 km以上，可以满足小型无人机的实际需求。

表2-3 Power King ARG－1206无线路由器的技术参数

| | |
|---|---|
| 支持标准 | IEEE 802.11b/g |
| 频率范围 | 2.4～2.484 6 GHz ISM Band |
| 输出功率 | 1.0 W |
| 敏感度 | 802.11b－80dbm@8% PER<br>802.11g－68dbm@8% PER |
| 电源电压 | DC 12 V |
| 尺寸 | 135 mm×91 mm×24 mm |

## 五、对民用无人机的射频指标规定

无人机通信链路需要使用无线电资源，目前世界上无人机的频谱使用主要集中在UHF、L和C波段，其他频段也有零散分布。我国工信部无线电管理局初步制定了《无人机系统频率使用事宜》，其中规定：

(1)840.5～845 MHz频段可用于无人机系统的上行遥控链路，其中，841～845 MHz也可采用时分方式用于无人机系统的上行遥控和下行遥测信息传输链路。

(2)1 430～1 446 MHz频段可用于无人机系统下行遥测与信息传输链路，其中1 430～1 434 MHz频段应优先保证警用无人机和直升机视频传输使用，必要时1 434～1 442 MHz也可以用于警用直升机视频传输。无人机在市区部署时，应使用1 442 MHz以下频段。

(3)2 408～2 440 MHz频段可用于无人机系统下行链路，该无线电台工作时不得对其他合法无线电业务造成影响，也不能寻求无线电干扰的保护。

目前，民用无人机大量使用的9XTend数传电台(工作在ISM 902～928 MHz频段)并不符合标准，必须寻找代用品。

# 第七节　任务规划与指挥控制

无人机任务规划是根据无人机所要完成的任务、无人机数量及任务载荷的不同，对无人机完成具体任务的预先设定与统筹管理。其主要目标是依据环境信息，综合考虑无人机性能、到达时间、油耗、威胁及空域管制等约束条件，为无人机规划出一条或多条从起始点到目标点最优或满意的航路，并确定载荷的配置、使用及测控链路的工作计划，保证无人机圆满完成任务并安全返回基地。因为"无人"的特点，对任务规划系统的依赖更加强烈，任务规划系统是有效使用轻小型无人机的重要组成部分。

## 一、无人机任务规划的内容

无人机地面站通常配备有专门的任务规划系统。任务规划可分为预先规划和实时规划。预先规划是在起飞前制定的，主要是综合任务要求、气象环境和已有的知识等因素，制定中长期任务规划。由于在实际情况中难以保证获得的环境信息不发生变化，同时由于任务的不确定性，无人机经常需要临时改变所担负的飞行任务，这就需要实时规划。实时规划是无人机在飞行过程中，根据实际的飞行情况和环境的变化制定出一条可飞航路，包括对预先规划的修改以及应急方案的选择等。

无人机任务规划系统除了具备任务规划系统的功能特点外，还具有以下主要功能。

### （一）航路规划

规划无人机从起始点到目标点的航路，并对规划出的航路进行检验。首先，规划的航路必须满足无人机性能要求，如机动性能的限制，确保规划航路的可行性；其次，规划航路必须具备良好的安全性，要考虑地形和碰撞回避，减少航路在时空域上的同步交叉。另外，航路规划的主要内容包括信息获取与处理、威胁突防模型和规划算法等。

### （二）任务载荷规划

根据已知的数据信息，合理配置无人机任务载荷资源，确定载荷设备的工作模式。

### （三）数据链路规划

根据频率管控要求及电磁环境特点，制定不同飞行阶段测控链路的使用策略规划，包括视距或卫通链路的选择、链路工作频段、频点、使用区域、使用时段、功率控制以及控制权交接等。

### （四）应急处置规划

规划不同任务阶段时的突发情况处置、针对性规划应急航路、返航航路备降机场及链路问题应急处置等内容。

### （五）任务推演与评估

在完成任务规划后，通过任务推演完成对无人机作业效果的预估和判断，并反馈指导决策，形成最终任务计划。对任务规划结果进行动态推演，能对拟订完成的任务计划进行正确分析，计算达成任务目标的程度，并以形象的方式表达任务规划意图。

### （六）数据生成加载

能够将航路规划、载荷规划、链路规划和应急处置规划等内容和结果自动生成任务加载数据，并通过无线链路加载到无人机相关的功能系统中。

## 二、无人机任务规划流程

无人机任务规划的基本流程如图 2-51 所示。首先,通过任务接收与输入组件,接收来自上级指控系统发送的任务信息;然后进行相关数据准备,分析任务目标,并根据实时变化或存储在数据库中的环境、气象、GIS、空中交通管制等信息形成约束条件;最后在上述基础上,进行航路规划、载荷使用规划和链路使用规划。航路规划包括任务区域内和巡航阶段内的多机协同航路规划、应急返航/备降航路规划等,并进行航路冲突检测;载荷使用规划包含传感器及其他载荷规划等;链路使用规划包含对视距和超视距链路的使用规划以及链路的频谱管理等,可能还需要进行链路的威胁和抗干扰分析。至此,初步规划完成,通过任务预演实现对任务的安全性、完成度和效能等方面的综合评估,以确认规划效果,对不满足要求的部分做出调整,调整后满足要求的则按照标准文件格式直接输出任务规划结果,加载到无人机平台。当任务发生变化时,要进行实时任务重规划,包括整体或局部重规划。

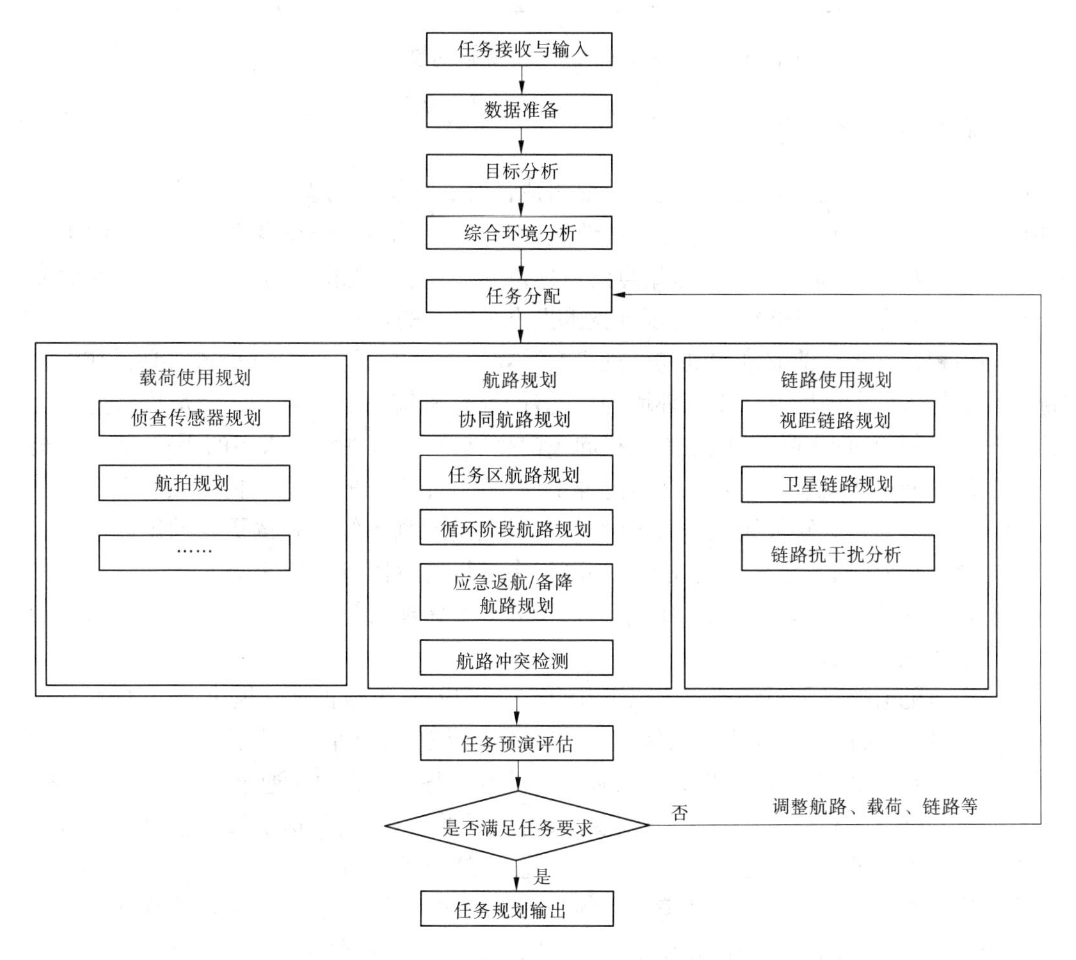


图 2-51　无人机任务规划的基本流程

为提高任务成功率,实现无人机作业的优势互补,采用多架无人机协同作业已成为必然选择。这种情况下,多无人机协同任务规划将成为任务规划的一个新的发展方向。它是在无人机规划与方案生成过程中集规划、仿真、评估为一体的多功能系统,通过系统运筹、合理

规划使得多批次多种类的无人机协调配合,充分发挥自身功用,科学利用资源,完成指派任务,从而获得整体最佳的作业效能。图 2-52 所示为一种多无人机任务规划系统的模块构成。

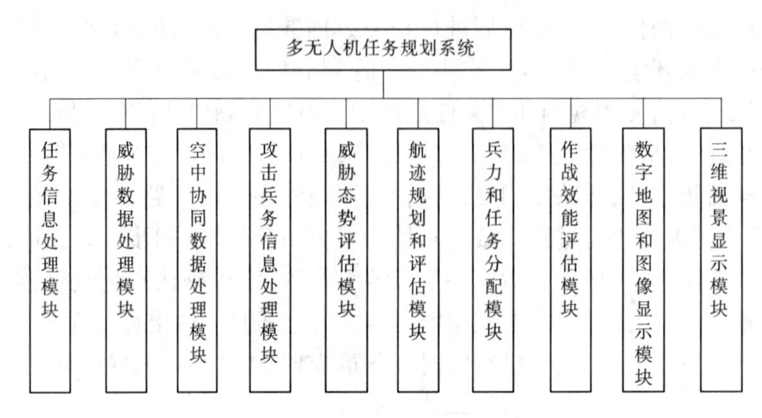


图 2-52　多无人机任务规划系统的模块构成

## 三、无人机航路规划

航路规划是无人机任务规划系统的重要组成部分,也称航迹规划。其具体内容是指依据地形信息和作业目的,综合考虑无人机性能、到达时间、油耗、环境及飞行区域等约束条件,为无人机规划出一条或多条从起始点到目标点的最优或满意的航迹,保证无人机圆满完成飞行任务并安全返回,这就对航迹规划技术提出了很高的要求。

航迹规划包括飞行前航迹规划和航迹实时重规划两个方面。飞行前航迹规划是在无人机起飞完成任务前考虑所有已知的环境约束,借助计算机辅助手段寻找一条最优航迹作为预定航迹。飞行前航迹规划一般在无人机起飞前完成,对实时性没有太多的要求,故也称离线航迹规划。航迹实时重规划是在飞行过程中,一些事先未知的环境变化被飞机上的传感器探测到或通过通信链路被无人机感知到时,由机上重规划系统进行的更改预定航迹的过程,也称在线航迹规划。在线航迹规划是在飞行中进行的,对实时性有很高的要求。而这种可以根据在线探测到的态势变化,实时或近似实时地重新规划任务目标的能力,是无人机飞行控制系统所期望具有的。

一个完整的航迹规划系统通常由以下几个部分组成:地形数据处理模块、监测信息处理模块、路径生成模块以及路径优化处理模块。其中,地形数据处理模块将规划区域内的各种地形信息进行综合处理,为航迹规划提供必要的模型。路径生成模块通过一定的规划算法,生成从起点到终点的系列航迹。路径优化模块将生成的航迹进行优化处理,使路径平滑可飞。航迹规划涉及的主要问题包括环境模型的建立、约束条件与规划算法的选取。

在航迹规划过程中,对地形、环境信息的处理是规划的前提,它直接决定了规划路径的质量。处理这类信息的常见做法是构造数字地图。在规划前需要对航拍等方式获取的地形信息进行处理,确定地形的方差、均值、粗糙度和相关程度等。在飞机进行地形跟随飞行时,针对孤立的山峰和障碍物,考虑飞机纵向机动性的限制,对这类地形进行平缓处理。在航拍时,为了使任务完成的效率变高,需要多个无人机之间相互配合完成任务,这就涉及多机协同航迹规划技术。多机协同航迹规划是为了确立每一个无人机的飞行路线,防止空中碰撞事故，并在尽可能少的时间内以最小整体代价函数到达目标。在无人机协同航迹规划中，到达目标的时间是一个非常重要的评估指标。为了使无人机能够同时到达目标，一般采用以下两种方式：一种是通过协调无人机的飞行速度，使到达目标较短路径的无人机采取小的速度，使较长路径的无人机速度加大；另一种是对航路做一些修正，通过附加一些路径使每架无人机到达目标点的距离大致相等。

## 第八节　无人机编队飞行

无人机编队飞行，即多架无人机为适应任务要求而进行的某种队形排列和任务分配的组织模式，它既包括编队飞行的队形产生、保持和变化，也包括飞行任务的规划和组织。无人机编队飞行是无人机发展的一个重要趋势，拥有广阔的发展前景。

### 一、无人机编队飞行的主要特点

由于单个无人机搭载的设备有限，所以要完成一件比较复杂的任务时，就必须出动多次。而编队作业的无人机组可以分散搭载设备，将一个复杂的任务拆分为几个简单的任务，分配给编队中的不同无人机，使任务能够一次完成，执行任务将更有效率。如高精度定位、多角度成像及通信中继等，在多角度及三维成像方面的效率远高于单机作业。

在无人机执行任务过程中，难免由于各种意外而造成损失。当无人机因突发情况而不得不脱离任务时，对于单无人机来说，就意味着任务失败，而对编队飞行的无人机来说，只是任务的完成程度受到了影响，可以在编队中编入备用的无人机以保证整个编队能够继续执行任务。这种可靠性和冗余度在复杂多变的任务中尤为重要，这是无人机编队飞行的一个突出的特点和优势。

多无人机协同作业系统力求通过多架无人机之间的相互协同，使多无人机系统作为整体执行任务的能力大于各架无人机的简单相加。其主要特点表现如下：

(1)协作性。系统中的各架无人机可以相互协作，执行单无人机无法完成的任务。

(2)并行性。系统可通过各架无人机之间的异步并行活动，提高系统内部的情报获取能力、信息感知能力和辅助决策能力。

(3)鲁棒性。系统并不依赖于某架无人机完成所有的任务，不会因为某架无人机的损伤或者退出而导致系统瘫痪。

(4)易扩展性。系统松散耦合的特征，保证了其体系构成的可重用性和可扩充性。

(5)自适应性。系统中各架无人机能够随环境的变化调整自己的飞行路径，并且与其他友邻无人机进行通信和协作，彼此之间保持安全距离，始终保持系统资源的最优化配置。

### 二、无人机编队现状

与单无人机飞行相比，无人机编队飞行要复杂得多。除了要具备单无人机所必需的飞行和姿态控制系统、通信系统外，还要考虑多无人机的协调问题，如任务配合、航迹规划、队形的产生和保持、防止信息交互和飞行扰动引起的冲突、数学模型和仿真模型的可靠性等。针对无人机编队系统的研究，按目的可以划分为任务层、控制层和执行层。

（一）任务层

任务层是针对具体任务或者以完成某一指标为目的而进行的关于编队飞行的规划，主要包括任务规划和航迹规划。任务规划是针对某一特定任务，对无人机组进行任务分配，使每架无人机都能充分发挥其各自的特点，使任务完成有效而又不会浪费资源。

除了航迹设计外，更多的是针对航迹规划中的会合问题和避障避险问题。多无人机在初始位置不同或初始时间不同或两者都不同的条件下，同时或者分时到达同一个位置点，这个问题被称为会合问题。在会合问题中的算法通常是以用时最少或总路径最短，或者搜索范围最大等为指标来选择期望轨迹的。无人机完成任务的途中，往往存在障碍或危险区域，执行任务时需要规划如何绕开这些区域到达目标点，这个问题被称为避障避险问题。避障避险算法规划中的指标一般是时间、路径长度、涵盖范围或避障后在某点集合等。对于航迹规划，目前正在思考会合点发生变化或者运动情况下的轨迹规划以及障碍位置变化情况下的轨迹规划。

（二）控制层

根据不同的任务，需要无人机编排成不同的队形，如雁形编队、平行编队、纵列编队、蛇形编队、球形编队等。编队中的无人机，尤其是密集编队中的无人机会受到其他无人机的气动干扰，因此不同编队的气动效应是不同的。

编队中的无人机因任务要求往往要保持其在队列中的相对位置基本不变。一般的保持策略是编队中的每架无人机保持与队列中约定点的相对位置不变，而当这个约定点是领航机的时候，这个保持策略就称为跟随保持。在阵形保持过程中，可能会因一些干扰因素引起扰动，防止冲突策略就是要避免在扰动下可能发生的碰撞和信息交互中的阻塞。无人机编队保持队列形状，信息交互是关键。

信息交互的控制策略一般有集中式控制、分布式控制和分散式控制，每一种方式都有其独特的定义和优势。在编队控制的具体控制算法方面，已经做了很多探讨，有线性反馈法、非线性补偿、神经网络和模糊控制等方法。

（1）集中式控制。每架无人机要将自己的位置、速度、姿态和运动目标等信息和队列中所有无人机进行交互。在集中式控制策略中，每一架无人机都要知道整个队列的信息，控制效果最好，但是需要大量的信息交互，在交互中容易产生冲突，计算量大，对机载计算机的性能要求较高，系统和控制算法复杂。

（2）分布式控制。每架无人机要将自己的位置、速度、姿态和运动目标等信息和队列中相邻的无人机进行交互。在分布式控制策略中，每一架无人机需知道与其相邻无人机的信息，虽然控制效果相对较差，但信息交互较少，大大减少了计算量，系统实现相对简单。

（3）分散式控制。每架无人机只要保持自己和队列中约定点的相对关系，不和其他无人机进行交互。其控制效果最差，基本没有信息的交互，计算量也最少，但结构最为简单。

分布式控制的效果虽然不及集中式控制，但其控制构造简单可靠、信息量小，比较容易避免信息冲突。从工程角度看，这样的结构便于实现和维护。除此之外，分布式控制策略适应性强，并具有较好的扩充性和容错性，如执行任务的途中任务突然变更需要新的无人机加入编队，或者某无人机由于故障不能继续完成任务需要脱离编队并补充新的无人机的情况。由于分布式控制能够将突发的影响限制在局部范围内，所以目前对队列控制策略的研究逐渐由集中式控制转向分布式控制。

分布式控制的编队概况见图2-53。其中V1为首机,V2和V4跟随V1并保持与V1的相对位置,以保持其在队列中的位置。V3则只要知道V2的信息并与其保持相对位置就可以保持在整个队列中的位置。整个队列是由若干个基本的二机跟随飞行编队组成的,具有良好的扩充性。

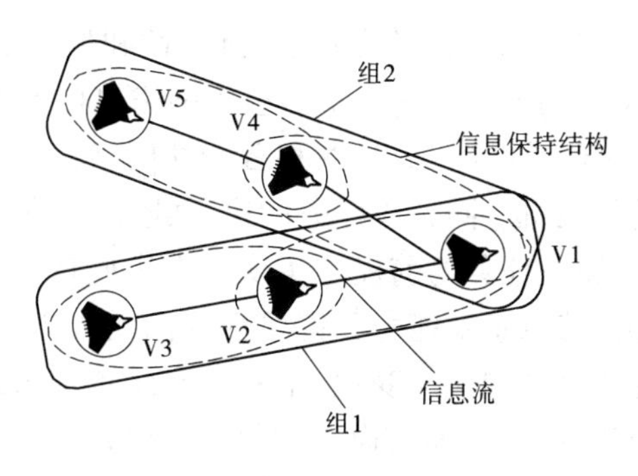


图2-53 分布式控制的编队概况

大量无人机由不同的起始位置通过分布式控制完成编队的示意图见图2-54。约定的组队区域为圆形区域,要求由30架无人机组成编队。由于初始位置不同,所以各无人机由初始位置向内部靠拢,不断搜寻邻近的无人机,并与其他任意一架无人机保持一定的距离。经过一段时间后,由图2-54(a)所示的初始状态达到图2-54(b)所示的完成编队状态。如果用集中式控制策略完成编队,信息交互将是海量的,这是因为处理这些信息的复杂程度与编队无人机的数量呈几何关系。而如果采用分散式控制策略,则不能保证在编队形成的过程中无人机之间不发生碰撞,只有分布式控制策略能同时解决信息交互和碰撞的问题。

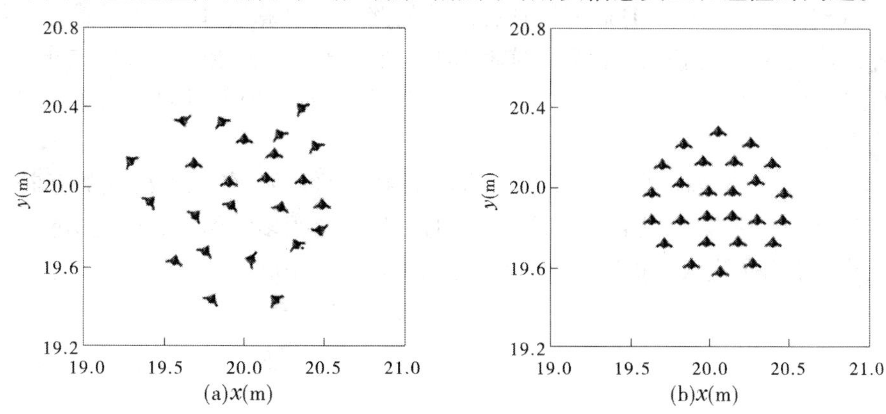


图2-54 通过分布式控制完成编队示意图

### (三)执行层

无人机编队系统一般由机载设备、无人机组和地面站组成。机载设备包括传感器、飞行控制系统、计算机、发射机、接收机和电源装置。良好的机载设备除了功能强大外,还需要具备质量轻、结构稳固的特点,以尽量减小对飞行性能的制约。为了有效地控制无人机编队飞行,地面站要有高速处理器,以便及时处理无人机的控制指令,还要有高可靠性的通信装置,以保证指令的传输,同时还能及时观测到无人机的飞行情况,以便评估飞行效果。因此,地面站一般由地面计算机、发射机、接收机和地面观测装置组成。执行编队飞行的多架无人机应该有良好的飞行动态品质和操纵性,以便能够有效地执行任务指令。

地面验证实验主要测试无人机的各种功能,包括自主飞行控制能力及与其他无人机编队的协作能力。

## 三、无人机移动自组网介绍

移动自组织网络(自组网)以其高度的自治性、抗毁性和拓扑动态可变性等突出优势成为非常适合于组建无人机网络的技术。无人机自组织网络也称无人机 Ad Hoc 网络,是由无人机担当网络结点组成的具有任意性、临时性和自治性网络拓扑的动态自组织网络系统。多架性能不同、功能各异的无人机协同完成任务的执行、监视等将是未来小型无人机遥感发展的方向和要求。多机协同完成任务的前提是实现无人机群自主测控通信一体化,也就是必须组建具有较强通信能力、信息感知能力和抗毁性强的无人机网络。该网络必然是一个动态性很强的网络,网络的拓扑结构快速变化,不断会有结点加入或离开网络。因此,作为网络结点,每架无人机都配备 Ad Hoc 通信模块,既具有路由功能,又具有报文转发功能,可以通过无线连接构成任意的网络拓扑。每架无人机在该网络中兼具作业结点和中继结点两种功能。

无人机 Ad Hoc 网络除具有独立组网、自组织、动态拓扑、无约束移动、多跳路由等一般 Ad Hoc 网络本身的技术特点以外,还具有以下作业使用特点。

(1)抗毁能力强。无人机 Ad Hoc 网络可以在不需要任何其他预置网络设施的情况下,在任何时刻、任何地方快速展开并自动组网,可以动态改变网络结构,即使某个结点的无人机脱离结构,也可以自动重构网络拓扑,不会影响其他结点,并克服了单机工作时影响效率和成功率的弱点。其网络分布式特征、结点的冗余性使得该网络的鲁棒性和抗毁性突出。

(2)智能化。无人机 Ad Hoc 网络具有高效的路由协议算法,能够及时感知网络变化,自动配置或重构网络,保证数据链路的实时连通,具有高度的自治性和自适应能力。另外,无人机自组网可以实现信息共享,能够将所接收的信息进行处理,并自主决策,实现作业任务智能化。

(3)功能多样。无人机自组网后就具有所有终端的功能,各无人机优势互补、分工协作,形成有机整体,获得比单机更好的效能,而且可以获得很多组网后的增值功能,这就意味着无人机的功能有了更大的扩展,所以应用范围也得到了拓展。

# 第三章　无人机的飞行原理与性能

空气是飞机的飞行介质。随着高度的增加,空气的密度、温度、压力、音速及空气的物理参数和性质也随之变化,影响飞机飞行中的空气动力性能、发动机的工作状态、飞机的机体结构连接间隙的变化和飞机的座舱环境的控制等。

基于上述原因,在讨论飞机的飞行原理之前,首先要对空气的物理参数和基本性质、大气的分层和国际标准大气、气流特性及气流流动的基本规律等有所了解,作为了解和掌握飞机飞行原理的基础。

## 第一节　空气动力学知识

### 一、流体的认知

#### (一)流体

流体是指在承受任何大小的剪应力作用,会产生连续不断的变形的物体。如气体或液体,液体是指有自由表面的流体,而气体是指没有自由表面,可以充满容纳它的整个空间的流体。流体与固体不同,固体受到剪应力会产生形变,但流体受到剪应力即开始流动,且组成流体的粒子之间的相对位置经常不固定。每一流体粒子拥有自己的瞬时速度与瞬时加速度,并随时间不断变化。

#### (二)连续介质假说

流体由大量做无规则热运动的分子所组成,从微观角度看,分子间存在空隙,在空间是不连续的,空间尺度(分子平均自由程)约为 $10^{-8}$ m,所以说世界上几乎没有连续的东西。由于流体分子的运动比较复杂,一般只研究流体的宏观运动。瑞士著名科学家欧拉(Euler)于 1753 年提出,从宏观上把流体看成是由无限多分子组成的连续介质,分子是组成宏观流体的最小基元,不考虑流体分子间的间隙,把流体视为由无数连续分布的流体微团组成的连续介质。例如,水里没有缝隙,每一个很小的水滴都连在一起。流体介质连续后,我们就能将质量、压力等看成是均匀分布,从而利用数学工具对流体进行观测和实验研究,找出流体的平衡与运动规律。这就是著名的连续介质假说。连续介质假说是流体力学中最重要的理论之一,它作为一种假说在流体力学的发展史上起了巨大作用。

对研究的流体微团微观上足够大,必须包含足够多的分子;宏观上足够小,体积必须很小。连续介质假设的使用条件:只有当考虑的现象具有比流体分子结构尺度大得多的尺度时才成立,即流体流动特征长度远大于分子平均自由程。但对于研究高真空及高空(100 km)稀薄气体中的物体运动时,稀薄气体不能视为连续介质。

**(三)流体的物理性质**

1. 流体的惯性

流体的密度$\rho$是表征物体惯性的物理量,是指单位体积流体所具有的质量。其分为非均匀流体和均匀流体。表达式如下:

均匀流体:
$$\rho = \frac{M}{V}$$

式中 $\rho$——流体的密度, $kg/m^3$;

$M$——流体的质量, kg;

$V$——该质量流体的体积, $m^3$。

非均匀流体是指各点密度不完全相同的流体。非均质流体中某点的密度为:

$$\rho = \lim_{\Delta V \to 0} \frac{\Delta M}{\Delta V}$$

式中 $\rho$——某点流体的密度;

$\Delta M$——微小体积$\Delta V$内的流体的质量;

$\Delta V$——包含该点在内的流体体积。

常见流体的密度:水 1 000 $kg/m^3$,空气 1.29 $kg/m^3$,水银 13 600 $kg/m^3$。

流体的密度随压力$p$和温度$T$而变化,即:

$$\rho = \rho(p,T)$$

$p$与$\rho$成正比,$p$越大$\rho$越大;$T$与$\rho$成反比,$T$越大$\rho$越小。

流体的比容是指单位质量的流体所占有的体积,是流体密度的倒数(单位为$m^3/kg$)。

$$\nu = \frac{1}{\rho}$$

混合气体的密度按各组分气体所占体积百分数计算。

2. 重度(容重)$\gamma$

对于均质流体,作用于单位体积流体的重力称重度,以$\gamma$表示:

$$\gamma = G/V$$

式中 $\gamma$——流体的重度,$N/m^3$;

$G$——体积为$V$的流体所受的重力,N;

$V$——重力为$G$的流体体积, $m^3$。

对于非均质流体,任一点的重度为:

$$\gamma = \lim_{\Delta V \to 0} \frac{\Delta G}{\Delta V}$$

式中 $\gamma$——某点流体的容重;

$\Delta G$——微小体积$\Delta V$的流体重力;

$\Delta V$——包含该点在内的流体体积。

重量是质量和重力加速度的乘积,即:

$$G = mg$$

两端同除以体积$V$,则得重度和密度的常用重要关系:

$$\gamma = \rho g$$

在计算中常用的流体密度和容重如下:

水的密度和容重：$\rho = 1\ 000\ \mathrm{kg/m^3}$，$\gamma = 9\ 800\ \mathrm{N/m^3}$。

汞的密度和容重：$\rho_{\mathrm{Hg}} = 13\ 595\ \mathrm{kg/m^3}$，$\gamma_{\mathrm{Hg}} = 133\ 326\ \mathrm{N/m^3}$。

干空气在温度为 290 K、压强为 760 mmHg 时的密度和容重：$\rho_{\mathrm{a}} = 1.2\ \mathrm{kg/m^3}$，$\gamma_{\mathrm{a}} = 11.77\ \mathrm{N/m^3}$。

3. 流体的压缩性和膨胀性

流体的压缩性和膨胀性是流体体积随着压力(压强)的变化而变化的性质。压缩性是流体的基本属性。任何流体都是可以压缩的，只不过可压缩的程度不同而已。

液体的压缩性都很小，随着压强和温度的变化，液体的密度仅有微小的变化，在大多数情况下，可以忽略压缩性的影响，认为液体的密度 $\rho$ 是一个常数。

气体的压缩性很大。空气从基本组成上看，可以认为是由无数独立的粒子(分子)所组成的，1 $\mathrm{mm^3}$ 空气有 $2.7 \times 10^{16}$ 个空气分子。它们都处于激烈的运动中，气体的温度是衡量这种运动激烈程度的尺度。从热力学中可知，当温度不变时，完全气体的体积与压强成反比，压强增加一倍，体积减小为原来的一半；当压强不变时，温度升高 1 ℃体积就比 0 ℃时的体积膨胀 1/273。所以，通常把气体看成是可压缩流体，即它的密度 $\rho$ 不是常数，而是随压强和温度的变化而变化的。

把液体看作是不可压缩流体，把气体看作是可压缩流体，这不是绝对的。实际中，是否考虑流体的压缩性，要视具体情况而定。特例：水击现象、液压冲击、水中爆炸波的传播等，水的压强变化较大，而且变化过程非常迅速，这时水的密度变化就不可忽略，需要考虑水的压缩性，此时液体可视为可压缩流体。又如，在隧道施工、气体输送、烟道和通风管道中，气体在整个流动过程中，压强和温度的变化都很小，其密度变化很小，可作为不可压缩流体处理。再如，当气体对物体流动的相对速度比声速要小得多( $<70$ m/s)及空气低温、低压时，低温气体分子的运动比高温时缓慢，气体的密度变化很小，可以近似地看成是常数，也可视为不可压缩流体处理。

无人机飞行的介质是可压缩的气体(流体)。但无人机的速度远达不到要考虑空气可压缩性的程度。可压缩性的问题只有在处理喷气动力无人机以及螺旋桨翼尖和直升机旋翼问题时才需考虑。对于低速的无人机来说，空气可以被认为是不可压缩的流体。

空气密度是衡量在给定空间里分子数目多少的一个尺度，密度通常用千克/立方米(单位体积的质量)来表示。密度变化跟高度和天气有关。运动的气体分子发生碰撞对浸没在其中的物体产生了气体压力。在高海拔和高温环境中，空气密度比贴近海平面和低温环境中的密度要小。航空器驾驶员在高原或者热带操作无人机时会发现空气密度会对飞行造成一些影响，比如，要得到相同的升力就必须飞得更快一些。发动机和螺旋桨也受到空气的干湿度的负面影响。空气的干燥与潮湿会使得空气的密度发生变化。干燥的空气比潮湿的空气密度大。因此，干湿度也会对空气动力产生影响，这些影响对一些轻小的无人机来说比较明显。

空气压缩系数是指温度一定时，单位压力变化所引起的体积相对变化量，以 $k$($\mathrm{m^2/N}$)表示：

$$k = -\frac{\mathrm{d}V/V}{\mathrm{d}p}$$

体积模量 $K$($\mathrm{N/m^2}$)：

$$K = \frac{1}{k} = -\frac{V\mathrm{d}p}{\mathrm{d}V}$$

体积弹性模量表示的是压缩单位体积的流体所要做的功，它表示流体反抗压缩的能力。$K$ 值越大，流体越难被压缩。

流体的膨胀性是指流体体积随着温度的变化而变化的性质。

膨胀系数是指压力一定时，单位温度增加所引起的体积相对变化量。

$$a_V = \frac{\mathrm{d}V/V}{\mathrm{d}T}$$

4. 流体的黏性

流体流动时所表现出的黏滞力反映了流体内部各流体微团之间发生相对运动时，流体内部会产生摩擦力（黏性力）的性质。牛顿在《自然哲学的数学原理》（1687）中指出：相邻两层流体作相对运动时存在内摩擦作用，这种特性称为黏滞性，简称黏性。

当把油和水倒在同一斜度的平面上时，发现水的流动速度比油要快得多，这是因为油的黏滞性大于水的黏滞性。牛顿内摩擦定律表明：黏性切应力与速度梯度成正比；黏性切应力与角变形速率成正比；比例系数称动力黏性系数，用 $\mu$ 表示，简称黏度，单位为帕·秒。黏度是流体黏性大小的度量，由流体流动的内聚力和分子的动量交换引起。动力黏性系数 $\mu$ 值越大，流体的黏性越大，流动性越差。

流体的黏性系数与温度的关系已被大量的实验所证明。即气体的黏性系数随温度升高而增加。气体分子热运动引起的动量交换是产生黏度的主要因素。对于气体分子热运动对黏滞性的影响居主导地位，当温度升高时，分子热运动更为频繁，动量交换增加，内摩擦力增大，故气体黏性系数（黏度）随温度升高而增加。而压力对流体黏度的影响不大，一般忽略不计。

流体黏性所产生的三种效应：流体内部各流体微团之间会产生黏性力；黏性是运动流体产生机械能损失的根源；在一般工程中流体将黏附于它所接触的固体表面，并且与固体表面有相同的运动状态，即固壁不滑移条件。

5. 黏性流体和理想流体

一般的流体都有黏性（$\mu \neq 0$），当流体的黏性忽略（$\mu = 0$）时，即是理想的流体。

**（四）国际标准大气**

为了提供大气压力和温度的通用参照标准，国际标准化组织规定了国际标准大气（ISA），作为某些飞行仪表和无人机大部分性能数据的参照基础。

在对流层和同温层中，空气的物理性质（温度、压强、密度等）都经常随着季节、昼夜、地理位置、高度等的不同而变化。所谓国际标准大气，就是人为规定以北半球中纬度地区的大气物理性质的平均值作为基础建立的，并假设空气是理想气体，满足理想气体方程：$pV = nRT$。该方程有 4 个变量：$p$ 是指理想气体的压强，$V$ 为理想气体的体积，$n$ 表示理想气体物质的量，而 $T$ 则表示理想气体的热力学温度，常量 $R$ 为理想气体常数，对任意理想气体而言，$R$ 是一定的，为（8.314 41 ± 0.000 26）J/（mol·K）。根据大气温度、密度、气压等随高度变化的关系，得出统一的数据，作为计算和实验飞行器的统一标准，以便比较。它能粗略地反映北半球中纬度地区大气多年平均状况，并得到国际组织承认。

在海平面，国际标准大气压力为 29.92inHg（1 013.2 hPa），温度为 15 ℃（3.5 ℉）。高度增加，压力和温度一般都会降低。例如，在海拔 2 000 ft（609.6 m）处，标准压力为 27.92（29.92 − 2.00）inHg，标准温度为 11（15 − 4）℃。一般将海平面附近常温常压下空气的密度

1.225 $kg/m^3$作为一个标准值。

## 二、与空气流动有关的概念

空气是一种流体，其流动规律遵循流体力学的一般规律。在介绍反映流体流动规律的流体力学基本方程之前，先介绍一些有关空气流动的基本概念。

充满运动流体的空间称为流场。用以表示流体运动规律的一切物理参数统称为运动参数，如速度 $v$、加速度 $a$、密度 $\rho$、压力 $P$ 和黏性力 $F$ 等。流体运动规律，就是在流场中流体的运动参数随时间及空间位置的分布和连续变化的规律。

### （一）稳定流与非稳定流

如果流场中各点上流体的运动参数不随时间而变化，这种流动就称为稳定流。如果运动参数随时间而变化，这种流动就称为非稳定流。

### （二）迹线与流线

迹线就是流场中流体质点在一段时间内运动的轨迹。流线是指流场中某一瞬时的一条空间曲线，在该线上各点的流体质点所具有的速度方向与该点的切线方向重合。

### （三）流管与流束

1. 流管

在流场中画一条封闭的曲线，经过曲线的每一点作流线，由这些流线所围成的管子称为流管（见图 3-1）。非稳定流时流管形状随时间变化；稳定流时流管不随时间而变化。

流管的表面由流线所组成，根据流线的定义流体不能穿出或穿入流体的表面。这样，流管就好像刚体管壁一样，把流体运动局限于流管之内或流管之外。因此，在稳定流时，流管就像真实管子一样。

2. 流束

充满在流管中的运动流体（流管内流线的总体）称为流束（见图 3-2）。断面无限小的流束称为微小流束（d$A$）。

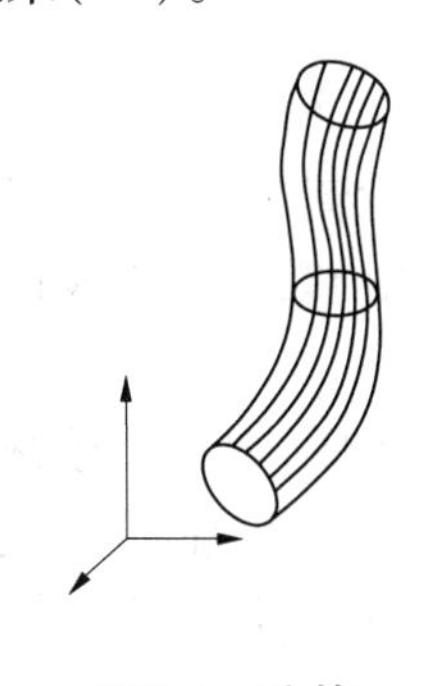

图 3-1　流管

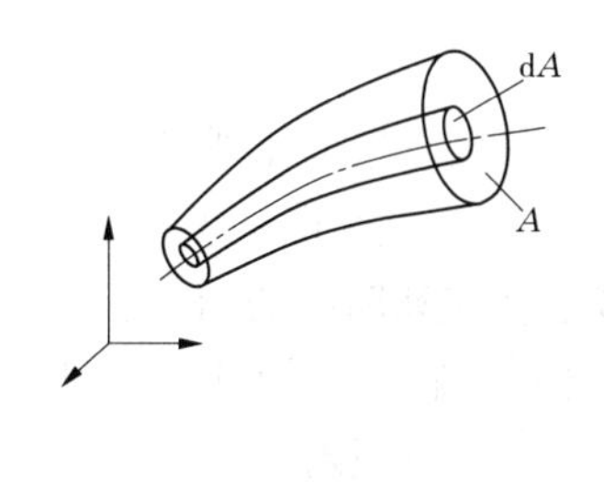


图 3-2　流束

3. 总流

无数微小流束的总和称为总流（$A$），如风管中气流的总体。

### （四）有效断面、流量与平均流速

1. 有效断面

与微小流束或总流各流线相垂直的横断面，称为有效断面，用 d$A$ 或 $A$ 表示，在一般情

况下,流线中各点流线为曲线时,有效断面为曲面形状。在流线趋于平行直线的情况下,有效断面为平面断面。因此,在实际运用上对于流线呈平行直线的情况,有效断面可以定义为与流体运动方向垂直的横断面,如图 3-3 所示。

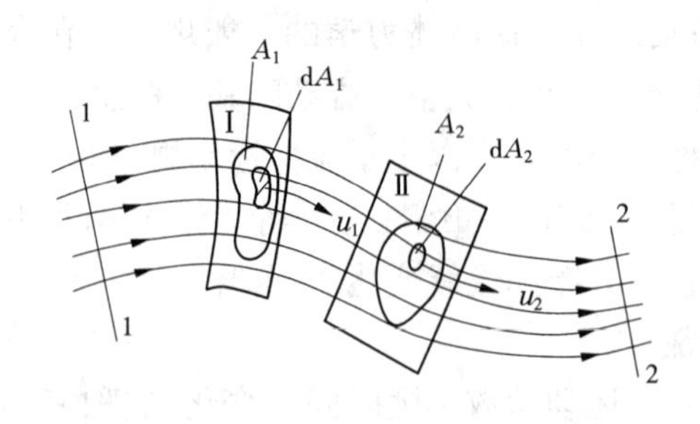


图 3-3 有效断面

2. 流量

单位时间内流体流经有效断面的流体量称为流量。流量通常用流体的体积、质量或重量来表示,相应地称为体积流量 $Q$、质量流量 $M$ 和重量流量 $G$。它们之间的关系为:

$$G = Y \cdot Q$$

$$M = Y/g \cdot Q = \rho \cdot Q$$

$$Q = G/Y = M/\rho$$

对于微小流束,体积流量 $dQ$ 应等于流速 $v$ 与其微小有效断面面积 $dA$ 之乘积,即:

$$dQ = v \cdot dA$$

对于总流而言,体积流量 $Q$ 则是微小流束流量 $Q$ 对总流有效断面面积 $A$ 的积分。

3. 平均流速

由于流体有黏性,任一有效断面上各点速度大小不等。由实验可知,总流在有效断面上的速度分布呈曲线图形,边界处 $u$ 为零,管轴处 $u$ 最大。假设流体流动在有效断面上以某一均匀速度 $v$ 分布,其体积流量则等于以实际流速流过这个有效断面的流体体积,即:

$$V_A = \int v \cdot dA$$

根据这一流量相等原则确定的均匀流速,就称为断面平均流速。工程上所指的管道中的平均流速,就是这个断面上的平均流速 $V$。平均流速就是指流量与有效断面面积的比值。

**(五)空气流动时的压力**

我们知道,流体流动是因存在压力差而产生的。压力的实质:根据分子热运动原理,压力表示空气单位体积内所具有的能量大小。压缩的压力越大,所完成的功就越多。

当空气在管道中流动时,存在两种压力,即静压力和动压力。空气静压力与动压力的和称为空气的全压力。

(1)静压力。静压力是使空气收缩或膨胀的压力,它在管道中对各个方向均起相等的作用。它可以比大气压力大(称为正压),也可以比大气压力小(称为负压)。这可以用一根具有弹性的风管来做实验。当管内压力为负压时,我们可以看到风管有收缩现象;当管内压力为正压时,我们可以看到风管有膨胀现象。静压力用符号 $H_{静}$ 表示。

(2)动压力。动压力是反映空气流动现象的压力,它只是在空气的前进方向起作用,并且永远为正值。动压力用符号 $H_{动}$ 表示。

(3)全压力。空气的静压力与动压力的和称为全压力,用符号 $H_{全}$ 表示:

$$H_{全} = H_{静} + H_{动}$$

全压力代表着空气在管道中流动时的全部能量。静压力有正负之分,全压力也有正负之分。在吸气管道中全压力为负值,在压气管道中全压力为正值。而静止空气的静压力就是空气的全压力。

(4)动压力与风速的关系。动压力只在空气流动时才表现出来,所以动压力表示流动空气所具有的动能,它必然与空气流动时的速度有关。根据动能原理,设有一质量为 $m$、速度为 $v$ 的空气在管道中流动,则其动能 $E$ 为:

$$E = \frac{1}{2} mv^2$$

因为 $m = \rho V$,所以:

$$E = \frac{1}{2}\rho V \nu^2$$

压力是空气单位体积所具有的能量,上式两边各除以 $V$ 得:

$$H_{动} = \frac{E}{V} = \frac{1}{2}\rho \nu^2$$

将 $\rho = \gamma/g$ 代入上式,得:

$$H_{动} = \frac{\gamma}{2g}\nu^2$$

式中 $v$——空气流动的速度,m/s;

$g$——重力加速度,取 9.81 m/s$^2$;

$\rho$——空气密度,在标准状态下取 1.2 kg/m$^3$。

从公式中可以看到,知道了空气流动时的动压力,就可以算出它的速度;反过来,知道了空气流动时的速度,也可以算出它相应的动压力。

## 三、空气在管道中流动时的基本方程

流体流动规律的一个重要方面是流速、压强等运动参数在流动过程中的变化规律。流体流动应当服从一般的守恒原理:质量守恒、能量守恒和动量守恒。从这些守恒原理可以得到有关运动参数的变化规律。

### (一)连续性方程

因为流体是连续的介质,所以在研究流体流动时,同样认为流体是连续地充满它所占据的空间,这就是流体运动的连续性条件。因此,根据质量守恒定律,对于空间固定的封闭曲面,非稳定流时流入的流体质量与流出的流体质量之差,应等于封闭曲面内流体质量的变化量。稳定流时流入的流体质量必然等于流出的流体的质量,如图 3-4 所示。这个结论以数学形式表达,就是连续性方程:$M_1 = M_2$。

这说明了流体在稳定流动时,沿流程的质量流量保持不变,为一常数。

对不可压缩流体,$\rho$ 为常数,则公式可简化为:

$$Q_1 = Q_2$$

$$V_1A_1 = V_2A_2$$

$$V_1/V_2 = A_2/A_1$$

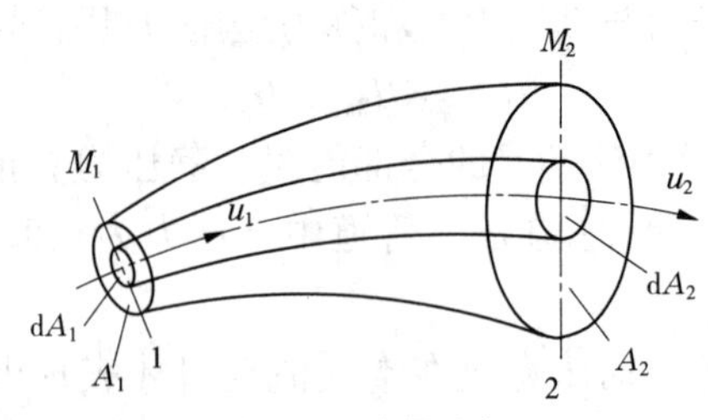


**图 3-4　流量守恒**

上式为在流体稳定流时总流的连续性方程。它说明流体在稳定流动时，沿流程体积流量为一常值，各有效断面平均流速与有效断面面积成反比，即断面大处流速小，断面小处流速大。这是不可压缩流体运动的一个基本规律。所以，只要总流的流量已知，或任一断面的平均流速和断面面积已知，其他各个断面的平均流速即可用连续性方程计算出来。

### （二）空气流动的能量方程（伯努利方程）

空气流动的能量主要有四种：动能、压力能、热能、重力势能。上述的连续性方程表明，当空气在管道内作稳态流动时，其速度将随着截面面积的变化而变化。通过实验还可以观察到，其静压力也将随着截面面积的变化而变化。截面大的地方流速小、压力大，截面小的地方流速大、压力小。但这一现象并不表明静压力与速度在数值上成反比关系，它只是反映了静压力与动压力在能量上的相互转换。为了得到这种能量转换的定量关系，可作以下分析。

如图 3-5 所示，一根两端处于不同高度的变径管，理想流体（忽略黏性的流体）在管道内作稳态流动，在管道中任取 1—2 流体段。在很短的时间内，1—2 流体运动到了 1′—2′位置。

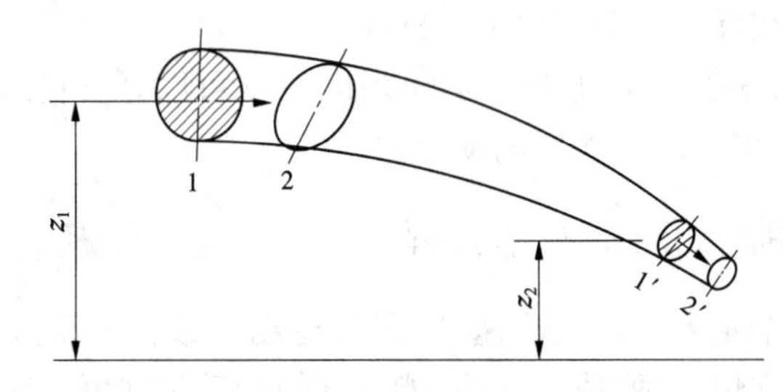


**图 3-5　空气流动的能量守恒**

理想流体从 1—2 流到 1′—2′时，在 1′—2′段内的流体情况没有发生变化。因此，在这个流动过程中所发生的变化只是把 1—1′这段流体移到了 2—2′的位置。由于这两段流体的速度和所处的高度不同。它们的动能和势能也就不等。假设 1—1′和 2—2′处的总机械能分别为 $E_1$ 和 $E_2$，则：

$$E_1 = 1/2\ mv_1^2 + mgz_1$$

$$E_2 = 1/2\ mv_2^2 + mgz_2$$

能量的增量：　$E = E_2 - E_1 = (1/2mv_2^2 + mgz_2) - (1/2mv_1^2 + mgz_1)$

理想流体流动时没有流动阻力，因而也没有能量损耗，流体流动时能量的增量就等于外力所做的功 $W$，即 $\Delta E = W$。所以：

$$P_1V - P_2V = (1/2mv_2^2 + mgz_2) - (1/2mv_1^2 + mgz_1)$$

即：

$$P_1V + 1/2mv_1^2 + mgz_1 = P_2V + 1/2mv_2^2 + mgz_2$$

管道中截面 $A_1$、$A_2$ 是可任意选取的，因此对于任意一个截面均有：

$$PV + 1/2mv^2 + mgz = 常数$$

式中　$PV$——体积为 $V$ 的流体所具有的静压能。

上式是伯努利于1738年首先导出的，故称伯努利方程。它是流体力学中重要的基本方程式，该方程式表明了一个重要的结论：理想流体在稳态流动过程中，其动能、位能、静压力之和为一常数，也就是说三者之间只会相互转换，而总能量保持不变。该方程通常称为理想流体在稳态流动时的能量守恒定律或能量方程。当空气作为不可压缩理想流体处理时，则服从这个规律。由于空气的 $\rho$ 值都很小，位能项与其他两项相比可忽略不计，因此对于空气，能量方程可写成：

$$PV + \frac{1}{2}mv^2 = 常数$$

方程两边同时除以 $V$，则得：

$$P + \frac{1}{2}\rho v^2 = 常数$$

式中　$P$——空气的静压力；

$P + \frac{1}{2}\rho v^2$——空气的动压力。

方程右边的常数便代表了空气流动时的全压力。若以符号 $H_{全}$、$H_{静}$、$H_{动}$ 表示，则有：

$$H_{全} = H_{静} + H_{动} = 常数$$

上式所表明的静压力和动压力之间的关系与前述实验结论完全相符。当空气在没有支管的管道中流动时，对于任意两个截面，根据上式，以相对压力表示的伯努利方程可写成：

$$H_{静1} + H_{动1} = H_{静2} + H_{动2}$$

应用以上伯努利方程时，必须满足以下条件：

(1)不可压缩理想流体在管道内作稳态流动；

(2)流动系统中，在所讨论的两个截面间没有能量加入或输出；

(3)在列方程的两个截面间沿程流量不变，即没有支管；

(4)截面上速度均匀，流体处于均匀流段。在速度发生急变的截面上，不能应用该方程。

以上所讨论的伯努利方程，表明的是理想流体作稳态流动时的规律，也即认为是没有能量损耗的。但是实际上空气是有黏性的，流动时将由于流体的内摩擦作用而产生能量损失，若空气由1—2段流动至1′—2′段时的能量损耗用 $H_{损1-2}$ 表示，根据能量守恒定律，则应有：

$$H_{静1} + H_{动1} = H_{静2} + H_{动2} + H_{损1-2}$$

或：

$$H_{全1} = H_{全2} + H_{损1-2}$$

这种能量损失表现为压力的变化，也叫压力损失。

由公式可得，风管内任意两个截面间的压力损失等于该两个截面处的全压力之差，即：

$$H_{损1-2} = H_{全1} - H_{全2}$$

对于等截面的风管，由于管内空气的流速到处相等，即任意截面处的动压力 $H_{动}$ 相等。根据公式，任意两个截面间的压力损失则应等于该两个截面处的静压力之差，即：

$$H_{损1-2} = H_{静1} - H_{静2}$$

## 四、牛顿运动定律

自然界中观察到的流体运动，例如水流与气流，非常复杂，但流体的运动仍符合力学的一般原理。因此，力学的基本观念依然是研究流体运动不可或缺的工具。

空气动力学就是研究可压缩流体的流动规律及其在工程中应用的科学。它是飞行器外形设计、机翼的升力与阻力计算等的基本理论，在航空工程技术上得到广泛应用。

### （一）速度与加速度

无人机在空中运动时，空气相对于无人机就会产生空气动力，丹尼尔 · 伯努利在 1726 年首先提出在水流或气流里，如果速度小，压强就大；如果速度大，压强就小。速度是指物体移动的快慢及方向，要改变物体速度大小或飞行方向，需要对物体施加力（正反）来改变加速度（速度变化率）。牛顿第二运动定律表明，要获得给定加速度，所施加的力的大小取决于无人机的质量。但是质量无论在什么地方是不会变化的，因为无人机中的材料，如木头、金属、塑料等的数量是一样的。

一个质量较大的物体需要用很大的力去打破它的平衡才能达到一定的加速度，而小质量的物体需要的力则小得多。这种性质有时是个优点，比如，小质量的无人机受阵风影响可能会翻滚，而大质量的无人机可能只有微小的方向变化。但是质量大时，使其从静止加速到飞行速度也需要较大的力，再从平飞改变为爬升，同时保持转弯，还要较大的力将无人机重新回到静止状态。

### （二）牛顿三大运动定律

所有的空气动力学理论都建立在运动定律之上。由牛顿创立的理论在工程领域的地位不可动摇，但其适用范围是经典力学范围，适用条件是质点、惯性参考系以及宏观、低速（远小于光速）运动问题。

（1）牛顿第一定律（又称惯性定律、惰性定律）：任何物体都要保持匀速直线运动或静止状态，直到外力迫使它改变运动状态为止。这就是说物体没有受到外来的作用力，物体的速度（$v$）就不会改变。

没有受力即所有外力的合力为零，当无人机在天上保持等速直线飞行时，这时无人机所受的合力为零，需要注意的是，当无人机降落保持相同下沉率下降，这时升力与重力的合力仍是零，升力并未减小，否则无人机会越掉越快。

（2）牛顿第二定律：物体加速度的大小跟作用力成正比，跟物体的质量成反比，且与物体质量的倒数成正比；加速度的方向跟作用力的方向相同。也就是说，某质量为 $m$ 的物体的动量（$p=mv$）变化率是正比于外加力 $F$ 并且发生在力的方向上。该定律是由艾萨克 · 牛顿在 1687 年于《自然哲学的数学原理》一书中提出的。

这就是著名的 $F=ma$ 公式，当物体受一个外力后，即在外力的方向产生一个加速度，无人机起飞滑行时引擎推力大于阻力，于是产生向前的加速度，速度越来越快，阻力也越来越大，迟早引擎推力会等于阻力，于是加速度为零，速度不再增加，此时无人机早已腾空了。

（3）牛顿第三定律：相互作用的两个物体之间的作用力和反作用力总是大小相等，方向相反，作用在同一条直线上。

正像拍桌子手会痛，踢门脚会痛一样，因为桌子和门也对人施了一个相同大小的力。当一个飞行器静止在地面上时，它的重力方向向下，与地面向上的支撑力大小相等，方向相反，恰好构成平衡。

任何不平衡的力都会产生加速度。一个在地面上的无人机，起飞前可能被拉住，但发动机是开着的。发动机的推力与拉力方向相反，大小相等，所以平衡。一旦放开，无人机就开始加速。它一开始运动，空气阻力也就随之而来，而且无人机速度越快，这些阻力也就越大。只要总的阻力小于推力，无人机会一直加速。当两者大小相等时，无人机达到某个速度飞行，此时又重新达到了平衡。

在水平飞行中，垂直向下的重力由一个垂直向上的反作用力来平衡。无人机中，这个反作用力来自于机翼。如果向上的反作用力比重力小，无人机就会向下加速。要停止这个加速运动，就必须重新产生反作用力来平衡重力。这可以带来平衡，但是不会阻止下降。要做到不再下降就必须施加更大的力使其减速。所有的加速或减速都会受到飞行器的质量影响，也就是惯性。

**（三）力的平衡**

力学上，平衡是指惯性参照系内，物体受到几个力的作用，仍保持静止状态，或匀速直线运动状态，或绕轴匀速转动的状态，这叫作物体处于平衡状态，简称物体的“平衡”。

一个物体在受到两个力作用时，如果能保持静止或匀速直线运动，我们就说物体处于平衡状态。使物体处于平衡状态的两个力叫作平衡力。物体受平衡力作用，合力为零，好像没有受力，可近似认为满足牛顿第一定律条件。两个力作用在同一物体上，如果物体保持静止或匀速直线运动状态，则这两个力的作用效果相互抵消（合力为零），我们就说这两个力平衡。

若力平衡的条件满足大小相等，方向相反，以及作用在同一直线和同一物体上，则该物体保持静止或匀速直线运动状态。

一个在静止大气中做水平直线飞行的无人机，它不加速，不减速，也不转弯，这时它就处于平衡状态，并且倾向于做持续稳定飞行。如果这个飞行器以恒定的速度直线爬升，它也处于平衡状态。即使高度增加了，它仍然处于平衡状态。如果没有新的外力施加在它上面，它将沿着爬升方向稳定地飞行。即使爬升是完全垂直的，只要它的速度保持稳定，并且方向不发生变化，它仍然是平衡的。同理，当它以固定的速度俯冲时也是处于平衡状态。平衡是事物的非普遍状态，不稳定运动状态与稳定或者静止状态的不同之处就是多了加速度。

一个水平飞行的无人机会受到许多施加在它每个部分的力的影响，但是所有的这些力都可以按作用和反作用分为升力、重力、阻力、推力等4个力，如图3-6所示。向上的力主要来自机翼，但是尾翼也提供少许的升力，因此尾翼的贡献也必须加入（或减去）到总的垂直方向的作用力中，推力由引擎提供，重力由地心引力产生，阻力由空气产生，我们可以把力分解为两个方向的力，称 $x$ 及 $y$ 方向（还有一个 $z$ 方向，但对无人机不是很重要，除非是在转弯中），无人机匀速直线飞行时 $x$ 方向阻力与推力大小相同、方向相反，故 $x$ 方向合力为零，无人机速度不变，$y$ 方向升力与重力大小相同、方向相反，故 $y$ 方向合力亦为零，无人机不升降，所以会保持匀速直线飞行。

轴力不平衡则会在合力的方向产生加速度，弯矩不平衡则会产生旋转加速度，对无人机来说，$x$ 轴弯矩不平衡无人机会滚转，$y$ 轴弯矩不平衡无人机会偏航，$z$ 轴弯矩不平衡无人机会俯仰（见图3-7）。

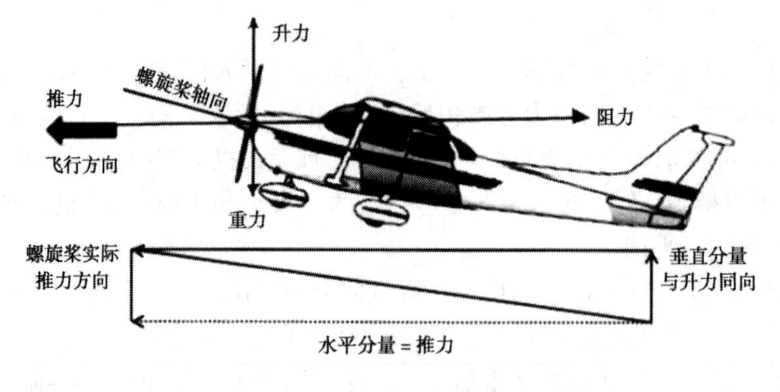


图 3-6　力的分解

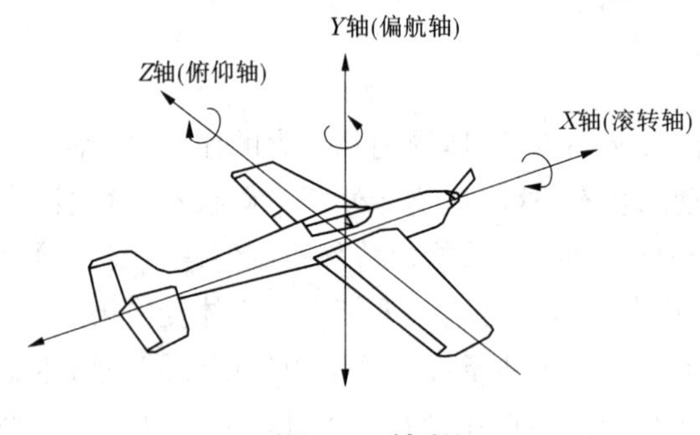


图 3-7　轴力矩

## 五、伯努利定律的应用

一个处在平滑流动或流线型流动体里面的无人机，若在各个方向对它施加的压力都是相等的话，它就会处于平衡状态。若有任何方向的压力不同，其平衡就会被打破，根据牛顿第二运动定律，此时无人机就会加速或减速。如果后部的压力大于前部的压力，无人机就会加速；相反，如果后部的压力小于前部的压力，无人机就会减速。因此，流动在接近低压或高压区时会分别加速或减速。在上述伯努利定律的数学表达式（$P+\frac{1}{2}\rho v^2=$ 常数）中，空气密度是常数，不会改变，压力和速度是变量，如果一个增加，则另一个就减小。

如图 3-8 所示，通过一个收缩管道的流体，内部空间全部被充满。在每个单位时间内，入口流进一定质量的流体，出口就流出同样质量的流体。在管道的收缩区由于横截面较小，通过它的流体的速度必然增加，这样才能保证在相同的时间内流出相同质量的流体。根据伯努利定理，这个速度的增加必然造成收缩区压力的降低。图中的空气在收缩区内变得长而窄，在达到管道的宽阔处后又变回其原来的形状，这样就形成流线。经过任何物体的流动，只要是流线型的流动，就会产生相似的流动变形，同时伴随着速度和压力的变化。这跟流过机翼的流动十分相似。

伯努利定律将流动的速度和流动中任意一点的压力联系起来。这个理论是运动和能量定律的一个特殊应用。伯努利定律对于空气动力学和飞行来说，它是一个最基础的理论。

当空气遇上无人机机翼时，空气会产生偏转，一些空气从机翼上表面通过，一些空气从机翼下表面通过。在这个流动过程中会产生复杂的速度和压力的变化。要产生升力，上下

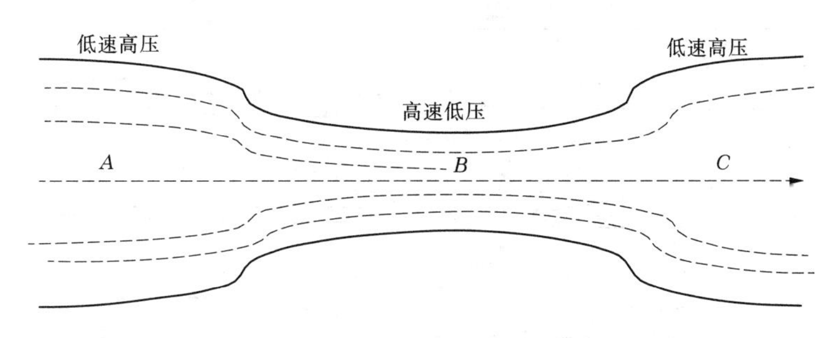


图 3-8　伯努利定律图解

表面的平均压力必须有差异才行。空气的速度越大,静压力越小,速度越小,静压力越大。设法使机翼上部空气流速较快,静压力则较小,机翼下部空气流速较慢,静压力较大,两边互相较力,如图 3-9(a)所示,于是机翼就被往上推去,然后无人机就飞起来。现在已经实验证实,两个相邻空气的质点中,流经机翼上缘的质点会比流经机翼下缘的质点先到达后缘,如图 3-9(b)所示。

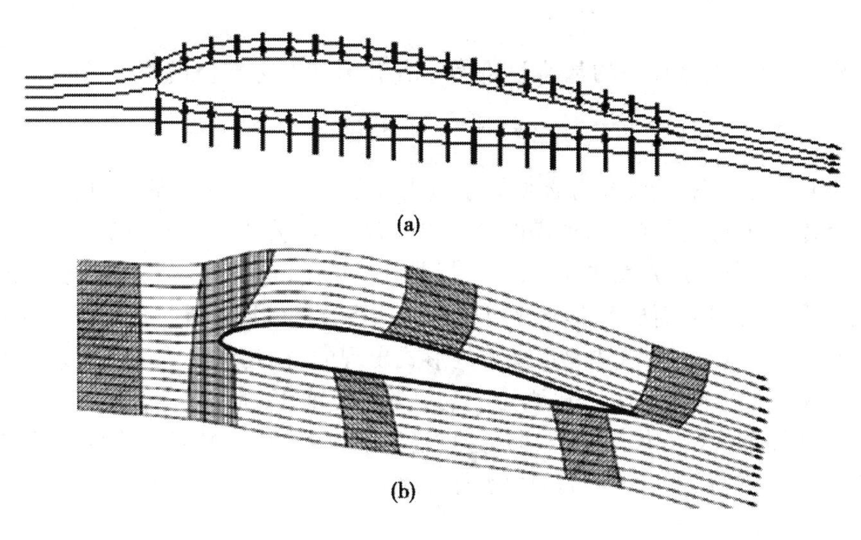


图 3-9　升力产生原理

## 六、飞机空气动力学的常见名词

### (一)翼型和机翼升力系数

机翼的效率受翼型的影响极大,在一定程度上受翼型弯度和厚度的影响。基本翼型如图 3-10 所示。

飞行器的机身和其他相似外形的部件也能产生一些微小的升力,大小取决于它们的外形和迎角。

空气动力学家为了方便,将所有的非常复杂的机翼外形和配平等因素汇总简化成一个系数,即升力系数 $C_L$,这个系数可以说明一个飞行器或其任意部件产生升力的情况。升力系数大,升力也大,$C_L=0$ 时说明没有升力产生。$C_L$没有量纲,它是一个为了比较和计算而被抽象的量。对于水平飞行,飞行器产生的总升力等于总重力,可以写成 $L=Wg$($W$ 为飞行器质量(kg),$g$ 为重力加速度),或作用力 = 反作用力。

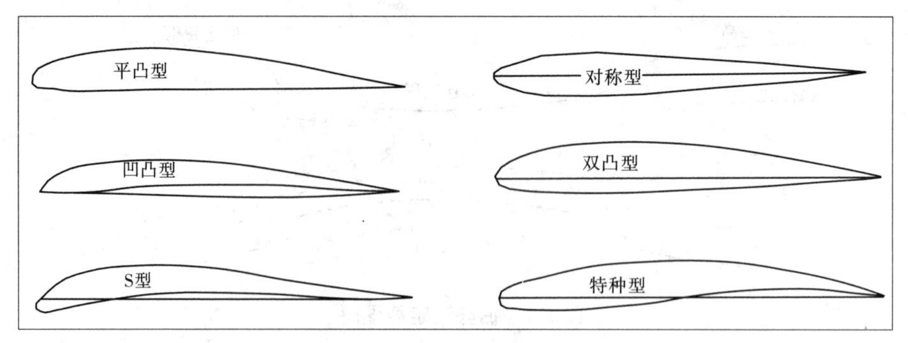


**图 3-10　基本翼型**

但这个公式在飞行器下滑或是爬升过程中是不适用的。影响升力的因素是飞行器的尺寸或面积、飞行速度、空气密度以及升力系数 $C_L$ 等。这些因素中的任何一个增加，比如说更大的面积、更快的速度、更高的密度或更高的升力系数，都能产生更大的升力。所以，当用公式表示升力时，希望这些因素都能体现在公式里面，用数学语言表示，即升力是 $p$、$v$、$S$ 和 $C_L$ 的函数。

18 世纪，在基本力学原理的基础上，伯努利给出升力的标准公式为

$$L = \frac{1}{2}\rho v^2 S C_L$$

一个水平飞行的飞行器，升力必须等于重力。如果飞行器的质量增加了(或者说生产出来的飞行器比预计的要重些)，所需的升力也必须增加，公式右边的一个或多个参数值就必须增加。由于空气密度 $\rho$ 无法控制，但飞行器可以通过增大机翼迎角获得更高的 $C_L$ 来重新配平，也可以增加机翼面积 $S$，尽管这可能会增加飞行器的质量并且可能导致飞行速度的增加。由于飞行速度 $v$ 在公式中是以平方的形式出现的，在其他参数不变的条件下，$\nu$ 的小幅增加会导致升力的大幅增加。根据这个公式，在给定面积、配平等情况下，较重的飞行器需要比较轻的飞行器飞得快。但是，增加速度意味着消耗更多的能量，而且在某些情况下，飞行器发动机可能提供不了足够的动力来保证飞行。

**(二)机翼翼载**

机翼翼载是飞行器质量与机翼面积之比，写成 $W/S$，单位是千克/平方米。在飞行过程中，飞行器质量是一个常数。在给定的配平状态(迎角)下的速度完全取决于翼载。这个关系可以通过整理升力公式得到。在水平飞行中，$L = Wg$，公式两边同时除以机翼面积：

$$Wg/S = L/S = \frac{1}{2}\rho v^2 C_L$$

对于下滑中的飞机来说，升力和重力并不完全相等，$L = Wg\cos\alpha$，但是在一般小于 10°的俯冲角或爬升角情况下，两者相差不多。增加质量要求增加速度，这会耗费更多的功率来保持飞行。

**(三)升力的来源**

在机翼上，压力最高的点也就是所谓的驻点，驻点处是空气与前缘相遇的地方。空气相对于机翼的速度减小到零，由伯努利定律知道这是压力最大的点。

上翼面和下翼面的空气必须从这个点由静止加速离开。在一个迎角为零、完全对称的机翼上，从驻点开始，流经上下表面的气流速度是相同的，所以上下表面的压力变化也是完

全相同的。这和在狭长截面的文氏管中的流动是相似的,在流速达到最大的点,其压力达到最低。在这个最低压力点之后,两个表面的流速同时降低。空气最终必定要回到主来流当中,压力也恢复正常。由于上下表面的速度和压力特性是相同的,所以这种状态的机翼不会产生升力,如图 3-11 所示。

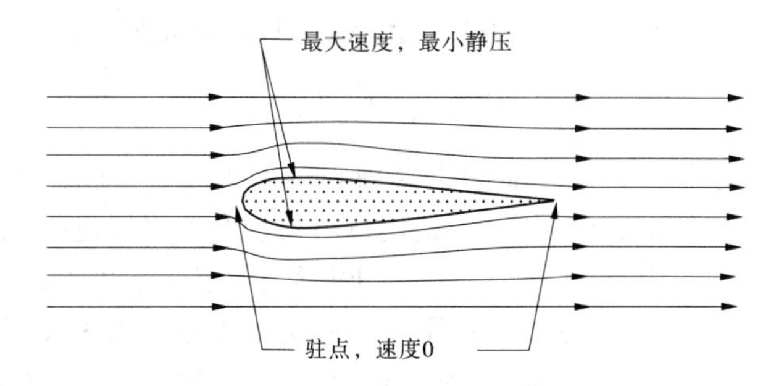


图 3-11　机翼不产生升力的情况

若对称机翼相对来流旋转了一个迎角,驻点就会稍稍向前缘的下表面移动,并且流经上下表面的空气流动情况也发生了改变,流经上表面的空气被迫多走了段距离,在上下表面,空气仍然有一个从驻点加速离开的过程,但是下表面的最高速度要小于上表面的最高速度。因此,机翼下表面的压力就比上表面的压力大,升力由此产生。所以,只要旋转一个正的迎角,对称翼型完全能够产生升力,如图 3-12 所示。

一个有弯度的翼型展示了与对称翼型相似的速度和压力分布,但是由于翼型存在弯曲,尽管弦线的位置可能是几何零迎角,平均压力和升力与对称翼型仍然存在差异。在某些几何迎角为负的位置上,上下表面的平均压力是可能相等的,因此有弯度翼型存在一个零升迎角,这是翼型的气动力零点。尽管在这个迎角下没有产生升力,但由于翼型弯度的存在,上下面的流动特征是不一样的。因此,尽管上下表面没有平均压力差,在翼表面上却会产生不平衡并导致俯仰力矩的产生,这个力矩在飞行器配平中非常重要。

升力系数有一个非常明确的极限值。如果迎角太大或是弯度增加太多的话,流线就会被破坏,并且流动从机翼上分离。分离剧烈地改变了上下表面的压力差,升力被大幅度降低,机翼处于失速状态,如图 3-13 所示。

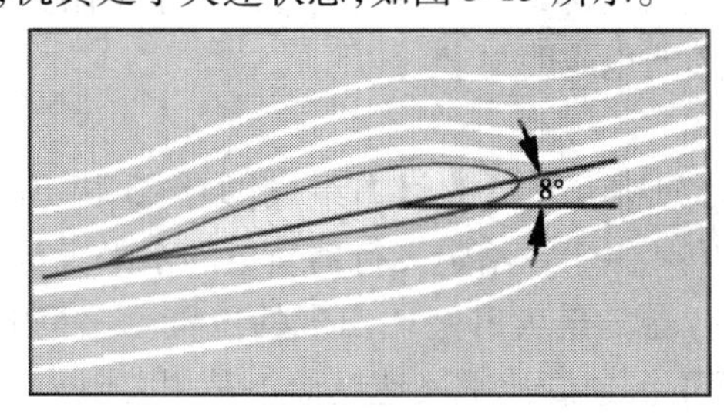


图 3-12　升力产生

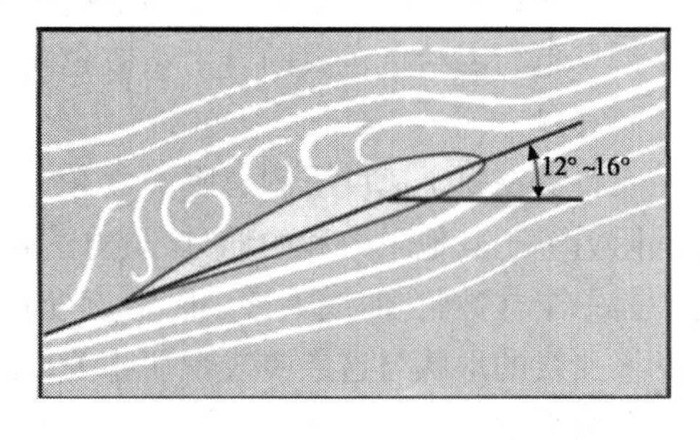


图 3-13　失速原理

气流分离在小范围内是一种普遍现象。在上表面,流动可能在后缘前某个地方就分离了,气流在上下表面都可能分离,但是有可能再附着。这就是所谓的“气泡分离”。

**（四）阻力和升阻比**

飞行器的所有部件，包括机翼、尾翼、机身以及每个暴露在空气中的部件都会产生阻力。伴随着升力的出现，阻力（$D$）也会随之产生。影响阻力的因素有飞行速度、空气密度、气动外形及其尺度。阻力系数 $C_D$，就像升力系数一样，综合了飞行器的所有特性，也是飞行器空气动力“洁净度”的尺度。其公式与升力公式形式相同，如下式所示：

$$D = \frac{1}{2}\rho v^2 S C_D$$

公式中的 $S$ 一般是指整个飞行器的机翼面积。如果在 $C_L$ 中用的是总面积（包括尾翼），阻力的公式中也必须用相同的值。这就使得阻力和升力可以进行比较，并且通常以比值的形式出现，即升阻比 $L/D$。对于水平飞行，升力等于重力，升阻比是一个常数。

增加升力的常用办法是改变配平或使用不同的机翼翼型。水平飞行时，升力等于重力的关系不会因改变配平或者翼型而改变，升力系数 $C_L$ 可能增加，翼型或迎角的变化都会改变飞机的阻力。飞行器飞行时阻力是不可避免的，但是减小阻力可以使飞行更有效率。

1. 翼型阻力

形状阻力（形阻）或压差阻力是由于气流的经过，物体周围压力分布不同而造成的阻力，而蒙皮摩擦阻力或黏性阻力是由于空气和飞行器表面接触产生的。将这些阻力分类是非常有用的，这些阻力很显然是同时产生的。机翼中，除了涡阻力之外，还会同时产生形状阻力和蒙皮摩擦阻力（摩阻）。蒙皮摩阻和形阻之间的关系非常密切：一个会影响另外一个。例如，蒙皮摩阻很大程度上是由气流的速度决定的，而流向后方的流体的速度是由物体的外形来决定的。因此，在考虑机翼时，形阻和蒙皮摩阻通常放到一起考虑并用一个新的名词重新命名为翼型阻力，也经常称为型面阻力。与诱导阻力相比，蒙皮摩阻和形阻都直接与 $v^2$ 成正比。所以，当速度增加而诱导阻力减小时，形阻和蒙皮摩阻增加，反之亦然。

2. 涡阻力

机翼上除翼型阻力外，还有诱导阻力（又叫感应阻力），现在更多地被称为涡诱导阻力，简称涡阻力或涡阻。这是机翼所独有的一种阻力。因为这种阻力是伴随着机翼上升力的产生而产生的。升力的产生来源于机翼上、下表面的压强差，即下表面的压强大于上表面的压强。翼尖附近的气流在压差的作用下会由下向上绕，这样既减小了升力，又产生了阻力，这就是诱导阻力。给定机翼的升力系数越高，涡的影响也越明显。

3. 总阻力

飞行器在每个速度下的总阻力由总的涡阻力和所有其他的阻力组成，如图 3-14 所示。在涡阻力等于其他阻力和的地方，阻力达到最小值。由于在给定飞行器质量的水平飞行中，升力是一个常数，在曲线上最小阻力点处就是飞行器的最大升阻比出现的位置。一个滑翔机的极曲线的形状与这条曲线密切相关，比如，用下沉速度比平飞速度而不是用总阻力系数比总升力系数。

**（五）失速**

只要机翼产生的升力足够抵消飞行器的总载荷，飞机就会一直飞行。当升力急剧下降时，飞机就失速。失速的直接原因是迎角过大。迎角过大之前飞机不会失速。飞机的失速速度在所有飞行条件下不是固定的值。

每一个飞机都有一个特殊的迎角，此时，气流从飞机的上表面分离，发生失速。根据飞

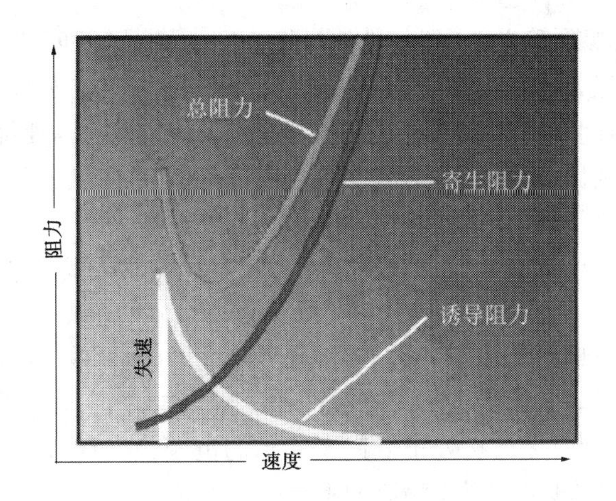

图 3-14 飞行器总阻力的组成

机设计,临界迎角可以从 16°到 20°变化。飞机在低速飞行、高速飞行和转弯飞行三种情况下会超过临界迎角。

飞机在平直飞行时如果飞得太慢也会失速。空速降低时,必须增加迎角来获得维持高速所需要的升力。空速越低,必须增加更大的迎角。最终,达到一个迎角,它会导致机翼不能产生足够的升力维持飞机,飞机开始下降。如果空速进一步降低,飞机就会失速,由于迎角已经超出临界迎角,机翼上的气流被打乱了(变成了紊流)。

类似地,水平转弯时的飞机失速速度高于平直飞行时的失速速度。这是因为离心力增加到飞机的重力上,机翼必须产生足够的额外升力来抗衡离心力和重力的合力载荷。转弯时,必要的额外升力通过向后拉升降舵控制来获得。这增加了机翼的迎角,结果增加了升力。倾斜增加时,迎角必须增加以平衡离心力导致的载荷增加。如果在转弯的任何时候迎角过大,飞机就会失速。

可以看到,失速时机翼升力的向上力和尾部向下的力降低,不平衡条件就出现了。此时可使飞机迅速向下配平,绕它的重心转动。在机头下倾的姿态中,迎角降低,空速再次增加。因此,机翼上的气流再次变得平滑,升力恢复,飞机可以继续飞行。但是,在这个周期完成之前会损失相当大的高速(低空失速极度容易酿成灾难事故)。高速飞行中的失速如图 3-15 所示。

**(六)展弦比**

展弦比是翼展长度与平均气动弦长的比值。无人机在设计时需要根据任务需求选择展弦比。大展弦比表明机翼比较长且窄,小展弦比则表明机翼比较短且宽。在飞行器设计时,一般会让提供力矩的水平尾翼的展弦比较小,使其在失速时拥有较好的失速特性,例如较大的迎角能保持不失速,升力系数下降率较为平缓等;当主翼失速时还能有姿态控制的能力进而脱离失速。一般垂直尾翼展弦比小于水平尾翼展弦比,水平尾翼展弦比小于主翼展弦比。

图 3-15 高速飞行中的失速示意图

展弦比的设计同时关系到飞行器的性能。短而宽的机翼(低展弦比)型阻较小,适合高速无人机。而长航时无人机则多采用高展弦比,以降低诱导阻力,如捕食者。自然界中的飞鸟更是如此,需要长时间飞行的信天翁,翅膀展弦比高,而老鹰等需要掠食的鸟类,可以在盘旋时伸展翅膀提高展弦比,攻击或向下俯冲时收回翅膀以求高速、灵活。

**(七)地面效应**

地面效应也称为翼地效应或翼面效应,是一种使飞行器诱导阻力减小,同时能获得比空中飞行更高升阻比的流体力学效应。

固定翼飞行器当离地距离小于半翼展时,升力将大增,地面效应明显。

地面效应对大翼展固定翼无人机起降有明显影响。首先,起飞时虽然感觉无人机更容易从地面上拉起来,但此时无人机处于低速大迎角的范围,比较接近失速,当无人机爬升超过了地面效应的作用范围以后,翼尖涡流的下洗不再被阻挡,造成相对气流的偏移,结果迎角进一步增大,更接近于失速。此时无人机若未能加速到更安全的速度,将有可能进入失速,而此时的离地高度将难以使无人机从失速中走出。其次,在降落时,无人机会在近地因为获得地面效应的升力加成而突然上升。如果不懂处理,无人机就会在减速时突然急速提升高度,其后降落速度将非常接近失速速度,所以极易变成失速的状态。如果跑道够长的话,那么就能够采用慢慢减速来适应翼地效应产生的突变,另一个方法则是放弃直接降落,进行复飞。

## 第二节　无人机机动飞行中的空气动力

### 一、转弯受力

一个平直飞行的飞机,升力和重力显然是大小相等、方向相反的。如果飞机处于倾斜状态,升力不再正好和重力方向相反,升力作用在倾斜的方向上。实际情况是,当飞机倾斜时,升力作用方向是朝转弯的中心且是向上的。

飞机和任何其他运动物体类似,需要有一个侧向力使它转弯。正常的转弯中,这个力是通过飞机的倾斜得到的,这时升力是向上和向内作用的。转弯时的升力被分解为两个分力,这两个分力成合适的角度。一个竖直作用的分力和重力成对,称为垂直升力分量,另一个水平指向转弯的中心,称为水平升力分量,或者叫向心力。这个水平方向的力把飞机从直线航迹拉动到转弯航迹上。离心力和飞机转弯时的向心力方向相反,大小相等。这就解释了为什么在正常转弯时使飞机转弯的力不是方向舵施加的(特定转弯情况下除外)。

飞机为了转弯,必须倾斜。反过来说,当飞机倾斜时,它就会转弯。倾斜时的升力分为垂直和水平两个分量。这一分解降低了抵消重力的力,进而飞机的高度就会下降,这就需要增加额外的力来抵消重力。飞机是通过增加迎角来实现的,直到升力的竖直分量再一次等于重力。由于竖直分力随倾斜角度的增加而降低,那么就需要相应地增加迎角来产生足够的升力以平衡飞机的重力。当进行恒定高度转弯时,升力的竖直分量必须等于飞机的重力才能维持飞机的高度。对于给定空速,转弯速度也可以通过调整倾斜角来控制。

在水平转弯中,为提供足够的升力竖直分量来维持高度,迎角需要有一定的增加。由于机翼阻力直接和迎角成正比,导致空速降低和倾斜角成比例,小倾斜角的结果是空速少量降低,大倾斜角时空速会降低很多。在水平转弯中必须增加额外的推力来防止空速降低;需要额外推力的大小和倾斜角成比例。

空速增加导致转弯半径增加,离心力和转弯半径成正比。一次正确执行的转弯中,升力的水平分量恰好等于向心力且方向相反。所以,当恒定角速度水平转弯时空速增加,转弯半径也要增加。转弯半径的增加导致离心力的增加,这也必须通过增加升力的水平分量来平衡,它只能通过增加倾斜角来实现。

## 二、爬升受力

实际飞行中,处于稳定的正常爬升状态的机翼升力和相同空速时平直飞行的升力是一样的。尽管爬升前后的飞行航迹变化了,但爬升稳定后,对应于上升航迹的机翼迎角又会恢复到与平飞相同的值,只是在转换过程中会有短暂的变化。平直飞行/爬升转换期间的升力变化如图 3-16 所示。

图 3-16 平直飞行/爬升转换期间的升力变化

从平直飞行到爬升转换期间,升力的变化发生在升降舵拉起的一开始。飞机头的抬升增加了迎角,短暂地增加了升力。此时的升力大于重力,飞机开始爬升。当稳定爬升后,迎角和升力再次恢复到水平飞行时的值。

如果爬升时功率不改变,空速一般会降低,因为维持平飞时的空速需要的推力不足以维持相同的空速来爬升。当航迹向上倾斜时,飞机重力的一个分量作用于相同的方向,和飞机总阻力平行,因此也增加了诱导阻力。所以,总阻力大于推力,空速下降。一般空速下降的结果对应于阻力的降低,直到总阻力(包含相同方向的重力分量)等于推力。动力、空速的变化一般因不同的飞机大小、重力和总阻力以及其他因素的不同而发生变化。

飞机平直飞行/爬升转换期间速度的变化如图 3-17 所示。

通常,当空速稳定后推力和阻力、升力和重力再次平衡,但是比相同功率设置下的平飞状态的空速值要低。由于在爬升中飞机的重力不仅向下作用,还随阻力向后作用,这就需要额外的功率以保持和平飞时相同的空速。功率大小依赖于爬升角度。如果爬升的航迹很陡峭,那么可用功率将不足,空速较低。所以,剩余功率的大小确定了飞机的爬升性能。

## 三、下降受力

如同爬升一样,飞机从平直飞行进入下降状态,作用于飞机的力必定变化。假定下降时的功率和平直飞行时的功率一样,当升降舵推杆,飞机头向下倾斜时,迎角降低,结果是机翼

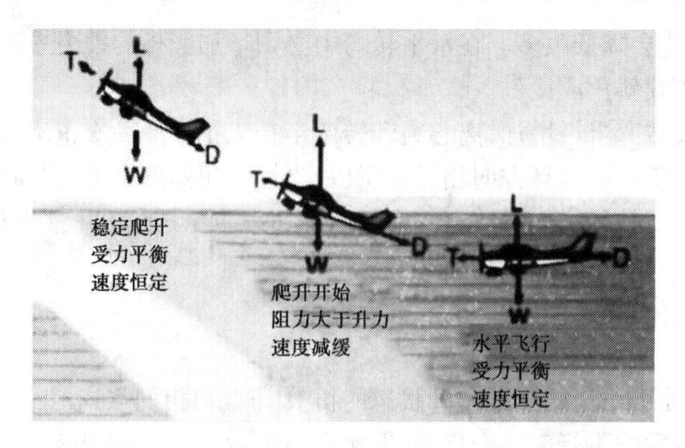


图 3-17　平直飞行/爬升转换期间速度的变化

升力降低。总升力和迎角的降低是短暂的,发生在航迹变成向下时。航迹向下的变化是由于迎角降低时升力暂时小于飞机的重力。升力和重力的不平衡导致飞机从平直航迹开始下降。当航迹处于稳定下降时,机翼的迎角再次获得原来的大小,升力和重力会再次平衡。从下降开始到稳定状态,空速通常增加。这是因为重力的一个分量沿航迹向前作用,类似于爬升中的向后作用。总体效果相当于动力增加,然后导致空速比平飞时增加。

为使下降时的空速和平飞时相同,必定降低功率。重力的分量沿航迹向前作用将随俯角的增加而增加;相反,俯角减小时重力向前的分量也减小。因此,为保持空速和巡航时一样,下降时要求降低的功率大小通过下降坡度来确定。

## 第三节　无人机的性能

### 一、滑翔

滑翔状态时发动机处于怠速甚至关机状态。滑翔机在重力分力的作用下沿着飞行方向运动。空气反作用力的合力可以近似地分解为垂直飞行方向的升力和与之垂直并与飞行方向相反的阻力。这个力的分解跟水平飞行时四力分解非常相似,不过整个图被旋转了一个角度,这就是所谓的下滑角。

一个较大的下滑角会导致一个很大的重力分量,这个分量拉着飞行器沿着其飞行轨迹运动。飞行器会一直加速,直到空气反作用力的阻力分量变得足够大时,它才会再次进入平衡状态。

### 二、俯冲

在俯冲状态下,甚至在某些极限状况下,飞行轨迹完全垂直向下,重力和推力(如果还存在)同时拉着飞行器向下运动,这时唯一的反作用力就是阻力了。当阻力变得足够大以至于能够平衡重力加上推力时,速度通常是极高的,但很可能在这个极限速度达到之前,飞行器就已经坠毁了。

### 三、爬升

在爬升状态中,总的支持力是机翼的升力和发动机推力的合力。重力可以分解为两个分量，一个与升力反向，另一个与推力反向，也就是与阻力同向。于是，结果就是四力平衡状态下飞行器被旋转了一个爬升角。极限的情况就是垂直爬升，这时重力和阻力的方向与推力相反。常规的固定翼飞行器，如果推力足够，也可以进行垂直爬升动作。在这种状态下，机翼升力是为零的，而且它的迎角也是为零的，这样才能不产生升力。因此，要想爬升得更陡更快就必须有强大的推力，机翼的作用是次要的，推力必须能够克服重力和阻力的合力。

## 第四节　飞机的稳定性与操纵

飞机在飞行过程中，经常会受到各种干扰，这些干扰会使飞机原来的平衡状态改变，而在干扰消失以后，飞机能否自动恢复到原来的平衡状态，这就涉及飞机的稳定性问题。

所谓飞机的稳定性，是指在飞行过程中，飞机受到某种扰动而偏离原来的平衡状态，在扰动消失以后，不经飞行员操纵，飞机能自动恢复到原来平衡状态的特性。如果能恢复，则说明飞机是稳定的；否则，说明飞机是不稳定的。

飞机在空中飞行，可以产生俯仰运动、偏航运动和滚转运动，飞机绕横轴 *z* 的运动为俯仰运动，绕立轴 *oy* 的运动为偏航运动，绕纵轴 *ox* 的运动为滚转运动，如图 3-18 所示。根据飞机绕机体轴的运动形式，飞机飞行时的稳定性可分为纵向稳定性、航向稳定性和横向稳定性。

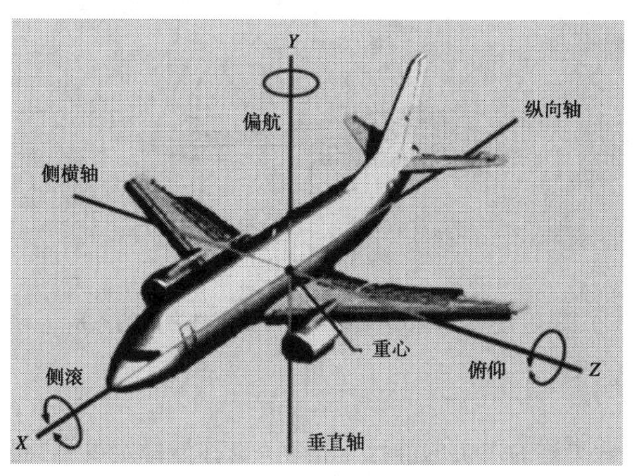


图 3-18　飞机绕穿过重心的三根互相垂直的轴的运动

### 一、飞机的纵向稳定性

飞机受微小扰动而偏离原来纵向平衡状态（俯仰方向），并在扰动消失以后，飞机能自动恢复到原来纵向平衡状态的特性，就是飞机的纵向稳定性。

在飞行过程中，作用于飞机的俯仰力矩主要是机翼力矩和水平尾翼力矩。当飞机的迎角发生变化时，在机翼和尾翼上都会产生一定的附加升力，这个附加升力的合力作用点称为飞机的焦点。当飞机受到扰动而机头上仰时，机翼和水平尾翼的迎角增大，产生一个向上的附加升力，如果飞机重心位于焦点位置的前面，则此向上的附加升力会对飞机产生一个下俯的稳定力矩，使飞机趋向于恢复原来的飞行状态。而当飞机受扰动机头下俯时，机翼和水平尾翼的迎角减小，会产生向下的附加升力，此附加升力对重心形成一个上仰的稳定力矩，也使飞机趋向于恢复原来的稳定状态。因此，飞机的纵向稳定性主要取决于飞机重心的位置，只有当飞机的重心位于焦点前面时，飞机才是纵向稳定的；如果飞机的重心位于焦点之后，则飞机是纵向不稳定的。重心前移可以增加飞机的纵向静稳定性，但并非静稳定性越大越好。静稳定性过大，升降舵的操纵力矩就难以使飞机抬头。因此，如果重心前移使稳定性过大，会导致飞机的操纵性变差。

飞机的重心位置会随着飞机载重的分布情况不同而发生变化。当重心位置后移时，将削弱飞机的纵向稳定性，所以在配置飞机载重时，应当注意妥善安排各项载重的位置，不使飞机重心后移过多，以保证重心位于所要求的范围以内。飞机重心位置与纵向稳定性之间的关系如图 3-19 所示。

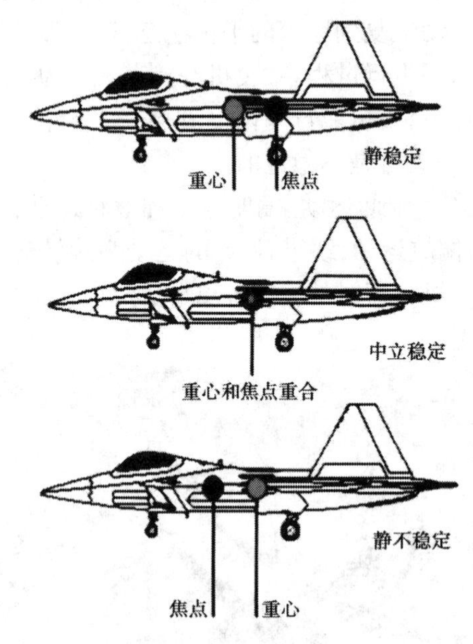


图 3-19　飞机重心位置与纵向稳定性之间的关系

## 二、静稳定裕度

重心和焦点间的距离称为飞机的静稳定裕度（也称静稳定度）。这对不同飞机间进行比较是一个非常有用的标准，静稳定裕度相似，静稳定性也相当。静稳定裕度越大，静稳定性就越强。重心的移动将改变静稳定裕度。因此，无人机可以通过在限制范围内增加或减少头部或尾部的配重，调整飞行平台固有的稳定性。配重的变化需要新的升降舵配平以维持水平飞行。

## 三、飞机的航向稳定性

飞机受到扰动使方向平衡状态遭到破坏，扰动消失后，能够趋向于恢复原来的平衡状态，就具有航向稳定性。飞机主要靠垂直尾翼的作用来保证航向稳定性。航向稳定力矩是在侧滑中产生的。飞机的侧滑飞行是一种既向前又向侧方的运动，此时，飞机的对称面和相对气流方向不一致。飞机产生侧滑时，空气从飞机侧方吹来，这时，相对气流方向和飞机对称面之间就有一个侧滑角 $\beta$。相对气流从左前方吹来叫左侧滑，相对气流从右前方吹来叫右侧滑。

在飞行过程中，飞机受微小扰动，机头右偏，出现左侧滑时，空气从飞机的左前方吹来作用在垂直尾翼上，产生向右的附加侧力 $Z$。此力对飞机重心形成一个方向稳定力矩，力图使机头左偏，消除侧滑，使飞机恢复方向平衡状态，因此飞机具有航向稳定性。相反，飞机出现右侧滑时，就形成使飞机向右偏转的方向稳定力矩。由此可见，只要有侧滑，飞机就会产生方向稳定力矩，并使飞机消除侧滑恢复到原来的平衡状态。

随着飞行马赫数的增大，特别是在超过声速以后，立尾的侧力系数迅速减小，产生侧力的能力急速下降，使得飞机的方向静稳定性降低。因此，在设计超声速战斗机时，为了保证在最大平飞马赫数下仍具有足够的方向静稳定性，往往必须把立尾的面积做得很大，有时还需要选用腹鳍以及采用双立尾来增大航向稳定性。垂直尾翼与航向稳定性如图 3-20 所示。

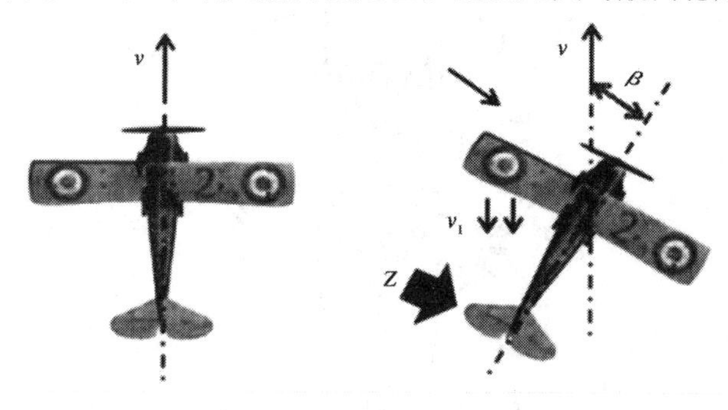


图 3-20　垂直尾翼与航向稳定性

## 四、飞机的横侧向稳定性

飞机受扰动以致横侧向平衡状态遭到破坏，而在扰动消失后，如飞机自身产生一个恢复力矩，使飞机趋向于恢复原来的平衡状态，就具有横侧向稳定性；反之，就没有横侧向稳定性。飞行中，使飞机自动恢复原来横侧向平衡状态的滚转力矩，主要是由机翼上反角、机翼后掠角和垂直尾翼的作用产生的。

在飞机平飞过程中，若一阵风吹到飞机的左翼上，使飞机的左翼抬起，右翼下沉，飞机就受扰动而产生向右的倾斜，使飞机沿着合力的方向沿右下方产生侧滑。此时，空气从右前方吹来，因上反角的作用，右翼有效迎角增大，升力也增大；左翼则相反，有效迎角和升力都减小。左右机翼升力之差形成的滚转力矩，力图减小或消除倾斜，进而消除侧滑，使飞机具有自动恢复横侧向平衡状态的趋势。这就说明飞机具有横侧向稳定性。机翼上反角与横侧向稳定性如图 3-21 所示。

机翼后掠角也使飞机具有横侧向稳定性。一旦因外界干扰使飞机产生了向右的倾斜，飞机的升力也跟着倾斜，飞机将沿着合力 $R$ 的方向产生侧滑。由于后掠角的作用，飞机右翼的有效速度 $v_1$ 大于左翼的有效速度 $v_3$，所以在右边机翼上产生的升力将大于左边机翼上产生的升力，两边机翼升力之差，形成滚转力矩，力图减小或消除倾斜，使飞机具有横侧向稳定性。机翼后掠角与横侧向稳定性如图 3-22 所示。

跨声速或超声速飞机，为了减小激波阻力，大都采用了后掠角比较大的机翼，因此后掠角的横侧向稳定作用可能过大，以至于当飞机倾斜到左边后，在滚转力矩的作用下，又会倾斜到右边。于是，飞机左右往复摆动，形成飘摆现象（荷兰滚）。为了克服这种不正常现象，

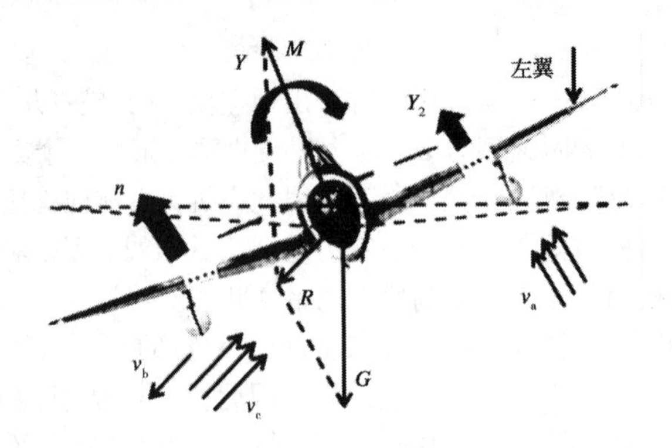

图 3-21　机翼上反角与横侧向稳定性

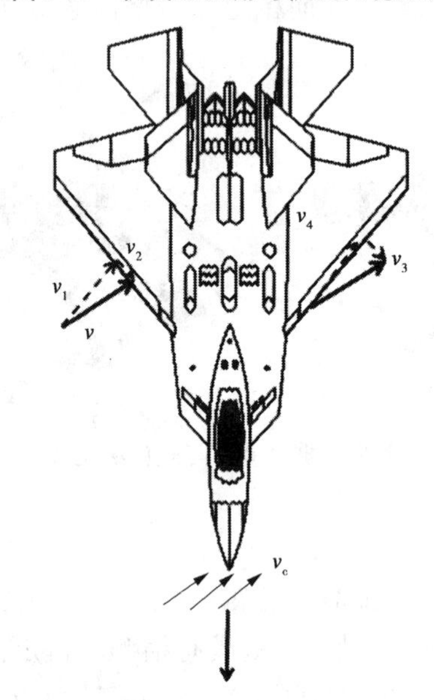

图 3-22　机翼后掠角与横侧向稳定性

可以利用下反角的外形来削弱后掠机翼的横侧向静稳定性。

低、亚声速飞机大都为梯形直机翼，为了保证飞机的横侧向静稳定性要求，或多或少都有几度大小的上反角。此外，如果机翼和机身组合采用上单翼布局形式，也会起到横侧向静稳定作用；相反，采用下单翼布局形式，则会起到横侧向静不稳定作用。这一点在选择上反角时也应综合考虑。

## 五、荷兰滚

如果垂尾面积太小，且机翼上反角较大，就会发生荷兰滚或侧向振荡。飞行器如果受到侧风干扰，就会有侧滑趋势。上反角作出的响应，使飞行器滚转来阻止侧滑，抬高“朝向侧滑一边”的机翼。然而如果垂尾过小，则机身会有侧面对着气流的趋势。因此，最初的小侧滑转化为偏航，使侧滑加大，同时伴随着滚转，直到机翼几乎被滚转到垂直位置。此后上反角使机翼向反方向滚转，机身试图转向新的侧滑方向，于是飞行器陷入剧烈的从一侧到另一侧的滚转加偏航的耦合振荡，垂尾以一定弧度猛烈摆动。解决方法是增大垂尾面积或者减小上反角，或两者同时采用。具有足够垂尾效率的飞行器在偏航时进入侧滑，被称为风标稳定性。对于稳定的飞行器来说,上反角对侧滑机翼的抬升作用就不是很显著了。飞行器受侧风干扰时会适度地向风向侧滑,并伴随轻微滚转。因此,侧向振荡稳定的必要条件是大垂尾、小上反角。

### 六、尾旋不稳定

如果垂尾面积相对上反角过大,就会发生与荷兰滚相反的不稳定,即尾旋不稳定。开始的小侧滑产生较强的风标偏航。上反角很小时,产生很小或是根本不产生阻止滚转的力,偏航的内侧机翼空速的减小使机翼下沉。对于尾旋不稳定的飞行器,由偏航所导致的机翼下沉足以加剧侧滑。而后垂尾尝试使飞行器产生风标运动,机翼再次下沉,继续侧滑,由于倾斜角度增大飞行器进入尾旋旋转。随着倾斜角增大,相对地面的偏航在低头方向上加剧,尾旋滚转在空速增加时变为尾旋俯冲,倾斜角接近垂直,机翼上的惯性载荷成倍增加,以至于即使飞行器还没有撞地,机翼或尾翼可能已被破坏。

### 七、松杆和握杆稳定性

对于有人机,设计师必须考虑松杆稳定性,即使没有驾驶员时,飞机至少在短时间内也可自行飞行。在无人机的设计中要同样关心这个问题,因为这样可以达到电量消耗最小。对于无人机,操纵面通常是固持的,即通过伺服舵机、操纵连杆或操纵线将其限定在某些位置。这类似于有人机的握杆,当然这并不意味着操纵面不能动;相反,它们会动,但只是对操纵指令作出反应。

# 第四章　无人机飞行操作与维护

## 第一节　无人机模拟器与遥控器

无人机飞控技术越发达，对无人机的手动操控技术要求越高。要成为无人机驾驶员，必须经过大量的、系统的驾驶操控技术训练。对于初步接触驾驶操控者，其对飞机动作的反应不熟练，容易造成事故，为了有效缓解真实无人机训练带来的弊端，应首先进行一定时间的无人机模拟器训练。

### 一、无人机模拟器的构成

为充分发挥无人机模拟器的各项性能，我们必须了解无人机模拟器的结构。无人机模拟器主要由地面站控制仿真模块、无人机任务载荷仿真模块、地面站与无人机数据链路仿真模块、数据处理图像生成模块、无人机飞行控制仿真模块、图像显示终端模块和训练评估模块等组成。

地面站与无人机数据链路仿真模块向无人机发出飞行控制的指令和无人机携带设备的任务载荷的指令。飞控仿真模块接收到飞行控制的指令后，把无人机当前的飞行参数与控制指令中的飞行参数进行对比分析，数据处理模块通过计算得到当前无人机的飞行位置和姿态，根据数据计算结果生成下一步的控制数据，控制无人机飞行。无人机机载设备需要通过处理任务载荷控制指令的数据，得到指令结果，控制无人机机载设备完成工作任务。之后，无人机飞行的仿真数据和任务载荷的仿真数据作为图像生成模块的输入数据，由图像生成模块对数据进行处理，最终的结论数据通过显示系统把无人机和机载设备的工作情况以人机交互的模式呈现出来。同时两条线路的数据都将输入到训练评估模块，由该模块对无人机的模拟训练情况作评估。

### 二、无人机模拟器的作用

大量训练是练就过硬的无人机操控技能的保障，真实的无人机训练会存在一些弊端。第一，客观条件不允许过多的真机训练，真机训练的风险较大。若无人机在飞行时发生故障，操控人员无法直接接触飞机，很有可能导致飞机坠毁。第二，在无人机手动操控训练时，初学者手动操作易出现失误，若失误以后又无法及时修正的话，极可能造成快速飞行的无人机坠毁，甚至造成人身伤亡。第三，真实无人机训练的花费过大。进行无人机实机训练，对飞机的要求极高，需要配备无人机飞行和机械安全的保障人员。在无人机训练初期的带飞阶段，还需要教员的实时指导和辅助修正。真机训练还需要消耗油料、电池等物资，同时会对无人机的有关部件造成磨损，减少无人机的寿命。

为解决采用无人机真机进行训练带来的问题，常借助无人机模拟器进行训练，为达到模拟器训练更接近真实无人机训练的效果，模拟器常设计成逼真的3D立体场景，进行视觉仿真，模拟器手柄按钮的外形、质感、功能与无人机真机训练设备一样。利用模拟器进行操作训练，操控者会得到和操作真实无人机一样的操作感受，达到同样的训练效果，为将来使用真实的无人机打下基础。

无人机操控人员在模拟器上可以完成多种训练科目。对于刚接触无人机操作的人员，开始阶段几乎无法完成真机的飞行操作，必须在无人机模拟器上达到熟练操控飞机的程度才可以进行真机训练。无人机模拟器的作用主要体现在以下几个方面。

**（一）模拟器训练的可逆性，有效避免学员的恐惧心理**

在模拟器训练时飞机模型具有可逆性。飞机模型坠毁后可即时生成新模型。以直升机为例，直升机在日常应用中最重要的动作就是悬停。对于初学者来说，手动控制直升机达到悬停的状态是非常有难度的，需要重复地自主强化训练来达到手部微调动作的养成。无人机驾驶学员刚开始练习模拟器时，由于对飞机的操控比较陌生，在短时间内就会发生坠机。如果这种情况发生在真机训练时，学员会产生比较紧张的心理。如果发生在真机训练的带飞阶段，教员会提前接管飞机以防止发生坠机事件，这样学员的操作权利就被剥夺了，从而导致学员无法体会到在多种情况下飞机的操作手法。在无人机模拟器训练时，坠机后会马上生成新的模型，学员不存在坠机的恐惧心理，并可以充分体会到各种应急情况下的操作手法。在无人机模拟器训练时，学员可保持比较平和的心态，从而更容易熟练掌握无人机的操控技能。

**（二）模拟器训练可实现单通道控制，便于学员选择训练动作**

飞机在空中飞行，可以产生俯仰运动、偏航运动和滚转运动。在真实飞行过程中这些动作有时需要同时完成，对应的具体操作为升降舵操作、方向舵操作和副翼舵操作，无人机操控者需要迅速协调地完成手部动作，以达到无人机的平稳控制。这对于刚开始进行无人机驾驶培训的学员是无法同时完成的，需要分别进行训练，这在真机训练中是无法实现的。模拟器训练可以实现单通道控制，模拟器操控者可以选择单升降舵操作、单副翼舵操作和单方向舵操作。在单通道训练熟练后，模拟器操控者还可选择双通道训练，即升降加副翼操作、升降加方向操作和副翼加方向操作。这样操作难度由简到难，符合人的认知规律。无人机模拟器训练人员容易更快速地适应无人机操控训练，在短时间内即可达到较理想的训练效果。

**（三）模拟器训练可降低成本，进行可逆性训练**

经过初级阶段无人机模拟器的训练，无人机驾驶学员可以形成对无人机动作反馈快速准确的条件反射。这样可以有效避免真机训练的弊端，大大降低风险，避免操作失误而造成无人机坠机等损失，减少油料、电池等的消耗，节约经费，降低训练成本。无人机操控人员可以通过模拟器不断地进行可逆性训练，强化特定动作的训练效果，不断提升自身的无人机操控技能。

无人机模拟器在无人机驾驶训练中发挥了重要的作用，但也有其局限性。模拟器训练应作为实际训练的补充，而非完全替代。无人机模拟器不能模拟无人机的所有程序，也不能将所有类型的无人机融入其中，例如模拟器不适宜进行无人机的着陆训练，无人机驾驶员不能很好地从模拟器获取飞机着陆状态的反馈。特别在无人机执行具体任务时，空地协同任务的完成需要更多的实际训练。

无人机模拟器可以模拟无人机从起飞到着陆之间的各个环节,有利于初学者手动操控与飞机动作之间条件反射的建立和无人机驾驶员熟练驾驶技能的培养。伴随着计算机硬件技术和飞行仿真技术的发展,无人机模拟器会更加完善,在驾驶培训方面发挥更大的作用。

## 三、模拟器训练

### (一)常用模拟器

(1)Real Flight。Real Flight 是目前普及率最高的一款模拟飞行软件,它具有拟真度高、功能齐全、画面逼真等优点,最新版本为 Real Flight Generation 7.0。

(2)Reflex XTR。Reflex XTR 是老牌的德国模拟器软件,适合直机的模拟练习,附带精选的 26 个飞行场景、100 多架各个厂家的直升机、100 多架各个厂家的固定翼、60 部飞行录像。

(3)AEROFLY。AEROFLY 是一款德国的模拟器软件,逼真度较高,适合中高级训练者使用,但价格昂贵,对电脑硬件要求较高。

(4)凤凰(PHOENIX)。凤凰模拟器是一款受欢迎的国产模拟器软件,效果逼真,场景迷人。

### (二)模拟器软件使用(以 Real Flight G7.0 为例)

(1)模拟器的调试和设置要根据通道来设定,一定要在遥控器设置的选项里设置好摇杆的位置,校准中立点,通道的正反向,这样才能实现对飞机的精准操控。

(2)运行桌面上的控制台,运行 Real Flight G7.0,出现软件界面后选择 FLY 按钮。

(3)设置遥控器,选择 Simulation 菜单里的 Select Controller。

(4)在弹出的菜单中选择 InterLink Elite。

(5)选择弹出对话框里的通道校准 Calibrate。这时摇杆最大范围来回打方框几次。最后都放在中位。让最上面的 4 个通道都在中间。

模拟器软件的安装工作完成,就可以使用模拟器练习飞行。

### (三)模拟器练习手法

遥控手法的选择分为美国手、日本手及其他,美国手、日本手为主流对象。

#### 1. 美国手

美国手的油门和方向在左边,副翼和升降在右边,如图 4-1 所示。左手操纵杆向上是油门加大,飞机速度加快(油门杆是不回中的),反之油门减小,速度减慢;左杆向左,方向舵向左偏转,飞机航向向左偏转(方向杆要回中),反之方向舵向右编转,航向向右偏转;右杆向下,升降舵向上偏转,飞机机头向上爬升(升降杆要回中),反之向上,升降舵向下偏转,飞机机头向下俯冲;右杆向左,右边副翼向下偏转,左边副翼向上偏转,飞机以机身为轴心向左倾斜(副翼杆要回中),反之向右倾斜。

#### 2. 日本手

日本手的油门和副翼在右边,方向和升降在右边,如图 4-2 所示。右手操纵杆(以下称为右杆)向上是油门加大,飞机速度加快(油门杆是不回中的),反之油门减小,速度减慢;右杆向左,右边副翼向下偏转,左边副翼向上偏转,飞机以机身为轴心向左倾斜(副翼杆要回中),反之向右倾斜;左杆向左,方向舵向左偏转,飞机航向向左偏转(方向杆要回中),反之向右,航向向右偏转;左杆向下,升降舵向上偏转,飞机机头向上爬升(升降杆要回中),反之向上,升降舵向下偏转,飞机机头向下俯冲。

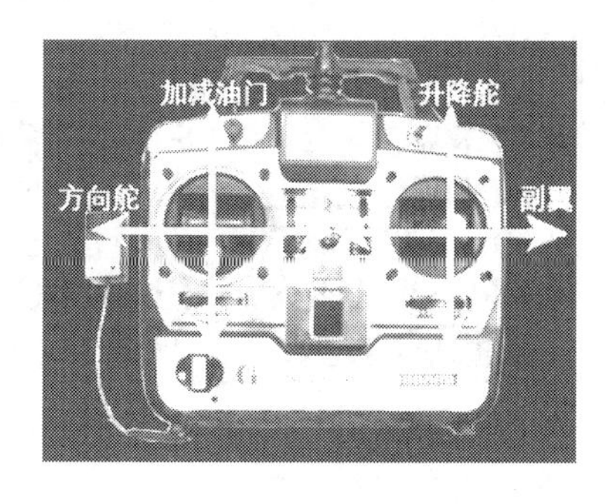


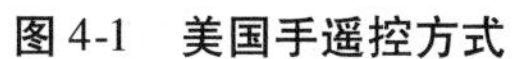
图 4-1　美国手遥控方式

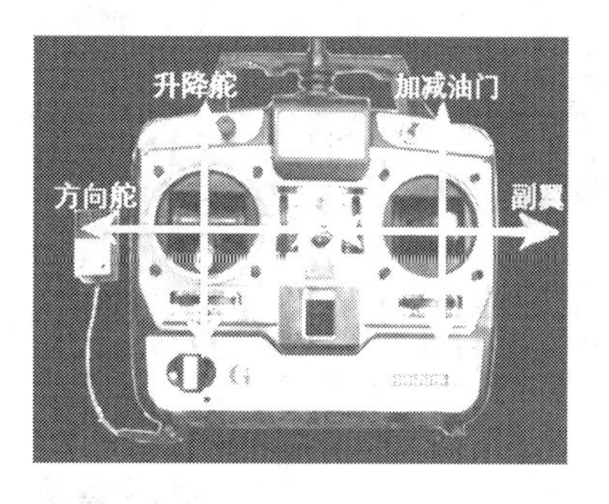


图 4-2　日本手遥控方式

## 四、常用遥控器及其应用

目前,常用的遥控器主要有如图 4-3 所示的几种。

图 4-3　几种常用的遥控器

遥控器参数设置如下。

### (一)在遥控器上选择飞行器类型

假设已经将主控连接至电脑,并打开调参软件,此时先打开遥控器,再给主控上电。双击遥控器进入 MENU 页面,并选择 MODEL SEL 项,如图 4-4(a)所示。进入后,选择新建遥控器控制模式,并在 TYPE 中选择 AIRPLANE 类型,其他所有设置保持默认。

### (二)为 U 通道选择一个开关

双击 LINK 进入 LINKAGE MENU 页面并选择 FUNCTION,如图 4-4(b)所示。

进入 FUNCTION,根据自己的需要设置某通道为控制模式切换开关,如图 4-4(c)所示。

进入 FUNCTION 第二页,例如将光标移至第 7 通道 AUX5 的 CTRL 位,按 RTN 键后选择 SC,此时上面页面和调参软件的控制模式切换开关栏将变成如图 4-5 所示。

### (三)设置 Fail - Safe

双击 LINK 进入 LINKAGE MENU 页面,如图 4-6(a)所示。

选择并进入 END POINT 页面的第二页。例如:此时第 7 通道 AUX5 中左侧 limit point 值为 135%,如图 4-6(b)所示。

LINKAGE MENU 1/2
SERVO | SUB-TRIM
MODEL SEL. | REVERSE
MODEL TYPE | FAIL SAFE
FREQUENCY | END POINT
FUNCTION | THR CUT

(a)

LINKAGE MENU 1/2
SERVO | SUB-TRIM
MODEL SEL. | REVERSE
MODEL TYPE | FAIL SAFE
FREQUENCY | END POINT
FUNCTION | THR CUT

(b)

| FUNCTION 1/4 | CTRL | TRIM |
|---|---|---|
| 1 AIL | J1 | T1 |
| 2 ELE | J2 | T2 |
| 3 THR | J3 | T3 |
| 4 RUD | J4 | T4 |

(c)

图 4-4 遥控器设置 U 通道操作

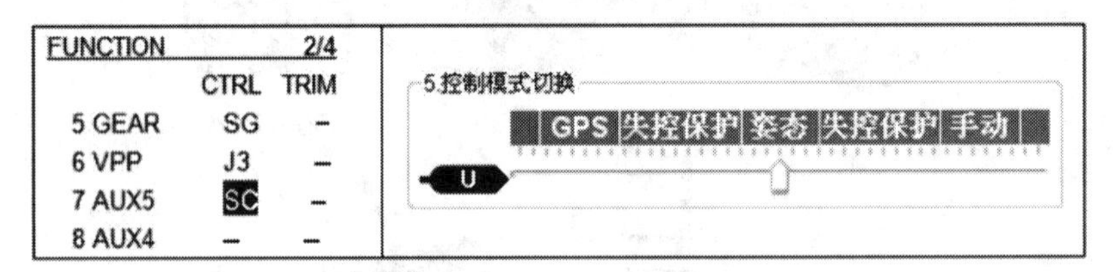


图 4-5 控制在此切换开关

LINKAGE MENU 1/2
SERVO | SUB-TRIM
MODEL SEL. | REVERSE
MODEL TYPE | FAIL SAFE
FREQUENCY | END POINT
FUNCTION | THR CUT

(a)

| END POINT 2/2 LIMIT | | | | |
|---|---|---|---|---|
| 5 GEAR | 135 | 100 | 100 | 135 |
| 6 VPP | 135 | 100 | 100 | 135 |
| 7 AUX5 | 135 | 100 | 100 | 135 |
| 8 AUX4 | 135 | 100 | 100 | 135 |

(b)

图 4-6 陀螺仪控制模式设置

使用遥控器上的触摸圆盘将第 7 通道 AUX5 中左侧 limit point 值改成 40%，使得调参软件中控制模式切换开关的滑块指向失控保护并使其变蓝，如图 4-7 所示。

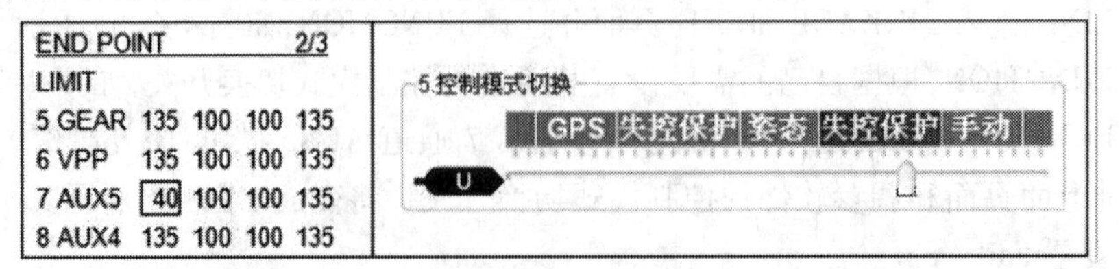


图 4-7 失控保护设备

退出上页，并进入 LINKAGE MENU 中的 FAIL SAFE 页面，如图 4-8(a)所示。此时的 FAIL SAFE 页面第二页中第 7 通道的值如图 4-8(b)所示。

将第7通道AUX5的F/S和B. F/S两个值设置成如图4-8(c)所示。然后将光标移至POS栏,并且长按RTN键。此时POS值将会变成39%。

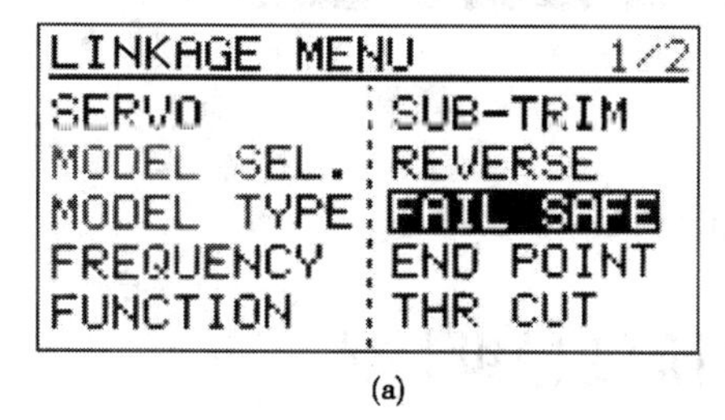


(a)

FAIL SAFE 2/3
F/S B.F/S POS
5GEAR HOLD OFF
6VPP HOLD OFF
7AUX5 HOLD OFF
8AUX4 HOLD OFF

(b)

FAIL SAFE 2/3
F/S B.F/S POS
5GEAR F/S OFF +71%
6VPP HOLD OFF
7AUX5 HOLD OFF
8AUX4 HOLD OFF

(c)

图4-8　POS控制设置

(四)设置控制模式

回到LINKAGE MENU的END POINT页面的第二页,将第7通道AUX5中左侧limit point值调为80%,使得调参软件中控制模式切换开关的滑块指向手动,如图4-9所示。

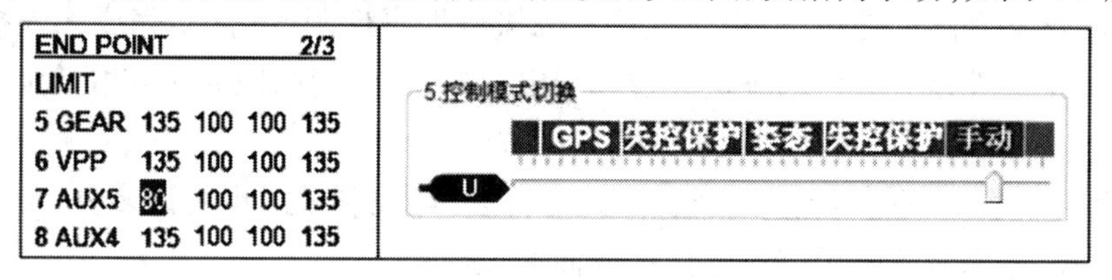


图4-9　手动控制模式设置

将SC档位切至第三档,并将第7通道AUX5中右侧limit point值调为80%,使得调参软件中控制模式切换开关的滑块指向GPS,如图4-10所示。

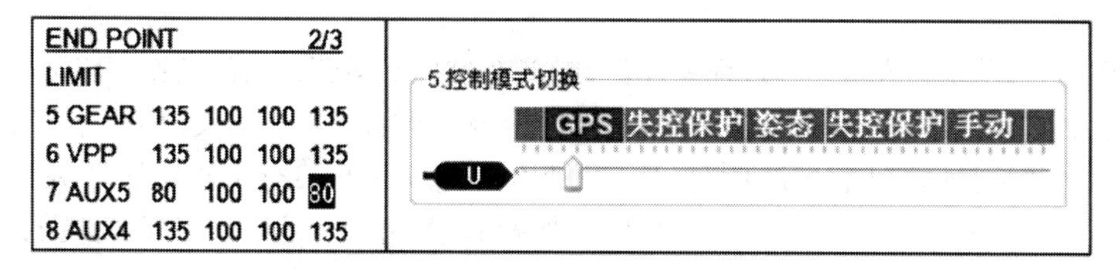


图4-10　GPS控制模式设置

此时若关闭遥控器,调参软件中控制模式切换开关的滑块将自动指向失控保护,如图4-11所示。

注:如果使用JR遥控器,与FUTABA遥控器的END POINT页面相对应的页面为TRAVEL ADJ。

图 4-11　遥控器关闭时失控保护设置

## 第二节　无人机驾驶员起降阶段操纵技术

据不完全统计，无人机系统的事故有 60% 以上发生在起降阶段。作为无人机系统的机长或驾驶员，必须理解并熟练掌握无人机起降阶段的正常飞行程序和技术与应急飞行程序和技术，以保证系统的安全运行。

目前无人机技术不断发展，专业人员分工不断细化，仅就驾驶员来讲可分为两大类：通过地面站界面、控制台上的鼠标、按键、飞行摇杆操纵无人机的驾驶员称为飞行操作手（西方国家称为内部驾驶员）；通过专用的遥控器、外部控制盒操纵无人机的驾驶员称为起降操作手（西方国家称为外部操作手）。一般来讲，飞行操作手参与无人机起降阶段、巡航阶段操纵；起降操作手仅参与起降阶段操纵。

当前国内的民用无人机系统的起降操纵，可采用自主控制、人工遥控或组合控制等模式进行控制。自主控制是指在起降阶段，操纵人员无须介入控制回路，无人机借助于机载传感器信息，或辅助必要的引导信息，由机载计算机执行程序控制，可自动完成无人机的起飞和回收控制；人工遥控是无人机驾驶员通过无线电数据链路，利用地面站获取的无人机状态信息，发送无人机控制指令，引导无人机发射和回收。

无人机的起飞（发射）、降落（回收）方式有许多种，控制模式也有许多种，本节主要讲述人工遥控模式，起降阶段采用姿态遥控或舵面遥控模式。

### 一、起飞与降落

#### （一）起飞前的工作

1. 了解无人机性能

起飞与降落是无人机飞行过程中首要的操作。在受到运营人指派负责一套无人机系统的运行后，机长或驾驶员所做的第一件事情就是了解并掌握本系统的关键性能，特别是飞行相关性能，包括目标无人机着陆性能、无人机速度范围、无人机飞行速度范围、无人机发动机性能、收放起落架对该机型飞行的影响、收放襟翼对该机型飞行的影响、节风门最小位置。

2. 起飞前飞行器检查内容

机长或驾驶员必须执行的检查内容：飞行器外观及对称性检查；飞行器称重及重心检查；舵面结构及连接检查；起飞（发射）、降落（回收）装置检查；螺旋桨正反向及紧固检查。

3. 起飞前控制站检查内容

控制站电源、天线等的连接检查；控制站电源检查；控制站软件检查；卫星定位系统检查；预规划航线及航点检查。

4. 起飞前通信链路检查内容

链路拉距或场强检查;飞行摇杆舵面及节风门反馈检查;外部控制盒舵面及节风门反馈检查。

5. 动力装置检查与启动

发动机油量检查;发动机油料管路检查;发动机外部松动检查;发动机启动后怠速转速、震动、稳定性检查;发动机大车转速、震动检查;发动机节风门、大小油针、控制缆(杆)检查;发动机节风门跟随性检查;微型无人机不同姿态的发动机稳定性检查;电动机正反转检查;动力装置启动后与其他系统的干扰检查。

**(二)飞行的基本动作**

飞行的基本动作主要包括由起降操作手执行的地面滑行,由飞行操作手执行的爬升、定高平飞、下降和转弯。

平飞、爬升、下降三种飞行动作可以进行爬升转平飞、平飞转下降、下降转平飞、平飞转爬升等几种变换形式。

平飞、爬升、下降转换时若没有及时检查地平仪位置关系,带坡度飞行,动作粗野,操纵量大,飞行状态不稳定,以及在平飞、爬升、下降三种飞行状态变换时,推杆、拉杆方向不正,干扰其他通道等,均会造成飞行偏差。

转弯是改变飞行方向的基本动作,分为平飞转弯、爬升转弯和下降转弯。在下面几种情况下转弯时易产生偏差。

(1)进入和退出转弯时,动作不协调,产生侧滑。

(2)转弯中,未保持好机头与天地线的位置关系,以致速度增大或减小。

(3)转弯后段,未注意观察退出转弯的检查目标方向,以致退出方向不准确。

**(三)无人机起飞、降落流程**

1. 无人机起飞

首先接通电源,远离无人机,解锁飞控,缓慢推动油门等待无人机起飞。推动油门一定要缓慢,即使已经推动一点距离,电机还没有启动,也要慢慢来,防止由于油门过大而无法控制无人机。在无人机起飞后,不能保持油门不变,而是在无人机到达一定高度,一般离地面约1 m后开始降低油门,并不停地调整油门大小,使无人机在一定高度内徘徊。这是因为有时油门稍大无人机上升,有时稍小无人机下降,必须将油门控制合适,才可以让无人机保持飞行的高度。

2. 无人机降落

降落时,同样需要注意操作顺序;降低油门,使无人机缓慢接近地面;离地面5～10 cm处稍稍推动油门,降低下降速度;然后再次降低油门直至无人机触地(触地后不得推动油门);油门降到最低,锁定飞控。相对于起飞来说,降落是一个更为复杂的过程,需要反复练习。

在起飞和降落的操作中还需要注意保证无人机的稳定,飞行器的摆动幅度不可过大,否则降落和起飞时,有打坏螺旋桨的可能。

**(四)起落(五边)航线飞行**

起落航线也叫五边航线,由起飞、建立航线、着陆目测和着陆组成。建立(应急)航线是无人机操作手根据机场或应急着陆场位置,操纵飞机沿(应急)规划的航线飞行,并保持规

定的高度、速度,以便准确地进行目测、着陆的飞行过程,如图 4-12 所示。

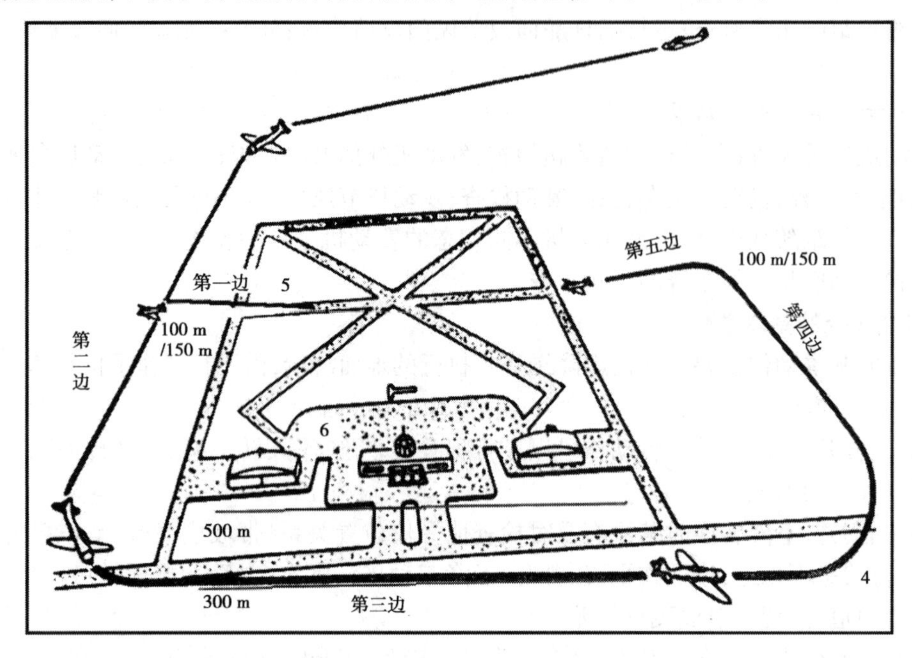


图 4-12　五边航线示意

1. 建立(应急)航线内容

(1)检查飞行平台、发动机、机上设备的故障状态、油量、电量。

(2)决定着陆场或迫降场。

(3)决定控制方式。

(4)决定飞行操作手、起降操作手交接时机。

(5)决定起落架、襟翼收放时机。

(6)如果条件允许,第一时间飞回本场上空。

2. 着陆目测

着陆目测是操作手根据当时的飞行高度以及飞机与降落地点的距离,进行目视判断,操纵飞机沿预定方向降落在预定的地点(通常为跑道中心)。

3. 着陆

无人机从一定高度(一般定为 10 m,有人机为 25 m)下滑,并降落于地面直至滑跑停止的运动过程,叫着陆。着陆分为下滑、拉平、平飘接地和着陆滑跑四个阶段。需要注意:姿态遥控下的拉平不是将姿态保持到 0°,而是将升降速度控制为 0。

着陆是起落航线飞行的最重要一环。要做好着陆,就应当正确地观察地面关系、掌握好收油门动作和准确地把飞机拉平。正确地观察地面关系是做好着陆的基础;掌握好收油门的动作,是做好着陆的重要条件;准确地把飞机拉平,是做好着陆的关键。

4. 复飞

当着陆条件不具备时,不应勉强着陆,应果断地进行复飞。应复飞的几种情况:飞行指挥员命令复飞时;跑道上有飞机或其他障碍物影响着陆安全时;高度低于 3 m 还未进入跑道或目测过高、过低,未做好着陆准备时;着陆航向偏差较大,且未及时修正时;其他情况认为必要时。

5. 侧风、大逆风、顺风起落航线飞行

在侧风、大逆风、顺风条件下进行起落航线飞行与在一般逆风条件下进行起落航线飞行相比较,有异同。只有注意了特殊点,才能在不同的条件下正确地进行起落航线飞行。

1)侧风起落航线

在航线飞行中,飞机因受侧风的影响产生偏流和改变地速,会使飞机偏离预定的航迹。对下滑及着陆时的侧风影响,主要用侧滑的方法和用侧滑与改变航向相结合的方法修正。

2) 大逆风起落航线

(1)第三转弯的时机应适当提前,以便第四转弯点距离降落点比正常略近一些。第三转弯后,适当延迟下滑时机,进入第四转弯的高度应比正常风速时略高。

(2)第四转弯后,地速减小,下滑角增大,下滑点应适当前移,并及时加大油门,保持相应的速度下滑。大逆风飞行时,目测容易低。当速度小时,要适当多加大些油门,速度稍大时,收油门量不宜过多。

3) 顺风起落航线

(1)进入第三转弯的时机应适当延迟,转弯的角度应适当减小,使第四转弯点距着陆点的距离适当远一些。进入第四转弯的高度应比正常稍低,因此收油门下滑和进入时机应适当提前。

(2)第四转弯后,地速增大,下滑角减小。因此,下滑点应适当后移,下滑速度比正常小一些。调整下滑速度时,加油门量应注意不要多,收油门的时机应适当提前。

(3)下滑速度较小,舵面效用较弱。因此,在拉平过程中,拉杆动作应及时、适量,防止拉平低。

(4)由于地速较大,平飘距离较长,在平飘过程中,应特别注意判断飞机下沉的快慢,及时拉杆,防止拉飘和跳跃。

(5)在着陆滑跑过程中,应及时刹车,以免滑跑距离过长。应注意避开机场边的障碍物,避免与障碍物相撞。

6. 着陆后检查内容

飞行器外观检查;燃油动力飞行器称重检查;各系统电量检查;下载飞行参数并检查。

7. 飞行任务完成后要做的工作

检讨飞行执行过程;填写飞行日志或记录本。

## 二、升降操作训练

升降练习不仅可以训练对油门的控制,还可以掌握飞行器的稳定飞行。练习时注意场地要有足够的高度,最好在户外进行操作。

### (一)上升练习

上升过程是无人机螺旋桨转速增加,无人机上升的过程。主要的操作杆是油门操作杆(采用美国手操作时,遥控器左侧摇杆的前后操作杆为油门操作;采用日本操作时,遥控器右侧操作杆的前后操作杆为油门操作)。练习上升操作时,假定已经起飞,缓缓推动油门,此时无人机会慢慢上升,油门推动越多(不要把油门推动到最高或接近最高),上升速度越大。

在达到一定高度时或者上升速度达到自己可操控限度时停止推动油门,这时,无人机依然在上升。若想停止上升,必须降低油门(同时注意,不要降低得太猛,保持匀速即可),直至无人机停止上升。但这时会发现无人机开始下降,又需要推动油门让无人机保持高度,反复操作后无人机即可稳定。

**(二)下降练习**

下降过程同上升过程正好相反。下降时,螺旋桨的转速会降低,无人机会因为缺乏升力开始降低高度。在开始练习下降操作前,确保无人机已经达到了足够的高度,在无人机已经稳定悬停时,开始缓慢地下拉油门。注意,不能将油门拉得太低。无人机有较为明显的下降时,停止下拉油门摇杆。这时无人机还会继续下降。注意,不要让无人机过于接近地面,在到达一定高度时开始推动油门,迫使无人机下降速度减慢,直至无人机停止下降。这时会出现和上升操作类似的情况,无人机开始上升,这时又要降低油门,保持现有高度,经过反复几次操作后无人机保持稳定。

在这个过程中如果高度下降太多,或者快要接近地面,但是无人机无法停止下降,需要加快推动油门的速度(操控者要自行考量应该多快)。注意查看无人机姿态,若过于偏斜,则不可加速推动油门,否则有危险。

这里可以看出无人机的下降不同于上升过程。因为上升时需要螺旋桨的转速提供升力,而且在户外,一般没有上升的限制,而下降则不同,螺旋桨提供的升力成了辅助用力,下降过程主要靠重力作用。所以,对于下降来说更加难操作,需要多加练习才有可能很好地掌握。

## 第三节　地面站飞行操作

地面站的飞行操作主要由无人机操控手和地面站操作员完成。无人机操控手一般是指保持和控制无人机飞行状态的人员。地面站操作员主要由无人机及地面站各类软件的维护人员、无人机搜集的信息判读人员、数据链路系统的维护人员、气象和地形资料的预处理人员、(无人机)航线的调度/导航人员等。

### 一、地面站飞行操作流程

**(一)无人机工作流程**

1. 准备工作

(1)确定区域,现场勘察(飞行空域、起降场地、空中管制)。

(2)根据测区 GPS 信息进行航线规划,绘制无人机飞行任务航线,包括无人机作业飞行高度、飞行架次、飞行距离、拍照时刻与位置、应急高度等信息。

(3)准备设备,根据需要选择相机、电池,前往现场。

(4)选择无人机起飞位置,组装无人机,对照无人机出库检查清单和工器具、仪器仪表及物资备品清单,严格按照流程图组装,明确组装顺序和确保安装位置正确。安装机载设备,确保无人机重心居中。连接电源,电池电量充裕。遥控设备图传等通信设备通信正常,GPS 等传感器信息符合起飞标准。连接空速管。接通地面站与无人机。

(5)飞行前检查。

飞行前,须仔细检查无人机硬件设备的状态是否正常,模式、电量、控制、相机等信息检查正常,确保无人机达到起飞标准;检查工作应按照检查内容逐项进行,对直接影响飞行安全的无人机的动力系统、电气系统以及航路点数据等应重点检查。每项内容须两名操作员同时检查或交叉检查。具体内容主要有:

①填写设备使用记录;

②地面监控站设备检查;

③任务设备检查;

④飞行平台检查;

⑤燃油和电池检查;

⑥弹射架检查(固定翼机型);

⑦设备通电检查;

⑧发动机启动后检查;

⑨关联性检查。

另外,检查时还要注意飞控受温度的影响。当室内外温差较大时,将飞机拿到室外之后,应先放置几分钟,以使其内部温度平衡,让无人机开机工作 5 ~ 10 min。

(6)打开地面站软件,参照飞行前检查表(见表 4-1 和表 4-2),对各个项目逐一进行检查。主要检查项目包括陀螺零点、空速管、地面高度设置、遥控器拉锯测试、航线设置、电压和 GPS 定位。

(7)导入地面站预先设定好的飞行任务,让无人机起飞。

**表 4-1　固定翼无人机飞行前检查表**

任务名称:　　　　飞机编号:　　　　填表时间:

| 序号 | 检查项 | | 是否检查 | 说明 |
|---|---|---|---|---|
| 1 | 飞机平台及弹射架 | 弹射架保险是否扣上 | | |
| 2 | | 检查机翼和机身的螺丝 | | |
| 3 | | 检查平尾和垂尾的螺丝 | | |
| 4 | | 起落架安装部位和强度及是否顺畅 | | |
| 5 | | 各个舵机检查,是否牢固且转动顺畅无扫齿 | | |
| 6 | | 检查球头是否完好,摇臂拉杆连接可靠 | | |
| 7 | | 舵机接插头是否插紧,接头扣是否扣紧 | | |
| 8 | | 回收伞安装检查 | | |
| 9 | | 发动机的螺丝是否紧固可靠 | | |
| 10 | | 检查火花塞 | | |
| 11 | | 加油后检查是否漏油,是否加满 | | |
| 12 | | 排气囊检查 | | |
| 13 | | CDI 检查 | | |

续表 4-1

任务名称：　　飞机编号：　　填表时间：

| 序号 | 检查项 | | 是否检查 | 说明 |
|---|---|---|---|---|
| 14 | 记载设备及数据链 | 机载飞控是否安装牢固 | | |
| 15 | | 检查传感器数据,必要的进行清零 | | |
| 16 | | 挡住空速管,检查是否为零空速 | | |
| 17 | | 手机按压控速管,检查空速变化 | | |
| 18 | | 检查 GPS 接头,卫星数量和 PDOP | | |
| 19 | | 检查记载飞控,记载收发信机,舵机,点火电池电压 | | |
| 20 | | 上传任务航迹数据,并进行上下传验证 | | |
| 21 | | 检查丢星保护装置 | | |
| 22 | | PID 参数,中立位是否设置正确 | | |
| 23 | | 检查是否所有 PID 通道已经打开 | | |
| 24 | | 遥控器切换至 RC 模式,地面站显示的大小和方向是否正确 | | |
| 25 | | 检查天线情况,遥控器的控制距离 | | |
| 26 | | 检查舵面中立位是否正确 | | |
| 27 | | 检查数据链天线是否安装 | | |
| 28 | | 检查遥控遥测及图像数据链路是否正确 | | |
| 29 | 载荷部分 | 可见光相机调焦、试拍 | | |
| 30 | | 检查可见光相机电池电量 | | |
| 31 | | 检查存储卡是否安装、清空 | | |
| 32 | | 检查镜头盖是否打开 | | |
| 33 | 航前检查 | 遥控器置 RC 模式、启动发动机、转速正常 | | |
| 34 | | 整个转速范围传感器数据跳动是否正常 | | |
| 35 | | 发动机风门最大最小及停车位设置 | | |
| 36 | | 检查遥控器是否能停车 | | |
| 37 | | 检查跑道有没有大块石子等障碍物 | | |
| 38 | | 检查电池电压,GPS 情况,RSSI | | |
| 39 | | 根据风向决定起飞方向 | | |

检查人：

表 4-2　多旋翼无人机飞行前检查表

任务名称：　　　　　　　　飞机编号：　　　　　　　　填表日期

| 外观检查 | 工作项 | 检查结果（完好打"√"） | | | | 问题记录及处理 |
|---|---|---|---|---|---|---|
| 机体 | 机臂及电机座有无异常 | | | | | |
| | 连接件有无松动、脱落、损坏 | | | | | |
| | 桨叶有无破损、折断 | | | | | |
| | 起落架收放有无异常 | | | | | |
| | 电机有无异常及异物进入 | | | | | |
| 机载设备 | GPS 天线是否完好 | | | | | |
| | 电台天线是否完好 | | | | | |
| | 图传天线是否完好 | | | | | |
| | 走线有无脱落、松动、折断 | | | | | |
| | 飞控设备有无松动、脱落、损坏 | | | | | |
| | 传感器有无松动、脱落、损坏 | | | | | |
| | 机载图传有无松动、脱落、损坏 | | | | | |
| | 功放有无松动、脱落、损坏 | | | | | |
| 载荷 | 云台减震垫是否牢固、缺失 | | | | | |
| | 云台控制器连线有无松动、脱落、损坏 | | | | | |
| | 云台接收机连线有无松动、脱落、损坏 | | | | | |
| | 云台滑环是否正常 | | | | | |
| | 云台活动是否自如，无线缆缠绕 | | | | | |
| | DV 是否完好 | | | | | |
| | 红外热像仪是否完好 | | | | | |
| | 相机是否完好 | | | | | |
| 地面设备 | 图传接收天线是否完好 | | | | | |
| | 地面站笔记本是否正常 | | | | | |
| | 图传接收机外观有无损坏 | | | | | |
| | 遥控器开关是否完好 | | | | | |
| | 遥控器摇杆是否完好 | | | | | |
| 保障设备 | 充电电源及充电器是否完好 | | | | | |
| 静态联试 | 工作项 | 检查结果（完好打"√"） | | | | 问题记录及处理 |

**续表 4-2**

| 外观检查 | 工作项 | 检查结果（完好打“√”） | | | | 问题记录及处理 |
|---|---|---|---|---|---|---|
| 电量状态 | 机载电池电量是否充足 | | | | | |
| | 遥控器电量是否充足 | | | | | |
| | 地面站笔记本电量是否充足 | | | | | |
| | 图传接收机电量是否充足 | | | | | |
| | 摄像机/相机电量是否充足 | | | | | |
| 功能状态 | 遥控器扳键摇杆是否正常 | | | | | |
| | 飞机指示灯状态是否正常 | | | | | |
| | 电机碳桨转动有无异常 | | | | | |
| | 云台自检是否正常 | | | | | |
| | 云台是否可控 | | | | | |
| | 载荷与云台接口是否对应 | | | | | |
| | 摄像机变焦舵机是否正常 | | | | | |
| | 载荷工作是否正常 | | | | | |
| | 图传视频是否显示正常 | | | | | |
| | 图传存储空间是否足够 | | | | | |
| | 记录功能是否正常 | | | | | |
| | 地面站软件是否正常 | | | | | |
| | 电台通信是否正常 | | | | | |
| | GPS 信号是否为良好（>6） | | | | | |
| 动态联试 | 工作项 | 检查结果（完好打“√”） | | | | 问题记录及处理 |
| 外观确认 | 碳桨与机体走线是否留有间距 | | | | | |
| | 正反桨安装顺序是否正确 | | | | | |
| | GPS 天线指向是否正确 | | | | | |
| 功能确认 | GPS 信号是否稳定 | | | | | |
| | 飞机姿态是否正常 | | | | | |
| | 云台控制是否正常 | | | | | |
| | 地面站信息参数显示是否正常 | | | | | |
| | 图传链路是否正常 | | | | | |

检查人：

2. 飞行作业操控

(1)调试试飞。试飞无人机,查看无人机姿态信息是否正常,云台是否可控,进行适航检查;起飞前,根据地形、风向决定起飞航线,无人机须迎风起飞;飞行操作员须询问监控操作员能否起飞,在得到肯定答复后,方能操控无人机起飞;监控操作员应同时记录起飞时间。

(2)无人机根据预先设定好的方案实施任务,飞控手通过地面站监控无人机,在起飞过程中,地面站监控操作员应实时向飞控手通报飞行高度、速度等数据。

相关记录表见表 4-3 和表 4-4。

**表 4-3　固定翼飞行日志记录表**

| 任务名称 | | 地面气象描述 | | 吊舱型号 | | 故障、异常记录 | 处理记录 |
|---|---|---|---|---|---|---|---|
| 任务代码 | | 地面温度 | | 镜头型号 | | | |
| 起飞地点名称 | | 地面风速 | | 快门速度 | | | |
| 起飞地点海拔 | | 地面气压 | | 光圈 | | | |
| 任务规划日期 | | 能见度 | | ISO | | | |
| 规划航线数量 | | 无线电波频率干扰 | | 像距 | | | |
| 飞行距离和高度 | | 起飞重量 | | 镜头参数确认签字 | | | |
| 空域限制情况 | | 燃油量 | | | | | |
| 飞机适航状态确认 | | | | | | | |
| 机体 | | 发动机 | | | | | |
| 机上航电 | | 地面站 | | | | | |
| 内控 | | 外控 | | | | | |
| 机长可适航状态签字 | | | | | | | |
| 时间统计 | | | | | | | |
| 起降架次 | | | | | | | |
| 起飞时间 | | | | | | | |
| 降落时间 | | | | | | | |
| 所用地面站 | | | | | | | |
| 现场总负责人确认签字 | | | | | | | |

(3)飞行模式切换。

起飞后,如果飞机没有进行调整并记录重心位置,那么需利用遥控器微调进行飞行调整,调整到理想状态时,地面站捕获重心位置,由监控操作员向飞控手下达飞行模式切换指令;如果已经进行过飞行调整,则在爬升到安全高度后,切换到航线的自主飞行模式。

当飞机飞出遥控器有效控制距离后,可以通过地面站关闭接收机,以防止干扰或者同频遥控器的操作。

**表 4-4　多旋翼外场飞行记录表**

项目名称：

<table>
<tr><td>机型</td><td></td><td>飞机操控</td><td></td><td>地面站操控</td><td></td></tr>
<tr><td>飞机编号</td><td></td><td>飞行地点</td><td></td><td>飞行日期</td><td></td></tr>
<tr><td>飞行性质</td><td colspan="5">□任务　□培训　□试验　□展示</td></tr>
<tr><td>飞行任务</td><td colspan="5"></td></tr>
<tr><td rowspan="3">飞行指标</td><td>天气温度</td><td></td><td>风力</td><td colspan="2"></td></tr>
<tr><td>海拔高度</td><td></td><td>飞行高度</td><td colspan="2"></td></tr>
<tr><td>飞行总航程</td><td></td><td>飞行时间</td><td colspan="2"></td></tr>
<tr><td colspan="2">其他要求</td><td colspan="4"></td></tr>
<tr><td colspan="6">飞机适航状态确认(正常打“√”)</td></tr>
<tr><td>机体</td><td></td><td>桨叶</td><td></td><td>载荷</td><td></td></tr>
<tr><td>GPS 信号</td><td>好/良/差</td><td>遥控器、地面站</td><td></td><td>图传</td><td></td></tr>
<tr><td rowspan="2">使用电池编号<br>(　　　)</td><td>静态</td><td>起飞前电压</td><td></td><td>降落后电压</td><td></td></tr>
<tr><td>动态</td><td>离地电压</td><td></td><td>落地电压</td><td></td></tr>
<tr><td>照片、影像质量</td><td colspan="2"></td><td>照片、影像数量</td><td colspan="2"></td></tr>
<tr><td>故障记录</td><td>处理记录</td><td colspan="4">飞行结论</td></tr>
<tr><td rowspan="3"></td><td rowspan="3"></td><td colspan="4">□飞行正常 □飞行期间异常 □坠毁</td></tr>
<tr><td colspan="4">地面站操控手签字：</td></tr>
<tr><td colspan="4">飞机操控手签字：</td></tr>
</table>

在滑翔空速框中输入停车后的滑翔空速，以备在飞机发动机停车时能够及时按下“启动滑翔空速”按钮。

(4)视距内飞行操控应注意事项。

在自主飞行模式下，无人机应在视距范围内按照预先设置的检查航线(或制式航线)飞行 2 ~ 5 min，以观察无人机及机载设备的工作状态。

飞控手须手持遥控器，密切观察无人机的工作状态，做好应急干预的准备。

监控操作员应密切监视无人机是否按照预设的航线和高度飞行，观察飞行姿态、传感器数据是否正常。

监控操作员在判断无人机及机载设备工作正常情况下，还应用过口语或手语询问飞行、机务、地勤等岗位操作员，在得到肯定答复后，方能引导无人机飞往航摄作业区。

(5)视距外飞行操控应注意事项。

视距外飞行阶段，监控操作员须密切监视无人机的飞行高度、发动机转速、机载电源电压、飞行姿态等，一旦出现异常，应及时发送指令进行干预。

其他岗位操作员须密切监视地面设备的工作状态，如发现异常，应及时通报监控操作员并采取措施。

(6)无人机自动返航、着陆。

无人机完成预定任务后，无人机根据预先设定好的返回方案返回起飞点，准备返航、着陆，监控操作员须及时通知其他岗位操作人员判断风向、风速，并随时提醒遥控飞行操作员。固定翼可采用自动滑翔或伞降着陆；对于旋翼机，飞行完成后，飞机回到起飞点盘旋，如果高度过高，不利于观察，可以在地面站上降低起飞点高度，并上传指令。飞机自动盘旋下降到操控手能看清的飞机的位置。

无人机落地后，监控操作员应记录降落时间。

3. 飞行后检查

(1)飞行平台检查。

对无人机飞行平台进行飞行后检查并记录，如果无人机以非正常姿态着陆并导致无人机损伤，应优先检查受损部位。

(2)油量、电量检查。

检查所剩的油量、电量，评估当时天气条件和地形地貌情况下油量和电量的消耗情况，为后续飞行提供参考数据。

(3)机载设备检查。

检查机载设备状态并记录。

(4)影像数据检查。

从机载设备中导出拍摄的影像数据及其位置和姿态数据，并通过地面站或电脑进行分析检查，确保成片数量、航摄范围、图像质量。

(5)拆装无人机，结束任务，返回。

4. 后期制作

对无人机拍摄获取的航摄影像进行纠偏处理，而后进行拼图、配准、剪辑、输出工作。

## 二、任务规划概念与实施

### (一)任务规划的概念与目标

无人机任务规划是指根据无人机需要完成的任务、无人机的数量以及携带任务载荷的类型，对无人机制定飞行路线并进行任务分配。

任务规划的主要目标是依据地形信息和执行任务的环境条件信息，综合考虑无人机的性能、到达时间、耗能、威胁以及飞行区域等约束条件，为无人机规划出一条或多条自出发点到目标点的最优或次优航迹，保证无人机高效、圆满地完成飞行任务，并安全返回基地。

### (二)任务规划的主要功能

无人机对任务规划的要求，因无人驾驶而更为严格，需要详细的飞行航迹信息、作用目标和任务执行信息。无人机任务规划是实现自主导航与飞行控制的有效途径，它在很大程

度上决定了无人机执行任务的效率。无人机任务规划需要实现以下功能。

1. 任务分配功能

充分考虑无人机自身性能和携带载荷的类型,可在多任务、多目标情况下协调无人机及其载荷资源之间的配合,以最短时间以及最小代价完成既定任务。

2. 航迹规划功能

在无人机避开限制风险区域以及油耗最小的原则上,制定无人机的起飞、着陆、接近监测点、监测区域、离开监测点、返航及应急飞行等任务过程的飞行航迹。

3. 仿真演示功能

实现飞行仿真演示、环境威胁演示、监测效果演示。可在数字地图上添加飞行路线,仿真飞行过程,检验飞行高度、油耗等飞行指标的可行性;可在数字地图上标志飞行禁区,使无人机在执行任务过程中尽可能避开这些区域;可进行基于数字地图的合成图像计算,显示不同坐标与海拔位置上的地景图像,以便地面操作人员为执行任务选取最佳方案。

**(三)任务规划的约束条件与原则**

1. 约束条件

无人机任务规划需要考虑以下因素。

1)飞行环境限制

无人机在执行任务时,会受到如禁飞区、障碍物、险恶地形等复杂地理环境的限制,因此在飞行过程中,应尽量避开这些区域,可将这些区域在地图上标志为禁飞区域,以提升无人机的工作效率。此外,飞行区域内的气象因素也将影响任务效率,应充分考虑大风、雨、雪等复杂气象下的气象预测与应对机制。

2)无人机物理限制

无人机物理限制对飞行航迹有以下限制:

(1)最小转弯半径:由于无人机飞行转弯形成的弧度将受到自身飞行性能限制,它限制无人机只能在特定的转弯半径范围内转弯。

(2)最大俯仰角:限制航迹在垂直平面内上升和下滑的最大角度。

(3)最小航迹段长度:无人机飞行航迹由若干个航点与相邻航点之间的航迹段组成,在航迹段飞行途中沿直线飞行,而到达某些航点时有可能根据任务的要求而改变飞行姿态。最小航迹段长度是指限制无人机在开始改变飞行姿态前必须直飞的最短距离。

(4)最低安全飞行高度:限制通过任务区域最低飞行高度,防止飞行高度过低而撞击地面,导致坠毁。

3)飞行任务要求

无人机具体执行的飞行任务主要包括到达时间和目标进入方向等,需满足如下要求:

(1)航迹距离约束,限制航迹长度不大于预先设定的最大距离。

(2)固定的目标进入方向,确保无人机从特定角度接近目标。

4)实时性要求

当预先具备完整精确的环境信息时,可一次性规划自起点到终点的最优航迹。而实际情况是难以保证获得的环境信息不发生变化;另外,由于任务的不确定性,无人机常常需要临时改变飞行任务。在环境变化区域不大的情况下,可通过局部更新的方法进行航迹的在线重规划;而当环境变化区域较大时,无人机任务规划系统则必须具备在线重规划功能。

2. 原则

任务规划一般从接收任务开始,根据任务人工选择几个航迹点。对这些点进行检验和调整,使之满足各种约束条件的需求。选用优化准则(如最短路径分析),由计算机辅助生成飞行航线。用检验准则检验航线上的每个点,若全部通过,就找到了一条可用的航线。

### (四)任务规划的分类与方法

1. 任务规划的分类

从实施时间上划分,任务规划可以分为预先规划(预规划)和实时规划(重规划)。就任务规划系统具备的功能而言,任务规划可包含航迹规划、任务分配规划、数据链路规划与系统保障和应急预案规划等,其中航迹规划是任务规划的主体和核心。

预先规划是在无人机执行任务前,由地面控制站制定的,主要是综合任务要求、地理环境和无人机任务载荷等因素进行规划,其特点是给定约束和飞行环境,规划的主要目的是通过选用合适的算法谋求全局最优飞行航迹。

实时规划是在无人机飞行过程中,根据实际的飞行情况和环境的变化制定出一条可飞航迹,包括对预先规划的修改,以及选择应急的方案,其特点是约束和飞行环境实时变化。任务规划系统需综合考量威胁、航程、约束等多种条件,采用快速航迹规划算法生成飞行器的安全飞行航迹。任务规划系统需具备较强的信息处理能力并具有一定的辅助决策能力。

2. 任务描述与分解

任务规划由任务理解、环境评估、任务分配、航迹规划、航迹优化和航迹评价等组成。其处理流程如图 4-13 所示。

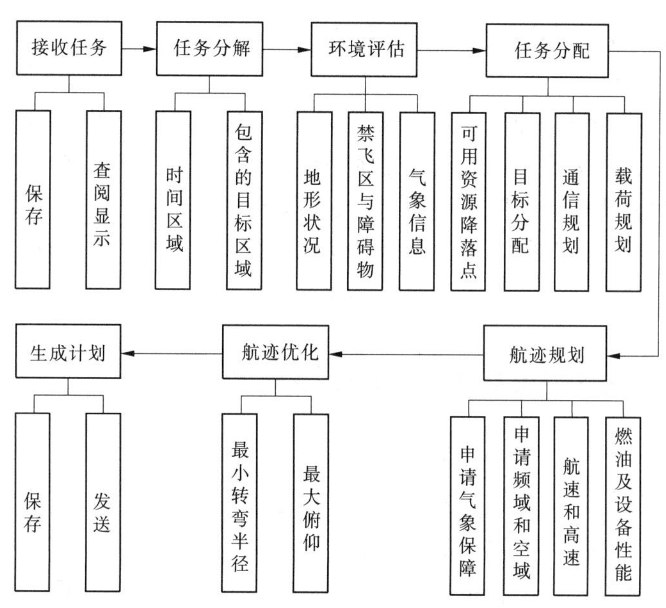


**图 4-13　任务规划处理流程**

(1)接收任务。接收到上级下发的任务、命令,首先对任务进行保存,提供查阅和显示。

(2)任务理解。辅助操作人员分析任务执行的地理区域、时间区间,任务所包含的目标航点数,各个航点的位置、重要程度等情况。根据任务涉及的区域查询并显示地形概况、禁飞区和障碍物分布情况及气象信息,为航迹规划提供环境情况依据。

(3)任务分配。提供可用的无人机资源和着陆点的显示,辅助操作人员进行载荷规划、通信规划和目标分配。

载荷规划包括携带的传感器类型、摄像机类型和专用任务设备类型等,规划设备工作时间及工作模式,同时需要考虑气象情况对设备的影响程度。通信规划包括在执行任务的过程中,需要根据环境情况的变化制定一些通信任务,调整与任务控制站之间的通信方式等。目标分配主要是指执行任务过程中实现动作的时间、方式和方法,设定航点的时间节点、飞行高度、航速、飞行姿态以及配合载荷设备的工作状态与模式,当无人机到达该航点时实施航拍、盘旋等飞行任务。

(4)航迹规划。根据环境变化情况、无人机航速、飞行高度范围、燃油量和设备性能制定飞行航迹,并申请通信保障和气象保障。

(5)航迹制定,系统根据无人机飞行的最小转弯半径和最大俯仰角对航迹进行优化处理,制定出适合无人机飞行的航迹。

(6)计划生成,保存并发送。

**(五)航迹规划**

无人机航迹规划是任务规划的核心内容,需要综合应用导航技术、地理信息技术以及远程感知技术,以获得全面详细的无人机飞行现状以及环境信息,结合无人机自身技术指标特点,按照一定的航迹规划方法,制定最优或次优路径。

### 三、无人机仪表飞行的特点

把无人机飞行操作手利用飞行摇杆在姿态遥控或直接操作舵面方式下的飞行认为是无人机的仪表飞行。

无人机主要使用姿态遥控。现代的大型、小型无人机系统控制站大都设置有飞行摇杆,摇杆的最大功用是在任务段可以灵活迅速地改变航迹以满足实时目标的任务需求。

由于无人机仪表飞行的局限性,现有无人机系统的主流方式还是由起降操作手协助完成起飞、进近着陆与应急迫降;在发生某种特定的故障时,飞行操作手只需通过仪表飞行,利用姿态遥控将无人机引导到本场上空交由起降操作手即可。

## 第四节　无人机安装、调试与维护

### 一、无人机的装配与调试

飞行控制系统是整个飞行系统的核心,其安装和调试至关重要。如图4-14所示是目前普遍使用的DJI多旋翼飞行控制系统:NAZA-M、WooKong-M和A2。其中,NAZA-M主要适用于普通用户和DIY用户,推荐安装在小型的多旋翼无人机上;WooKong-M和A2主要适用于专业用户,适合安装在相对较大的多旋翼无人机上。

**(一)NAZA-M飞行控制系统的安装调试**

NAZA-M飞行控制系统主控器的端口说明详见图4-15。

NAZA-M飞行控制系统各主要模块及接口说明详见图4-16。

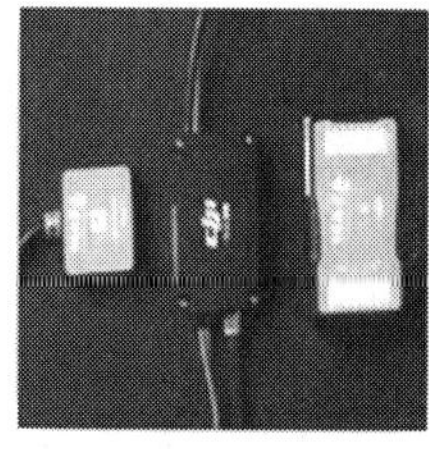

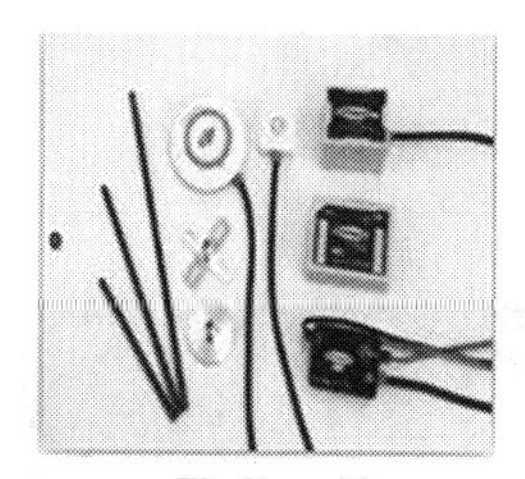

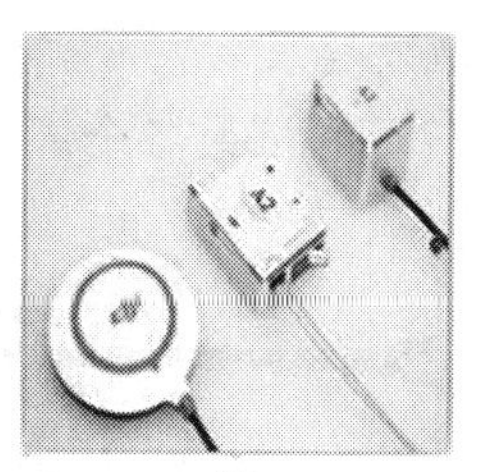


图 4-14　普遍使用的 DJI 多旋翼飞行控制系统

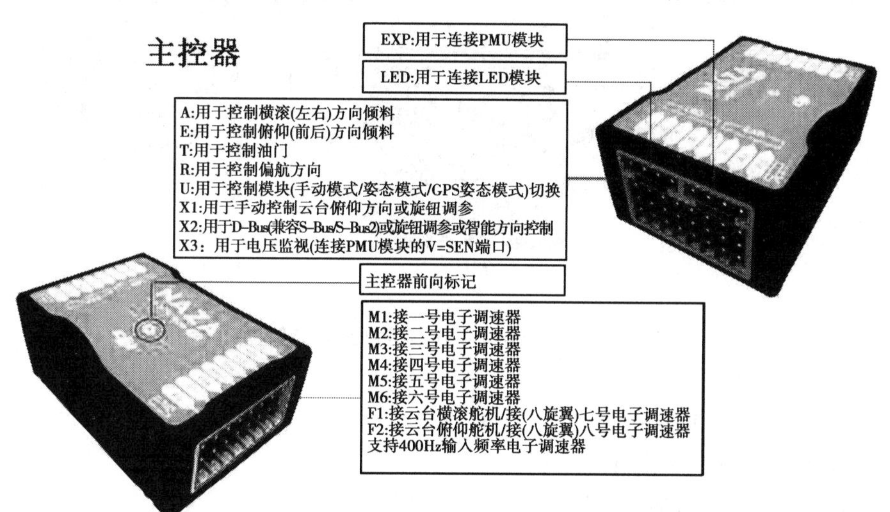


图 4-15　NAZA－M 飞行控制系统主控器的端口说明

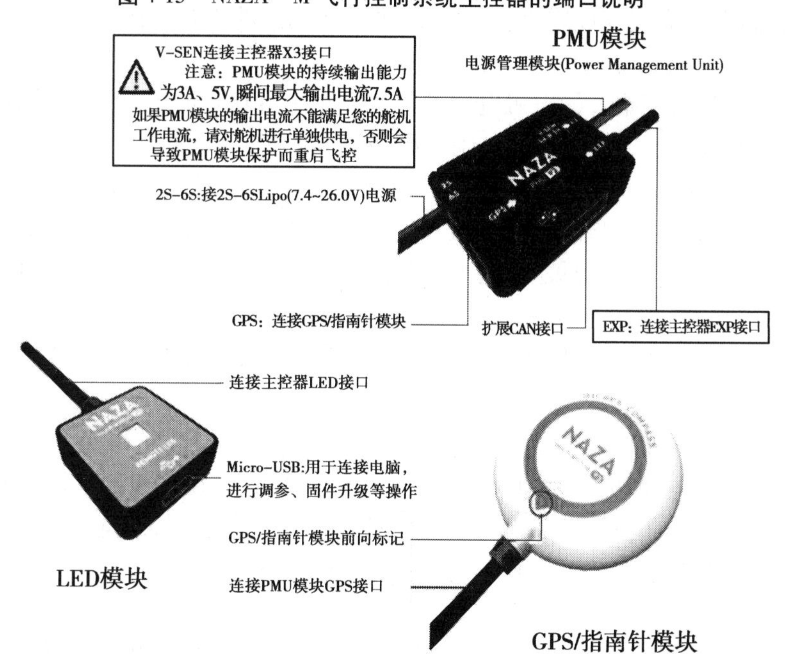


图 4-16　NAZA－M 飞行控制系统各主要模块及接口说明

1. 安装流程及要求

根据图 4-17 所示安装各个部件到飞行器并连线。

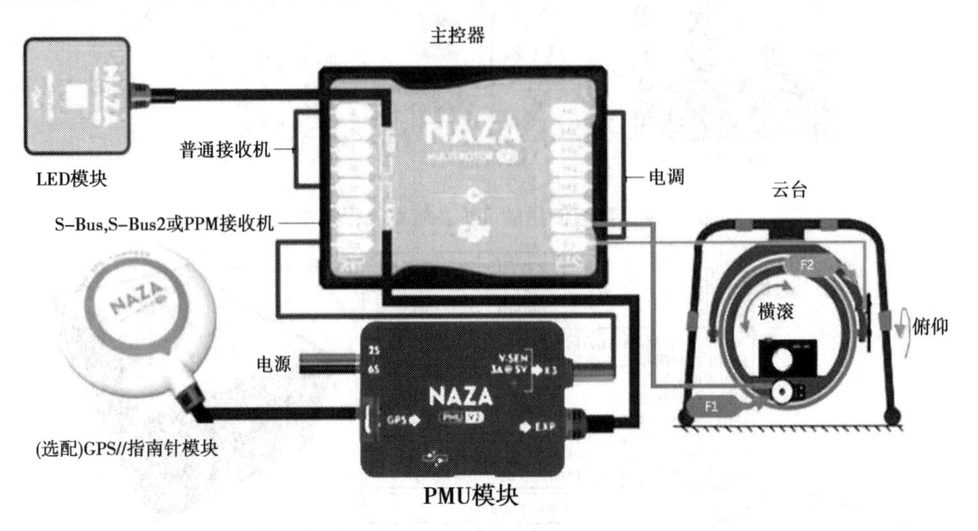


图 4-17　NAZA - M 飞行控制系统各结构

1) 主控器安装要求

(1) 印有 DJI 标记的一面朝上；

(2) 与无人机机身水平面保持平行；

(3) 前向标记(箭头方向)与无人机机头正前方一致；

(4) 尽量安装在无人机重心,并确保所有端口不被遮挡,以方便布线。

提示:建议您在布线完成后再实施固定,并使用内附的 3M 胶纸固定。

2) 电调与电机

使用无人机制造商推荐的电机电调型号。推荐使用 DJI 机架套装的电机电调(参考 DJI 多旋翼无人机说明书)。按照序号正确连接主控器和无人机电调。

注意:如果使用第三方电调,请确认电调为 1 520 μs 行程中点标准,切勿使用行程中点为 700 μs 的电调,否则会导致损失或破坏。连接电机电调后,通过接收机依次校准所有电调,确认所有电调工作在定速关闭、刹车关闭、正常启动模式下,以获得最佳性能。

3) 云台

如果需要使用云台,请按照图 4-18 所示连接 $F_1/F_2$ 到云台舵机。需要配合调参软件进行设置。

4) 遥控器与接收机

准备一台遥控器和对应的接收机。参考遥控器说明书,在遥控器上设置横滚、俯仰、油门、尾舵通道,选择一个三位开关作为控制模式开关。安装相应的接收机到飞行器上,并连接到主控器相应的端口。普通接收机连接示例如图 4-18 所示。

5) PMU 模块

安装要求:不要将其安装在其他任何电子设备上,并且确保周围空气流通,散热快。

提示:如果使用 DJI 多旋翼飞行器,参考对应的说明书,将电源线焊接至机架底板电源焊盘上(红线到正极,黑线到负极)。如果使用第三方多旋翼飞行器,可自制转接线来连接

PMU 模块和电池。

6) LED 模块

安装要求:确定飞行中能看见 LED 灯,并且不遮挡 USB 口,使用内附的 3M 胶纸固定。

7)(选配)GPS 指南针模块

安装要求:该模块为磁性敏感设备,安装和使用都应远离所有其他电子设备和磁性物质。如果使用自己的 GPS 支架杆,请确认该杆无磁性。

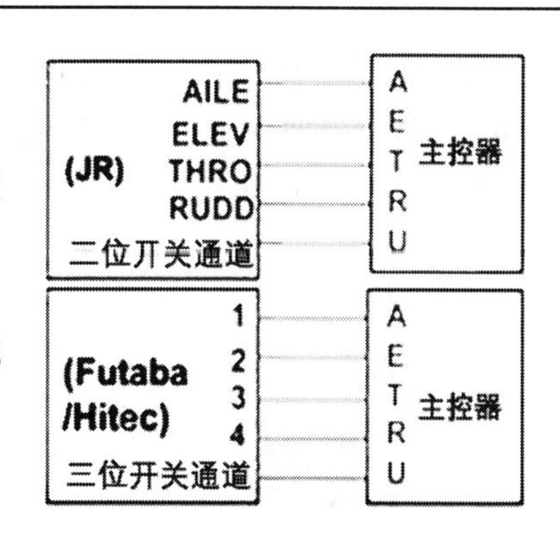


图 4-18　云台调参设置

安装步骤如下:

(1)使用环氧树脂 AB 胶组装 GPS 支架,并把支架安装在飞行器的中心盘上。建议支架安装至少离螺旋桨 10 cm。

(2)将该模块印有 DJI 标记的一面朝上,前向标记(箭头方向)指向飞行器的正前方,使用内附的 3M 胶纸把 GPS 固定在支架的顶盘上。

提示:初次安装可以依据 GPS 外壳上贴有的指示标来安装。

2. 检查安装与连线是否正常

完成安装与连接后,打开遥控器,连接电池到 PMU 模块,观察 LED 指示灯,如果初始化和自检查正常,可以进入下一步。每次飞控上电后你都会看到该指示灯,它将帮助你判断飞控是否能正常工作。

3. Windows 系统上的安装和运行

(1)打开电脑,访问官方网站“www. dji. com”,在相关产品页面下载 EXE 格式的调参软件和驱动安装程序。

(2)打开遥控器,接通飞控系统电源。

(3)使用 Micro - USB 连接线连接飞控系统和电脑。

(4)运行 DJI 驱动安装程序,按照提示完成驱动安装。

(5)运行调参软件安装程序,严格按照安装说明提示完成安装。

注:AEXE 格式的调参软件支持 Windows XP、Windows 7、Windows 8,32 或 64 位操作系统。

4. 调参软件运行流程

(1)打开电脑,首次使用请确保电脑接入 Internet。

(2)打开遥控器,接通飞控系统电源。

(3)使用 Micro - USB 线连接飞控系统和电脑,调参过程保持连接正常。

(4)观察软件界面(见图 4-19)左下角的指示灯(左:连接指示灯;右:数据通信指示灯)。如果连接指示灯为绿灯且数据通信指示灯蓝灯闪亮,表示调参软件可用,进入下一步。

(5)点击“信息”→“软件版本”,查看当前软件版本信息。如果有升级提示,点击下载更新。

(6)点击“升级”,查看当前主控器、GPS、PMU 固件版本的信息。

(7)点击“基础”选项,完成基本参数设置,基本参数必须设置,包括飞行器、安装、遥控器和感度。

(8)根据需要在“高级”选项中设置更多的高级功能。高级参数为可选设置,包括马达、失控保护、智能方向控制、云台、低电压保护、飞行限制设置等高级功能。

(9)进入“查看”选项,确认所有参数设置正确后,断开 Micro - USB 线,断开飞行器电源。

(10)参数设置完成。

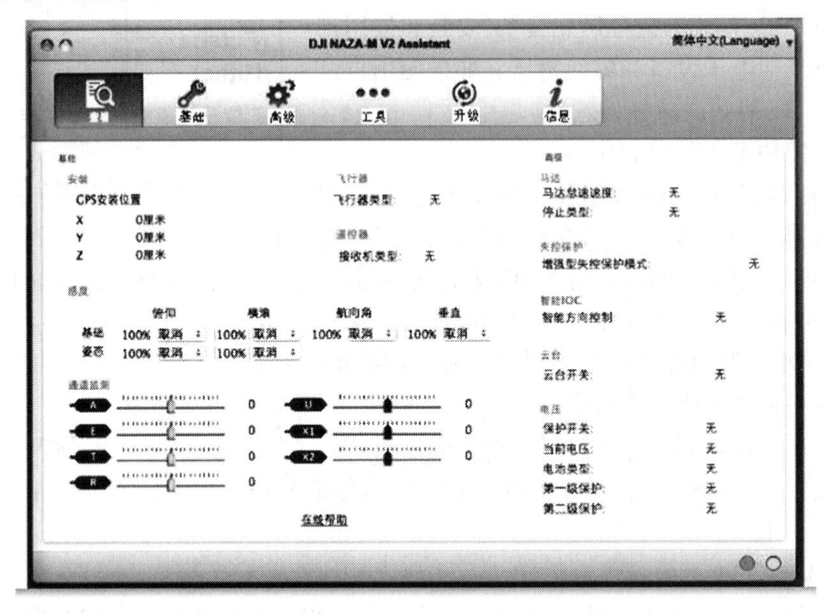


图 4-19　软件界面

注意:第一次使用调参软件时需要先注册;如果连接指示灯为红灯、数据通信指示灯为蓝灯不闪,请检查连接;初次使用时请务必完成“基础”设置,然后才能根据基础飞行内容进行飞行测试;使用 Windows 操作系统,请于 DJI 官网下载后缀名为 EXE 的安装文件。

**(二)WKM 飞行控制系统的安装调试**

1. 安装驱动程序和 PC 版调参软件

(1)从 DJI 官方网站下载相应的调参软件和驱动程序。

(2)使用 USB 连接线连接飞控系统和电脑,并给飞控系统上电。

(3)运行驱动安装程序。按照提示完成驱动安装。

(4)运行调参软件安装程序。严格按照安装说明提示完成安装。

2. 使用 PC 版调参软件进行调试流程

(1)打开电脑,首次使用请确保电脑接入 Internet。

(2)打开遥控器,并给主控器接通电源,然后使用 Micro - USB 线将飞控系统连接到电脑上,在完成调参之前切勿断开飞控系统与电脑的连接。

(3)运行调参软件。

(4)观察指示灯(左:连接指示灯;右:数据通信指示灯)。如果连接指示灯为绿灯长亮且数据通信指示灯为蓝灯闪亮,则主控器连上调参软件,进入下一步。

(5)点击“信息”→“软件版本/固件版本”,查看当前软件和固件版本信息。

(6)点击“基础”选项,完成基本参数设置(必须设置,包括飞行器、安装、遥控器和感度设置)。

(7)根据需要在"高级"选项中设置更多的高级功能(可选设置:马达、失控保护、智能方向控制、云台、低电压保护、飞行限制设置等高级功能,如果需要使用它们,请在调参软件中设置,并仔细阅读导航内容,以更进一步了解这些功能)。

(8)进入"查看"选项,确认所有参数设置正确。

提醒:第一次使用调参软件时需要先注册;如果连接指示灯为红灯、数据通信指示灯为蓝灯,请检查连接;初次使用时请务必在完成"基础"设置后,才能根据基础飞行内容进行飞行测试。

**(三)A2 飞行控制系统的安装调试**

以 Spreading Wings S1000 为例,总体连线如图 4-20 所示。

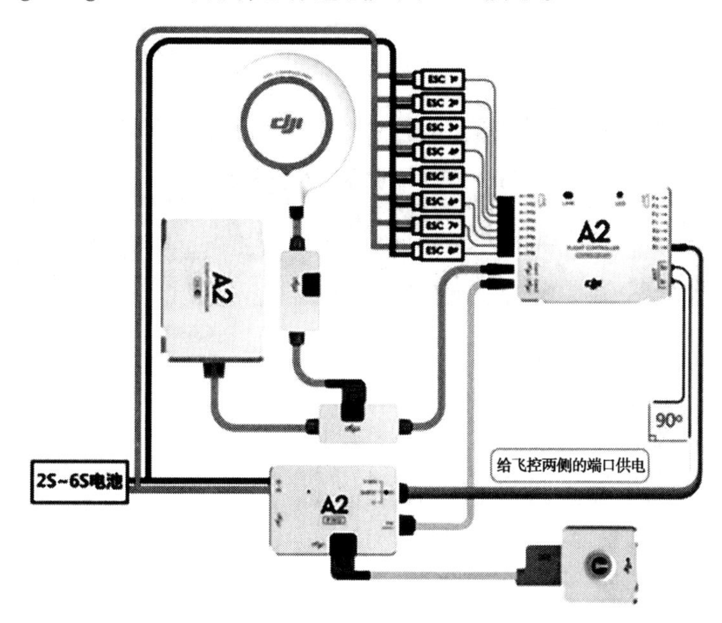


图 4-20 A2 飞行控制系统结构

A2 调参软件中 U 通道的光标所指位置,代表当前遥控器上对应 U 通道的控制模式开关所在的挡位,如图 4-21 所示,并不表示当前的飞控系统的控制模式,尽管挡位的变换会改变飞控系统的控制模式。在使用过程中会有 U 通道所指示的挡位与调参软件左下角显示的飞控系统不一致的情况,不影响使用。

图 4-22 仅为调参界面示例,请以实际界面为准。调参设置的检查项目如表 4-5 所示。

**(四)多旋翼飞行器云台安装调试**

目前,从云台系统的使用来看,主要分为机载云台系统(比如 DJI Zenmuse)和手持云台系统(比如 DJI Ronin)。H3 - 3D 是一款优秀云台,广泛应用于航拍中。它在机械结构上内部走线,避免线材缠绕,内置独立惯性测量单元(IMU)精确控制云台姿态,集成云台专用伺服驱动模块等。

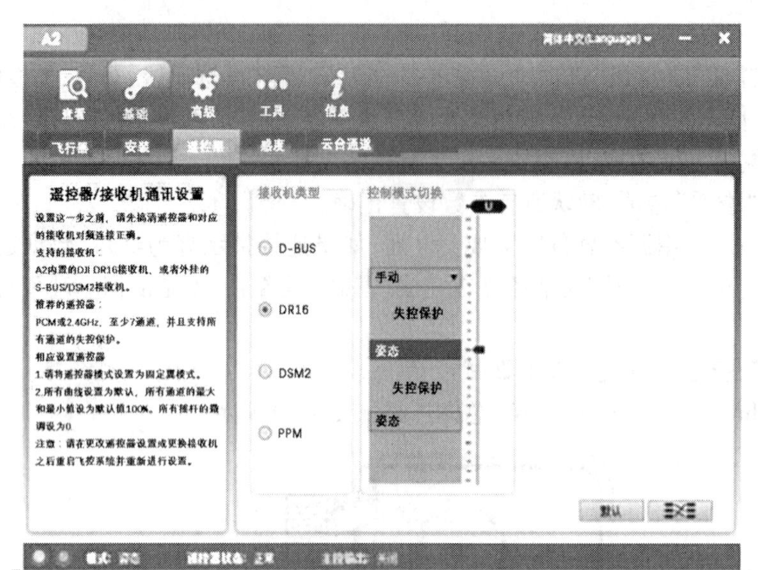


图 4-21　A2 调参软件主界面

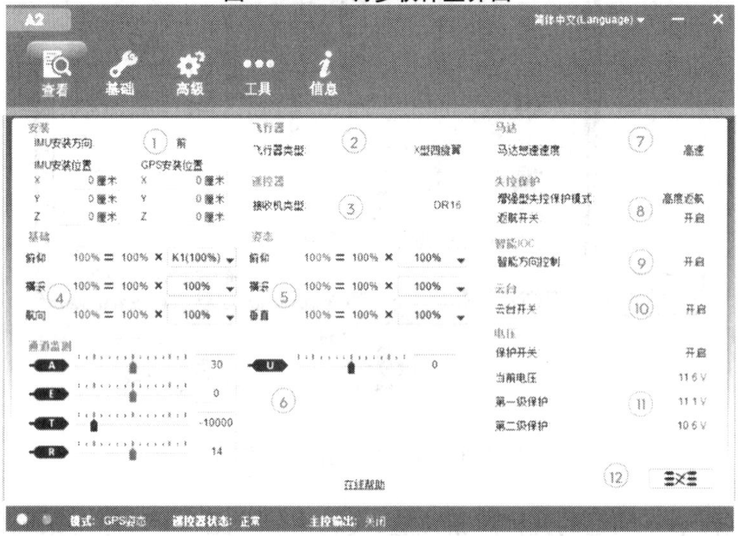

图 4-22　调参界面

表 4-5　调参设置的检查项目

| 检查事项 | 具体说明 |
| --- | --- |
| (1) | 检查 IMU 安装方向是否正确 |
| (2) | 检查飞行器类型是否正确，确保对应电机能旋转，螺旋桨旋转方向无错误 |
| (3) | 确保接收机类型正确 |
| (4)、(5) | 查看飞行参数以及远程调参设置是否正确 |
| (6) | 推动摇杆，验证摇杆运动方向与图上光标运动方向是否一致，拨动 U 通道开关验证控制模式设置 |
| (7)～(11) | 高级设置，建议在了解基础飞行之后，再根据要求相应设置，并仔细阅读说明文字 |
| (12) | 检查遥控器与主控器通道映射是否正确 |

1. Zenmuse H3－3D 安装调试

以深圳大疆生产的 DJI Phantom 2 无人机为例，云台结构如图 4-23 所示，安装云台到 Phantom 2 的步骤如下：

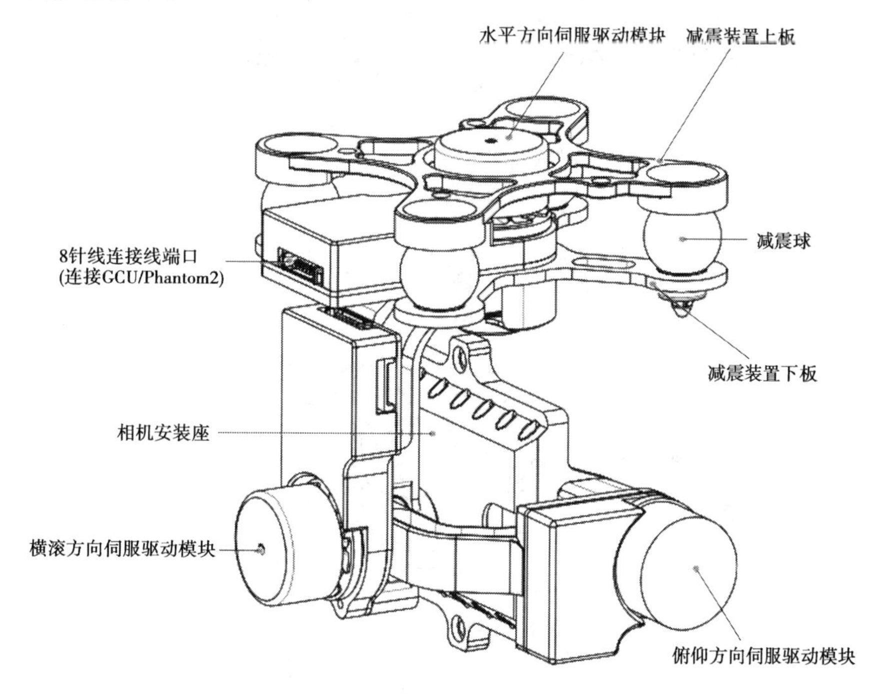


图 4-23　Zenmuse H3－3D 云台结构

(1)将两个云台防脱落扣安装在图 4-24(a)中数字 3 所指位置的对角线上，然后用 4 颗 M3.0×5 螺丝安装至 Phantom 2 机身底部。

(2)将减震装置上板上的减震球套进减震装置下板的四个孔中，确保所有的减震球安装牢固。

(3)如图 4-24(b)所示，将云台防脱落件盘推入云台防脱落扣中的合适位置，并确保云台防脱落件之间扣死。

(4)如图 4-25 所示，首先将 Phantom 2 上的 8 针线插入到抗干扰加强板的 Phantom 2 端口，然后使用 8 针线连接抗干扰加强板的 H3－3D 端口与云台上的 8 针端口。抗干扰加强板既可安装于机身外，也可以安装于机身内部的预留位上。

2. 云台控制器与飞控系统连接

云台控制器可以水平或者竖直地安装于飞行器上，按照以下步骤完成云台控制器与飞控的连接。

(1)保持原有飞控系统的安装连接不变，升级主控器至最新固件，如表 4-6 所示。

表 4-6　升级主控器至最新固件

| 飞控 | A2 | WKM | NAZA－MV2 | NAZA－M |
|---|---|---|---|---|
| 调参软件 | V1.20(或以上) | V2.04(或以上) | V2.20(或以上) | V2.12(或以上) |
| 固件版本 | V2.10(或以上) | V5.26(或以上) | V4.02(或以上) | V3.12(或以上) |

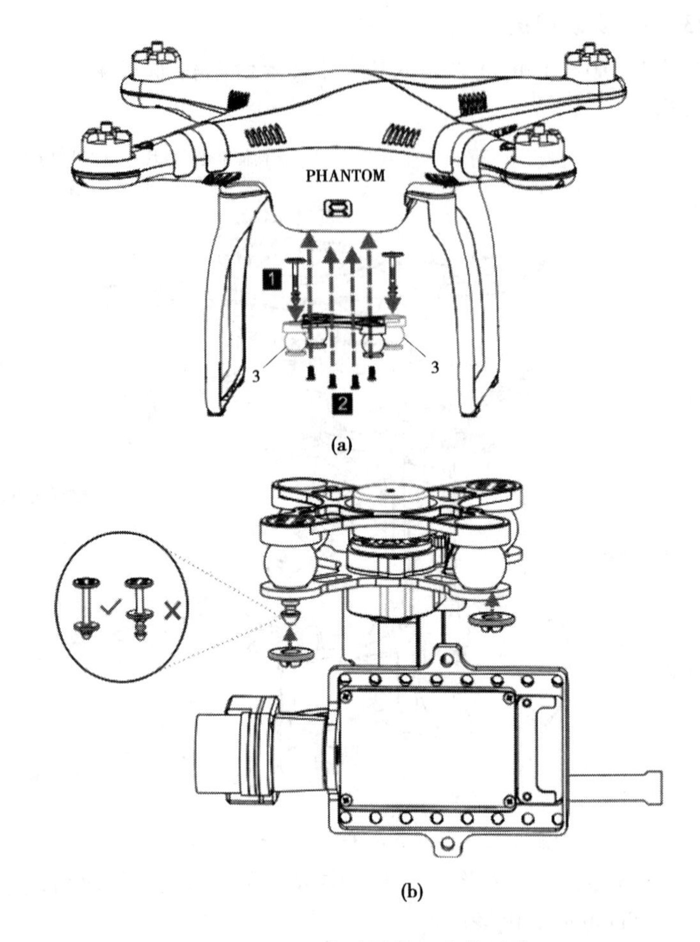


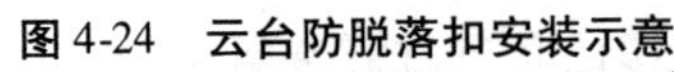
图 4-24　云台防脱落扣安装示意

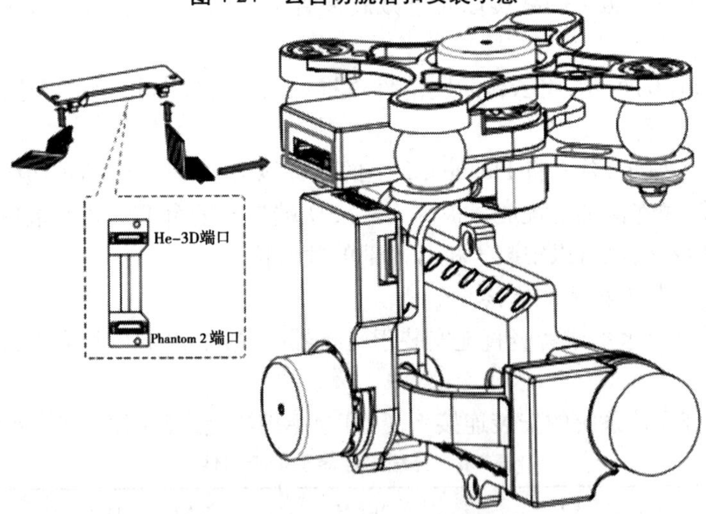


图 4-25　抗干扰加强板安装示意

(2)连接飞控系统按照表 4-7 执行。

表4-7　连接飞控系统

| 项目 | A2 | WKM | NAZA－M V2 | NAZA－M |
|---|---|---|---|---|
| (1)主控器与PMU连接 | 主控器的X1与PMU的X1相连 | 主控器的X1与PMU的X1相连 | 主控器的X3与PMU V2的X3相连 | |
| (2)PMU电源线连接 | 电源线连接至转接线以便使用(具体连线请参考GCU与飞控系统连线示意图),如果使用DJI多旋翼可直接焊接至飞行器底板的焊盘上 | | | |
| (3)飞控的GPS连接 | A2的任意CAN1口 | 连接到PMU的任意CAN口 | 连接到PMU V2的GPS口 | |

## 二、无人机拆装与维护

无人机除了要按照正确的方式操作和使用以外,日常的维护保养和检查也是至关重要的。

### (一)无人机拆装与维护意义

一般消费者对使用的无人机了解比较片面,认为无人机的设计、组装、调试和飞行是无人机的全部。加上也没有太多连续的飞行任务,对维护保养方面一直不太在意。经常是飞完后直接装箱,再飞的时候拿出来组装飞行。随着任务的增加,在执行飞行任务时就出现各种各样的问题。

1. 典型的问题

(1)零配件缺失,导致无法飞行;

(2)组装过程中发现飞机有损坏的地方;

(3)飞行过程中经常出现发动机熄火、电池异常,甚至在飞行中出现飞机解体的情况。

2. 问题原因

(1)在无人机飞行后没有将零部件和工具归位,导致再次飞行时缺东少西。

由于没有规范的管理,回收后的无人机没有固定的存放位置,每次飞行前都需要重新收拾零件和工具及其他的辅助设备。使用工具或者动用飞机的部件没有记录,久而久之出现丢三落四的情况。这是很多无人机团队在初期的通病。只有从开始就制定好规范,对每个工作环境进行问责制,才能有效避免这种混乱带来的尴尬。

(2)在飞行后没有对无人机进行全面彻底的检查,不能发现在使用中造成的损坏。

由于起降场地的条件差,无人机尤其是常规起降的无人机极容易在起降过程中因为冲击大造成局部的损伤,而且有些结构损伤是不容易从外表发现的。在每次飞行后都应该对飞行器本身进行全面细致的检查,及时发现并处理掉隐患。

(3)重要的设备需要定期检修,避免因长时间使用造成的损坏。

无人机是一种长期重复使用的工具。在多次使用后,一些重要设备容易出现问题。以固定翼无人机为例,发动机、电源和结构连接是需要重点监控的部分。有些人总是觉得发动机调整好了就可以一劳永逸了,结果用了一段时间发现发动机经常出现熄火、转速不稳、拉力下降等问题。反复调整无效后,对发动机进行拆解发现,由于长时间处于不佳工作状况,

发动机严重积碳，导致火花塞堵塞，容易断火。化油器滤网缺乏定期清洗，堵塞严重，导致供油不足。

无人机飞行时间长，环境震动大，对电池组的耐用性要求很高。再加上飞行间隔时间不固定，电池经常满电存储，造成电池性能下降很快。

无人机的结构连接部分由于经常拆装和受到震动冲击，容易老化损坏，需要在维护过程中重点注意。

长期从事无人机工作的人都知道，无人机的维护保养工作是一个枯燥乏味、长时间重复的工作。对无人机要三分用，七分养。无人机的每一次华丽升空、平稳降落的背后，都离不开操控手细致入微的检查和坚持不懈的维护。仅靠个人的兴趣和自觉，是很难日复一日、年复一年地坚持做好的。必须有一套严格的、方便操作的维护流程和强化责任心的规章制度。要想让无人机能够在广阔的天空里飞翔，就要沉下心来，做好无人机的"保姆"。因此，无人机检查和定期维护必须重视和坚持。

**（二）无人机检查与维护要求**

（1）无人机的保管、检查、大修和维修及部件替换。一般每飞行 20 h 需进行预防性维护，每 50 h 进行较小的维护。运行类型和环境不同时，维护要求有所差异。

（2）制造商提供维护无人机时应该使用最新维护手册、部件目录和其他服务信息作为检查依据。

（3）认证的驾驶员可以对其拥有或运作的无人机进行预防性维护。预防性维护是指简单的、次要的维护操作，小配件和设备的替换。

（4）无人机检查主要由无人机所有者和运营者执行。主要进行飞行前检查，飞行前检查是驾驶员判断无人机是否适航和处于安全状态的重要环节；没有完成检查的无人机将不能运行。不同类型无人机依照相关要求建立检查制度，按一定的周期履行检查工作；民用无人机至少一年检查一次。

（5）修理和更换由认证持有检查授权人员、制造商或认证的维修站执行。修理和更换分为重要级和次要级；重要级修理和更换由官方（中国民用航空局）评级的认证维修站、持有检查授权的官方认证人员或官方代表批准后执行。

**（三）无人机所有者和运营者职责**

保持无人机有最新的特许适航文件和国籍登记文件；维持无人机处于适航状态，包括遵守所有适用的适航指令；确保维修被正确地记录；与最新的涉及无人机运行维护的规章保持同步；地址的变更、无人机的销售和出口、注册飞机的资格丢失等事项都要立即通知官方注册处。无人机系统无线电资源的使用需要持有无线电管理部门的许可证。

## 三、无人机飞行手册

《无人机飞行手册》（AFM）是无人机制造商编写而由官方批准的文档，它特定于无人机的型号和注册序号，包含操作程序和限制。

按照官方授权的行业协会所制定的《无人机飞行手册规范》标准格式编写。其相关文档《无人机驾驶员操作手册》（POH）经批准可替代飞行手册，《无人机所有者/信息手册》无须批准，不保持最新，不可作为飞行参考。

《无人机飞行手册》具有特殊性，每本手册对应一架飞机，都是特定的，手册包含具体无人机的详细信息，制造商把型号和注册信息均标注在手册封一，以便于识别所属飞机。手册中应涵盖的内容如下。

**（一）概述部分**

提供飞行器、控制站及通信链路基本信息：如带尺寸信息的三视图、动力装置类型、控制站显示系统类型、控制站操作系统类型、通信链路频率、最大起飞重量、巡航速度等。还应说明缩写、术语、符号说明及单位换算说明。

**（二）正常程序**

以正常运行空速列表开始，后续为检查单。

检查单主要包括起飞前飞行器检查单、起飞前控制站检查单、起飞前通信链路检查单、启动发动机检查单、滑行检查单、起飞检查单、爬升检查单、巡航检查单、任务设备检查单、下降检查单、着陆前检查单、复飞检查单、着陆后检查单、飞行后检查单等。它应用于整个飞行过程。

详细程序根据检查单情况进一步提供不同程度的更多详细信息。

空速列表、检查单、详细程序三大部分指导整个飞行过程。

**（三）应急程序**

对飞行事故，如坠机、伤亡、任务失败等应急原因分析，看属于操作不当、设备故障、环境干扰中的哪种情况。应急情况分紧急和危急两种级别。

1. 基本对策

为处置应急程序部分中的不同类型的紧急和危急情况，应建立简洁的和可操作的应急检查单，用以描述建议的操作和空速。

2. 应急情况与应急检查单

可能的危急情况：动力装置故障、起落架故障、飞控系统故障、舵面故障、电气系统故障、控制站操纵系统故障、下行通信链路故障。

可能的紧急情况：导航系统故障、上行通信链路故障、控制站显示系统故障、任务设备故障、进入强气流。

应急操作的情况：动力装置重启操作、备份系统切换操作、进入危险姿态、迫降操作。

**（四）性能**

性能包含的内容：无人机认证规章要求的所有信息、制造商认为可以增强驾驶员安全操纵无人机能力的任何额外性能信息。

1. 性能的几种格式

性能图表、性能表格、性能曲线图。

常用性能信息：不同重量、高度下失速速度表格，不同条件下俯仰角曲线/表格及起飞、爬升、巡航、着陆性能图。

2. 性能举例

包括不同重量、横滚角下失速速度表格。

**（五）飞行限制**

飞行限制部分只包含那些规章要求的和航空器平台、动力装置、控制站和通信链路设备运行所必需的限制。它包括操作限制、仪表标记、色标和基本的张贴牌等类型。

具体的限制包括空速、发动机、重量和载荷分布以及飞行本身。

1. 空速

空速限制通过色标显示在控制站软件中的空速指示器上，或者显示在控制站其他位置标牌和图表上。

红线标识：超过红线发生结构性损坏，称为永不超过速度。

黄色弧线：最大结构性巡航速度和永不超过速度之间。

绿色弧线：正常速度范围，上限为最大结构巡航速度，下限为最大重量失速速度。

白色弧线：上限为最大襟翼伸出速度，下限为起落架和襟翼处于着陆设定时的失速速度。

2. 动力装置

动力装置限制是指无人机的燃油发动机或者电动机的运行限制，如起飞油门位置（如115%）、最大连续油门位置（如100%）和最大正常运行油门位置（如50% ~90%）等。

通过色标仪表插件或数字显示在控制站软件中的油门指示器上，或者显示在控制站其他位置标牌和图表上。

3. 重量和载荷分布

主要包括无人机最大认证重量和重心（CG）范围，重量和平衡计算应在《无人机飞行手册》和《飞行员操作手册》配平部分体现。

4. 飞行边界条件

列举无人机在各种条件下飞行的边界条件，例如：降落或回收的限制、飞行载荷因子限制、允许的机动、禁止的机动等。

5. 标牌

无人机将关系到飞行安全运行信息的标牌安装于飞行器、地面站、链路或其他设备上。

**（六）重量和配平/载荷清单**

重量和配平/载荷清单部分包含官方要求的用于计算无人机重量和配平的所有信息，制造商还会再加上一些事例性载荷安装说明。

**（七）系统描述**

制造商为了驾驶员理解系统如何运行而对系统进行详细描述，以便于驾驶员理解操纵原理。对无人机各相关系统信息的描述，主要包括系统构架、工作原理、使用条件。

**（八）运行、保养和维护**

主要包含依据无人机制造商和相关法规建议的维护和检查信息，也可包含认证驾驶员完成的预防性维护，以及制造商建议的地面处理程序。

**（九）附录**

该部分描述无人机系统安装或搭载了非标配设备和系统，以及如何安全高效操作的相关信息；其信息可来自无人机制造商或装备制造商。例如：后期更换的机载相机使用说明书或者后期升级的北斗导航系统说明书等 。当安装了该装备时，相关信息就要记入飞行手册中。

**（十）安全提示**

属于可选内容，可包含增强无人机安全运行的评论信息。如一般信息、燃油节约程序、高海拔运行、寒冷气候运行。

四、无人机档案

(1)无人机国籍登记。

一架无人机在可以合法飞行之前,必须由官方进行国籍登记,等同于注册。飞机的国籍登记文件颁发给飞机所有者以作为证明,必须随时随机携带。

(2)经销商国籍登记文件。

(3)无人机特许适航文件。

在飞机被检查后,认为满足官方的要求,且处于安全运行状态,官方的代表就可以颁发一份无人机特许适航文件。文件需随系统携带;转让时随机一同转让。

## 第五节　无人机的应用管理

中国航空器拥有者及驾驶员协会(AOPA - China)是国际航空器拥有者及驾驶员协会(IAOPA)的中国分支机构,是IAOPA在中国(包括台湾、香港、澳门)的唯一合法代表。中国航空器拥有者及驾驶员协会是于2004年8月17日在中国国家民政部登记注册,由中国民用航空局业务指导,代表中国私用航空器拥有者及驾驶员利益,接受国际航空器拥有者及驾驶员协会监督、指导及相关规章约束的全国性社团组织。

中国航空器拥有者及驾驶员协会机构包括会员大会、理事会、专家委员会和秘书处。会员大会是中国航空器拥有者及驾驶员协会的最高权力机构,它的常设机构是理事会,理事会设立秘书处负责常务工作。

为了促进无人机整体的发展,使无人机应用发展更加安全、健康、规范、有序,保障无人机驾驶员培训和无人机训练机构审定的需求,确保合格证取得更加严格规范,中国航空器拥有者及驾驶员协会成立无人机管理办公室。在中国民用航空局飞行标准司监督和检查下,协助局方做好无人机驾驶员资质管理工作,统计无人机方面数据。

### 一、中国现有的无人机管理法规

2003年5月1日,为了促进通用航空事业的发展,规范通用航空飞行活动,保证飞行安全,根据《中华人民共和国民用航空法》和《中华人民共和国飞行基本规则》,我国制定并开始施行《通用航空飞行管制条例》,明确规定无人机用于民用业务飞行时,须当作通用航空飞机对待。

2007年9月,为了规范民用航空器的运行,保证飞行的正常与安全,中国民用航空总局依据《中华人民共和国民用航空法》制定了《一般运行和飞行规则》。在中华人民共和国境内(不含香港、澳门特别行政区)实施运行的所有民用航空器(不包括系留气球、风筝、无人火箭和无人自由气球),应当遵守本规则中相应的飞行和运行规定。对于公共航空运输运行,除应当遵守本规则适用的飞行和运行规定外,还应当遵守公共航空运输运行规章中的规定。

2009年6月,中国民用航空局发布了《关于民用无人机管理有关问题的暂行规定》和《民用无人机适航管理工作会议纪要》,主要解决无人机的适航管理问题。作为对民用无人机的过渡性管理办法,该规定要求民用无人机申请人办理临时国籍登记证和I类特许飞行

证，并要求结合实际机型特点，按照现行有效的规章和程序的适用部分对民用无人机进行评审。制定的现阶段评审的基本原则是：

(1)进行设计检查，但不进行型号合格审定，不颁发型号合格证；

(2)进行制造检查，但不进行生产许可审定，不颁发生产许可证；

(3)进行单机检查，但不进行单机适航审查，不颁发标准适航证。

2009 年 6 月，中国民用航空局颁发《民用无人机空中交通管理办法》。该办法对民用无人机飞行活动进行了管理，规范了空中交通管理的办法，保证民用航空活动的安全，制定了民用无人机空中交通管理的有关规定。该文件作为我国现阶段民用无人机控制交通管理办法，对无人机的空域管理、空中交通管理、无线电频率和设备的使用等方面给出了明确的要求。

2012 年 1 月 13 日，中国民航局适航审定司颁发了适航管理文件《民用无人机适航管理工作会议纪要》(ALD－UAV－01)。此文件明确了单机检查时以 AP－21－AA－2008－05 程序为基础，制定具体检查单和检测方法；以具体使用环境下能安全飞行为标准，以确定使用限制为重点，颁发 I 类特许飞行证；已经受理的民用无人机项目，在审查过程中进行试验和验证飞行时，按照 AP－21－AA－2008－05 程序第 8.2.1 条款办理相应用途类的特许飞行证。

随着技术进步，民用无人驾驶航空器(也称遥控驾驶航空器，以下简称无人机)的生产和应用在国内外得到了蓬勃发展，其遥控驾驶人员的种类和数量也在快速增加。面对这样的情况，2013 年 11 月，中国民用航空局在不妨碍民用无人机多元发展的前提下，为加强对民用无人机驾驶人员的规范管理，促进民用无人机产业的健康发展，出台了《民用无人驾驶航空器系统驾驶员管理暂行规定》，该咨询通告属于临时性管理规定，针对目前出现的无人机及其系统的驾驶员实施指导性管理，目的是按照国际民航组织的标准建立我国完善的民用无人机驾驶员监管措施。而我国的无人机驾驶也至此进入持证飞行阶段。

按照中国民航局的规定，2014 年 4 月起，无人机驾驶员资质及训练质量管理开始由民航局旗下的中国航空器拥有者及驾驶员协会(中国 AOPA)负责，这也是我国首次对无人机驾驶员的资质培训提出要求，分析人士认为这迈出了无人机正规化管理的第一步。

2014 年 7 月，为了规范民用航空器驾驶员和地面教员的合格审定工作，根据《中华人民共和国民用航空法》，发布了《民用航空器驾驶员和地面教员合格审定规则》，自 2014 年 9 月 1 日起施行。本规则适用于中国民用航空局和民用航空地区管理局及地区管理局派出机构(上述所有机构以下统称官方)对民用航空器驾驶员和地面教员执照的颁发与管理，包括民用航空器驾驶员和地面教员执照与等级的申请和权利行使等。

同年 7 月，《低空空域使用管理规定(试行)》(征求意见稿)发布，主要针对民用无人机，规定了无人机飞行计划如何申报，申报应具备哪些条件，以及在哪些空域里可以飞行。无人机的飞行不存在航线一说，只是划设一块区域，让无人机在区域内作业。这意味着民用无人机飞行合法化向前迈进一步，对打开无人机市场有重要意义。

2015 年 4 月中国民用航空局下发《关于民用无人驾驶航空器系统驾驶员资质管理有关问题的通知》(民航发〔2015〕34 号)，将无人机驾驶人员的资质管理权授予了中国 AOPA，时间是 2015 年 4 月 30 日至 2018 年 4 月 30 日，管理范围为视距内运行的空机质量大于 7 kg 以及在隔离空域超视距运行的无人机驾驶员的资质管理。

近年来,民用无人机的生产和应用在国内外蓬勃发展,特别是低空、慢速、微轻小型无人机数量快速增加,占到民用无人机的绝大多数。为了规范此类民用无人机的运行,2015 年 12 月,中国民用航空局发布咨询通告《轻小无人机运行规定(试行)》。

为了在官方授权范围内规范民用无人机驾驶员的合格审定工作制定本规则,2016 年 7 月,《民用无人机驾驶员管理规定(AC－61－FS－2016－20R1)》正式实施,依据民航发〔2015〕34 号文件精神,按照相关法律、法规及规范性文件负责管理视距内运行的空机质量大于 7 kg 以及在隔离空域超视距运行的民用无人机系统驾驶人员的资质管理。本规定适用于中国航空器拥有者及驾驶员协会无人机管理办公室在授权范围内对民用无人机驾驶员合格证的颁发和管理,以及对民用无人机驾驶员的合格证申请和权利行使工作做出了明确的规定。

为了规范民用无人机驾驶员训练机构的合格审定和管理工作,根据《中华人民共和国民用航空法》、《轻小无人机运行规定(试行)(AC－91－FS－2015－31)》(以下简称《运行规定》)、《民用无人机驾驶员管理规定(AC－61－FS－2016－20R1)》及《民用无人机驾驶员合格审定规则(ZD－BGS－010R1)》,中国航空器拥有者及驾驶员协会 2017 年 4 月发布《民用无人机驾驶员训练机构合格审定规则》。

自 2010 年 8 月国务院、中央军委印发《关于深化我国低空空域管理改革的意见》,拉开充分开发低空资源、促进通航发展的序幕以来,空管系统综合各类航空用户需求,充分考虑地域因素和通航飞行特点,划设 122 个管制空域、63 个监视区域、69 个报告区域和 12 条低空目视航线进行低空空域分类管理,不断深化改革试点,并明确了通信要求、飞行类型和责任义务,初步探索形成一整套新的低空空域管理模式和制度机制。在改革政策引领带动下,近年来我国通用航空快速发展,飞行量年增长率均在两位数以上,截至 2017 年年底,通航企业达到 189 家,各型通航飞机 1 654 架,建设国家级航空产业基地 10 个、地方航空产业园 26 个,通航已成为国民经济新的增长点。“预计到 2020 年,我国通航作业飞机将超过 5 000 架,通用航空作业量达到每年 200 万 h,年均增长速度达到 19%,国内通用航空需求总价值将达 155 亿美元。通用航空是一个潜力巨大、亟待开发的新兴产业和新的经济增长点。”

2012 年以来,工信部已经就无人机企业的准入问题,启动了“民用无人机研制单位基本条件及评价方法”的研究。此研究由中国航空综合技术研究所牵头,旨在通过对民用无人机研制单位基本条件进行评价,规范民用无人机制造业市场竞争秩序,侧面引导行业基本资源与能力需求,引导资源配置、技术研究与管理水平的发展方向,促进国内民用无人机产业的健康快速发展。

按照现行的相关法规,将一架遥控无人飞行器飞上天,涉及的手续是很多的,主要包括空域飞行管制、航空器适航性审定、航空器驾驶人员审核和航空作业许可等四个方面。

## 二、无人机的作业管理

### (一)无人机设备出库管理办法

(1)保管人员应严格遵守先办理设备出库手续后出库的原则,严禁先出库后补办手续。

(2)依据任务承接单,根据任务要求选择设备,并检查设备的整体性能,填写设备使用一览表,报设备保管人员。

(3)设备出库单需部门领导签字,设备保管员做好出库记录。

(4)严格按照出库单所列品种和数量出库,防止漏出库、多出库。

(5)保管员要做好出库登记,并定期向主管部门做出入库报告。

**(二)无人机设备入库管理办法**

(1)设备使用完毕后,保持整体清洁,由设备保管员检查,做到数量、规格、类别及型号准确无误,质量完好,配套齐全,并在入库登记簿上共同签字确认。

(2)要按照不同的设备型号、材质、规格、功能和要求,分门别类进行放置。

(3)精密、易碎及贵重设备要轻拿轻放,严禁挤压、碰撞、倒置。

(4)根据仓库容量的具体情况,设备的摆放应整齐紧凑。

(5)设备的标牌、标识要醒目,便于识别辨认。

**(三)无人机设备库房管理制度**

(1)非无人机团队成员不得独自进入无人机设备库房,借用设备及参观设备需要管理人员在场。

(2)班前、班后认真检查门窗,发现问题及可疑情况立即报告。

(3)安全使用电器设备,定期检查消防器材,严禁在库房内使用明火或吸烟。严禁在设备办公区域内存放易燃、易爆、易腐蚀性物品。

(4)无人机设备库房柜架要排列有序,库房内必须有足够的通道,每个柜架要有标志,便于调用、保养及紧急抢救设备。

(5)重大节假日,认真对库房进行安全检查,切断电源,关好门窗,锁好库房门并贴上封条。

(6)无人机设备库房必须有专人负责安全、卫生及库房内温度、湿度的观测和记录工作,并根据库房要求,采取措施经常性调节库房的温、湿度。

(7)无人机设备库房定期进行检查并做好检查记录,发现问题及时采取措施予以处理。

(8)无人机设备管理人员应对自己所保管的库房保持整齐、清洁,每周打扫不少于三次,周末要进行全面清扫;严禁把食物或杂物带进库房,做好防火、防盗、防光、防鼠、防虫、防尘、防潮工作。

(9)爱护无人机设备,设备出入库房,要做到轻拿轻放;设备要定期维护,定期充、放电及试运行。

**(四)无人机设备应急保障预案**

1. 设备故障

设备发生故障需快速查明故障原因,并报给飞行指挥,由飞行指挥做出最后决断。要注意的是恢复作业必须满足以下两个条件:首先,确认故障得到排除。其次,查明故障原因,并保证继续试验不存在安全隐患。

可快速排除故障的马上组织力量快速排故,排故完成后需做相应的安全检测,确定不存在安全隐患后方可继续作业。

不可快速排除故障的作为作业故障记录在案,组织力量分析原因并预判排故时间,最后由飞行指挥根据实际情况做出决定。

2. 天气条件变化

在遇到诸如风力加大、降雨、大雾等不可抗拒的自然气象条件变化时,暂停作业,等待气象条件转好后方可继续,如短时无明显变化,则由飞行指挥做最后决断。

3. 场地条件变化

在作业场地条件发生变化,出现不利于飞行的干扰因素时先暂停作业,排除干扰因素后方可继续。

4. 空中意外情况

空中出现意外情况时,在不明原因的情况下,首先要保持飞机的安全飞行状态,然后着陆回收。

(1)链路中断:飞控中预设链路中断自动返航,待进入有效控制距离后,切至手控着陆。

(2)发动机停车:遥控状态出现发动机停车,则立即遥控着陆;起飞前预设应急伞开伞高度,如果在自动状态,则立即切换目标航点号为1,待进入有效控制距离后,切遥控着陆。

(3)设备故障:马上切为遥控,并实施人工遥控着陆。

(4)链路干扰:马上切为自动驾驶,待进入有效控制距离后,切遥控着陆。

(5)GPS 信号干扰:切为遥控着陆。

(6)空中气象突变:马上转遥控着陆回收。

(7)地面气象突变:保持空中飞行,待地面气象条件好转后回收。

(8)场地条件变化:保持空中飞行,待场地条件好转后回收。

(9)无法确切判断:保持飞机安全飞行状态(一般情况下要切换为自动驾驶),然后着陆回收。

5. 起飞或着陆时损坏

起飞或着陆发生损坏时,首先要切断电源和油路,保持现场,待技术人员赶到后做现场分析,摄影拍照,然后方可转移飞机。

6. 飞丢

如果处于遥控状态,要马上切换到自动驾驶状态;如果处于自动驾驶状态,要马上记录飞机最后的 GPS 地理位置,然后组织人力带好相关设备工具按飞行预定航线寻找,着重在最后记录点方圆 2 km 范围之内搜索。

7. 坠毁

到达坠毁地点首先要排除安全隐患(切断电路、油路),然后保持原貌,等待相关技术人员做现场分析并记录,拍照摄像,然后拆除贵重设备和未损伤器件,最后清理残骸。

8. 损坏建筑物

首先要排除安全隐患(切断电路、油路),保持原貌,等待并配合警务人员做相关处理,然后由己方相关技术人员做现场分析并记录,拍照摄像,在拆除贵重设备和未损伤器件后清理残骸。

9. 伤人

第一时间抢救伤员,同时排除安全隐患(切断电路、油路),保持原貌,等待并配合警务人员做相关处理。

**(五)无人机团队日常作业规范**

(1)以人为本,安全第一,预防为主。安全出于长期警惕,悲剧源于瞬间麻痹,高警惕、高精神投入才有可能实现零风险。

(2)不可以轻率、轻视的态度对待非常严肃的飞行问题,对一些小问题、小毛病不当回事,对一些简单动作掉以轻心不引起足够重视,就有可能演变成严重后果。

(3)不要过分相信自己的感觉,不要自视经验丰富,更不要过于自信。

(4)侥幸心理永远是安全的大敌。缺乏常识和一瞬间的过失是飞行安全的最大威胁。试一试的心理就是冒险,而冒险的失败概率最高。

(5)飞行作业要老老实实、规规矩矩,量力而行。要养成严谨细致、一丝不苟的作风,积累正确,促进成功。

(6)保证作业安全,必须经常对飞机的设备进行安全检查。

(7)凡飞行,都要使自己处于最佳状态,了解自己的身体、精力、情绪与感觉,要做到全身心投入,一心一意为飞行。

(8)严禁酒后飞行作业。

(9)多飞多练,多积累经验,日积月累,百炼成钢。

(10)作业飞行中感觉飞机不正常,立刻降落检查。

(11)培养遇事沉着冷静、从容不迫、有条不紊的心理素质。

(12)十分准备七正常,留出三分给预防。以主要精力着手正常准备,但必须抽出一部分时间预想偏差和特情,铸牢"防线"。

(13)飞行团队要合作、互信,和谐相处,与人为善,心胸豁达,心情轻松,共同进步。

(14)长时间停飞之后的首次飞行一定要坚持慢一点、稳一点、细一点、全一点。

(15)多学理论知识,做明白人,理论越精通,飞行作业就会越精进。

## 三、无人机培训与考试

### (一)培训目的

为了使用户可以独立使用各无人机系统及数据处理软件,需对操作人员进行培训。培训的目的是帮助用户对整个系统有全面的了解,熟悉正确的操作规程,从而提高用户自主解决问题的能力,能够独立完成系统的日常维护、处理日常发生的问题,确保系统日常故障能在第一时间内由用户自行解决,消除因使用或操作不当而引起的系统故障,减少系统故障造成的损失,提高设备和系统的有效性。

### (二)培训内容

针对本系统的操作用户和运行维护用户提供分层次培训,分为长航时固定翼无人机系统培训、小型电动固定翼无人机系统培训、小型油动固定翼无人机系统培训、旋翼无人机系统及倾斜摄影设备培训、数据处理培训,内容包含理论讲授、模拟器练习、训练机练习、载荷控制、软件操作、实际飞行演练、维护保养、常见故障处理等。

### (三)培训组织方式

根据培训内容不同,培训组织形式不同,先进行理论培训,在理论培训基础上进行实操培训。理论培训以集中讲授为主,操作培训以现场培训为主,包括一对一培训、一对多培训,同时在系统研制过程中提供跟随项目培训,参与系统调试与测试的整个过程。

培训时间、地点为客户指定时间及地点。

### (四)培训时间安排

培训过程中,为提高效率和效果,根据人员和岗位分工的不同,部分内容可同时进行,培训时间根据培训内容调整,时间为7~21个工作日,产品交付后一个月内开始进行培训,力争培训结束后机组人员可独立操作系统进行作业。

## (五)培训人员岗位及职责

详见表 4-8 ~ 表 4-12。

表 4-8 长航时固定翼无人机系统培训人员岗位及职责

| 岗位 | | 人员需求 | 职责 | 能力要求 | 备注 |
|---|---|---|---|---|---|
| 长航时固定翼无人机操作人员 | 外控手 | 2 | 负责飞机状态的检查确认,通过遥控器对固定翼无人机进行直接操纵,完成人工起降、视距内的操控和救急等任务 | 肢体灵活,反应迅速,最好拥有航模操控的经历 | |
| | 内控手 | 1 | 负责固定翼飞行计划软件的操作,完成飞行监控、航迹规划等任务,与外控手合作完成整个飞行 | 思路清晰,执行力强 | |
| | 地勤 | 1 | 负责飞行前后机体和发动机的检查和维护、配平、加油,机体和机载设备的组装与拆卸,机载设备的检查、上电和开关机,以及地面站的架设 | 工作认真仔细,动手能力强 | 可与内控手共同合作 |
| 合计 | | 4 | | | |

表 4-9 小型电动固定翼无人机系统培训人员岗位及职责

| 岗位 | | 人员需求 | 职责 | 能力要求 | 备注 |
|---|---|---|---|---|---|
| 小型电动固定翼无人机操作人员 | 外控手 | 1 | 负责飞机状态的检查确认,通过遥控器对固定翼无人机进行直接操纵,完成人工起降、视距内的操控和救急等任务 | 肢体灵活,反应迅速,最好拥有航模操控的经历 | |
| | 内控手 | 1 | 负责固定翼飞行计划软件的操作,完成飞行监控、航迹规划等任务,与外控手合作完成整个飞行 | 思路清晰,执行力强 | |
| | 地勤 | 1 | 负责飞行前后机体和电机的检查和维护、配平,机体和机载设备的组装与拆卸,机载设备的检查、上电和开关机,以及地面站的架设 | 工作认真仔细,动手能力强 | 可与内控手共同合作 |
| 合计 | | 3 | | | |

表 4-10　小型油动固定翼无人机系统培训人员岗位及职责

| 岗位 | | 人员需求 | 职责 | 能力要求 | 备注 |
|---|---|---|---|---|---|
| 小型油动固定翼无人机操作人员 | 外控手 | 1 | 负责飞机状态的检查确认，通过遥控器对固定翼无人机进行直接操纵，完成人工起降、视距内的操控和救急等任务 | 肢体灵活，反应迅速，最好拥有航模操控的经历 | |
| | 内控手 | 1 | 负责固定翼飞行计划软件的操作，完成飞行监控、航迹规划等任务，与外控手合作完成整个飞行 | 思路清晰，执行力强 | |
| | 地勤 | 1 | 负责飞行前后机体和发动机的检查和维护、配平、加油，机体和机载设备的组装与拆卸，机载设备的检查、上电和开关机，以及地面站的架设 | 工作认真仔细，动手能力强 | |
| 合计 | | 3 | | | |

表 4-11　旋翼无人机系统及倾斜摄影设备培训人员岗位及职责

| 岗位 | | 人员需求 | 职责 | 能力要求 | 备注 |
|---|---|---|---|---|---|
| 旋翼无人机操控人员 | 外控手 | 1 | 负责飞机状态的检查确认，通过地面站和遥控器分别控制无人机，执行飞行作业任务；负责任务载荷的实时控制、任务载荷的换装、使用维护 | 肢体灵活，反应迅速，作为机组队伍中技术含量较高的岗位，最好拥有航模操控的经历 | |
| | 软件操作兼数据处理人员 | 1 | 负责软件的操作，处理常见故障，以及处理载荷数据 | 要求有一定的软件操作基础，工作认真仔细，理解能力强，有一定的测绘基础 | |
| 合计 | | 2 | | | |

**表 4-12　数据处理培训人员岗位及职责**

| 岗位 | | 人员需求 | 职责 | 能力要求 | 备注 |
|---|---|---|---|---|---|
| 数据处理人员 | 数据预处理人员 | 2 | 负责检查图像质量是否符合标准并进行数据预处理 | 要求有一定的软件操作基础，工作认真仔细，理解能力强，有一定的测绘基础 | |
| | 软件操作兼数据处理人员 | 2 | 负责软件的操作，处理常见故障，以及完成无人机数据处理与成果图的制作 | 要求有一定的软件操作基础，工作认真仔细，理解能力强，有一定的测绘基础 | |
| 合计 | | 4 | | | |

### （六）培训课程

为保证用户方培训人员能够尽快掌握系统的使用及维护，特制定了详细的培训课程及计划，其中无人机飞行控制培训相对比较专业，所以培训时间较长，详见表 4-13 ~ 表 4-17。

**表 4-13　长航时固定翼无人机培训内容及时间**

<table>
<tr><th>序号</th><th colspan="2">内容</th><th>课时（天）</th><th colspan="2">备注</th></tr>
<tr><td rowspan="3">1</td><td rowspan="3">理论学习</td><td>基础理论</td><td rowspan="3">1</td><td colspan="2" rowspan="3">全体固定翼无人机机组操控人员</td></tr>
<tr><td>机体结构</td></tr>
<tr><td>使用、检修、维护</td></tr>
<tr><td>2</td><td colspan="2">模拟器练习与考核</td><td>3</td><td colspan="2">全体固定翼无人机机组操控人员</td></tr>
<tr><td>3</td><td colspan="2">固定翼训练机飞行训练与考核</td><td>3</td><td colspan="2">全部机组人员参加，择优选拔出2名外控手</td></tr>
<tr><td rowspan="2">4</td><td colspan="2">固定翼训练机飞行训练</td><td rowspan="2">3</td><td>外控手</td><td rowspan="2">课时考虑了天气等不可抗因素</td></tr>
<tr><td colspan="2">机务培训，设备操作及维护保养</td><td>除外控手外，其余培训人员</td></tr>
<tr><td>5</td><td colspan="2">操作规程学习</td><td>1</td><td colspan="2">全体固定翼无人机机组操控人员</td></tr>
<tr><td>6</td><td colspan="2">飞行异常及紧急情况处理学习</td><td>1</td><td colspan="2">全体固定翼无人机机组操控人员</td></tr>
<tr><td>7</td><td colspan="2">飞行操控训练</td><td>4</td><td colspan="2">固定翼无人机机组操控人员分工合作</td></tr>
<tr><td>8</td><td colspan="2">巩固训练</td><td>3</td><td colspan="2">固定翼无人机机组操控人员分工合作</td></tr>
<tr><td>9</td><td colspan="2">带任务设备远距离飞行</td><td>2</td><td colspan="2">固定翼无人机机组操控人员分工合作</td></tr>
<tr><td colspan="3">合计</td><td>21</td><td colspan="2"></td></tr>
</table>

**表 4-14 小型电动固定翼无人机培训内容及时间**

<table>
<tr><th>序号</th><th colspan="2">内容</th><th>课时(天)</th><th colspan="2">备注</th></tr>
<tr><td rowspan="3">1</td><td rowspan="3">理论学习</td><td>基础理论</td><td rowspan="3">1</td><td colspan="2" rowspan="3">全体固定翼无人机机组操控人员</td></tr>
<tr><td>机体结构</td></tr>
<tr><td>使用、检修、维护</td></tr>
<tr><td>2</td><td colspan="2">模拟器练习与考核</td><td>3</td><td colspan="2">全体固定翼无人机机组操控人员</td></tr>
<tr><td>3</td><td colspan="2">固定翼训练机飞行训练与考核</td><td>3</td><td colspan="2">全部机组人员参加,<br>择优选拔出 1 名外控手</td></tr>
<tr><td rowspan="2">4</td><td colspan="2">固定翼训练机飞行训练</td><td rowspan="2">3</td><td>外控手</td><td rowspan="2">课时考虑了天气等不可抗因素</td></tr>
<tr><td colspan="2">机务培训,设备操作及维护保养</td><td>除外控手外,<br>其余培训人员</td></tr>
<tr><td>5</td><td colspan="2">操作规程学习</td><td>1</td><td colspan="2">全体固定翼无人机机组操控人员</td></tr>
<tr><td>6</td><td colspan="2">飞行异常及紧急情况处理学习</td><td>1</td><td colspan="2">全体固定翼无人机机组操控人员</td></tr>
<tr><td>7</td><td colspan="2">飞行操控训练</td><td>1</td><td colspan="2">固定翼无人机机组操控人员分工合作</td></tr>
<tr><td>8</td><td colspan="2">巩固训练</td><td>1</td><td colspan="2">固定翼无人机机组操控人员分工合作</td></tr>
<tr><td colspan="3">合计</td><td>14</td><td colspan="2"></td></tr>
</table>

**表 4-15 小型油动固定翼无人机培训内容及时间**

<table>
<tr><th>序号</th><th colspan="2">内容</th><th>课时(天)</th><th colspan="2">备注</th></tr>
<tr><td rowspan="3">1</td><td rowspan="3">理论学习</td><td>基础理论</td><td rowspan="3">1</td><td colspan="2" rowspan="3">全体固定翼无人机机组操控人员</td></tr>
<tr><td>机体结构</td></tr>
<tr><td>使用、检修、维护</td></tr>
<tr><td>2</td><td colspan="2">模拟器练习与考核</td><td>3</td><td colspan="2">全体固定翼无人机机组操控人员</td></tr>
<tr><td>3</td><td colspan="2">固定翼训练机飞行训练与考核</td><td>3</td><td colspan="2">全部机组人员参加,择优选拔出 2 名外控手</td></tr>
<tr><td rowspan="2">4</td><td colspan="2">固定翼训练机飞行训练</td><td rowspan="2">3</td><td>外控手</td><td rowspan="2">课时考虑了天气等不可抗因素</td></tr>
<tr><td colspan="2">机务培训,设备操作及维护保养</td><td>除外控手外,<br>其余培训人员</td></tr>
<tr><td>5</td><td colspan="2">操作规程学习</td><td>1</td><td colspan="2">全体固定翼无人机机组操控人员</td></tr>
<tr><td>6</td><td colspan="2">飞行异常及紧急情况处理学习</td><td>1</td><td colspan="2">全体固定翼无人机机组操控人员</td></tr>
<tr><td>7</td><td colspan="2">飞行操控训练</td><td>4</td><td colspan="2">固定翼无人机机组操控人员分工合作</td></tr>
<tr><td>8</td><td colspan="2">巩固训练</td><td>3</td><td colspan="2">固定翼无人机机组操控人员分工合作</td></tr>
<tr><td>9</td><td colspan="2">带任务设备远距离飞行</td><td>1</td><td colspan="2">固定翼无人机机组操控人员分工合作</td></tr>
<tr><td colspan="3">合计</td><td>20</td><td colspan="2"></td></tr>
</table>

表 4-16　旋翼无人机系统及倾斜摄影培训内容及时间

<table>
<tr><th>序号</th><th colspan="2">内容</th><th>课时(天)</th><th>备注</th></tr>
<tr><td rowspan="3">1</td><td rowspan="3">理论学习</td><td>基础理论</td><td rowspan="3">1</td><td rowspan="3">全体多旋翼无人机机组操控人员</td></tr>
<tr><td>机体结构介绍</td></tr>
<tr><td>使用、检修、维护介绍</td></tr>
<tr><td>2</td><td colspan="2">模拟器练习与考核</td><td>1</td><td>全体多旋翼无人机机组操控人员</td></tr>
<tr><td>3</td><td colspan="2">多旋翼飞行训练与考核</td><td>2</td><td>全部多旋翼机组人员参加,<br>择优选拔出 1 名外控手</td></tr>
<tr><td rowspan="2">4</td><td colspan="2">多旋翼飞行训练</td><td rowspan="2">2</td><td>外控手</td></tr>
<tr><td colspan="2">机务培训,设备操作及维护保养</td><td>除外控手外,其余培训人员</td></tr>
<tr><td>5</td><td colspan="2">倾斜摄影设备原理及操作</td><td>1</td><td>全部多旋翼机组人员参加</td></tr>
<tr><td colspan="3">合计</td><td>7</td><td></td></tr>
</table>

表 4-17　数据处理培训内容及时间

| 序号 | 内容 | 课时(天) | 备注 |
| --- | --- | --- | --- |
| 1 | 测绘行业基本知识、摄影测量基础理论 | 1 | 全体数据处理人员 |
| 2 | Pix4Dmapper 软件介绍,流程学习 | 2 | 全体数据处理人员 |
| 3 | 无人机数据处理练习 | 2 | 全体数据处理人员 |
| 4 | 倾斜摄影原理、三维建模流程学习 | 1 | 全体数据处理人员 |
| 5 | 无人机数据三维建模练习 | 1 | 全体数据处理人员 |
| 合计 | | 7 | |

培训内容以用户单位的实际掌握情况为准,可能出现顺序和时间长短的调整。

**(七)培训资料**

1. 固定翼无人机培训资料

(1)无人机航空摄影测量基础理论知识;

(2)小型油动固定翼无人机系统使用维护手册;

(3)无人机飞行操作培训;

(4)无人机航摄安全作业基本要求;

(5)无人机航摄系统技术要求;

(6)航模遥控器入门;

(7)航空模型空气动力学;

(8)UP30 飞控使用说明书;

(9)N－920 电台使用说明书;

(10)无人机发展史;

(11)怎样把航模飞机飞起来;

(12)航模平衡仪如何维持飞机的水平飞行状态；
(13)FPV 级自动驾驶仪有哪些基本内容；
(14)GCS 与无人机自动驾驶仪；
(15)其他相关资料。
2. 固定翼无人机教材
(1)一般运行和飞行规则；
(2)航空教学理论与方法；
(3)无人机驾驶员航空知识手册；
(4)飞行教学法参考教材；
(5)民用航空器驾驶员和地面教员合格审定规则。
3. 旋翼培训资料
(1)无人机航空摄影测量基础理论知识讲稿；
(2)旋翼无人机系统使用维护手册；
(3)旋翼无人机系统、控制系统及相关系统集成理论知识讲稿；
(4)旋翼无人机应用操作知识讲稿；
(5)无人机航空法规知识规范文件；
(6)旋翼无人机日常维护与保养手册；
(7)旋翼无人机地面站操作流程演示文档；
(8)旋翼无人机自驾仪操作演示文档；
(9)微型倾斜相机使用说明书；
(10)微型倾斜相机操作维护手册；
(11)微型倾斜相机检验报告；
(12)微型倾斜相机合格证；
(13)相关资料。
4. 旋翼教材
(1)运行和飞行规则；
(2)教学理论与方法；
(3)无人机驾驶员航空知识手册；
(4)教学法参考教材；
(5)航空器驾驶员和地面教员合格审定规则。
5. 数据处理培训资料及教材
(1)测绘行业、摄影测量基础理论知识讲稿；
(2)Pix4Dmapper 软件介绍资料；
(3)Pix4Dmapper 用户手册；
(4)Smart3D Advanced 软件介绍文档；
(5)Smart3D Advanced 软件操作手册；
(6)其他相关资料。

**(八)考取证件**

经考核取得中国航空器拥有者及驾驶员协会(AOPA)颁发的全国统一的多旋翼、固定翼、直升机的无人机驾驶员、机长、教员合格证。

考 AOPA 分为三种机型：多旋翼、固定翼和直升机。这三种机型又分别可以考取驾驶员证、机长证、教员证。驾驶员证考试最简单，机长证难一些，教员证最难。但是教员证必须在获得机长证的基础上，累计 100 h 的飞行时间才能获得考试资格。

考 AOPA 分为以下科目：

科目一，为理论考试；

科目二，也就是第二关，为实操考试；

科目三，也就是第三关，为口试；

科目四，也就是最后一关，为地面站。

其中，驾驶员不考科目四，驾驶员在考过了口试之后，就可以等着拿证了。但是对于机长来说，还要考一门地面站。对于无人机机长而言，口试和地面站是同属于一个类别的，都要考，而且互不干涉。每次实操考试完之后，这两个科目不一定先考哪个，视现场情况而定。不过好消息是，如果先考口试，即使未通过，依然可以考地面站，反之，如果先考地面站，即使未通过，也依然可以考口试。

1. 考试报名

(1)报名条件基本要求：

①年满 16 周岁，无犯罪记录；

②具有初中或以上文化程度；

③能正确读、听、说、写汉语，无影响双向无线电对话的口音和口吃；

④思维敏捷，热衷于无人机的飞行事业。

(2)有下列情形之一的，不得申请驾驶员、机长合格证：

①有器质性心脏病、癫痫病、美尼尔氏症、眩晕症、癔病、震颤麻痹、精神病、痴呆以及影响肢体活动的神经系统疾病等妨碍安全飞行疾病的；

②吸食、注射毒品、长期服用依赖性精神药品成瘾尚未戒除的；

③法律、行政法规规定的其他情形。

(3)学员需准备的报名资料及物品：

①身份证原件及复印件；

②小 2 寸照片 5 张，以及照片电子档；

③报名表及转账凭证截图，于开班前 7 日务必将电子版发给报名老师；

④以下物品如有请自备：笔记本电脑(必带)、太阳镜、帽子，防晒霜等。

(4)报名流程：

①填写学员报名登记表；

②准备报名资料及物品；

③缴纳学费；

④签订培训合同及学员安全协议；

⑤学员按规定日期到校报到；

⑥领取教材等。

2. 学习培训

培训课程及内容详见前文相关内容。

3. 飞行经历要求

(1)视距内驾驶员(驾驶员等级):应当具有操纵有动力的无人机至少 44 h 的飞行经历时间,其中对于多旋翼类别驾驶员合格证申请人,由授权教员提供不少于 10 h 带飞训练,不少于 5 h 单飞训练,计入驾驶员飞行经历的飞行模拟训练时间不多于 22 h;对于除多旋翼类别外其他类别(直升机、固定翼等)驾驶员合格证申请人,由授权教员提供不少于 16 h 带飞训练,不少于 6 h 单飞训练,计入驾驶员飞行经历的飞行模拟训练时间不多于 8 h。

(2)超视距驾驶员(机长等级):应当具有操纵有动力的无人机至少 56 h 的飞行经历时间,其中包括对于多旋翼类别超视距驾驶员(机长等级)合格证申请人,由授权教员提供不少于 15 h 带飞训练,不少于 5 h 单飞训练,计入驾驶员飞行经历的飞行模拟训练时间不多于 28 h;对于除多旋翼类别外其他类别(直升机、固定翼等)超视距驾驶员(机长等级)合格证申请人,由授权教员提供不少于 20 h 带飞训练,不少于 6 h 单飞训练,计入驾驶员飞行经历的飞行模拟训练时间不多于 12 h;教员等级合格证申请人应具有 100 h 操纵其申请的类别及级别等级航空器并担任超视距驾驶员(机长等级)的飞行经历时间,教员等级合格证申请人应接受不低于 20 h 实践飞行训练。飞行经历记录本须按《无人机驾驶员飞行经历记录本填写规范》填写。

4. 考试

1)申请考试

(1)培训机构要在考试前一个月 20 日之前向 AOPA 提交《训练机构培训计划申请表》并加盖公章,确定考试人数,方便 AOPA 安排考试人员。

(2)至少在学员参加考试前 5 天,由培训机构在无人机管理平台上录入学员信息、报考机型类别、合格证级别、参加考试的科目(理论、口试、实操等),任何一项填错,都不能参加考试,所以学员信息采集一定要核对清楚,照片采集的时候最好用姓名 + 身份证号的方式命名,防止有重名的。

2)理论考试

理论考试考题的内容比较广,主要是:无人机的飞行原理、无人机的零部件构成、无人机的分类、气象学、无人机的相关法律法规、无人机作业的规定和硬性标准等,详见表 4-18。

**表 4-18　理论考试**

| 考试名称 | 考试大纲 | 时限 | 题目数量 | 通过分数 | |
|---|---|---|---|---|---|
| 民用无人机驾驶员理论考试 | 无人机驾驶员理论考试大纲 | 120 分钟 | 100 | 视距内驾驶员 | 70 |
| | | | | 超视距驾驶员 | 80 |
| 民用无人机驾驶员教员等级理论考试 | 无人机教员理论大纲 | 60 分钟 | 40 | 80 | |

理论考试后,可以领取驾驶员理论考试成绩单表格,包括理论考试科目和通过成绩等内容,成绩单格式如图 4-26 所示。如果只想考理论,后面的先不考,理论成绩保留 24 个月,因为无人机驾驶员合格证有效期为 2 年,如果两年还没考完的话,就该换证了。

3)实操考试

实操考试就是实飞。以多旋翼为准,考试分为两个科目,或者说两个动作,每个考生都要在考官的注视下连续完成两个飞行动作:原地 360°自旋和八字飞行。虽然驾驶员和机长

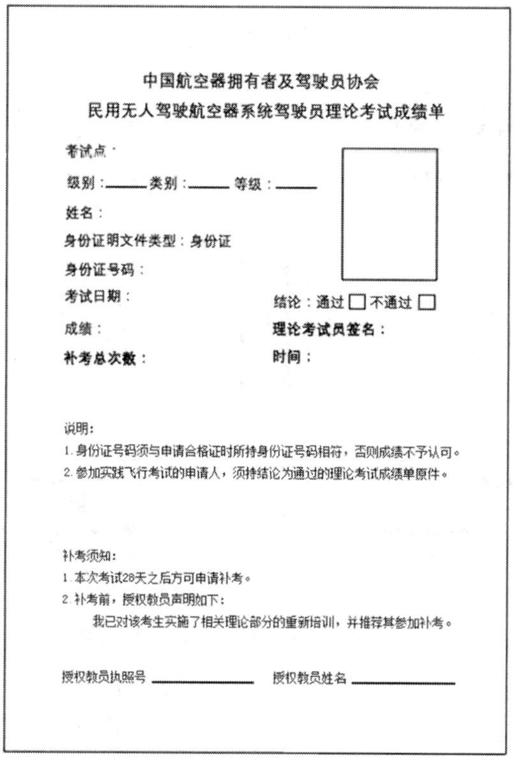

中国航空器拥有者及驾驶员协会
民用无人驾驶航空器系统驾驶员理论考试成绩单

考试点：

级别：______ 类别：______ 等级：______

姓名：

身份证明文件类型：身份证

身份证号码：

考试日期：　　　　结论：通过 □ 不通过 □

成绩：　　　　理论考试员签名：

补考总次数：　　　　时间：

说明：

1. 身份证号码须与申请合格证时所持身份证号码相符，否则成绩不予认可。

2. 参加实践飞行考试的申请人，须持结论为通过的理论考试成绩单原件。

补考须知：

1. 本次考试28天之后方可申请补考。

2. 补考前，授权教员声明如下：

我已对该考生实施了相关理论部分的重新培训，并推荐其参加补考。

授权教员执照号 ____________　授权教员姓名 ____________

图 4-26　成绩单格式

都是飞这两个动作，但是这个时候就看出来差别了，因为驾驶员使用的是 GPS 模式飞行，在这个模式下飞机具有独立的抗风性、定高性，相对而言非常稳，可以实现原地悬停，所以驾驶员并不需要太多的调整，只要别错舵，一般都能过。但是机长使用的是姿态模式，就比较练技术了，在有风的情况下，飞机并不能实现定高和原地悬停，机长需要时刻通过修正副翼、方向、升降和油门的舵量来控制飞机不至于被风吹跑，被风压低，被风吹高，逆风时被风顶得不能前进，顺风时被风吹得刹都刹不住。所以，机长需要比驾驶员更精准的把控力和对风向的预判感，确实是比较练技术的。

原地 360°自旋科目。简单地讲，就是让飞机原地不动地慢慢转一圈，这个动作学驾驶员的几乎可以忽略，因为只需要轻轻给一个方向舵的量，飞机就自主完成了。但是对于机长来说，要是考试现场没风还好说，有风的话就具备一定的难度，在机头慢慢转向的过程中，手上遥控器的各个操纵杆也要跟着机头的变换和风向的变换来改变。及时修正，以防飞机跑偏。

八字飞行科目。如果自旋过了之后，紧接着进行八字飞行，简单来说，就是在地上画一个大大的阿拉伯数字 8，但是这个 8 是躺在地上的，所以像是数学符号∞，可以看作是两个圈，你的飞机在两个圈的交接点，然后让飞机沿着这个轨迹在空中画出这个图形，等于是飞两个圆圈，只不过一个从左前方开始飞，一个从右前方开始飞，为了方便辨别飞得好不好，地上会有桩，在飞的过程中，尽量沿着桩的垂直上空飞，并且感受风对飞机的影响，尤其是在转弯的过程中，飞机会受到转向离心力的影响，偏离轨迹，飞到圈里来，或者飞到圈外去，这时就需要用到副翼来修正。图 4-27 是八字飞行科目的分解动作示意图。

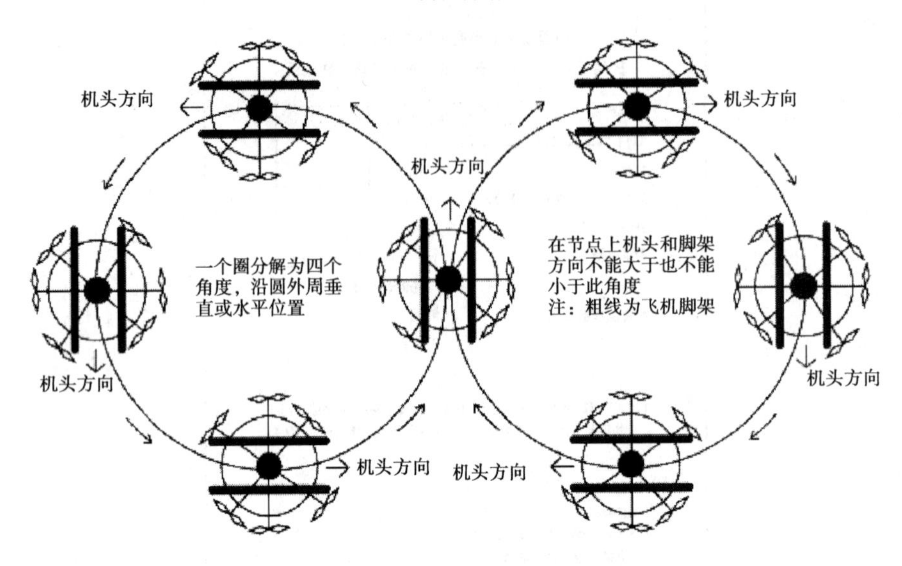


图 4-27　八字飞行科目的分解动作示意图

其实考机长主要就是学副翼对飞机的影响，不仅要知道什么时候修正，什么时候不能修正，还要知道修正的方向，以及修正的舵量大小。切记：主要靠方向舵，副翼只是修正用的。

4）口试

实操考试通过后，准备参加综合问答考试（口试），一般都是考一些实际飞行中需要用到的知识，例如遥控器、电池、飞控、动力系统、检查准备、应急等方面的知识点。

5）地面站软件操作考试

地面站软件安装在电脑上的 PC 端，或者是装在 iPad 上的 App。不同的培训机构，可能会使用不同品牌的地面站软件，有的用零度的，有的用大疆的，这个不一而同，地面站的主要用处就是规划编辑航点航线。然后提出一些附加要求，比如海拔 70 m，飞行速度7 m/s，每个航点停留 3 s……其实地面站的考试相比于其他几科真的非常简单。

6）关于补考、换证、增驾

（1）补考：理论补考日期与上一次同科目考试日期间隔最少为 28 个日历日。实践考试补考日期与上一次相同等级要求的实践补考日期间隔最少为 14 个日历日。所有补考考试前，都要培训机构在无人机管理平台重新申请考试。

（2）换证：合格证过期的申请人须重新通过相应的理论及实践考试等，方可申请重新颁发合格证。

（3）增驾：低级别等级无人机驾驶员增加级别等级须具有操纵所申请级别等级无人机的实践飞行训练时间至少 10 h，其中包含不少于 5 h 授权教员提供的带飞训练。

# 第五章　无人机摄影测量技术概述

## 第一节　基本概念

### 一、无人机摄影测量定义

国际摄影测量与遥感协会 ISPRS(International Society of Photogrammetry and Remote Sensing)1998 年给摄影测量与遥感的定义是:摄影测量与遥感是从非接触成像和其他传感器系统,通过记录、量测、分析与表达等处理,获取地球以及环境和其他物体可靠信息的工艺、科学与技术。其中,摄影测量侧重于提取几何信息,遥感侧重于提取物理信息。也就是说,摄影测量是从非接触成像系统,通过记录、量测、分析与表达等处理,获取地球及其环境和其他物体的几何、属性等可靠信息的工艺、科学与技术。

根据摄影时摄影机所处位置的不同,摄影测量学可分为航天摄影测量、航空摄影测量、地面摄影测量、近景摄影测量和显微摄影测量。航天摄影测量是将传感器安装在人造卫星或航天飞机上,对地面进行遥感,用于资源调查、灾害监测、地形测绘和军事侦察等领域。航空摄影测量是将摄影机安装在飞机上,对地面进行摄影,是摄影测量最主要的方式。无人机摄影测量即属于该分支。

随着我国经济的飞速发展,对大比例尺、高分辨率的航空遥感影像的需求也与日俱增,同时对空间信息的现势性、精度、周期和成本等各方面的要求也越来越高,而传统的航天和航空摄影越来越显现出其局限性。例如现有的卫星遥感技术虽然能够获取大区域的空间地理信息,但受回归周期、轨道高度、气象等因素影响,遥感数据分辨率和时相难以保证。而航空摄影主要采用的是大中型固定翼飞机,由于空域管制、气候等因素的影响较大,缺乏机动快速能力,同时使用成本较高,对测区面积小、成图周期短的测绘工程和应急测绘项目很不适应。

但无人机与数码相机技术的发展打破了这一局限,无人机与航空摄影测量相结合使得无人机摄影测量技术成为航空摄影测量系统的有效补充。无人机摄影测量技术以获取高分辨率数字影像为应用目标,以无人驾驶飞机为飞行平台,以高分辨率数码相机为传感器,通过 3S 技术在系统中集成应用,最终获取小面积、真彩色、大比例尺、现势性强的航测遥感数据。主要用于基础地理数据的快速获取和处理,为制作正射影像、地面三维模型和基于影像的区域测绘提供最简捷、最可靠、最直观的应用数据。

### 二、无人机摄影测量的特点

作为卫星遥感与普通航空摄影不可缺少的补充,无人机摄影测量为危险区域图像的实时获取、环境监测及应急指挥需求等提供了一种新的技术途径,具有广阔的发展与应用前景。主要有以下优点。

**（一）低成本**

无人机及传感器成本远远低于其他遥感系统，无人机（具备飞控系统）市场价格为10万元到100万元，各种档次都有，而且相机整套（机身加镜头）不到2万元，整套系统成本低廉。一般的单位和个人都有能力负担。

**（二）影像获取快捷方便**

无需专业航测设备，普通民用单反相机即可作为影像获取的传感器。操控手经过短期培训学习即可操控整个系统。是当前唯一将摄影与测量集为一体的航摄方式，可实现测绘单位按需开展航摄飞行作业这一理想生产模式。

**（三）机动性、灵活性和安全性**

无人机具有灵活机动的特点，无需专用起降场地，升空准备时间短，受空中管制和气候（只要不下雨、下雪，风速小于6级）的影响较小，特别适合应用在建筑物密集的城市地区和地形复杂地区以及南方丘陵、多云区域。能够在恶劣环境下（如森林火灾、火山爆发等）直接获取影像，即便是设备出现故障，也不会出现人员伤亡，具有较高的安全性。

**（四）低空作业，获取高分辨率影像**

无人机可以在云下超低空飞行，弥补了卫星光学遥感和传统航空摄影经常受云层遮挡获取不到影像的缺陷，可获取比卫星遥感和传统航摄更高分辨率的影像。同时，低空多角度摄影获取建筑物多面高分辨率纹理影像，弥补了卫星遥感和传统航空摄影获取城市建筑物时遇到的高层建筑遮挡问题。空间分辨率能达到分米级甚至厘米级，可用于构建高精度数字地面模型及三维立体景观图的制作。

**（五）精度高，测图精度可达1:1 000**

无人机为低空飞行，飞行高度在50～1 000 m，属于近景航空摄影测量，摄影测量精度达到了亚米级，精度范围通常在0.1～0.5 m，符合1:1 000的测图要求，能够满足城市建设精细测绘的需要。

**（六）周期短，时效性强**

对于面积较小的大比例尺地形测量任务（10～100 $km^2$），受天气和空域管理的限制较多，大飞机航空摄影测量成本高；而采用全野外数据采集方法成图，作业量大，成本也比较高。而将无人机遥感系统进行工程化、实用化开发，则可以利用它机动、快速、经济等优势，在阴天、轻雾天也能获取合格的影像，从而将大量的野外工作转入内业，既能减轻劳动强度，又能提高作业的效率和精度。

## 三、无人机摄影测量存在的问题

与传统的航天和航空摄影测量手段获取的影像相比，利用无人机摄影测量手段获取的影像存在较大问题。

**（一）姿态稳定性差、旋偏角大**

无人机在飞行时由飞控系统自动控制或操控手远程遥控控制，由于自身质量小，惯性小，受气流影响大，俯仰角、侧滚角和旋偏角较传统航测来说变化快，因此影像的倾角过大且倾斜方向没有规律，且幅度远超传统航测规范要求。

**(二)像幅小、数量多、基高比小**

受顺风、逆风和侧风影响大,加上俯仰角和侧滚角的影响,航带的排列不整齐,主要表现在重叠度(包括航向和旁向重叠度)的变化幅度大,甚至可能出现漏拍的情况。为了保证测区没有漏拍,通常是通过提高航向和旁向重叠度的方法来实现这一点的,同时普通单反相机像幅相对专业数码航摄仪来说,像幅小,在保证预定重叠度情况下,整个测区影像数量成倍数增多,基高比也相应变小。

**(三)影像畸变大**

相比较传统的航空摄影而言,无人机低航空摄影选取 CCD 数码相机作为成像系统,而较专业航摄仪来说,小数码影像(普通单反拍摄的)畸变大,边缘地方畸变可达 40 个像素以上。

由于无人机遥感影像的这些问题,给影像的匹配和空中三角测量等内业处理也带来了困难:①由于姿态稳定性差、旋偏角大,比例尺差异大,降低了灰度匹配的成功率和可靠性;②像幅小、影像数量多,导致空三加密的工作量增多、效率降低;③航向重叠度和旁向重叠度不规则,给连接点的提取和布设带来困难;④基高比小无疑对高程的精度也造成一定的影响;⑤如若忽略数码影像的畸变差而直接使用,将会影响空三的精度。

## 第二节　无人机摄影测量总体流程

当摄影测量项目立项后,第一时间应全方位收集资料,了解项目背景和建标目的与要求,并确立初步的技术方案。根据方案明确作业空域和使用飞行载体,展开空域申请工作等。无人机摄影测量总体流程如图 5-1 所示。

### 一、任务提出、空域申请

无人机在航空摄影前,用户应该根据具体的作业任务提前做好规划,实地踏勘,撰写航摄计划。航摄计划中的技术部分应包括:了解测区概况;确定测区范围;选用合理的摄影机;确定摄影比例尺和航高;确定拍摄日期及无人机起降的具体位置等。为了确保无人机低空飞行安全,提高空域资源利用率,在进行航拍前,负责人员需按照相关规定向航空管理部门申请测区空域的飞行许可。如果没有获得批准,需要重新拟订飞行计划,做好充分的准备,再次向空域管理部门提出申请。

### 二、作业飞行

依据无人机具体的飞行任务和低空数字航空摄影规范的相关规定,首先对航摄技术参数进行设置,以保证无人机按照规定的轨迹飞行,具体包含以下几个方面:

(1)设置航高。根据不同比例尺航摄成图的要求,结合测区的地形条件及影像用途,参考测图比例尺和地面分辨率对比表(见表 5-1),选择影像的地面分辨率。根据式(5-1)计算航高。

$$H = \frac{f \times GSD}{a_{\mathrm{size}}} \tag{5-1}$$

式中　$H$——摄影航高;

$f$——物镜镜头焦距;

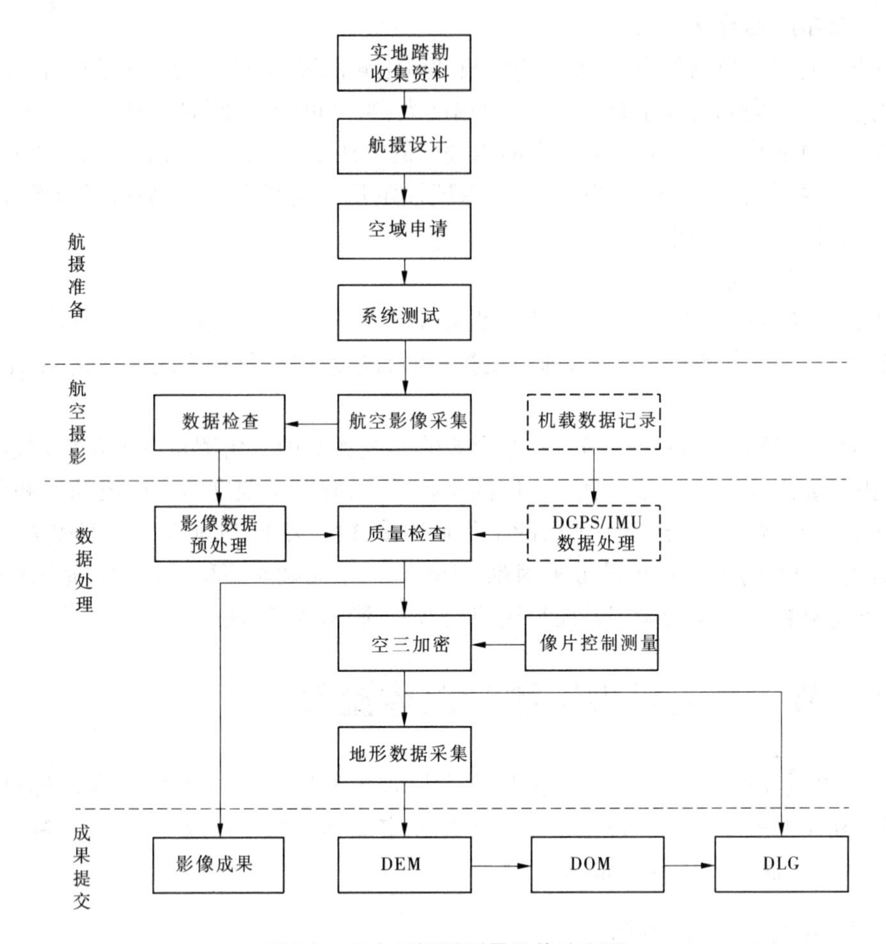


图 5-1　无人机摄影测量总体流程图

$a_{size}$——像元尺寸；

$GSD$——航摄影像地面分辨率。

表 5-1　测图比例尺与地面分辨率对比表

| 测图比例尺 | 地面分辨率(cm) |
| --- | --- |
| 1:500 | ≤5 |
| 1:1 000 | 8 ~ 10 |
| 1:2 000 | 15 ~ 20 |

(2)设置像片重叠度。依据低空数字航空摄影的相关规范，像片重叠应该满足以下要求：航向重叠度在通常情况下应该为 60% ~80%，不得小于 53%；旁向重叠度在通常情况下应该为 15% ~60%，不得小于 8%。

(3)设置航线参数。依据测区大小，确定飞行航向和航线长度，并且根据式(5-2)计算摄影基线长度，然后根据式(5-3)得出航线间隔宽度。

$$B_X = L_X(1 - p_X) \times \frac{H}{f} \tag{5-2}$$

$$D_Y = L_Y(1 - q_Y) \times \frac{H}{f} \tag{5-3}$$

式中 $B_X$——实地摄影长度；

$D_Y$——实地航线间隔宽度；

$L_X$、$L_Y$——像幅长和宽；

$p_X$、$q_Y$——航向和旁向重叠度。

## 三、数据检查

无人机在空中进行飞行作业时，由于飞行环境和天气情况的不同，会使飞行航线受到偏移，导致影像上会显现出由于环境和气候变化所造成影像质量的好坏，最终影响测绘产品的精度。因此，无人机飞行任务结束后，利用机载 POS 系统得到的位置和姿态数据，以及获取的影像数据检查飞行和影像质量，分析其精度是否满足相应规范要求。

飞行质量检查包含航向重叠度、旁向重叠度、像片倾角和旋角、航线弯曲度和航高差。影像质量检查包含影像是否清晰，色调是否一致，层次是否鲜明，反差是否合理，影像是否有重影、阴影和位置偏移等情况，是否影响模型的建立与测图。

无人机摄影测量系统飞行和影像质量的好坏决定了最终生成地理信息产品的精度。因此，对航摄作业所获取的影像进行质量检查就显得尤为重要，这样也能够清晰地掌握是否存在漏拍的情况，并且可以得到及时的补救。

## 四、影像预处理

数据检查合格并且结束航摄任务之后，要对原始影像进行处理。首先对航片进行编号，编号以航线为单位，由 12 位数字组成。从左到右 1 ~4 位是摄区代号，5 ~6 位是分区号，7 ~9 位是航线号，10 ~12 位是航片流水号。通常情况下，编号随着飞行方向依次增加，而且同一条航线内编号不能重复。把根据飞行航线编好号的原始影像进行分类，分为垂直影像和倾斜影像，并且按照影像数据通用格式建立目录分类储存。

无人机倾斜摄影测量系统上搭载的成像设备为非量测的普通相机，而且会存在光学镜头加工和装配误差，使得航摄影像会存在不同程度的非线性光学畸变误差，这样肯定会影响图像后期处理的精度。因此，在对原始影像进行定量分析处理之前应该进行畸变差改正。

在对影像进行修正之后，由于原始影像在拍摄时仍存在不均匀光照、不同拍摄角度和时相差等影响，影像获取时也会有顺光或逆光的情况，影像之间存在辐射差异，因此应该对影像进行归一化匀光匀色处理，使影像数据在亮度、饱和度和色相方面保持良好的统一，保证影像在镶嵌处理后的增强处理能够过渡自然并且具有较为理想的可读性，从而可以更好地应用到生产实践中。

## 五、4D 产品生产

对影像数据预处理后，可借助相机参数、像片控制测量成果等资料进行空三加密，待空三加密精度满足规范要求后，有两条路径生产 4D 产品。一条是利用全数字摄影测量工作站采集和编辑地形特征点、特征线和高程数据，构 TIN 和质检，生成 DEM 数据。然后利用 DEM 数据对匀光后的影像进行正射纠正，勾绘拼接线完成影像拼接，按成果分幅和挂图要

求完成裁图,得到 DOM。另一条是直接利用全数字摄影测量工作站进行立体采集,获得初始 DLG;然后经过野外调绘工作,利用实时 RTK GPS 测量定位,并利用全站仪对新增地物、立体模型中的不清楚地物及高程注记点等进行全野外实测,从而有效补充和完善 DLG 数据。

# 第三节　无人机航空摄影

## 一、无人机航空摄影系统

目前,国内已经投入使用的无人机航空摄影测量系统有“华鹰”“飞象”“QuickEye”等。无人机航空摄影测量系统主要由硬件系统和软件系统组成。硬件系统包括机载系统、地面监控系统及发射与回收系统;软件系统则涵盖了航线设计、飞行控制、远程监控、航摄检查、数据预处理等五个主要的系统。

### (一)硬件系统

1. 机载系统

在整个无人机航空摄影测量系统构成中,无人机作为主要的系统搭载平台,是整个系统集成与融合的重要基础。这一硬件系统主要由无人机、数字摄影系统、导航与飞行控制系统、通信系统等部分构成。在该系统工作的过程中,整个系统会按照预先设定的航线进行相应的自主飞行,并且完成预先设定的航空摄影测量任务,同时实时地把飞机的速度、高度、飞行状态、气象状况等参数传输给地面控制系统。

2. 地面监控系统

无人机地面监控系统主要负责控制和管理无人机,是无人机系统的监控和指挥中心,主要用来监控无人机的飞行姿态和轨迹,制定飞行任务和处理危险情况。如图 5-2 所示,其主要有计算机、飞行控制软件、电子通信控制介质和电台等设备。在飞行平台的运行过程中,地面飞行控制系统可以据无人机飞行控制系统发回的飞行参数信息,实时在地图上精确标定飞机的位置、飞行路线、轨迹、速度、高度和飞行姿态,使地面操作人员更容易掌握无人机的飞行状况。

图 5-2　地面监控系统

3. 发射与回收系统(见图 5-3)

1) 起飞方式

滑跑起飞方式的优点为无需弹射器;缺点为受场地限制。而弹射起飞方式则相反,其优点为没有场地限制;缺点为需要购置弹射器。

2) 降落方式

滑跑回收方式的优点为无需回收降落伞(见图 5-4);缺点为受场地限制,安全性不如伞降。伞降回收方式则相反,其优点为安全可靠,受场地制约影响小;缺点为需要降落伞以及飞控系统支持。

图 5-3　发射与回收系统

图 5-4　降落伞

**(二) 软件系统**

1. 航线设计软件

航线设计在无人机航空摄影测量系统中扮演着十分重要的角色,它直接决定了整个系统工作的方向和精准度。这一分支系统作为信息采集的关键步骤,需要对系统运行经过的作业范围、地形地貌特点、属性精度要求、摄影测量参数以及摄影测量的结果进行综合设定。航线设计软件需要对相关的工作参数进行综合设定与检查,如航线走向、摄影基面、行高、像片重叠度和地面分辨率等飞行参数,进而获得飞行所需的曝光点坐标、基线长度等参数。

2. 数据接收与预处理系统

这是无人机系统中最为重要的软件系统,也是无人机航空摄影测量系统室外作业的最后一步,直接影响到后续的图像数据处理质量。一般情况下,无人机航空摄影测量系统在影像获取过程中,由于受外界和内部因素的影响,可能降低获取的原始图像的质量。为避免原始图像后续处理的质量问题,在影像配准、拼接之前,必须对原始影像进行图像校正、图像增强等预处理。

## 二、无人机航摄传感器及选择

用于航空摄影的无人机上常用的传感器有光学传感器(非量测型相机、量测型相机等)、多镜头集成倾斜摄影相机、机载激光雷达、红外传感器、视频摄像机等,实际作业中,根据测量任务的不同,配置相应的任务载荷。主要应关注以下几个方面的内容:①相机的光圈、快门、CCD 尺寸、芯片处理速度、镜头质量等关键参数;②相机标定,任务前或后进行标定,可考虑用便携板进行标定,有利于提高精度(0.3 ~ 0.1 m);③相机模式,全手动模式(起飞前进行测光);④焦距选择,避免盲目选择长焦。与星载光学测绘系统相比,航空测绘

系统在成像分辨率、测绘精度、信噪比、辐射特性测量、成图比例、测绘成本、操作灵活性等方面具有较大优势。

经过将近百年的发展，航空测绘装备技术水平发生了质的飞跃，最初的胶片式航拍相机已逐渐退出市场，正在被装有线阵或面阵探测器的数字式、多光谱相机所代替，系统的信息获取能力和数据丰富程度大幅提升。航空测绘的内涵也发生了根本的转变，由传统的航空摄影测量发展为航空遥感测绘。就其目前的航空测绘相机而言，主要是线阵和面阵 CCD 多光谱数字相机。随着探测器、DGPS/IMU、激光器技术的发展和成熟，基于测时机制的机载 LiDAR 已经发展成为另外一种重要的航空测绘手段，它的出现大大拓展了航空光学测绘的适用范围，使浅滩测量、森林测绘、输电线路规划等一些测绘相机难以有效解决的应用成为可能，此外，LiDAR 具有测量精度高、方便快捷、数据处理方便等优点，已成为重要发展方向。

近年来，用于航空摄影的两种半导体（CCD、CMOS）技术经历了长足的发展，并取得了重大突破，尤其是大幅面面阵传感器的产生，对数字航摄仪产生了重要的影响。数字相机可以根据所需数字影像的大小选择相应幅面的面阵传感器，或者进行多传感器的拼接。在高分辨率遥感载荷发展的牵引下，高精度 POS 技术也得到了快速发展，并广泛应用于高性能航空遥感领域。目前，国际上的 POS 产品已经达到了很高的技术指标，加拿大 Applanix 公司研制的 POS/AV610 采用高精度激光陀螺 IMU 与 DGPS 组合，处理后水平姿态精度与航向精度分别高达 0.002 5°和 0.005°。

随着航测任务的多样化发展和不断深入，用户所需的测绘信息类型更加丰富，对测绘装备的发展起到了重要的推动作用。从目前航测装备技术水平和系统配置来看，测绘相机和机载 LiDAR 已经具有较好的工作精度，相机和机载 LiDAR 相融合已成为发展的必然趋势。以测绘相机为主，机载 LiDAR 等其他光学测绘装备相结合的多传感器航空光学测绘平台，在未来将会具有更大的竞争优势，大面阵、数字化是航空测绘相机的重要发展方向，20 k 的大面阵数字测绘相机虽然已经实现，通过增大探测器规模来提升装备信息获取效率仍有一定的开发空间。随着探测器件制造工艺水平的发展，30 ~ 50 k 规模的 CCD 或 CMOS 面阵探测器在不远的未来有可能在航空测绘相机领域得到推广应用。机载 LiDAR 在航测装备中的作用日趋显现，它将成为未来航空立体测绘的重要支柱，如何提升其数据效率是关键所在。总而言之，精度已不是目前已有航测装备的根本问题所在。

在无人机摄影测量中，现有高精度航测设备存在的最大问题是体积大、质量重，只有少数载荷大的大型无人机才能使用，造成了测绘装备使用的局限性。由于控制技术和成像技术的发展，一些非专业的测量设备（如民用相机）也能满足专业的测量任务需求。适用范围、效率、方法以及数据处理的自动化是测绘装备未来发展亟待解决的主要问题。

**（一）光学相机**

航空测绘相机的研究和应用最早可追溯至 20 世纪 20 ~ 30 年代，Leica 早在 1925 年已开始了相关研究，并且为美国地质调查局进行了初步尝试。20 世纪 50 年代开始，胶片型航测绘相机得到了广泛的应用。经过数十年的发展，数字航测相机技术成熟，已基本取代胶片相机，以面阵数字相机为主，且大多具备多光谱成像功能，可满足不同的测绘任务需求。为了减少飞行次数，增加飞行覆盖宽度，面阵数字相机焦面一般为矩形；同时，为了兼顾测绘对光学系统的性能要求，相机大多用多镜头拼接方案。由于探测器件等相关技术的进步，航空测绘相机的像元比早期系统的像元尺寸都有所减小，不仅增大了面阵规模，而且在同样工作高度下可利用小焦距光学系统获得更高分辨率。

大面阵数字式多光谱测绘相机时代已经到来，相关装备技术已经发展成熟，随着成像技术、控制技术、无人机技术的发展，非量测型相机开始在航测领域崭露头角，它对航测的工作效率、适用范围、数据传输、存储以及后期数据产品的生产生成势必产生深远的影响。

1. 非量测型相机

非量测型相机是相比于专业摄影测量设备——量测型相机而言的，是普通民用相机，主要包括单反相机、微单相机以及在单个普通民用数码相机基础上组合而成的组合宽角相机等。其空间分辨率高，价格低，操作简单，在数字摄影测量领域得到广泛应用。

1）单反相机

单反相机（全称为单镜头反光照相机）是用单镜头并通过此镜头反光取景的相机。随着计算机技术和 CCD、CMOS 等感光元件技术的发展，单反相机性能不断提高，在无人机摄影测量中得到广泛应用。

单反相机有以下特点：

（1）成像质量优秀，在宽容度、解像力和感光度方面表现良好。

（2）快门是纯机械快门或电子控制的机械快门，时滞极短，按下快门后能立即成像，连拍速度也很快。

（3）单反相机的取景是通过镜头取景，采光好，场景真实，颜色自然。

（4）可以根据航拍任务的不同来确定使用何种镜头，镜头更换方便。

无人机摄影测量中常用的单反相机有佳能 5D Mark Ⅱ（见图 5-5）、尼康 D800（见图 5-6）等，具体参数见表 5-2。

图 5-5　佳能 5D Mark Ⅱ

图 5-6　尼康 D800

但近些年的生产实践证明，制约无人机摄影测量成果好坏的关键因素在于无人机影像的优劣。因此，迫于成图精度、处理数据的难易程度等因素的考虑，一些资金雄厚的单位更偏向具有超高分辨率的飞思和哈苏相机。飞思推出了两款具备 1 亿像素的航拍相机 iXU 1000 和 iXU－R 1000（见图 5-7）。这两款产品的体积相对于通常的中画幅机身而言小巧很多，能够无压力地与无人机组合完成航拍任务。哈苏也发布了一款主要运用于航拍领域，具备 1 亿像素的中画幅相机 A6D－100c（见图 5-8）。该相机可以在 20 μs 内同步 8 台相机，设置时只要通过简单的总线系统连接就可以消除后期制作中由于拍摄曝光不同步造成的各种问题。目前哈苏已经拥有 9 支航拍专用的 H 系列镜头，配备的安全锁定安装座可以将拍摄时的振动与弯曲度降至最低。另外，A6D－100c 相机可选择包含红外线滤片的版本，用于近

红外摄影，以满足环境检测、农作物管理等空中行业分析需求。

表 5-2　常用单反相机参数

| 相机类型 | 佳能 5D Mark Ⅱ | 尼康 D800 |
| --- | --- | --- |
| 传感器类型 | CMOS | CMOS |
| 传感器尺寸 | 全画幅(36 mm×24 mm) | 全画幅(35.9 mm×24 mm) |
| 有效像素 | 2 110 万 | 3 630 万 |
| 最高分辨率 | 5 616×3 774 | 7 360×4 912 |
| 对焦方式 | 自动对焦 | 自动对焦 |
| 对焦点数 | 9 个自动对焦点和 6 个辅助自动对焦点 | 51 点 |
| 快门类型 | 电子控制纵走式焦平面快门 | 电子控制纵走式焦平面快门 |
| 防抖性能 | 不支持 | 不支持 |
| PS 功能 | — | 支持(可选) |
| 遥控功能 | 无线遥控，使用遥控器 RC－1/RC－5 | 支持(可选) |
| 无线功能 | 扩充系统端子，用于连接无线文件传输器 WFT－E4/E4A | — |

图 5-7　飞思 iXU 1000 和 iXU－R 1000

图 5-8　哈苏 A6D－100c

2)微单相机

“微单”涵盖微型和单反两层含义：①相机微型、小巧、便携；②可以像单反相机一样更换镜头，并提供与单反相机同样的画质。与单反相机的区别是，微单相机取消了反光板、独立的对焦组件和取景器。虽然对焦性能和电池续航能力远弱于单反，但成像质量基本与单反相机一样，均可以更换镜头，而且体积和重量远小于单反相机，非常适合小型无人机进行小范围测量作业。无人机摄影测量中常用的微单相机有索尼 ILCE7R(见图 5-9)、索尼 A7(见图 5-10)等，具体参数见表 5-3。

图 5-9　索尼 ILCE7R

图 5-10　索尼 A7

表 5-3　常用单反相机参数

| 相机类型 | 索尼 ILCE7R | 索尼 A7 |
| --- | --- | --- |
| 传感器类型 | Exmor CMOS | Exmor CMOS |
| 传感器尺寸 | 全画幅(35.9 mm×24 mm) | 全画幅(35.8 mm×23.9 mm) |
| 有效像素 | 3 640 万 | 2 430 万 |
| 最高分辨率 | 7 360×4 912 | 6 000×4 000 |
| 对焦方式 | 自动对焦 | 自动对焦 |
| 对焦点数 | 25 点 | 117 点(相位检测自动对焦)/25 点(对比检测自动对焦) |
| 快门类型 | 电子控制、纵向式焦平面快门 | 电子控制、纵向式焦平面快门 |
| 防抖性能 | 防抖效果因拍摄条件和使用的镜头而异 | 光学防抖(镜头) |

2. 量测型相机

大幅面的数字航空摄影传感器主要包含两种方式:一种是基于三线阵的 CCD 推扫式传感器,即在成像面安置前视、下视、后视 3 个 CCD 线阵,在摄影时构成三条航带实现摄影测量,ADS40/80 就是典型的三线阵航空数码相机;另一种是基于多镜系统的面阵式传感器(例如 DMC、UCX、SWDC),利用影像拼接镶嵌技术获取大幅面影像数据,与线阵式传感器相比,面阵式航空摄影传感器继承了传统胶片式航摄仪的成像方式和作业习惯,具体作业流程与传统航摄仪相比基本没有改变。因此,在目前的数字航空摄影传感器中,仍以面阵式成像方式为主流。

数字航空摄影传感器的核心元件以光敏成像元件 CCD 为主。面阵式传感器中的 CCD 元件是以平面阵列的方式排列的,成像方式与传统的胶片方式类似。由于受制造工艺和成本方面的限制,现有的大面阵数字航空摄影传感器一般是利用多个小面阵 CCD,采取影像拼接镶嵌的技术获取大幅面影像数据,因此它的几何关系要比常规的基于胶片的航空相机复杂。在相同航高的情况下其影像分辨率都比传统航测要高,由此引起的航摄精度的变化、航摄影像尺寸的变化均为影像控制测量的设计方案及测绘产品的生产带来了新的问题。

此外,航测相机也存在一些缺点:①其像幅覆盖范围小于常规航空相机的覆盖范围,由此产生航空数码相机像对数增加、工作量增加;②由于航片的交会角小,接近于常规长焦摄像机,因此航空数码摄影测量还存在高程精度低的问题。

1)SWDC 数字航空摄影仪

SWDC 数字航空摄影仪是基于高档民用相机发展而来的工业级测量相机,经过加固、精密单机检校、平台拼接、精密平台检校而成,并配备测量型双频 GPS 接收机、GPS 航空天线、航空摄影管理计算机;系统还集成了航线设计、飞行控制、数据后处理等一系列自主研发软件。其中的关键技术是多影像高精度拼接,即虚拟影像生成技术,并可实现空中无摄影员的精确 GPS 定点曝光。SWDC 数字航空摄影仪既适用于城市大比例尺地形图、正射影像图,也适用于国家中小比例尺地形图测绘,性价比高,在国内有很大的市场占有率。

SWDC-4(见图 5-11)由中国测绘科学研究院与有关单位合作研制,是我国自主知识产权产品,其核心产品主要有高精度大负载惯性稳定平台、高精度激光陀螺 POS(TXR20)、高精度组合宽角数字航测相机SWDC－4A。SWDC－4A相机将4个子相机按照一定的间距与倾斜度固定于盘架上，通过时间同步技术和精确控制技术，精确控制4个子相机触发和曝光的时间，使各子相机在拍摄过程中始终保持同步状态，拼装前后经严格的单机检校和整机检校得到相应的参数。基本原理是：利用水平影像上重叠部分的同名点，根据旋转平移关系，求解4幅影像的相对方位元素，然后将水平影像同时投影到虚拟影像上。

其功能特点有：具有焦距短、可更换镜头、内置稳定平台等优点，在与进口航摄仪相比，短焦距镜头特点可以保证在同样航高情况下进行中小比例尺作业时获取更大数值的GSD，提高航摄效率，同时更有利于获取可飞的航摄天气；可更换拍摄方式的特点可保证在大比例尺作业时达到合格的高程精度；内置稳定平台也为用户节约了设备成本的支出。

SWDC是我国自主研发的大面阵框幅式相机，影像形状为矩形，按20 μm扫描时相当于胶片相机23 cm×32 cm，比传统照片23 cm×23 cm大，可更换镜头（50 mm、80 mm），适于多种分辨率影像的获取，高程精度优于国外同类产品，具有镜头视场角大、基高比大（0.59、0.8）、幅面大等特点，并且能够在较少云下摄影。系统集成了GPS、数字罗盘、自动控制和精密单点定位等关键技术。SWDC相关技术指标见表5-4。

图5-11　SWDC－4数字航摄仪

由于SWDC数字航摄仪具有基高比大的特点，在相同地面采样距离条件下，取得的高程精度比其他数码相机要高，且它可获取地面采样距离为4～100 cm的影像数据，适应于不同地区不同成图比例尺。SWDC采用外视场拼接技术，即通过将同时拍摄的多幅影像拼接生成一张虚拟影像；SWDC传感器由多个全色波段镜头，经过加固，精密单机检校，平台检和平台拼接组成，镜头相互之间有一定夹角，实现拼接影像内部重叠率10%。SWDC航摄仪在获取航空影像的同时，采用PPP精密单点定位方式解算数码相机通过曝光点时刻的空中位置，以取代地面控制点进行摄影测量加密来获取模型定向点，再利用加密点实施影像定向。因此，获取小比例尺影像时，基于精密单点定位的技术可以实现无地面控制点的航空摄影测量；同理，通过布设较少外业控制点可获取大比例尺影像，事后应用精密单点定位软件（Trip）解算所得到的坐标精度完全可以满足航测后期工序。

SWDC航空数码相机在相机检校、多面阵CCD虚拟影像拼接、精确空中定点曝光等技术方面具有创新性；在国内首次将GPS辅助空三测量从传统方法应用到数字航空领域，可以成功实现地面无控制或稀少控制的GPS辅助空中三角测量，且产品生产周期短，这对于我国困难无图区测绘以及遥感救灾快速响应等方面具有重大的现实意义，适合我国国情。

2）DMC数字航摄仪

德国卡尔蔡司公司（Carl Zeiss）与鹰图交互计算机图形系统的子公司Z/I Imaging合作，在2000年推出了数字航空摄影传感器DMC。2010年在INTERGEO年会上推出了DMC Ⅱ数字航空摄影传感器，包括DMC Ⅱ 140、DMC Ⅱ 230和DMC Ⅱ 250三种产品，提供了数字传感器从低成本入门到高端的全部类型。DMC Ⅱ是第一台进入大批量工业生产并利用单CCD

获取大幅面全色影像的传感器。每个颜色通道拥有独立的光学传感器 CCD 芯片，在后续的作业工序中无须进行系统误差的解算和消除，可以进行更快、更易、更精确的图像处理。

表 5-4　SWDC 相关技术指标

| 焦距 | 50 mm/80 mm |
|---|---|
| 畸变差 | <2 μm |
| 像元物理尺寸 | 6 μm |
| 拼接后虚拟影像像元数 | 16 k×11.5 k |
| 旁向视场角 | 91°/59° |
| 航向视场角 | 74°/49° |
| 最短曝光间隔 | 3 s |
| 曝光时间 | 1/320、1/500、1/800 |
| 光圈 | 最大 3.5 |
| 感光度 | 50/100/200/400 |

DMC（见图 5-12）是面阵模块化数字航摄仪，传感器单元由 8 个高分辨率镜头组成，每个镜头配有面阵 CCD 传感器，中央 4 个全色镜头，呈碗状排列，以倾斜的固定角度进行安置，4 个多光谱镜头分别对称排列在全色镜头两侧。全色影像利用 4 个不同投影中心小影像的同名点采用外扩法拼合成虚拟焦距为 120 mm 的中心投影影像，DMC 相机通过将高分辨率的全色影像与同步获取的低分辨率 RGB 和红外影像进行融合、配准处理，最终形成高分辨率的真彩色和红外影像。

DMC Ⅱ 的镜头由德国卡尔蔡司公司为其定制设计，其独立的全色（PAN）镜头实现了多年来胶片相机在基本光学设计原理上的单镜头大范围地面覆盖的最大设计视角，并通过消除影响几何精度和辐射量的可能误差源，使影像达到了所有测图和遥感应用的需求，设计中包括垂直投影和单镜头中心投影，因而 DMC Ⅱ 影像数据的后处理不需要 CCD 缝合和影像拼接。DMC Ⅱ 有 5 个正摄镜头，其中 4 个获取红、绿、蓝及近红外的多光谱影像，1 个高分辨率镜头获取全色影像，每个镜头都定制了一个特别的机载压力驱动快门执行自动自检校，确保 5 个镜头在曝光周期里的动作达到最大的同步。DMC Ⅱ 的影像与 DMC 相比具有更高的信噪比和辐射分前率。1∶3.2 的高融合比保证了高品质的彩色和彩红外影像，1.7 s 超短曝光时间间隔满足多基线摄影，甚至是低空和高速情况下的大比例尺摄影测量要求。采用 5 cm 的地面分辨率、311 km/h 的飞行速度可获得 80% 的航向重叠度，14 bit 的影像具有出色的辐射分辨率，即使在光照条件不好、存在阴影或曝光过度的情况下，仍然具有充足的影像信息。DMC Ⅱ 配备了一款新的接装板，能够安置更多不同型号的惯性测量装置。此传感器的兼容性也非常高，可以根据用户的需要进行升级。RMKD 只需安装一个全色 CCD 模块及镜头就可以升级为 DMC Ⅱ 250。

使用多面阵 CCD 传感器进行摄影时，由于 CCD 的尺寸问题，其获取影像的地面覆盖范围要小于传统航摄仪的地面覆盖，因此会使像对数增加，模型接边的工作量增加，从而增加内业工作量。DMC Ⅱ 250 的大幅面影像在一定程度上解决了这一问题。其中 DMC Ⅱ 250 影

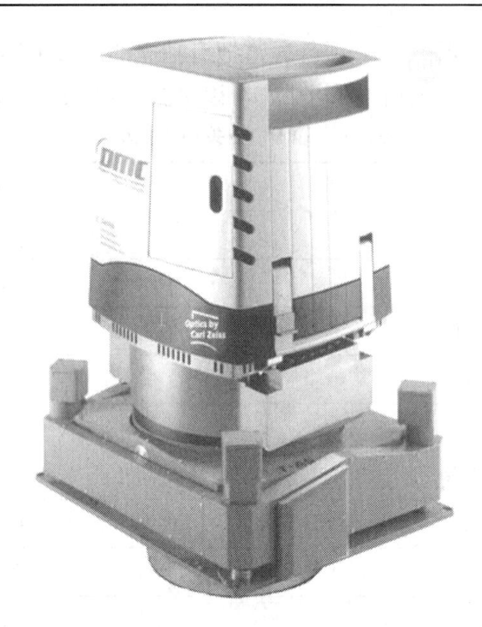

图 5-12　DMC 数字航摄仪

像的影像分辨率已超过目前像幅最大的面阵传感器 UCXP，与 ADS0/80 相比，能够有效减少航线数目约 30%，可以充分利用航摄天气，有效提高航摄效率。传感器单个像元的尺寸达到了 5.6 μm，飞行高度为 500 m 时地面采样距离仅为 2.5 cm，且具有像移补偿功能，能够满足 1∶500 比例尺的成图要求，便于测绘大比例尺地形图。由于不使用拼接影像，DMC Ⅱ 获取的影像不再因为成像系统的不统一而存在系统误差，影像的几何精度得到了明显提高，其内外方位元素的解算精度也随之提高，地面点的量测精度也因此得到改善。

DMC Ⅱ 可以获得高达 80% 的影像重叠率，有利于进行多基线处理的航空数字影像测图，按多目视觉的理论，利用多重叠影像，增大交会角，从而提高高程精度，满足对地面点精度（尤其是高程精度）的需求，表 5-5 为 DMC Ⅱ 250 主要技术参数。

表 5-5　DMC Ⅱ 250 主要技术参数

| 项目 | 参数 |
|---|---|
| 镜头系统和焦距 | 4 个全色，112 mm；1 个多光谱，45 mm |
| 全色影像分辨率 | 17 216 × 14 656 |
| 多光谱影像分辨率 | 6 846 × 6 096 |
| 全色像元物理尺寸 | 5.6 μm |
| 多光谱像元物理尺寸 | 7.2 μm |
| 视场角 | 旁向 46.6°，航向 40.2° |
| 多光谱波段数 | RGB 和 NIR 4 个波段 |
| 相机存储容量 | 1.5 TB |
| 辐射分辨率 | 14 bit |

3）ADS 系列数码航摄仪

ADS40 由 Leica 公司 2000 年推出，能够同时获取立体影像和彩色多光谱影像。它采用三线阵列推扫成像原理，前视 27°、底视 0°、后视 14°，三组排列，能同时提供 3 个全色与 4 个多光谱波段数码影像，该相机全色波段的前视、底视和后视影像可以构成 3 个立体像对。彩色成像部分由 R、G、B 和近红外 4 个波段，经融合处理获得真彩色影像和彩红外多光谱影像，生成条带式影像，同一条航线不需要拼接影像，ADS40 还集成了 POS 系统。

2008 年 Leica 公司推出 ADS80 机载数码航空摄影测量系统(见图 5-13)，集成了高精度的惯性导航定向系统和全球卫星定位系统，采用 12 000 像元的三线阵 CCD 扫描和专业的单一大孔径远心镜头，一次飞行即可同时获取前视、底视和后视的具有 100% 三度重叠，连续无缝的、具有相同影像分辨率和良好光谱特性的全色立体影像以及彩色影像和彩红外影像。ADS80 技术参数见表 5-6。

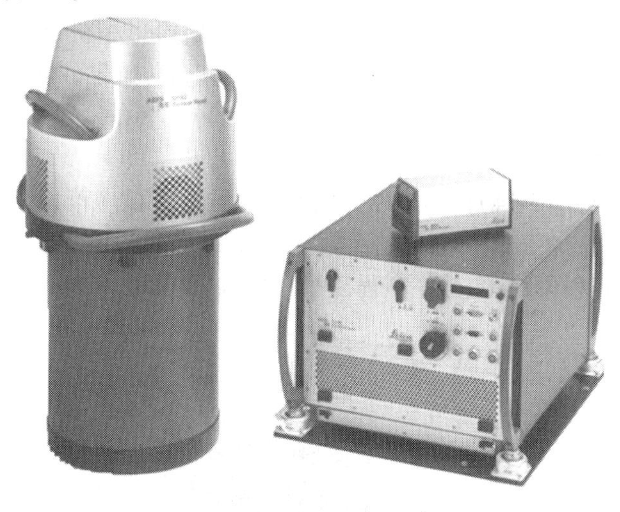

**图 5-13　ADS80 数字航摄仪**

**表 5-6　ADS80 技术参数**

| 项目 | 参数 |
| --- | --- |
| CCD 数字化 | 12 bit |
| 模 - 数转换分辨率 | 16 bit |
| 数据压缩比率 | 2.5 ~ 3.6 |
| 每条线记录频率(周期时间) | ≥1 ms |
| 光谱范围 | 全色、RGB、近红外 |
| 焦平面参数 | 一个四波段分光仪在 SH81 中，共包括 8 条 CCD，每条 12 000 像素，像素大小 6.5 μm，其中 2 条单独全色 CCD，1 对相错半个像素全色 CCD，4 条多光谱 CCD(包括红、绿、蓝、近红外)。两个四波段分光仪在 SH81 中，共包括 12 条 CCD，每条 12 000 像素，像素大小 6.5 μm，其中 2 条单独全色 CCD，1 对相错半个像素全色 CCD，8 条多光谱 CCD(包括 2 红、2 绿、2 蓝、2 近红外) |
| 录像监视仪 | 底视向后 10°，向前 40° |

自 ADS40 数字测绘相机以来，ADS 系列产品（ADS80、ADS100）一直沿用三线阵的设计理念，整机系统性能不断提升，线阵规模不断扩大，采用了分光方法，透过光学镜头的光线经两组分光元件后被分为 3 路，进而投射在 3 个探测器线列上，同时还通过 CCD 叠加和半像元错位的方式来提升系统的细节分辨能力。LH 的强大技术实力使得 ADS 三线阵测绘相机发展成为航空光学测绘装备领域颇具竞争优势的一员，并且具有很大的市场保有量和行业影响力。

**（二）倾斜摄影相机**

倾斜摄影相机是指用来获取地面物体一定倾斜角度影像的航摄相机，倾斜摄影技术是国际测绘遥感领域近年发展起来的一项高新技术。倾斜摄影相机是在数字航摄仪的基础上，根据倾斜摄影原理，通过在同一数字航摄仪上使用多台传感器，同时从垂直、倾斜等不同的角度采集地面影像，倾斜摄影航摄仪又称为多线（面）阵、多角度数码相机。

1. A3 数字航摄仪

A3 数字航摄仪（见图 5-14）由全球领先的数字测绘系统供应商以色列 Vision Map 公司生产。A3 采用步进式分幅成像可获取超大幅宽影像，结合其一体化后处理系统 Lightspeed，可得到一系列产品：正射影像图、数字高程模型、数学表面模型、倾斜测图产品。

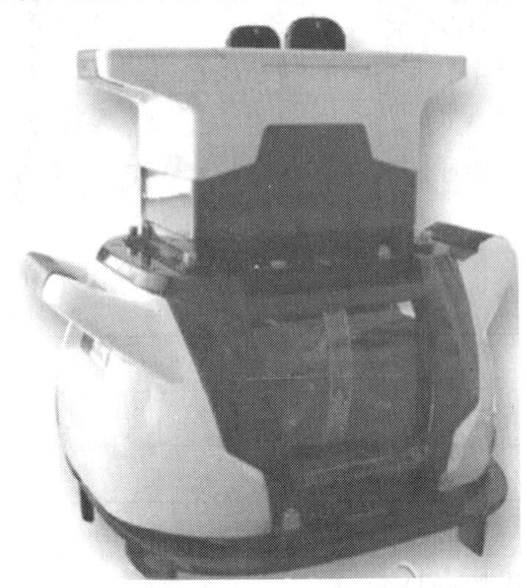

**图 5-14　A3 数字航摄仪**

A3 是以色列 Vision Map 公司生产的新一代步进式倾斜数码航摄仪，由存储器、小型计算机、GPS、电源、控制终端接口及旋转双镜头组成。采用步进式分幅成像原理，在飞行的同时，镜头围绕一个中心轴做最大可达 109°摆角的高速旋转和采集，最大可获取约 62 000 × 8 000（4.96 亿）像素的超宽幅影像图，每个 CCD 每秒可捕捉 7.5 张数字影像。采用 300 mm 的镜头，拥有超高的数据获取能力和影像分辨率，同样的分辨率要求下，A3 能够飞行更高的高度，获取更大面积的数据，节约飞行成本。设计的旋转相机，可获取同一地物在不同角度的影像，一次飞行可获取多种高分辨率垂直和斜拍测图产品。自动匹配原始垂直及斜拍影像连接点，无需地面控制点就可生成满足所有工业标准的高质量产品。

A3 相机的设计具备传统线阵和面阵成像方式特点，是结合两者优势、扬长避短的新一代步进分幅成像方式产品。步进式分幅成像是利用摆扫机构，在垂直于航向的方向多个不同位置成多幅图像,各位置之间保证一定的重叠率,以便于后期处理时恢复为完整的大分辨率图像。A3 航摄仪的镜头采用特别的旋转设计,镜头围绕中心轴可做一个 109°旋转采集,每次摆扫可以获取 64 个像幅(单个 CCD 获取 32 个像幅),一次摆扫时间是 3 ~4 s。为满足航测成图的需求,考虑到航线网、区域网的构成和模型之间的连接等,A3 沿航线两个单像幅重叠度是 2%(大约 100 个像素),垂直航线两个像幅重叠度是 15%。A3 航摄仪的优势如下:

(1)超高的数据获取能力。A3 航摄仪以其超强数据获取能力著称,相机使用 300 mm 长焦距镜,使得相机拥有超高的数据获取能力和影像分辨率。

(2)超大的像幅。A3 采用步进式成像方式,最大可获取约 62 000 ×8 000(4.96 亿)像素的超宽幅影像图。

(3)一次飞行可获取多种产品。A3 系统一次飞行后,无需额外飞行和数据处理,即可同时获得多种数据产品:正射影像图、高程模型、数字表面模型、倾斜测图产品。

(4)高精度的产品。由于 A3 系统特殊的成像方式(框幅 + 扫描式),可获得高度重叠度的影像,同一个点在多达数十幅有影像响应。由于同一空间点可通过数十个多余观测(共线方程)获得解算,精确反演获得该点的空间位置,即完成高精度产品生产。

2. SWDC -5 数字航空摄影仪

SWDC -5 数字航空摄影仪(见图 5-15)通过在同一飞行平台上同时从 5 个不同的视角采集影像,将人引入了符合人眼视觉的真实直观世界。该技术可作为数字城市建设中三维建模数据获取和更新的主要技术手段,建立城市高分辨率航空影像数据库。SWDC -5 数字倾斜相机,通过子相机加固、精密检校、安装固定架(倾角范围:35° ~45°),集成 5 个高档大幅面民用数码相机,并且研制专用于倾斜摄影的飞控系统,形成一套可拍摄多方向倾斜影像的航空摄影系统,有不同的组合方案备选。

图 5-15 SWDC -5 数字航空摄影仪

通过在同一飞行平台上搭载多个相机,分别从竖直和 4 个倾斜角度对地面进行拍摄,得到被拍摄物体的多视角影像,建筑物外立面的真实纹理,并且有效集成 POS 系统,获取到每张像片的外方位元素,数据可广泛应用于数字城市、数字地球(智慧地球)的基础地理空间框架建设。

目前 SWDC -5 系统已经实现了正常的数据获取、数据后处理、具体工程解决方案应用试验。具体的解决方案有如下几种模式:①建立带有姿态数据的倾斜照片影像库,当光标在物方运动时系统自动调出相关的倾斜照片，并在其上进行量测和观察，为用户提供可量测影像数据。②与 POS、LiDAR 配合，用 LiDAR 的 DSM 配合有姿态数据的影像进行城市三维建模。③只与 POS 配合，不用 LiDAR，配合高可靠相关匹配，用有姿态的影像的多光线（大于等于 5 条光线）前方交会生成 DSM 后进行建模。④不用 POS 和 LiDAR，只用五头相机的数据和 GPS 记录的曝光点坐标数据，配合高可靠性相关匹配，做倾斜照片自动空中三角测量，得到各照片姿态后进行前方交会生产 DSM 并且建模。系统特点如下：

（1）系统由加固并量测化改造后的 5 台大面阵数码相机组成，单相机像素数达 5 000 万，每台单相机的综合畸变差均小于 2 μm。

（2）相机具有多视角同步采集影像功能，提供精确的子相机相对方位。

（3）系统为不同品牌的 POS 系统预留安装接口，并且标配国产高精度 POS 系统。

（4）系统配置两种镜头组合方案，兼顾高质量影像纹理采集以及高重叠数据采集两种特点，给用户以更多的选择便利。

（5）系统兼具建模与测量相机双重功能，经过简单的结构改造，系统既可进行倾斜航摄数据采集，也可进行常规的航测数据采集。

（6）倾斜相机单机幅面超过进口相机，斜片分辨率高、畸变小，焦距可任意组合，并与国产 POS 成功对接，建模逼真、造价低、速度快、交互少。

**（三）机载激光雷达**

LiDAR 是一种以激光为测量介质，基于计时测距机制的立体成像手段（见图 5-16）。其属主动成像范畴，可以直接联测地面物体的三维坐标，系统作业不依赖自然光，不受航高、阴影遮挡等限制，在地形测绘、气象测量、武器制导、飞行器着陆避障、林下伪装识别、森林资源测绘、浅滩测绘等领域有着广泛应用。

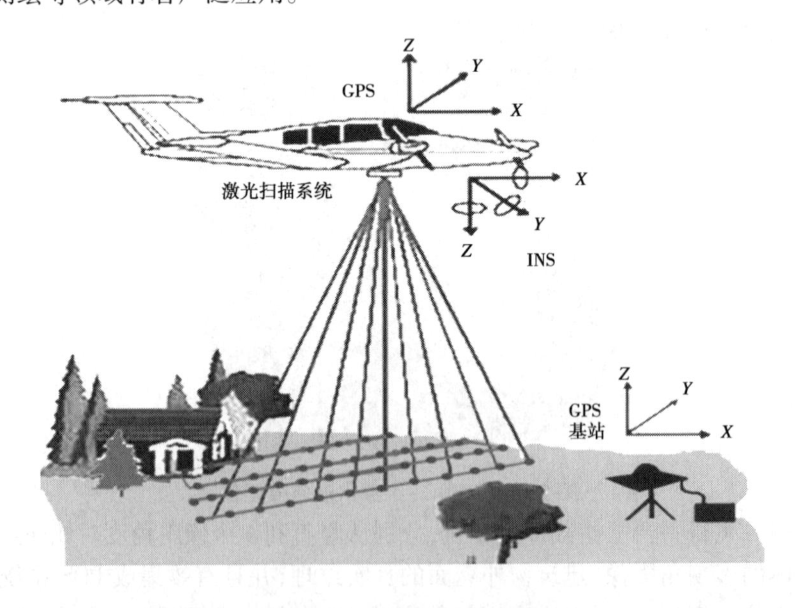


图 5-16 LiDAR 工作原理图

LiDAR 诞生于 20 世纪 60 ~ 70 年代，当时称之为激光测高计。20 世纪 80 ~ 90 年代，该项技术取得了重大进展，一系列航天和机载 LiDAR 系统研制成功，并得以应用。自 21 世纪以来，计算机、半导体、通信等行业进入了蓬勃发展的时期，从而使得激光器、APD（avalanche photodiode,雪崩光电二极管)探测器、数据传输处理等 LiDAR 相关的器件和关键技术取得了迅猛发展,一系列商用机载 LiDAR 系统不断涌入市场。它的出现为航空光学装备领域注入了新的活力,大大拓展了航空光学测绘的适用范围和信息获取能力,目前已成为面阵数字测绘相机的有力补充,在航空光学多传感器测绘系统中扮演重要角色。

LiDAR 是可搭载在多种航空飞行平台上获取地表激光反射数据的机载激光扫描集成系统,该系统在飞行过程中同时记录激光的距离、强度、GPS 定位和惯性定向信息。用户在测量性双频 GPS 基站和后处理计算机工作站的辅助下,可以将雷达用于实际的生产项目中。后处理软件可以对经度、维度、高程、强度数据进行快速处理。工作原理:通过测量飞行器的位置数据(经度、维度和高程)和姿态数据(滚动、俯仰和偏流),以及激光扫描仪到地面的距离和扫描角度,便可精确计算激光脉冲点的地面三维坐标。

作为一种主动成像技术,机载 LiDAR 在航空测绘领域具有如下特点:

(1)采用光学直接测距和姿态测量工作方式,被测对象的空间坐标解算方法相对简单、易于实现、单位数据量小、处理效率高,具有在线实时处理的开发潜力。

(2)由于采用了主动照明,成像过程受雾、霾等不利气象因素的影响小,作业时段不受白昼和黑夜的限制。与传统的被动成像系统相比,环境适应能力比较强。

(3)通过激光波段选择,可对海洋、湖泊、河流沿线浅水区域的水底地形结构进行立体测绘,这一能力是传统被动航空光学测绘装备所不具备的。

(4)测距分辨率高,结合距离门技术,可对一定距离范围内的目标进行高精度测量。在森林生态结构分类、林下地表形态、林木资源储量、电力线路测绘等领域具有独特优势。

鉴于上述特点,机载 LiDAR 在浅滩测量、森林资源调查、厂矿资产评估、电力设施测绘、3D 城市建模等测绘领域具有一定特色,与测绘相机形成了很好的优势互补的效果。它可同时实现陆地和相对较清水域的水深、水底形貌的高精度测绘(高程精度 ±15 cm),获取高精度数字高程模型,这一功能是航空测绘相机难以达到的,故在浅水区开发建设中具有重要应用。机载 LiDAR 在森林资源测绘领域具有很大的技术优势和较好的应用价值,北欧、加拿大等森林资源丰富的地区很早已经将 LiDAR 应用于森林资源测绘。LiDAR 数据可用于森林覆盖率、林木储蓄量评估,以及森林垂直生态结构分布、树种分类、树冠高度和分布密度等方面的研究,可以获得更加详细的树木垂直结构形态。LiDAR 在该领域的优势进一步得以凸显,已发展成为森林资源测绘的主力装备之一。除了上述两个特色应用外,LiDAR 在输电线路、河谷地形等狭长带状区域测绘,以及大型固定资产评估、三维数字城市建设等相关领域也具有一定应用优势。

LiDAR 系统基本是基于点阵扫描工作模式,工作高度高达数千米,测量精度可达厘米级别,系统显著特点如下:

(1)激光重复频率高。现有商用系统的激光重复频率可高达 500 kHz,比早期提高 2 ~3 个数量级。高的激光重复频率是提高系统数据获取速率的重要解决途径之一,与之相关的扫描系统、数据传输和处理速度要求也随之提高。对于同一照射点,高的激光重复频率可增加反射回波数量,有利于提高系统的细节分辨能力。

(2)横向扫描角度大。现有商用机载 LiDAR 大都与大面阵航空测绘相机一起使用,为满足横向覆盖宽度的要求,横向扫描角度与测绘相机的横向视场角匹配,其横向扫描角度可达 60° ~70°的水平。

但 LiDAR 系统质量重、体积大，目前只能在大型无人直升机上搭载，应用受到了极大限制，体积小、质量轻、集成化是其以后的发展方向。

### （四）红外传感器

红外传感系统是用红外线为介质的测量系统，按探测机制可分成为光子探测器和热探测器。按照功能可分成 5 类：①辐射计，用于辐射和光谱测量；②搜索和跟踪系统，用于搜索和跟踪红外目标，确定其空间位置并对它的运动进行跟踪；③热成像系统，可产生整个目标红外辐射的分布图像；④红外测距和通信系统；⑤混合系统，是指以上各类系统中的两个或者多个的组合。

红外传感器是红外波段的光电成像设备，可将目标入射的红外辐射转换成对应像元的电子输出，最终形成目标的热辐射图像，红外传感器提高了无人机在夜间和恶劣环境条件下执行任务的能力。

#### 1. STAMP 系列传感器

CONTROP 公司为 SUAV（小型无人飞行器）开发了首套小型稳定有效载荷，以解决传输到用户的图像质量较差的问题，D－STAMP 有效载荷是一种白昼稳定微型有效载荷，质量为 650 g，具有大型光电有效载荷能力，包括稳定的 LOS（瞄准线）、无振动全图形放缩的高质量图像、标明坐标和 INS 目标跟踪能力。另外，D－STAMP 具有独特的扫描能力，还可为操纵者和所有收到视频信号的用户的视频图像提供有关的补充数据（如补充目标坐标）。

CONTROP 公司的 STAMP 系列传感器是陀螺仪稳定的小型传感器，专用于小型无人机。STAMP 系列小型传感器已经在包括“云雀”“蓝鸟”和 Skylite 在内的多种无人机上使用了多年。STAMP 系列传感器包括具有非致冷红外探测器的 U－STAMP、U－STAMP－Z 和 U－STAMP－DF 传感器，具有彩色 CCD 的 D－STAMP 和 D－STAMP－ HD 传感器，T－STAMP－C 和 T－STAMP－U 双传感器，以及结构加固的 A－VIEW 传感器。这些传感器装备作为有效载荷用于小型无人机进行侦察，提供的图像质量与大型无人机有效载荷相当。CONTROP 公司瞄准需求迅速增长的小型无人机有效载荷市场，解决传感器价格和图像质量之间的矛盾，提供具有高性能重量比和高性能体积比的传感器。传感器采用机械陀螺和 3 个万向架系统实现自动变焦，具有高的图像质量，既减小了操作人员的工作量，也使操作人员在进行大小视场变换时能够看到目标。

#### 2. CoMPASS 系列传感器

以色列埃尔比特光电系统公司是一家世界领先的集成无人机传感器装备提供商，该公司的光电传感器装备能够提供最佳的观察、监视、跟踪和目标定位能力，其传感器产品设计具有的机械接口和电气接口容易与其搭载平台整合。

CoMPASS 传感器系统具有在各种气候条件下进行昼夜情报、监视、目标搜索和侦察的能力。系统采用了微型数字电路和轻质材料，因此重量轻、体积小，适合于高级无人机应用。

MicroCoMPASS 传感器系统是 CoMPASS 家族的最新成员，采用了重量超轻、极度紧凑和高度稳定的设计，具有连续变焦以及昼夜观察和监视能力。系统提供稳定的实时视频、远程连续变焦热成像和彩色变焦 CCD 摄像机，并且能够自动跟踪观察到的目标。

“云雀”系列无人机上搭载超轻型热成像装置，利用万向架实现稳定工作，其上集成了高分辨率的前视红外非制冷测辐射热计摄像机，其工作波段为 8～12 μm，在固定焦距下的固定视场为 23°，载荷为 700～800 g，在同等级别中载荷最轻。但是，其最重要的特色是图像质量非常高,还包括超广域覆盖以及移动目标连续跟踪等功能。

(五)视频摄像机

无人机搭载的视频摄像机一般为CCD(Charge Coupled Device,电荷耦合器件)和CMOS(Complementary Metal Oxide Semiconductor,互补金属氧化物半导体)摄像机。被摄物体的图像经过镜头聚焦至CCD芯片上,CCD根据光的强弱积累相应比例的电荷,各个像素积累的电荷在视频时序的控制下,逐点外移,经滤波、放大处理后,形成视频信号输出,视频信号连接到监视器或电视机的视频输入端便可以看到与原始图像相同的视频图像。CCD与CMOS图像传感器光电转换的原理相同,其最主要的差别在于信号的读出过程不同:由于CCD仅有一个(或少数几个)输出节点统一读出,其信号输出的一致性非常好;而CMOS芯片中,每个像素都有各自的信号放大器,各自进行电荷电压的转换,其信号输出的一致性较差。但是CCD为了读出整幅图像信号,要求输出放大器的信号带宽较宽,而在CMOS芯片中,每个像元中的放大器的带宽要求较低,大大降低了芯片的功耗,这就是CMOS芯片功耗比CCD要低的主要原因。尽管降低了功耗,但是数以百万的放大器的不一致性却带来了更高的固定噪声,这又是CMOS相对CCD的固有劣势。

MV－VE GigE千兆网工业数字摄像机(见图5-17)采用帧曝光CCD作为传感器,图像质量高,颜色还原性好,以网络作为输出,传输距离长,信号稳定,CPU资源占用少,可以一台计算机同时连接多台摄像机。与国外同档次产品相比,有明显的价格优势,对于要求高清、高分辨率图像质量的客户MV－ VE GigE千兆网数字相机是一种很好的选择。

图5-17 MV－VE GigE千兆网工业数字摄像机

MV－VE GigE千兆网工业数字相机可通过外部信号触发采集或连续采集,广泛应用于工业在线检测、机器视觉、航天航空等众多领域,特别是在智能交通行业、重大事件应急测绘安保、空间地理信息直播方面得到应用。产品特点有:

(1)数字面阵帧曝光逐行扫描CCD,软件控制图像窗口无级缩放。

(2)采用GigE输出,直接传输距离可达100 m。

(3)可控电子快门,全局曝光,闪光灯控制输出,外触发输入,软件触发;在连续模式和触发模式下都支持自动增益和自动曝光,晚间自动开启闪光软件,调整增益、对比度,外触发。

(4)延迟图像传输,传输数据包长度和间隔时间可调。

## 三、无人机及航空摄影机型选择

利用无人机进行摄影测量,应首先根据任务、项目的技术要求,选择合适型号类型的无

人机。无人机航空摄影中航摄平台作为原始影像获取的重要设备，有着不可替代的作用和地位。航摄飞行器与航摄仪组成了航空摄影平台。选择时主要应关注以下几个方面：①飞行速度，飞行速度越慢，像点位移越小；②飞行平稳度，飞机应平稳，保证重叠度；③续航时间，续航时间的长短直接影响作业效率；④有效荷载，可装载的相机类型（+镜头）；⑤易操作，方便维修与保养。航摄仪的性能参数对飞行载体提出了明确需求，飞行载体允许到达的高度、速度和效率为航摄仪提供了直观的选择依据。

根据任务不同、要求不同、使用相机不同，需选择不同类型的飞行平台，大致可分为多旋翼无人机、固定翼无人机、无人直升机、无人飞艇、无人伞翼机等。无人机作为航空摄影平台，受油、电等传统能源动力的局限，目前大部分民用无人机都存在续航时间较短的缺点。但是无人机执行的航摄任务都是低于500 m超低空摄影，对航空管制高度影响非常小。

### （一）多旋翼无人机

旋翼无人机自重和载重较轻，续航时间短，载荷一般不到5 kg，滞空时间短，无法完成长距离大面积地理信息测绘；但操控性强，可垂直起降和悬停，主要适用于低空、低速、有垂直起降和悬停要求的任务类型。

如图5-18所示为MD4－1000四旋翼无人机。

图5-18　MD4－1000四旋翼无人机

### （二）固定翼无人机

固定翼无人机（见图5-19）飞行速度较快，适合倾斜相机工作的速度是20～40 km/h。同时，固定翼无人机无法飞得太低，安装云台困难，很难拍出高质量的测绘相片。

图5-19　固定翼无人机

(三)垂直起降固定翼无人机

复合翼无人机气动效率低于固定翼,导致续航时间会大幅低于固定翼无人机。一般来说,电池驱动的 7 ~ 8 kg 的复合翼无人机续航大概在 70 ~ 90 min,而同等重量的电动固定翼无人机续航在 180 ~ 200 min。

如图 5-20 所示为 Quantum TRON 垂直起降固定翼无人机。

图 5-20 Quantum TRON 垂直起降固定翼无人机

(四)无人直升机

无人直升机的安全性和稳定性直接关系到测绘成图效果,普通无人直升机很难完成高精度测绘,Dragon50 交叉双桨无人直升机(见图 5-21)独特的设计使其成为目前国际国内市场上难得一见的测绘级无人机。

图 5-21 Dragon50 交叉双桨无人直升机

(五)无人飞艇

飞艇也是利用轻于空气的气体来提供升力的航空器。飞行高度 50 ~ 600 m,以每小时 30 ~ 70 km 的速度安全飞行,可以获取比其他飞行器更清晰的航空影像。其以高清晰度、高分辨率的影像实现高精度摄影测量,因而更适合大比例尺测图等工程需求。

如图 5-22 所示为 CK – FT180 飞艇。

在实际的测绘生产中,首先应根据航空摄影项目要求,结合摄影仪性能参数,选择符合项目要求的摄影平台。然后根据航空摄影项目范围、天气、空域等情况,结合各类飞行器性能特点,选择符合项目要求的航空载体。在无人机测绘领域,比较适合航摄作业的为前三种机型。多旋翼的工作效率太低,且大多续航能力在 30 min 以内,只适用于小范围的测绘任

图 5-22　CK－FT180 飞艇

务;固定翼对场地的要求较高,适合空旷地区大范围的测绘任务;垂直起降固定翼无人机是最近的新兴产品,是无人机以后发展的趋势。鉴于测绘效率和起飞场地要求的考虑,无人机航空摄影测量选择垂直起降固定翼无人机会更具优势。

## 四、无人机航线规划

无人机航线规划是任务规划的核心内容,需要综合应用导航技术、地理信息技术以及远程感知技术,以获得全面详细的无人机飞行现状以及环境信息,结合无人机自身技术指标特点,按照一定的航迹规划方法,制定最优或次优路径。因此,航迹规划需要充分考虑电子地图的选取、标绘、航线预先规划以及在线调整时机。

电子地图在无人机任务规划中的作用是显示无人机的飞行位置、画出飞行航迹、标注规划点以及显示规划航迹等。一般情况下,电子地图可直接安装于无人机地面控制站,选取合适的地图插件,可与地面站软件进行较好的集成。电子地图插件应具备以下基本功能:①地面站所需要的永久图层和临时图层的创建;②地图属性设置,如图层设置、样式选择等;③对地图的一些基本操作,如拖动、放大、缩小等;④对地图图元的添加、删除、选定、移动等操作。电子地图显示的信息分为三个方面:一是无人机位置和飞行航迹;二是无人机航迹规划信息;三是其他辅助信息,如图元标注。其中图元标注是完成任务的一项重要的辅助性工作,细致规范的图元标注将大幅度提高飞行安全性和任务完成质量。图元标注主要包括以下三方面信息:①场地标注。主要包括起飞场地标注、着陆场地标注、应急场地标注,为操作员提供发射与回收以及应急迫降的区域参考。②警示标注。主要用于飞行区域内重点目标的标注,如建筑物、禁飞区、人口密集区等易影响飞行安全的区域。③任务区域标注。无人机侦察监测区域应预先标注,主要包括任务区域范围、侦察监测对象等。

无人机航线规划一般分为两步:一是飞行前预规划,根据既定任务,结合环境限制与飞行约束条件,从整体上制定最优参考路径;二是飞行过程中的重规划,根据飞行过程中遇到的突发状况,如地形、气象变化、未知限飞禁飞因素等,局部动态地调整飞行路径或改变动作任务。图 5-23 所示为无人机航线规划流程。

航线规划的内容包括出发地点、途经地点、目的地的位置信息、飞行高度和速度与需要到达的时间段。航线规划应具备以下功能:

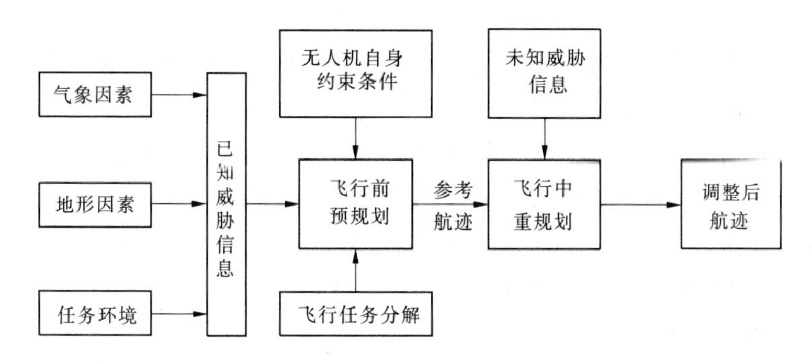


图 5-23　无人机航线规划流程

(1)标准飞行轨迹生成功能。可生成常用的标准飞行轨迹,如圆形盘旋、8 字形盘旋、往复直线飞行等,存储到标准飞行轨迹数据库中,以便在飞行过程中可以根据任务的需要使飞行器及时地进入和退出标准飞行轨迹。

(2)常规的飞行航线生成、管理功能。可生成对特定区域进行搜索的常规飞行航线,存储到常规航线库中,航线库中的航线在考虑了传感器特性、传感器搜索模式(包括搜索速度、搜索时间)和传感器观察方位(包括搜索半径、搜索方向、观测距离、观测角度)等多种因素后,可实现对目标的最佳探测。

(3)应急功能。系统保障与应急预案规划是指综合考虑无人机系统本身的约束条件、目标任务需求和应急情况设定,合理设置地面站与无人机的配比关系,科学部署工作地域内的各种无人机地面站,制订突发情况下的无人机工作方案。其主要目的是确保飞机安全返航,规划一条安全返航通道和应急迫降点,以及航线转移策略(从航线上的任意点转入安全返航通道或从安全返航通道转向应急迫降点或机场)。

**(一)无人机航线规划原则**

航线规划应遵循以下原则:

(1)航线一般按东西向平行于图廓线直线飞行,特定条件下亦可作南北向飞行或沿线路、河流、海岸、境界等方向飞行;

(2)曝光点应尽量采用数字高程模型依地形起伏逐点设计;

(3)进行水域、海区摄影时,应尽可能避免像主点落水,要确保所有岛屿达到完整覆盖,并能构成立体像对。

**(二)无人机航线规划原理**

航线规划是指在特定的约束条件下,寻找运动体从起始点到目标点满足某些性能指标最优的运动轨迹。因此,可得到无人机航线规划的定义,即在综合考虑无人机机动性能、碰地概率、突防概率、油耗、威胁和飞行时间约束等因素下,找到一条从起始点到目标点的最优或最佳的可行飞行轨迹。

无人机以其制造成本低廉、飞行时间长、附带损失小,能自动并且精确地打击目标等优点,在一些关键和高危险的任务中发挥着不可替代的作用。同时,因为飞行任务的更新、飞行难度的提高、任务的危险度加大以及飞行强度急剧增大,仅仅靠着飞行员人工操作完成复杂的飞行任务变得愈加困难。为解决这些问题,一种有效的途径就是采用无人机航线规划(Path Planning)技术。与传统方法相比,利用航线规划技术来完成任务规划问题具有以下

优点:

(1)航线规划技术充分利用了预先得到的地形信息,因而最终的规划航线具有更好的安全性,从而保障无人机在完成任务时安全性更高。

(2)在航线规划时,飞行器有很多飞行性能约束,必须进行充分地考虑,并且把这些因素加入到规划过程中,保证规划的最终航线是满足任务要求的航线。

(3)在航线规划时考虑了飞行器燃料制约、规划环境中的禁飞区域限制等其他因素,利用航线规划技术,可以使无人机完成任务所花费的代价较小,得到的航线可靠性高。

无人机航线规划的目的是要找到一条最佳的飞行航线,要尽量降低自身可能撞地的概率,同时还要求满足无人机的各种约束条件。而这些因素之间通常是相互耦合的,若改变其中的某个因素通常会引起其他因素的变化,因此在无人机航线规划过程中需要协调各种因素之间的关系。具体来说,需要考虑以下因素。

1. 无人机性能要求

航线规划过程中必须考虑到无人机的性能约束,否则即使航线规划得再好,由于受到无人机性能的约束,无人机也不可能按规划的航线进行飞行。无人机的性能限制对航线的约束主要有:

(1)最大转弯角:它限制生成的航线只能在小于或等于预先确定的最大角度范围内转弯。该约束条件取决于无人机的性能和飞行任务。

(2)最大爬升/俯冲角:由无人机自身的机动性能决定。它限制了航线在垂直平面内上升和下滑的最大角度。

(3)最小航线段长度:它限制了无人机在开始改变飞行姿态之前必须直飞的最短距离。为减小导航误差,飞行器在远距离飞行时一般不希望迂回行进和频繁转弯。

(4)最低飞行高度:在某些特殊情况下,需要无人机在尽可能低的高度上飞行,但是飞得过低会直接增加无人机坠毁的概率。这就要求在保证离地高度大于或等于某一给定高度的前提下,使飞行高度尽量降低。

此外,无人机航线规划还必须考虑无人机的燃料限制和射程约束。

2. 实时性要求

在无人机航线规划过程中,如果预先已经掌握了无人机规划区域内完整精确的环境信息,可规划出一条自起点到终点的最优航线。但由于任务的不确定性,无人机常常需要临时改变飞行任务。在这些情况的干扰下,预先在地面规划出的航线不可能满足要求。当环境的变化区域不大时,可通过局部更新的方法进行航线在线再规划。如果无人机周围环境的变化区域较大,则无人机必须具备实时在线规划功能。

**(三)无人机航线规划算法**

无人机航线规划问题的目标函数较为复杂,涉及对大量不同信息的处理问题,通常分两个层次进行:第一层是整体参考航线规划;第二层是局部航线动态优化。整体参考航线规划是无人机飞行前在地面上完成的。其优劣通常是根据无人机的安全要求、任务要求、飞行时间等因素组合预先确定最优性能指标,并以此为标准,采用合适的算法生成一条最优的参考航线。得到参考航线之后,无人机在实际飞行中并不一定严格按照参考航线来飞,它还受到参考航线周围的地形因素、威胁因素及无人机自身的性能约束(如最大转弯半径、滚转角、飞行高度、飞行速度等)的限制。因此,在参考航线周围,无人机会根据周围不断更新的各种信息对参考航线进行局部的动态优化，生成一条最优航线并引导无人机沿最优航线飞行。无人机的整体参考航线规划涉及全局优化问题，既要避免陷入局部最优，还要减少计算量。而在局部航线动态优化过程中应当尽可能减少计算量以确保航线规划的实时性。通常在理论上最优航线是不可能得到的，但在实际的航线规划中，能够将代价降到可接受的水平也是可行的。

无人机航线规划算法众多，按照规划决策的计算方法可分为启发式和最优式算法。启发式算法包括遗传算法、神经网络、模拟退火等。最优式算法则包括数学规划法、动态规划法、牛顿法、穷举法、梯度法等。启发式算法和最优式算法的根本区别在于最优式算法的计算时间随问题规模的变大而呈现爆炸式增长。按照几何学的方法可分为基于图形的算法和基于栅格的算法。基于图形的算法的处理结果较为准确，但需要较长的收敛时间；基于栅格的算法可以在实时要求的条件下收敛，但对于一些约束条件难以处理。此外，还有学者将规划算法分为人工势场法、随机路标图法和栅格分解法，这些方法有些近似于按几何学观点的分类。下面选择部分算法做简要介绍。

1. 人工势场法

无人机航线规划问题简单来说就是要求无人机能避开各种飞行障碍，从而安全地完成任务。人工势场法的主要思想是在不考虑其他约束的情况下，利用物理中磁场吸引和排斥的有关法则，将目标作为吸引场，威胁和各种障碍作为排斥场，无人机在二者综合生成的势场中飞行。人工势场法一个突出的特点就是规划速度快，势场的建立涉及威胁、障碍、目标的评估等因素，非常直观。但对一些约束条件不好处理，并且可能由于在吸引力和排斥力相等的地方存在局部最小点，从而导致找不到路径，使规划失败。因此，人工势场法一般用于完成航线规划的后期处理，比如对用 PRM、VORONOI 图等方法生成的航线进行平滑处理等。

2. PRM(随机路标图)法

PRM 是由 Overmars 等在 1992 年提出来的一种随机路径搜索方法。该方法一般用于环境已知时的路径规划，主要有离线预处理和在线查询两部分。离线预处理的过程主要包含路标的建立和强化两个阶段。通过在规划空间内随机采样，产生一定数量的节点，并将这些节点连接起来生成路标图，然后在某种启发性知识的引导下，在路标图中搜索路径。可以将生成的 roadmap 看成是一幅地图，通过该地图可以很简单地查询出所需要的路径。最后还要对所得到的路径进行平滑处理。该算法的优点是可以在规划时间和路径质量之间进行权衡。但是，一旦规划环境发生变化，事先构造的随机路标图无法通过局部更新以适应新的环境。因此，该算法不适合用于在线实时应用。

3. 神经网络法

神经网络是在生物功能启示下建立起来的一种计算方法。最初是由于 Hopfield 网络引入了“能量函数”的概念，即在达到稳定时网络的能量最小，因此可利用该网络特殊的非线性动态结构来解决优化之类的问题。Glmore 给出了一种利用 Hopfield 网络进行航线规划的方法。先将数字地图地形信息映射到一个 Hopfield 神经网络上，然后基于各种约束条件构造一个合适的能量函数，最后通过网络收敛特性使能量最小来得到我们所希望的路径。最后的结果表明，这种方法无论是在静态环境还是在动态环境中都能取得很好的效果，该方法的缺点是计算量太大。

4. 遗传算法

遗传算法是一种基于概率的全局优化搜索算法。遗传算法的主要步骤如下:种群生成,个体适应度计算,交叉,变异,遗传,生成下一代种群。经过多代的遗传之后,选择最终生成的种群中适应度最优的个体作为算法的最优解。遗传算法不受搜索空间的限制,对搜索空间没有特殊要求,在算法运行中只利用了目标函数值信息,不利用函数连续性质、导数存在和函数单峰等其他信息。遗传算法也是一种并行算法,上述优点使遗传算法在航线规划领域的应用研究十分普遍和有效。

5. 蚁群算法

蚁群算法是模拟蚂蚁寻找食物过程而产生的一种算法。蚁群中的每只蚂蚁寻找食物,在寻找食物过程中,每只蚂蚁会释放分泌物,称为信息素,该物质会驱使蚂蚁朝着路径短的方向移动,于是短路径上的信息素越来越多,这形成了一个正反馈。最终可能大多数蚂蚁都选择了一条路径,那么这条路径可以认为是最优路径。蚁群算法是模仿蚂蚁活动的新仿生类算法,在许多难以建模的困难组合优化问题求解实践中取得了很好的效果。蚁群优化算法是基于自然模型的搜索算法的典型代表,其解空间的参数化模型和概率问题的模型就是信息素。

## 五、无人机航摄操作

### (一)气象条件

航摄季节和航摄时间的选择应遵循以下原则:

(1)航摄季节应选择摄区最有利的气象条件,应尽量避免或减少地表植被和其他覆盖物(如积雪、洪水、扬沙等)对摄影和测图的不利影响,确保航摄影像能够真实地显现地面细部。

(2)航摄时,既要保证具有充足的光照度,又要避免过大的阴影。航摄时间一般应根据表 5-7 规定的摄区太阳高度角和阴影倍数确定。

**表 5-7　摄区太阳高度角和阴影倍数**

| 地形类别 | 太阳高度角(°) | 阴影倍数 |
|---|---|---|
| 平地 | > 20 | < 3 |
| 丘陵地和一般城镇 | > 25 | < 2.1 |
| 山地和大、中城市 | ≥40 | ≤1.2 |

(3)沙漠、戈壁、森林、草地、大面积的盐滩、盐碱地,当地正午前后各 2 h 内不应摄影。

(4)陡峭山区和高层建筑物密集的大城市应在当地正午前后各 1 h 内摄影,条件允许时,可实施云下摄影。

### (二)场地条件

根据无人机的起降方式,寻找并选取适合的起降场地。非应急性质的航摄作业,起降场地应满足以下要求:

(1)距离军用、商用机场须在 10 km 以上;

(2)起降场地相对平坦、通视良好;

(3)远离人口密集区,半径 200 m 范围内不能有高压线、高大建筑物、重要设施等;

(4)起降场地地面应无明显凸起的岩石块、土坎、树桩,也无水塘、大沟渠等;

(5)附近应无正在使用的雷达站、微波中继、无线通信等干扰源,在不能确定的情况下,应测试信号的频率和强度,如对系统设备有干扰,须改变起降场地;

(6)无人机采用滑跑起飞、滑行降落的,滑跑路面条件应满足其性能指标要求。

无人机使用野外临时起降场时,飞行员或机组其他人员应提前筛选场地,对临时起降场的净空条件、风向气流条件等进行审核(见表 5-8)。临时起降场选定后,应及时上报空管管制单位进行确认。同时,条件许可时应将临时起降场使用情况通报当地公安局,取得使用许可。

表 5-8　野外临时起降场要求

| 飞行器类型 | 净空条件 | 场地要求 | 风向气流条件 |
|---|---|---|---|
| 旋翼无人机 | 周边半径 100 m 范围内无高压电塔等强大干扰源,半径 50 m 范围内无超过 2 m 的树木、建筑等障碍物 | 20 m×20 m 的无人空地即可进行起降,在闹市区也可进行起降作业 | 4 级以下风力气流相对稳定 |
| 固定翼无人机 | 起飞路道两侧各 30 m 范围内无高压电塔、树木、建筑等障碍物,跑道两头 100 m 内无超过 2 m 的障碍物 | 根据类型不同可采用弹射、滑跑等方式起飞,采用降落伞等方式降落。要求起降场开阔,人员活动少的区域 | |

**(三)航摄实施**

航摄实施应满足以下要求:

(1)使用机场时,应按照机场相关规定飞行;不使用机场时,应根据飞行器的性能要求,选择起降场地和备用场地。

(2)航摄实施前应制订详细的飞行计划,且应针对可能出现的紧急情况制订应急预案。

(3)在保证飞行安全的前提下可实施云下摄影。

(4)超轻型飞行器航摄系统实施航摄时,风力应不大于 5 级;无人飞行器航摄系统实施航摄时,固定翼飞机、直升机要求风力应不大于 4 级;飞艇等应不大于 3 级。

(5)轻型无人飞行器航摄实施的其他要求按照 CH/Z3001 执行。

(6)需要进行差分 GPS 测量计算实际曝光点坐标的情况下,可就近布设 GPS 地面基站点。

## 六、无人机倾斜摄影

无人机倾斜摄影是摄影机主光轴明显偏离铅垂线或水平方向并按一定倾斜角进行的摄影。它改变了以往航空摄影测量只能使用单一相机从垂直角度拍摄地物的局限,通过在同一飞行平台上搭载多台传感器,同时从垂直、侧视和前后视等不同角度采集影像(倾斜角度在 15°~45°之间),获取地面物体更为完整准确的信息。垂直地面角度拍摄获取的影像称为正片(一组影像),镜头朝向与地面成一定夹角拍摄获取的影像称为斜片(四组影像)。倾斜摄影的出现,给三维地理信息获取带来了颠覆性变革,开启了三维地理信息的新时代。

图 5-24、图 5-25 分别展示了 5 镜头倾斜航摄相机获取一组和连续几组影像的示意图。

图 5-24　一组影像获取示意图

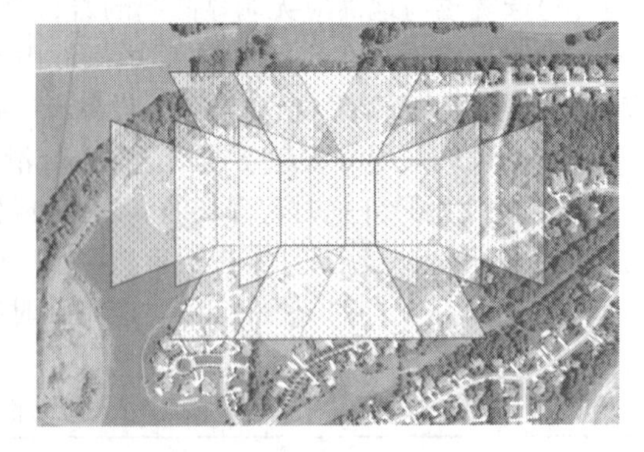

图 5-25　连续几组影像获取示意图

相比于垂直航空摄影，利用倾斜航空摄影技术获取影像时，每一次曝光可以同时得到目标物前、后、左、右及下视图五个方向的影像，如图 5-26 所示。相机之间通过时间同步装置进行成像时间精确对准；通过姿态测量装置获取影像姿态和位置参数；由计算机控制系统负责对以上部件进行数据采集控制，发送同源触发信号启动多台面阵相机，实现同步数据采集。每次飞行获取的影像数是垂直摄影测量获取数据量的 5 倍，其中垂直影像提供建筑物的顶部信息，主要用于 DOM/DLG 制作、大比例测图等。倾斜影像为建筑物提供更为丰富的侧面纹理信息，主要用于纹理提取、建筑物高度量测等。

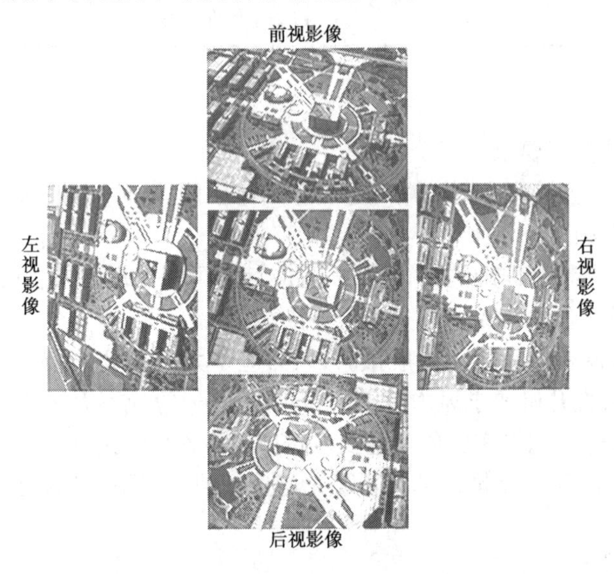


图 5-26　某建筑物不同视角的影像

倾斜摄影技术具有以下特点：

(1)反映地物周边真实情况。相对于正射影像，倾斜影像能让用户从多个角度观察地物，更加真实地反映地物的实际情况，极大地弥补了基于正射影像应用的不足。

(2)倾斜影像可实现单张影像量测。通过配套软件的应用，可直接基于成果影像进行包括高度、长度、面积、角度、坡度等的量测，扩展了倾斜摄影技术在行业中的应用范围。

(3)可采集建筑物侧面纹理。针对各种三维数字城市应用,利用航空摄影大规模成图的特点,加上从倾斜影像批量提取及贴纹理的方式,能够有效降低城市三维建模成本。

(4)数据量小,易于网络发布。相对于三维 GIS 技术应用庞大的三维数据,应用倾斜摄影技术获取的影像的数据量要小得多,其影像的数据格式可采用成熟的技术快速进行网络发布,实现共享应用。

近年来,随着无人机使用人数不断增加,黑飞的案例也不断上升,给军民航航空安全带来了较大隐患。无人机倾斜摄影航飞作业时,应该严格按照法律法规申报审批,做到合法安全飞行。航空影像数据获取作为倾斜摄影最前端工序,影像质量的优劣直接影响到最终成果。要求认真、仔细地做好技术设计方案,紧密结合使用载体、传感器等设备性能特点,充分考虑每个设计参数的合理性和可行性,不断提高方案的可操作性,进而提升数据获取质量,为后期生产和应用奠定良好的基础。

倾斜摄影技术不仅在摄影方式上区别于传统的垂直航空摄影,其后期数据处理及成果也大不相同。倾斜摄影技术的主要目的是获取地物多个方位(尤其是侧面)的信息,并可供用户多角度浏览、实时量测、三维浏览等获取多方面的信息。

倾斜摄影测量技术以大范围、高精度、高清晰的方式全面感知复杂场景,通过高效的数据采集设备及专业的数据处理流程生成的数据成果直观反映地物的外观、位置、高度等属性,为真实效果和测绘级精度提供保证。同时,有效提升模型的生产效率,采用人工建模方式一两年才能完成的一个中小城市建模工作,通过倾斜摄影建模方式只需要 3 ~5 个月时间即可完成,大大降低了三维模型数据采集的经济代价和时间代价。

# 第六章　无人机航摄数据处理与4D产品制作

## 第一节　无人机航摄数据处理技术流程

无人机航空摄影完成后，根据需求要对无人机航飞的影像数据进行处理，为后续进行各种产品制作打下基础。无人机航摄数据主要有视频数据和影像数据两种。其中视频数据多用来记录飞行区域地面情况，一般不做处理，只有在特殊应用时需简单处理。影像数据处理是航摄数据处理的主要工作，与传统影像相比，无人机影像具有像幅小、畸变大、数量多等特点，在处理上有别于传统航空摄影测量。

### 一、无人机航摄数据特点

无人机航摄具有高机动性、高分辨率、生产成本低、作业方式快捷、操作灵活简单、环境适应性强等特点，在局部信息快速获取方面有着巨大的优势。与传统的影像获取方式相比，无人机航摄存在以下特点：

(1)无人机影像像幅小、数量多。无人机因为载荷的问题采用普通的非测量数码相机，获取的影像像幅较小，同时为了得到较高的影像空间分辨率，又降低了无人机航摄高度，造成单张影像的地表覆盖范围减小，从而使得影像数量大大增加。

(2)无人机影像畸变大。受无人机载荷限制，搭载的传感器主要为轻型的非量测型、普通数码相机，单幅影像与地物空间的透射映射关系比较复杂，镜头畸变很大，影像内部几何关系不稳定，影像倾斜变形较大，影像间的明暗对比度也不尽相同，不能直接满足测绘生产精度要求。又因无人机飞行高度低，导致地面起伏对影像几何变形影响较大。另外，无人机体积小、质量轻，在飞行作业过程中容易受气流变化的影响，常常造成无人机的飞行姿态随之变化，尤其是在航线转弯处，飞行姿态抖动严重，造成地面目标成像的效果较差，甚至导致影像质量太差而不能使用。

(3)重叠度高，基高比小，旋偏角大。航向重叠度能达到70%～85%，旁向重叠36%～55%，但受相机姿态的影响，所拍摄影像间的预设重叠度无法得到严格保证。主要表现在重叠度(包括航向和旁向重叠度)的变化幅度大，甚至可能出现漏拍的情况。由于无人机获取的影像重叠度大，摄影时的基线短，而基线短，所成的交会角就小，这极大程度地影响了测图的高程精度，如果仍然按传统方法用相邻影像构成立体相对，高程精度就很难得到保证。同时，由于影像间的重叠度相差较大，导致后续处理时特征匹配难度大，使匹配精度降低，影响最终的产品质量。受顺风、逆风和侧风影响大，加上俯仰角和侧滚角的影响，航带的排列不整齐，相邻影像间很可能存在较大的旋角和上下错动，相邻两张影像间容易出现旋偏角变化特别大的情况(远超传统航测规范要求)。图6-1为拼接后的无人机影像，可以看出其很不规则。

图6-1　拼接后的无人机影像

(4)姿态稳定性差,POS数据精度较低,不能满足专业摄影测量的要求。由于无人机结构设计的限制,其携带的POS系统的精度比较低,无人机在航空摄影过程中,POS系统只能起到导航和控制飞机的作用,达不到专业摄影测量的要求,在后期影像处理的过程中这些数据也只能起到辅助的作用。

综上所述,无人机航摄系统质量轻、体积小等特点,导致无人机影像数据像幅小、数量多、影像变形大等情况,给影像匹配、影像定向等内业处理带来一定的困难,其影像数据处理方式也不同于传统航摄影像数据处理方式,具体表现为:

(1)处理方式智能化、自动化。随着计算机硬件与软件技术的发展,无人机影像处理软件趋向于智能化、自动化,无人机影像数据处理人工干预少,作业效率大大提高,作业过程简单。

(2)处理周期短,具有快速保障的能力。与传统摄影测量影像处理周期相比,无人机航摄影像数据处理的时间则大大缩短,仅为几天甚至几小时。

(3)应急成果生产快速,但精度相对较低。应急测绘数据采用自动化程度高的软件系统运算,在处理过程中,人机交互式编辑较少,生产速度快,但是由于应急成果需求的特点,无人机应急测绘时野外控制测量较少或完全没有野外控制测量,造成成果精度低于传统摄影测量处理成果。

## 二、无人机航摄数据处理技术流程

无人机航测因其响应快速等特点,既可以用作常规测绘产品的生产,又可以用于应急测绘保障。因此,无人机航摄数据的处理包括常规处理和应急处理。无论是哪种处理,其流程主要包括数据预处理、影像拼接、产品生产等。

### (一)影像常规处理

影像数据常规处理主要用于数字高程模型(DEM)、数字正射影像图(DOM)的生产等。处理工作主要包括如下内容:

(1)准备无人机原始航摄影像、航摄信息、测区资料等。

(2)输入相机参数信息,进行像片畸变差校正。

(3)利用POS数据和测区像控资料,进行空三加密,获取空三加密成果。

(4)利用空三加密成果,制作DEM,生成DEM成果。

(5)在DEM的基础上,进行正射影像DOM制作,得到DOM成果。

其处理流程如图6-2所示。

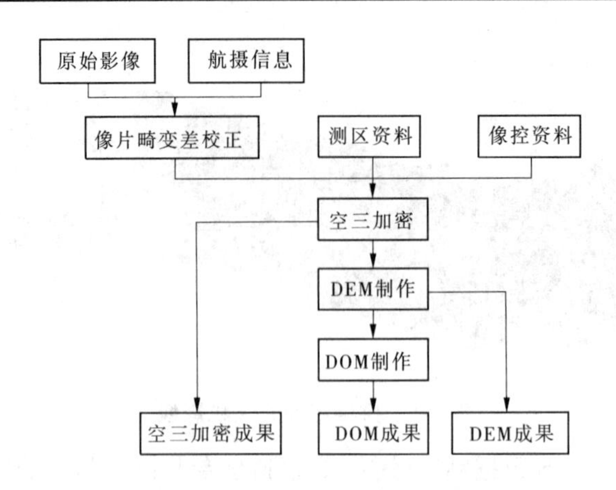


**图 6-2 无人机航摄影像常规处理流程**

### （二）影像应急处理

影像应急处理主要用于生产应急影像图等产品。无人机影像在应急保障中产品的绝对定位精度通常不是首要的，而快速高效得到感兴趣区域的正射影像或准正射影像才是最主要的，无人机快速制作的影像也是灾害预警、救灾及灾害评估的前提。影像处理速度是主要因素，精度是次要因素。其处理流程（见图 6-3）如下：

（1）获得无人机数据以后，首先对像片做畸变差校正或格式转换等预处理。

（2）结合 POS 数据，进行自动相对定向、模型连接、航带间应急影像图转点等，完成自动空中三角测量。

（3）利用特征提取技术从影像中提取数字表面模型（DSM），DSM 经滤波处理得到 DEM。

（4）用生成的 DEM 对影像进行数字微分纠正，得到正射影像 DOM。

（5）对正射影像进行自动拼接和镶嵌匀色，得到应急影像图等应急测绘产品。

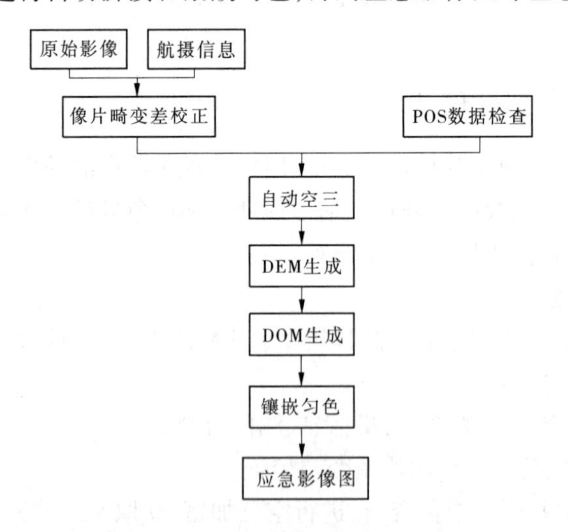


**图 6-3 无人机航摄影像应急处理流程**

# 第二节　无人机数据预处理

## 一、无人机原始航摄影像

### （一）原始影像数据资料内容

原始影像数据资料是指航摄影像数据以及在航摄过程中所取得的其他数据。如相机型号、CCD或CMOS的物理尺寸、原始影像像素数、像元大小等参数信息；POS数据、摄影航高、像片预览索引图；影像质量检查、重叠度检查、旋偏角检查、影像编号等检查统计报表；影像的地面分辨率、飞行数据覆盖检查情况等；航线敷设、曝光点间距、航线间距、重叠度指标、曝光点、构架航线、基站布设功能、片数、航线长度、距离等统计报告。在航摄工作完成以后，航摄人员均要提供一份“航摄签定表”，以说明这批航摄影像的质量情况，并提供给航测成图部门和单位。因此，航摄签定表也是重要的航摄资料，许多航摄数据都可以在表中查得。核心的指标是重叠度和旋偏角，必须满足规范的要求。它直接关系到飞行质量检查与评价以及作业效率。

### （二）无人机航空摄影飞行与影像质量、测区覆盖情况的检查

无人机航空摄影飞行与摄影质量检查依据行业标准《低空数字航空摄影规范》（CH/Z 3005—2010）进行。

1．航空摄影飞行质量检查

无人机航摄所获取的数据，除了在现场检查影像色调、饱和度、云和雾之外，还要从像片重叠度、像片倾角、影像旋偏角、航高保持等方面进行检查。

（1）像片重叠度。同一条航线内相邻的影像重叠称为航向重叠，相邻航线的重叠称为旁向重叠。按照《低空数字航空摄影规范》（CH/Z 3005—2010），航向重叠度一般应为60%～80%，个别最小不应小于53%。相邻航线的像片旁向重叠度一般应为15%～60%，个别最小不应小于8%。根据相机曝光时刻的记录信息，利用软件按重叠度排列，检查确保整个航摄区域内没有出现漏洞，且所选数据的影像重叠均满足低空数字航空摄影规范要求。

（2）像片倾斜角。像片倾斜角一般不大于5°，个别最大不超过12°，出现超过8°的片数不多于总数的10%。特别困难地区一般不大于8°，最大不超过15°，出现超过10°的片数不多于总数的10%。

（3）影像旋偏角。按照《低空数字航空摄影规范》要求，影像旋偏角一般不大于15°，在确保像片航向和旁向重叠度满足要求的前提下，个别最大不超过30°；在同一条航线上旋偏角超过20°的像片数不应超过三片。超过15°旋偏角的像片数不应超过摄区像片总数的10%。像片倾斜角和旋偏角不应同时达到最大值。

（4）航高保持。在地面分辨率要求一定的情况下，结合相机的性能指标，无人机摄影的计划飞行高度可按照式（6-1）计算：

$$H = f \times GSD/\alpha \tag{6-1}$$

式中　$H$——航摄高度，m；

　　$f$——镜头焦距，mm；

　　$\alpha$——像元尺寸，mm；

$GSD$ ——地面分辨率，m。

无人机在飞行过程中，受风力、气压等因素影响，实际飞行高度会偏离预设高度。航高变化直接影响影像重叠度及分辨率。按照低空摄影规范要求，同一航线、相邻像片航高差不应大于 30 m，最大航高与最小航高差不应大于 50 m。利用飞机自带航迹文件，对测区内各航带最大航高差进行检查，确保所选数据航带内最大高差满足低空数字航空摄影规范要求。

飞行质量的检查是为了确保影像数据各项指标均满足相应规范要求，以满足后续的几何纠正、航带整理等处理工作要求。飞行结束，应填写航摄飞行记录表，航摄飞行记录表格式参照《低空数字航空摄影规范》附录 B。若航摄中出现相对漏洞和绝对漏洞均应及时补摄，且应采用前一次航摄飞行的相机补摄，补摄航线的两端应超出漏洞之外两条基线。

2. 摄影质量检查

摄影质量应满足以下要求：

（1）影像应清晰，层次丰富，反差适中，色调柔和，应能辨认出与地面分辨率相适应的细小地物影像，能够建立清晰的立体模型。

（2）影像上不应有云影、烟、大面积反光、污点等缺陷。虽然存在少量缺陷，但不影响立体模型的连接和测绘，可以用于测制线划图。

（3）确保因飞机地速的影响，在曝光瞬间造成的像点位移一般不应大于 1 个像素，最大不应大于 1.5 个像素。

（4）拼接影像应无明显模糊、重影和错位现象。

3. 摄区边界覆盖检查

航向覆盖超出摄区边界线应不少于两条基线。旁向覆盖超出摄区边界线一般应不少于像幅的 50%；在便于施测像片控制点及不影响内业正常加密时，旁向覆盖超出摄区边界线应不少于像幅的 30%。这是规范在航摄区域边界覆盖上的保证，但在无人机倾斜摄影时是明显不够的。理论上，需要目标区域边缘地物能出现在像片的任何位置，与测区中心地区的特征点观测量一样。考虑到测区的高差等情况，可以按照式(6-2)来计算航线外扩的宽度：

$$L = H_1 \times \tan\theta + H_2 - H_3 + L_1 \tag{6-2}$$

式中 $L$ ——外扩距离；

$H_1$ ——相对航高；

$\theta$ ——相机倾斜角；

$H_2$ ——摄影基准面高度；

$H_3$ ——测区边缘最低点高度；

$L_1$ ——半个像幅对应的水平距离。

## 二、数字航片整理

### （一）预处理

预处理是数据处理的重要组成部分，影像预处理的主要目的是对无人机获取的姿态测量单元数据、影像数据等进行处理，改正影像的畸变差，生成后期处理所需格式的文件，以便于后期处理时模型间的相对定向。基于影像纠正变换的畸变差改正就是为了提高摄影测量的精度，数字航片预处理内容主要包括格式转换、旋转影像、畸变差改正、增强处理以及利用 POS 数据建立航带影像缩略图，进行航带整理等。

格式转换是为归档资料或后处理的需要，将不同低空航摄系统获取的专用影像数据格式转换为通用格式，转换过程应采用无损方法。转换影像格式的目的是方便不同软件对影像后续的处理。

旋转影像的目的是使所有低空数字航片应保持与相机参数的一致性，不做旋转指北处理，通过标明飞行方向、起止像片编号的航线示意图，以及航摄相机在飞行器上安装方向示意图建立对应关系。

畸变差改正可采用专用软件对原始数字航片数据进行畸变差改正，输出无畸变影像和与之相应的相机参数。

增强处理是在不影响成果质量和后续处理的前提下，对阴天有雾等原因引起的影像质量较差的数字航片可适度增强处理，提高影像的辨识度。

**（二）航片编号**

航片编号由12位数字构成。采用以航线为单位的流水编号。航片编号自左至右1～4位为摄区代号，5～6位为分区号，7～9位为航线号，10～12位为航片流水号，其中没有摄区代号的可自行定义摄区代号。一般以飞行方向为编号的增长方向，同一航线内的航片编号不允许重复。当有补飞航线时，补飞航线的航片流水号在原流水号上加500。

## 三、外业像片控制

像控点是航空摄影空中三角测量和测图的基础，其点位的选择、点的密度和坐标、高程的测定精度直接影响到摄影测量数据后处理的精度。无人机摄影测量外业像片控制参照《低空数字航空摄影测量外业规范》（CH/Z 3004—2010）进行。平面控制点和平高控制点相对于邻近基础控制点的平面位置中误差不能超过地物点平面位置中误差的1/5；高程控制点相对于邻近基础控制点的高程中误差不能超过1/10等高距。

**（一）无人机航摄像控点的布设要求**

1. 选点目标要求

目标条件应满足以下要求：像片控制点的目标影像应清晰，易于判刺和立体量测，如选在夹角良好（30°～150°）的细小线状地物交点、明显地物拐角点，原始影像中不大于3×3像素的点状地物中心，同时应是高程起伏较小、常年相对固定且易于准确定位和量测的地方；弧形地物及阴影等不应选作点位目标。高程控制点点位目标应选在高程起伏较小的地方，以线状地物的交点和平山头为宜；狭沟、尖锐山顶和高程起伏较大的斜坡等，均不宜选作点位目标。

2. 像片控制点在像片上的位置要求

（1）布设的控制点宜能公用，一般布设在航向及旁向六片或五片重叠范围内；

（2）控制点距像片边缘不应小于150像素；

（3）控制点距像片的各类标志大于1 mm；

（4）控制点应选在旁向重叠中线附近；

（5）位于自由图边、待成图边以及其他方法成图的图边控制点，应布设在图廓线外。

另外，当目标条件与像片条件矛盾时应着重考虑目标条件。

### (二)无人机航摄像控点的布设方案

1. 低空小型无人机与传统航摄的区别

传统航摄像控点布设方式有全野外布点、航线网布点、区域网布点及特殊情况布点,不但要求控制点多,工作量大,而且实施起来比较困难。无人机相对传统航摄具有机动快速、操作简便、影像分辨率高等特点,在小范围的测绘中,信息获取快速,但在数据处理上面又存在以下特点:

(1)无人机影像像幅小,基高比小,航线间距小,影像分辨率高,数据量大,加大了内外业工作量及数据处理难度。

(2)航迹不规则,无人机容易受气流剧烈变化影响,易导致影像倾角过大,影像倾斜方向不规律,偏离预设航线飞行,造成航向和旁向重叠度不规则,对连接点的提取和布设增加了难度,使得影像匹配难度大、精度低。

因此,传统航摄采用的航向 3 条基线布设一个平高点,航区按四排平高点布设控制点,即在 6 片重叠区(航带内 3 片重叠,航带间 2 片重叠区)布设控制点的方式不适合无人机航测。但无人机航摄按照控制点的布设方案仍然分为全野外布点方案和非全野外布点方案两类。

2. 全野外布点方案

当用户对产品精度要求较高时,一般以全野外布设像控点。1:500 比例时,采用单模型布点,即在每一个立体像对四角布设四个平高点,成图比例尺不大于航摄比例尺四倍时,在每隔号像片测绘区域的四个角上各布设一个平高点,在每个像主点附近布设一个平高点作检查(见图 6-4)。1:1 000 比例时,可采用双模型布点,即在每张像片(隔号像片)四角各布设一个平高点,在像主点附近布设一个平高点作检查(见图 6-5)(图 6-4、图 6-5 中,⊙为平高点,□为像主点)。像控点位在像片上位置,除满足像片控制点选点条件规定外,还应满足下列要求:

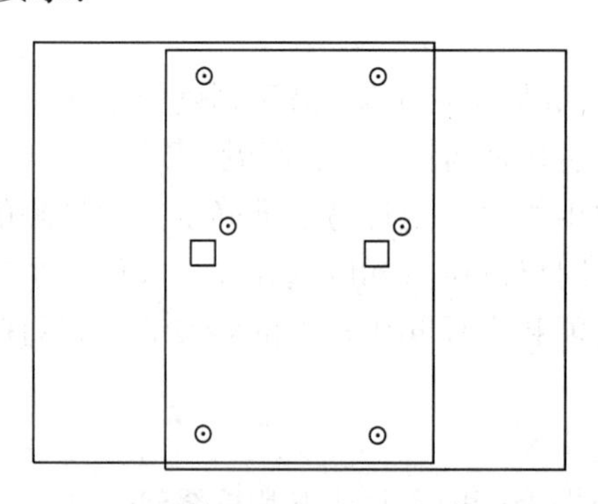

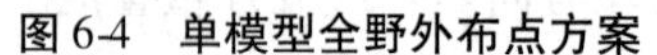

图 6-4　单模型全野外布点方案

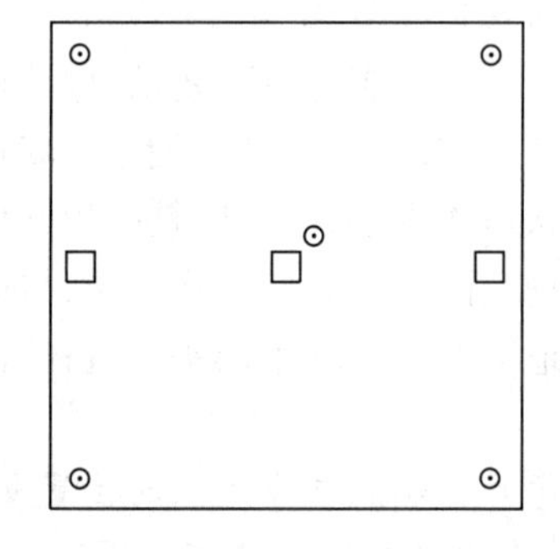

图 6-5　双模型全野外布点方案

(1)点位离开通过像主点且垂直于方位线的直线不应大于 1 cm,困难时个别点可不大于 1.5 cm;

(2)一张像片(两个立体像对)覆盖一幅图时,四个基本纠正点或定向点,应选在尽量靠近图廓点与图廓线的位置上,离图廓点与图廓线应在 1 cm 以内。

3. 非全野外布点方案

目前,无人机航摄作业主要采用非全野外布点方案,即外业控制点稀少甚至不做,内业建模所需的方位元素或已知点主要依靠空三加密获取。无人机摄影测量系统配备了 POS(DGPS/IMU)后,利用 GPS 获取的摄站三维坐标及相机姿态进行区域网光束法平差,可使摄影测量野外作业大量减少,理论上认为 POS 辅助空中三角测量技术可以完全不要地面控制点,即由空中控制代替地面控制,高精度 POS 辅助免像控无人机航摄的成果定位精度在 3 倍 GSD 左右,但是其误差分布不规律,稳定性差,难以直接应用于较高要求的测绘项目中。这种方式节省了控制点的布设工作,大大降低了项目耗时和成本,尤其适合一些无法或难以从地面进入的困难区域,但是高精度的相机曝光点位置和相机空间姿态的获取依赖于系统的同步集成技术,国内外各产品效果稳定性不尽相同。在大量的研究和实践中,总结出了满足无人机测绘精度要求的多种像控点布设方案。

(1)GPS 辅助空三条件下加布构架航线的方案。

国内外的研究和实验表明,在 GPS 辅助空三的条件下,在航线两端布设构架航线,只需四角布设控制点即可满足精度要求。但在此基础上增加控制点数量对平面和高程精度提高不明显。敷设构架航线的方案,利用差分 GPS 技术在稀少控制点的情况下,有效地满足了精度要求, 极大地减少了外业布控和内业加密的工作量,同时针对困难测区的特征地物稀少、高差大、观测条件较差等情况下的无人机航空摄影,解决了获取外业控制点困难的问题。

若未布设构架航线,在 GPS 辅助空三的情况下,可采用间隔 4 条航线 40 条基线进行像控布设,平面和高程精度均可满足要求;也可减少对外业控制点的需求数量。

对于两条和两条以上的平行航线采用区域网布点时,要求如下:航向相邻平面控制点间隔基线数可参照式(6-3)估算,式中所涉及的参数由所采用的相机、地面分辨率等参数确定。旁向相邻平面控制点的航线跨度应不超过表 6-1 的规定。

$$\begin{cases} m_s = \pm 0.28 \times K m_q \sqrt{n^3 + 2n + 46} \\ m_h = \pm 0.88 \times \dfrac{H}{b} m_q \sqrt{n^3 + 23n + 100} \end{cases} \tag{6-3}$$

式中　$m_s$——连接点(空三加密点)的平面中误差,mm;

$m_h$——连接点(空三加密点)的高程中误差, m;

$K$——像片方法成图的倍数;

$H$——相对航高, m;

$b$——像片基线长度, mm;

$m_q$——视差量测的单位权中误差, mm;

$n$——航线方向相邻平面控制点的间隔基线数。

**表 6-1　旁向相邻平面控制点的航线跨度**

| 比例尺 | 航线数(条) |
|---|---|
| 1:500 | 4~5 |
| 1:1 000 | 4~5 |
| 1:2 000 | 5~6 |

航向相邻高程控制点间隔基线数可参照式(6-3)进行估算。

(2)无人机航摄像控点布设的其他方案。

针对无人机航测时像控点的布设方案对精度的影响，大量的实践证明，控制点数量的增加，会使空三精度提高，但控制点增加到一定数量时，精度变化很小。过多的控制点不但大大增加外业和内业的工作量，而且对于空三精度提高没有太大作用，性价比不高。无人机空三及影像结果的精度最弱点位于控制区域外围，而不在控制区的中央，控制区内部精度高而且均匀，控制区外误差迅速发散，离控制区越远，越靠近影像边缘误差越大。控制点的密度过小，影像结果精度较低，适当增加控制点的密度，精度随之提高，但是当密度达到一定程度后，精度随之提高的趋势不明显。

目前，无人机航摄主要采用的像控点布设方案有如下几种。

①控制点均匀布设。无人机航摄像控点均匀布设是指根据无人机影像特点，参照传统摄影测量的布点方案，在测区内均匀布设像控点，并加强测区边沿控制。

②四角单点布设方案。即只在测区的四个角布设控制点，如图 6-6(a)所示。

③采用四角点组布设方案。即把测区的四角布设成点组的形式，如图 6-6(b)所示。

④四周均匀布设，边角不加密的方案。即在测区四周按照一定密度均匀布设控制点的方法，如图 6-6(c)所示。

⑤采用四周边均匀布设，四角点组布点方案。即在测区四周按照一定密度均匀布设控制点，边角处采用点组布设。如图 6-6(d)所示。

⑥采用四周边均匀布设加少量内部点的布设方案。即在测区四周采用均匀布设控制点的方式，使用少量的内部控制点。如图 6-6(e)所示。

⑦采用四周边均匀布设，四角点组布点，加少量内部点的布设方案。即在测区四周均匀布设控制点，边角处采用点组布设。如图 6-6(f)所示。

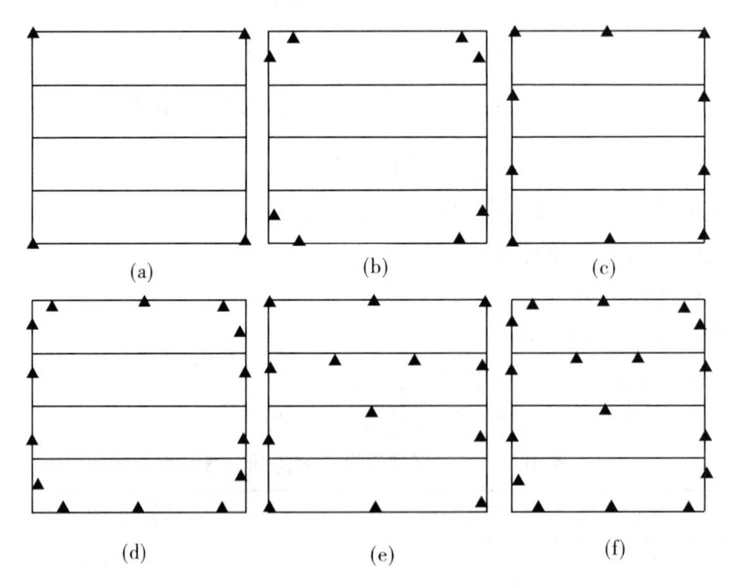


图 6-6　适合无人机航摄的 6 种布点方案

在高精度加密平面点位时，仍需要布设适当的高程控制点，一般应布成网形，以保证模型的变形不一致对平面坐标产生影响，如果旁向重叠比较小时(低于 40%)，每条航线两端必须各有一对高程控制点或点组。

对以上各种布点方案，在大量生产实践中发现：

①在区域四角布设平高控制点，虽然控制了整个测区，但是控制点精度太低。相比之下，区域四周均匀布设平高控制点可以大大提高整体精度。

②采用四角点组布点，四周边均匀布设，加少量区域中间点的布点方式精度最高。

③点组控制点布设方案与单点布设方案实验比较，其精度有着明显的提高，甚至恰当的区域四角点组布设控制点比四角单点布设加区域中间布设控制点的精度都要高，这就意味着对于光束法平差来说，只要区域周边均匀布点及区域四角布设合适的点组，区域中可以不用布设控制点，大大方便了大型区域网控制点的布设，也提高了外业工作效率。

④采取点组均匀布设时，控制点的密度过小，多余的观测量不足，会影响到解算精度。适当增加控制的密度，可提高空三解算的精度，但是并不是控制点密度越大越好。

⑤无论区域大小，四周均匀布设控制点，四点布设平高控制点均有利于保证区域内部的精度。一般情况下，单点布设的精度都不如点组布设精度高，而且点组布设也可以增加平面高程的精度。另外，计算过程中，平差开始时的迭代应将控制点的权值设计较小，在迭代过程中应根据单位权中误差的大小逐步加大控制点的权值，这样就能获得较高精度的平差结果。

### （三）基础控制测量

当国家控制点的数量和密度满足不了像片控制测量对起算点密度的要求时，必须首先进行测区的基础控制测量，作为像片控制测量起算点的基础控制点，其平面精度至少满足5″级的导线点、E 级 GPS 点以上，密度应满足每四幅图面积内最少有一个点；高程控制精度至少满足等外水准以上，其密度应满足 2 ~ 4 km 最少有一个点。

### （四）像片控制测量

#### 1. 测量要求

像控点坐标及高程的测量，一般采用 GPS、全站仪和水准仪进行外业测量。像片控制点的测量方法和要求应按照相关标准的要求执行。

#### 2. 像控点选点编号及刺点与整饰

（1）像控点编号要求如下：控制像片的编号按《低空数字航空摄影规范》执行。基础控制点使用原编号，像片控制点应统一编号，统一测区内不得重号，由项目技术设计书做出具体规定。

（2）刺点与整饰。可采用相纸输出的像片进行像控点判刺与整饰，相关要求按 GB/T 7931 执行；也可在数字影像上选点、标记，准确标示出刺点位置。采用数字影像进行刺点的，可参照《低空数字航空摄影测量外业规范》附录 B 的样例制作数字刺点片，点位说明可参照《低空数字航空摄影测量外业规范》附录 C 的格式制作。

对于地面目标稀少的航摄区域或对像控点精度要求较高时，宜采用先在实地布标和测量的方法进行像控测量。标志可以用喷漆及做靶标的方法，无人机标靶板尺寸以 60 cm × 60 cm 左右的 KT 板制作最好。靶标样式如图 6-7 所示。

### （五）检查验收

按《测绘成果质量检查与验收》的规定进行控制成果的检查和验收。

### （六）上交成果

对应上交的控制成果经检查验收后，交下一工序使用。上交的成果应准确、清楚、齐全。

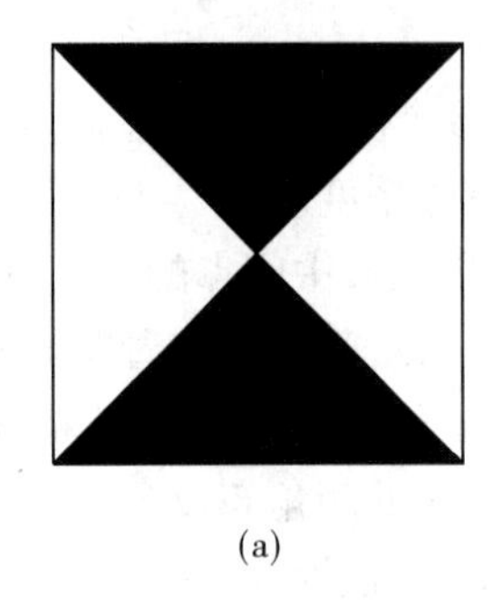
(a)

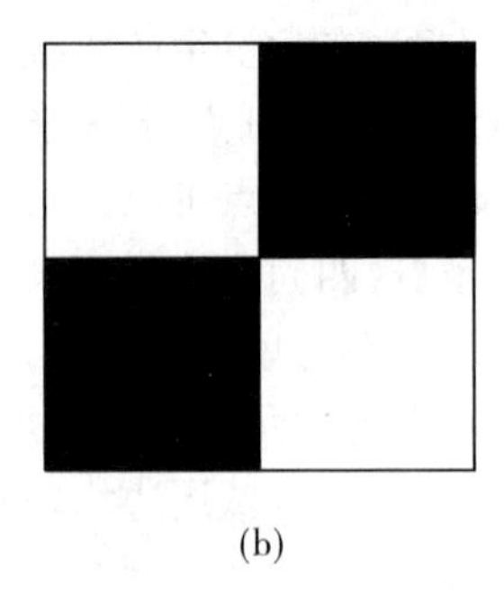
(b)

图 6-7　无人机像控靶标式样

上交成果资料包括技术设计书、控制像片或数字刺点片、控制点点之记、观测手簿、计算手簿、图历簿(少数民族地区作业,应附少数民族语地理名称调查表)、控制点成果及控制点分布略图、检查验收报告、技术总结报告等。

## 四、影像畸变差改正

无人机所搭载的是非量测型焦距固定的普通数码相机。由于制作工艺偏差,以及入射光线在通过各个透镜时的折射误差和 CCD 点阵位置误差等,实际的光学系统存在着非线性几何失真,从而使目标像点与理论像点之间存在径向畸变、切向畸变和薄棱镜畸变等几何畸变,如图 6-8 所示。

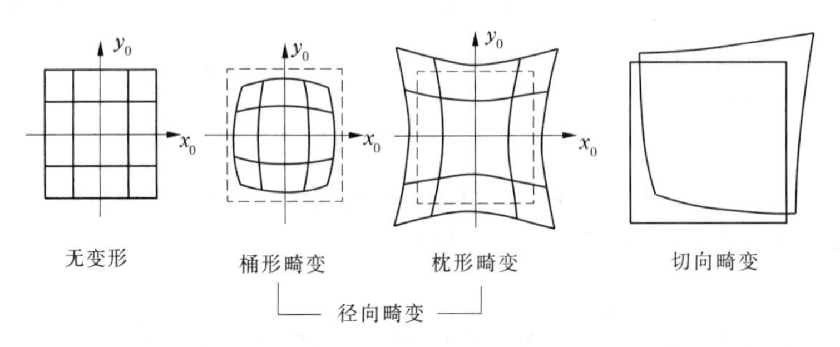


图 6-8　相机镜头畸变

径向畸变可分为枕形畸变和桶形畸变,主要由镜头形状缺陷造成。切向畸变主要包括离心畸变和薄棱镜畸变。其中,离心畸变是由像机的镜头中各透镜的光轴不能完全重合造成的。薄棱镜畸变是由镜头设计和制造缺陷等误差造成的,比如镜头与像机像面之间有很小的倾角等。这类畸变就相当于是在光学系统中附加了一个薄棱镜,所以它不仅会引起径向偏差,而且会引起切向误差。这些畸变会使得图像中的实际像点位置偏离理论值,破坏物方点、投影中心和相应的像点之间的共线关系,即同名光线不再相交,造成了像点坐标产生位移,空间后方交会精度大大降低,最终影响到影像配准的精度,导致制作的产品质量差,不能满足应用要求。

因此,无人机航摄数据处理时必须对像片做畸变差改正。由相机导致的像片畸变差是系统误差,其对影像所造成的变形有一定的规律。图 6-9 所示为相机镜头畸变产生的影像变形示意图,可以看出边缘像片点的镜头畸变值较中间大。可以通过相机检校获取相机参数,然后利用专业软件输入相机参数进行去畸变操作。目前在航摄数据处理过程中,对像片

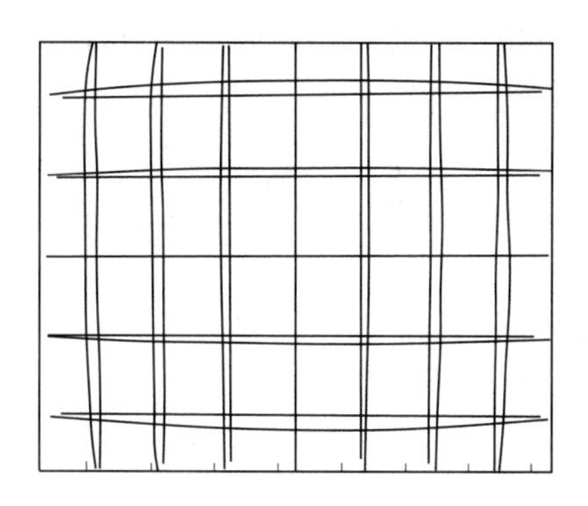

图6-9　相机镜头畸变产生的影像变形

进行畸变差改正主要是针对数码相机导致的像片畸变差改正，本节重点介绍相机本身导致的像片畸变差改正。

进行空三加密前必须对原始影像进行畸变差校正。研究表明，径向畸变差所引起的误差是离心畸变和薄棱镜畸变的7～8倍，所以在检校时一般只考虑径向畸变差。一般畸变差改正模型如下：

$$\begin{cases}\Delta x = (x - x_0)(k_1\gamma^2 + k_2\gamma^4) + p_1[\gamma^2 + 2(x - x_0)^2] + \\ \qquad 2p_2(x - x_0)(y - y_0) + \alpha(x - x_0) + \beta(y - y_0) \\ \Delta y = (y - y_0)(k_1\gamma^2 + k_2\gamma^4) + p_2[\gamma^2 + 2(y - y_0)^2] + \\ \qquad 2p_1(x - x_0)(y - y_0)\end{cases} \tag{6-4}$$

$$\gamma = \sqrt{(x - x_0)^2 + (y - y_0)^2} \tag{6-5}$$

式中　$(\Delta x, \Delta y)$——像点坐标改正值；

$(x,y)$——以影像中心为原点的像点坐标；

$(x_0,y_0)$——像片的像主点坐标；

$\gamma$——像点半径；

$k_1$、$k_2$——径向畸变系数；

$p_1$、$p_2$——切向畸变差系数；

$\alpha$——CCD非正方形比例系数；

$\beta$——CCD非正交性畸变系数。

对普通数码相机来说，借助精密的控制场通过检校可测定参数$k_1$、$k_2$、$p_1$、$p_2$、$\alpha$、$\beta$，进而得到光学畸变改正模型以提高影像几何精度。

相机检校工作一般由厂家或专业机构在实验室内完成，提供完整的相机鉴定报告，包括相机内方位元素$(f,x_0,y_0)$及各种畸变差校准参数。

无人机航摄系统获取的原始像片在进行数据处理前先进行崎变差改正，改正可以在专用软件中输入相机检校参数后利用软件完成对影像崎变差的改正，也可在数字摄影测量软件系统中输入相机检校参数(例如武汉航天远景科技股份有限公司研发的MapMatrix数码相机影像畸变差去除工具)，在空中三角测量前改正像片畸变差。

纠正的基础是确定原始影像与纠正后影像间的几何关系，它的基本环节有两个：一是空间坐标变换；二是像素亮度值重采样。无人机在执行航拍任务中，随着无人机飞行状态的变

化，会使无人机成像相机的姿态发生变换，相同的地面目标在不同坐标系中的投影也不相同，所以需要把一系列相关的航摄影像先变换为同一坐标系下的影像，才能进行后续的影像配准、融合等处理工作。由于地面坐标系在整个航摄过程中是不变的，而航空摄像机坐标系的参数也可以通过 POS 数据获得，所以地面坐标系可以作为统一坐标系。

**（一）坐标空间变换**

几何纠正后的影像相对于原始影像而言，不仅有了地理坐标信息，也能够较为准确地反映实际地面的情况，有利于后续的影像拼接处理。

目前常用的影像像素坐标变换的算法基本分为多项式校正法、共线方程校正法等。

1. 多项式校正法

多项式校正法回避了成像的空间几何过程，而直接对影像变形本身进行数学模拟，把几何畸变可以看作是平移、缩放、旋转、仿射、偏扭、弯曲等基本变形的综合作用结果，通过建立多项式模型，用一个适当的多项式来表达校正前后影像相应点之间的坐标变换关系。本方法是实践中经常使用的一种方法。

多项式校正法的精度与地面控制点的精度、分布和数量及校正范围有关。采用多项式校正的特点是能保证整幅影像变换后总误差最小，但不能保证各局部的精度完全一致。在控制点多的地方几何校正的精度较高，而控制点少的地方误差较大，在控制点的选取时耗费大量的人力，而且控制点精度受主、客观因素的限制。在地面控制点选取时还应满足以下要求：

（1）地面控制点在影像上有明显的、清晰的定位识别标志，如道路交叉点、建筑边界、农田界线、田埂拐角。

（2）地面控制点上的地物不随时间而变化，以保证当两幅不同时段的影像或地图几何校正时可以同时被识别出来。

（3）在没有做过地形校正的影像上选控制点时，应尽量在同一高度上进行。

（4）地面控制点应当均匀分布在整幅影像内，而且要有一定的数量保证。

2. 共线方程校正法

共线方程校正法是建立在对传感器成像时的位置和姿态进行模拟和解算的基础上，即构像瞬间的像点与其相应地面点应位于通过传感器投影中心的一条直线上。实际上，每一种传感器均有自己的构像方程，并且一般传感器的构像方程均属于三点共线，因此传感器的共线方程本身就是共线法的校正公式。

共线方程校正法比多项式校正法在理论上较为严密，因为它是建立在恢复实际成像条件的基础之上的，同时考虑了地面点高程的影响，因此校正精度较高。特别是对地形起伏较大的地区和静态器的影像校正，更能显示其优越性，但采用该法校正时，需要有地面点的高程信息，且计算量比多项式校正法要大。

共线方程校正法有一定的局限性，被动式传感器一般具有方向投影（中心投影和全景投影等）的几何形态，即位于同一条光线上的所有地物点在影像上属于同一点，因而被动式传感器的构像方程一般可以用共线方程来表达；主动式传感器一般具有距离投影的几何形态，即位于传感器所发出探测波的同一波球面上所有地物点将成像于同一点，这时共线方程校正法不适用于主动式传感器的构像原理。

3. 影像校正精度评估

影像纠正的精度一直是备受关注的问题。一般来说，有两种基本的评估方法：一是在影像采集之前在试验区域内布设一些地面控制点,用GPS采集控制点的大地坐标,然后比较地面与影像上同名点的坐标差,应用中误差公式进行统计;二是直接比较纠正后影像和参考影像上的同名点坐标。

影像校正精度不仅与控制点定位精度有关,还受到影像的空间分辨率的影响。空间分辨率越高,参考点越容易确定且随机误差越小,几何校正的准确率越高;空间分辨率越低,像元内参考点位置越难确定。参考点的确定会变成几何校正的难点,用传统的多项式纠正模型对低空间分辨率的影像进行几何校正难以获得较高的校正精度。研究发现参考点和控制点随机误差的影响大小是由定位精度和空间分辨率的相对大小决定的,当定位精度的随机误差大于空间分辨率时,校正结果的准确率主要受定位精度影响,而空间分辨率大于控制点定位精度时,校正的结果主要受参考点误差影响。因此,在确定控制点定位精度时,首先应该保证控制点精度误差不能大于校正影像的空间分辨率,一般要小于空间分辨率的一半才能保证控制点随机误差的影响最小,获得最高的准确率。

### (二)灰度重采样

因为重新定位后的像元在原影像中分布是不均匀的,即输出影像像元点在输入影像中的行列号不是或者不全是整数关系,因此不能直接从原始影像的像素阵列中求得坐标校正后像元的灰度值,而是需要根据输出影像上的各像元在输入影像中的位置,对原始影像进行灰度内插,求校正后像素亮度值,建立新的影像矩阵,这个过程就称作重采样。

重采样有直接法和间接法两种方案,直接法是从原始影像上的像点出发,按照变换公式求出校正后的影像上的像点坐标,然后将原始影像上该像点的灰度值赋予校正后影像上对应像点。间接法是从校正后影像上像点坐标出发,按照逆向变换公式求出其原始影像上的像点坐标,然后将原始影像上的像点灰度值赋予校正后的影像上的像点。

无论是直接法还是间接法,都要通过灰度内插重新求得校正后像元的灰度值,利用像素周围多个像点的灰度值求解出该像素灰度值的过程称为灰度内插。常用的内插方法有最近邻法、双线性内插法、三次卷积法等。它涉及两个问题:一是内插精度,二是内插计算工作量。内插精度主要取决于采样间隔与内插的方法。

#### 1. 最近邻法

最近邻法是将最邻近的像元值直接赋予新像元,即以距内插点距离最近的像元的灰度值作为内插点的像元值。比较它们与被计算点的距离,哪个点距离最近,就取哪个点的灰度值作为该点的灰度值。优点是计算效率高,多数保持了原来的灰度值不变;缺点是几何精度较差,产生锯齿,特别是在改变像素大小的时候,灰度的连续性受到一定程度的破坏。

#### 2. 双线性内插法

双线性内插法是使用内插点 $Q(u,v)$ 周围4个观测点的像元值,对所求的像元值进行线性内插。内插点 $Q(u,v)$ 与周围4个邻近像元 $P_{i,j}$、$P_{i+1,j}$、$P_{i+1,j+1}$、$P_{i,j+1}$ 关系,如图6-10所示,则内插点 $Q(u,v)$ 的灰度值 $D_Q$ 为

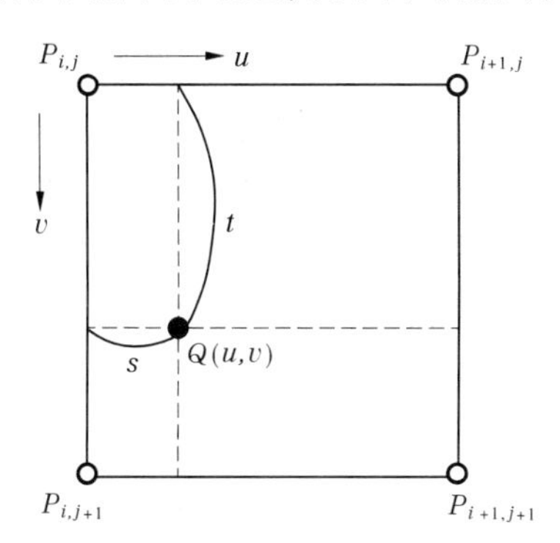

图6-10　双线性内插法

$$D_Q = (1-t)(1-s)D_{i,j} + t(1-s)D_{i,j+1} + (1-t)sD_{i+1,j} + stD_{i+1,j+1} \tag{6-6}$$

双线性内插法需要计算点周围4个已知像素的灰度值参加计算,在 $X$ 方向和 $Y$ 方向各内插一次,得到所求的灰度值。虽然比最近邻法计算量增加,但精度明显提高,几何上比较准确,保真度较高。缺点是改变了像素值,有将周围像素值平均的趋势,细节部分可能丢失。

3. 三次卷积法

三次卷积法是使用内插点 $Q(u,v)$ 周围的16个观测点的像元值,如图6-11所示,用三次卷积函数对所求的像元值进行内插。内插点 $Q(u,v)$ 的灰度值 $D_Q$ 为

$$D_Q = [f(1+t)f(t)f(1-t)f(2-t)] \begin{vmatrix} D_{11}D_{12}D_{13}D_{14} \\ D_{21}D_{22}D_{23}D_{24} \\ D_{31}D_{32}D_{33}D_{34} \\ D_{41}D_{42}D_{43}D_{44} \end{vmatrix} \begin{vmatrix} f(1+s) \\ f(s) \\ f(1-s) \\ f(2-s) \end{vmatrix} \tag{6-7}$$

式中 $D_{ij}$ ——像元点 $(i,j)$ 的灰度值。

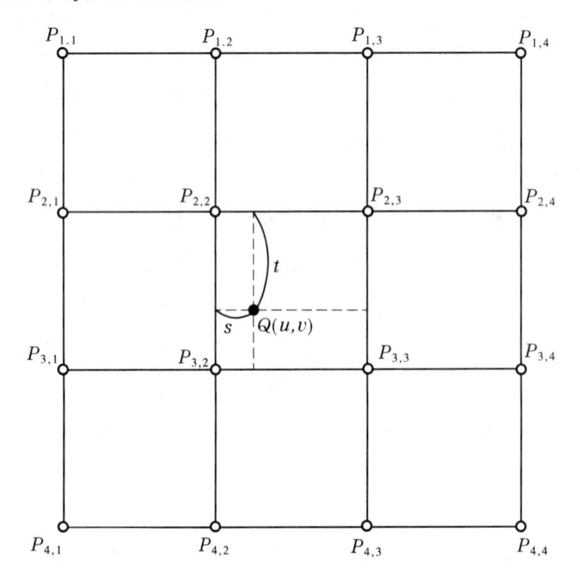


**图6-11 三次卷积法**

想要进一步提高内插精度,就需要更多的像元,该方法使用计算点周围相邻的16个点的灰度值,用三次卷积函数对所求的像元值进行内插。该方法优点是输出影像比双线性内插法更为接近输入影像的平均值和标准差,可以得到较高质量的影像,可以同时锐化影像边缘和消除噪声,得到影像的均衡化和清晰化的效果。具体表现与输入影像有很大关系,当像素大小发生剧烈改变时,此为推荐使用的方法。缺点是计算量很大,改变了像素值,计算复杂,速度慢。

以上三种方法各有优缺点:最近邻法的优点是输出影像仍然保持原来的像元值,简单,处理速度快;但这种方法最大可产生半个像元的位置偏移,可能造成输出影像中某些地物的不连贯。双线性内插法具有平均化的滤波效果,边缘受到平滑作用,产生一个比较连贯的输出影像;其缺点是破坏了原来的像元值,在波谱识别分类分析中会引起一些问题。三次卷积

法对边缘有所增强,并具有均衡化和清晰化的效果,但是它仍然破坏了原来像元值,且计算量较大。

4.重采样精度评价

重采样必然会导致影像的信息量变化,如何最大限度地保持原始影像的信息量一直是研究的热点问题。

影像质量评价其主要目的是用尽可能客观的、可定量的数学模型来表达重采样后影像信息量的损失程度。通常采用灰度均值、灰度方差和直方图统计来对重采样后影像进行分析和评价。重采样后影像方差随分辨率提高后影像质量稍微降低后保持不变,分辨率降低造成影像的方差减少,它表明重采样后的影像量分辨率降低后,其信息量也随之减少。其中,采用最近邻法对影像信息量的影响较小,三次卷积法次之,而双线性内插法对影像质量的影响较大。

空间分辨率重采样后,如果将空间分辨率提高,那么整个影像的信息量变化较小;如果将空间分辨率降低,那么影像的信息量将会减小。重采样后空间分辨率的提高对影像的信息量影响非常小,相反,如果空间分辨率降低,影像信息量则有损失。双线性内插法的计算量和精度适中,如果忽略应用精度,也可以被采用;而当影像变形比较严重时,必须使用三次卷积法来确保影像的质量。

## 五、航带整理

无人机上POS原始数据详细记录了POS记录序号、拍照时间、像片名称、像片曝光点具体位置(经度$L$、纬度$B$和高程$H$)和曝光瞬间无人机姿态(俯仰角$\varphi$、横滚角$\omega$和航偏角$k$)。在测区航飞完成后,立即导出或者让无人机链路传输回无人机航飞POS数据,通过POS对原始影像进行漏洞检查,在测区现场及时决定是否进行航摄补拍。

为方便计算,可先将经纬度坐标($L$,$B$,$H$)转为大地坐标($X_S$,$Y_S$,$Z_S$),即得到每张影像粗略外方位线元素,再结合相机参数,利用共线条件方程,将像方坐标转换为物方坐标。

### (一)航带预处理

将影像中心点坐标(0,0)代入共线条件方程,可得影像像主点对应的地面坐标($X_0$,$Y_0$),按照航飞路线依次计算出每张影像的中心点物方坐标。无人机在起飞、转弯和降落过程中拍摄的影像会偏离航向,影像旋偏角过大。因此,应根据影像倾角和旋角剔除不符合测图要求的影像。

### (二)航带计算

剔除不符合要求的影像后,使用剩下的影像生产航带。通过计算影像中心点偏转角$\alpha$判断一张影像是否属于某条航带,当$\alpha$小于给定的阈值,则将该影像加入航带。阈值的大小遵循无人机低空数字航摄技术规范。利用影像中心点偏转角生成航带,如图6-12所示。

设航带预处理后的影像按照飞行顺序依次编号为($I_1$,$I_2$,…,$I_n$),$n$为预处理后的影像总数,利用影像中心点偏转角生成航带步骤如下:

初始取$i=1$、$j=2$、$k=1$,将添加到航带$S_k$。

(1)计算像片$I_i$和$I_j$的中心点方向角$A_{i,j}$,取下一张影像$I_{j+1}$,并计算影像$I_j$和$I_{j+1}$的中心点方向角$A_{j,j+1}$,计算$A_{i,j}$和$A_{j,j+1}$夹角$\alpha=|A_{i,j}-A_{j,j+1}|$。

(2)若$\alpha$小于阈值(阈值由低空航摄规范规定),则将$I_{j+1}$添加到航带$S_k$,然后令$i=j$、

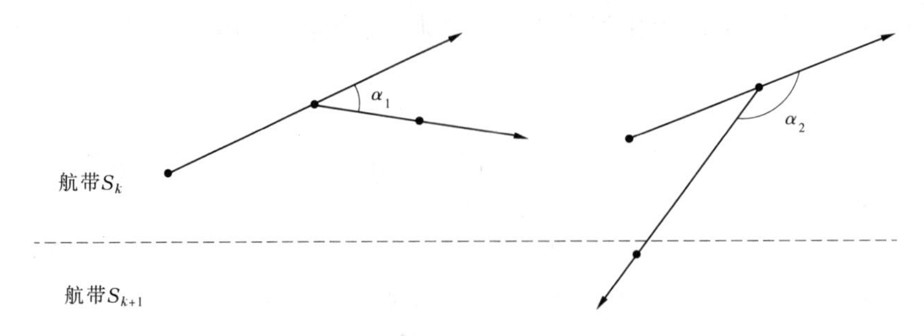

图 6-12　利用影像中心的偏转角生成航带

$j = j + 1$，重复步骤(1)。

(3)若 $\alpha$ 大于阈值，则令 $k = k + 1$，新建航带 $S_k$，将 $I_{j+1}$ 和 $I_{j+2}$ 添加到新建的航带 $S_k$，取 $i = j + 1$，$j = j + 2$，重复步骤(1)。

(4)当 $j = n$ 时，即所有的影像都添加到相应的航带中后，则停止。

在生产一条航带后，只是确定了航向内的像对连接关系，航带间的相邻关系并没有确定。受无人机转角限制，一般采用间隔加密航线对测区往返航摄，因此需要进一步根据航飞路线生成的航带排序，从而准确地生成每条航带，确定它们之间的位置关系。

**(三)视场范围 FOV 计算**

为了计算影像的航向重叠度和旁向重叠度，并进一步构建区域网，需要先计算每张影像对应的地面视场范围 FOV。根据相机 CCD 的实际宽度和高度，利用共线条件方程计算相应的地面坐标，得到每张影像视场范围 FOV。

**(四)区域网构建**

根据每张影像的 FOV 来计算像对的重叠度，依据重叠度来确定像对连接关系，进而构建最后的航测区域网，具体步骤如下：

(1)从整理好的航带中依次获得每张影像的 FOV。

(2)在航向，计算该影像与其前后影像的航向重叠度，当航向重叠度达到给定的阈值(航向重叠度一般为 60% ~80%，最小不应小于 53%)后，将其添加到该影像的航向连接关系中。

(3)在旁向，按照位置查找并计算其相邻两条航带内的影像以及该影像的旁向重叠度，当旁向重叠度达到给定的阈值(旁向重叠度一般为 15% ~60%，最小不应小于 8%)后，将其添加到该影像的旁向连接关系中。

(4)重复步骤(1) ~(3)，直到所有影像都计算了航向和旁向的连接关系，从而构建航测区域网，以用于影像匹配和空三平差。航测区域网构建完成后，即可进行空中三角测量。

## 第三节　解析空中三角测量

解析空中三角测量是指航空摄影测量中利用像片内在的几何特性，在室内加密控制点的方法。

## 一、解析空中三角测量的作用与原理

### (一)解析空中三角测量的作用与特点

解析空中三角测量在摄影测量技术领域的主要作用是:

(1)为模型建立提供定向控制点和像片定向参数;

(2)测定大范围内界址点的统一坐标;

(3)单元模型中大量地面点坐标的计算;

(4)解析近景摄影测量和非地形摄影测量。

解析空中三角测量的作业特点反应以下几个方面:

(1)不受通视条件限制,把大部分野外测量控制工作转至室内完成;

(2)不触及被量测目标,即可测定其位置;

(3)可快速地在大范围内同时进行点位测定,以节省野外测量工作量;

(4)可引入系统误差改正和粗差检测,可同非摄影测量观测值进行联合平差;

(5)区域内部精度均匀,且不受区域大小限制;

(6)摄影测量平差时,区域内部精度均匀,且不受区域大小限制。

### (二)解析空中三角测量的原理

利用空中连续摄取的具有一定重叠的航摄像片,依据少量野外控制点的地面坐标和相应的像点坐标,根据像点坐标与地面点坐标的三点共线的解析关系或每两条同名光线共面的解析关系,建立与实地相似的数字模型,按最小二乘法原理,用电子计算机解算,求出每张影像的外方位元素及任一像点所对应地面点的坐标。这就是解析空中三角测量,也称为摄影测量加密或者空三加密。

## 二、无人机空中三角测量的方法与流程

### (一)光线束法区域网空中三角测量

1. 光线束法区域网空中三角测量的基本思想

以一张像片组成的一束光线作为一个平差单元,以中心投影的共线方程作为平差的基础方程,通过各光线束在空间的旋转和平移,使模型之间的公共点的光线实现最佳交会,将整体区域最佳地纳入到控制点坐标系中,从而确定加密点的地面坐标及像片的外方位元素。

2. 光线束法区域网空中三角测量的原理

光线束法区域网空中三角测量是以投影中心点、像点和相应的地面点三点共线为条件,以单张像片为解算单元,借助像片之间的公共点和野外控制点,把各张像片的光束连成一个区域进行整体平差,解算出加密点坐标的方法。其基本理论公式为中心投影的共线条件方程式(见式(6-8))。

$$\begin{cases} X = X_S + (Z - Z_S)\dfrac{a_1x + a_2y - a_3f}{c_1x + c_2y - c_3f} \\ Y = Y_S + (Z - Z_S)\dfrac{b_1x + b_2y - b_3f}{c_1x + c_2y - c_3f} \end{cases} \tag{6-8}$$

式中　$f$——相机焦距;

$Z$——测区平均高程；

$(X_S,Y_S,Z_S)$——相机投影中心的物方空间坐标；

$a_i$, $b_i$, $c_i$ $(i = 1,2,3)$——影像的3个外方位角元素($\varphi$, $\omega$, $\kappa$)组成的9个方向余弦；

$(x,y)$——像点坐标；

$(X,Y)$——相应的地面坐标。

由每个像点的坐标观测值可以列出两个相应的误差方程式，按最小二乘准则平差，求出每张像片外方位元素的6个待定参数，即摄影站点的3个空间坐标和光线束旋转矩阵中3个独立的定向参数，从而得出各加密点的坐标。

**（二）无人机POS辅助空中三角测量**

POS辅助空中三角测量是将GPS和IMU组成的定位、定姿系统（POS）安装在航摄平台上，获取航摄仪曝光时刻摄站的空间位置和姿态信息，将其视为观测值引入摄影测量区域网平差中，采用统一的数学模型和算法整体确定点位并对其质量进行评定的理论、技术和方法。

无人机航摄数据通常带有定位、定姿的POS数据，即航摄影像的外方位元素。根据《IMU/GPS辅助航空摄影技术规范》（GB/T 27919—2011）中直接定向法和辅助定向法规定，无人机航摄数据空中三角测量可以采用直接定向法或辅助定向法。

1. 利用POS数据直接定向

低空无人机飞行的不稳定性使其获取的外方位元素存在粗差及突变，在利用POS辅助平差前可对其进行一定优化。首先利用飞机获取的外方位元素中的线元素进行同名像点匹配，并进行平差，得到新的外方位元素，剔除部分粗差，实现对原始POS信息优化。在影像外方位元素已知的情况下，量测一对同名像点后，即可利用前方交会计算出对应地面点的地面摄影测量坐标。

2. 辅助定向法

利用少量外业控制点或已有其他资料结合POS数据进行辅助空中三角测量的辅助定向法。控制点量测工作是区域网平差中的工作之一，无人机航摄的POS数据精度较低，但是POS数据提供了每张像片的外方位元素，利用POS数据可以实现控制点的自动展点，提高摄影测量区域网平差效率。外业控制点的精度高，利用高精度的外业控制点与POS数据提供的每张像片外方位元素的初始值共同参与空中三角测量，既能提高平差效率，又能提高平差速度。在没有野外控制点、IMU数据又不能满足要求的情况下，通过在正射影像数据、DEM数据、数字地形图、纸质地形图等已知地理信息数据中选取已知特征点作为控制点的方法进行控制点采集，同样可以结合POS数据联合进行空中三角测量，可以满足应急保障和突发事件处理的测绘需求。

**（三）无人机光线束法区域网平差方法**

目前，无人机航摄数据空中三角测量平差方法一般采用光束法区域网空中三角测量。一般直接把摄影光束当成它的平差单元，而且在整个过程当中都是以共线方程来作为其计算的理论基础，利用每个光束在空中的位置变换，使模型间公共点的光线实现对对相交，在计算的过程当中，把整个测区影像纳入统一的物方坐标系，进行整个区域网的概算，这样做的目的是可以确定整个区域当中所有像片外方位元素近似值，同时也能够获得各个不同加密点坐标所具有的近似值,然后将其推广到整个区域范围当中,进行统一的平差处理,最终得到每张像片的外方位元素和所有加密点的物方坐标。其原理如图6-13所示。光束法平差依然采用共线方程作为基础数学模型。因为像点坐标为未知数的非线性函数,应该对其进行线性化,通过对待定点坐标求偏微分来完成。把像点坐标视为观测值,可列出误差方程式。

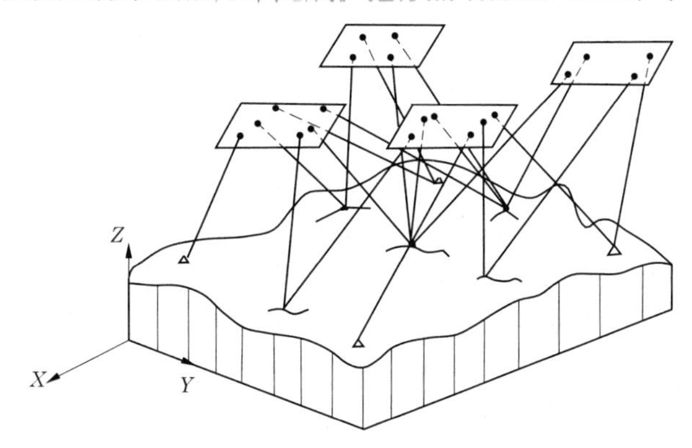


图6-13 光束法区域网空三模型

为了充分利用POS数据,基于光束法区域网平差的数学模型,根据有无外业控制点数据及控制点数据所占的权重,光束法平差又可分为自由网平差、控制网平差和联合平差。

1. 自由网平差

自由网平差简单可以理解成所有的匹配点的像点坐标一起进行平差,其中像点坐标为等权观测。其实现过程是:

(1)根据影像匹配构网生成的像片外方位元素和地面点坐标的近似值;

(2)建立误差方程和改化方程;

(3)依据最小二乘准则,解算出每张外方位元素和待定点地面坐标;

(4)根据平差后解算出的外方位元素和待定点的地面坐标,可以反算出每个物点对应像点坐标,求得像点残差;

(5)给定像点残差阈值,将大于该阈值的像点全部删除后,继续建立误差方程和改化方程进行平差解算,以此循环迭代直到像点残差阈值满足一定的要求。

对于自由网平差中阈值限定的要求,传统的数字摄影测量,按《数字航空摄影测量 空中三角测量规范》中规定:扫描数字化航摄影像最大残差应不超过0.02(1个像素);数码影像最大残差应不超过2/3像素。扫描数字化航摄影像连接点的中误差不超过0.01 mm(1/2);数码影像连接点的中误差应不超过2/3像素。

由于无人机低空航摄系统的各个特点,其航摄获得的影像资料存在像幅小、像对多、基线短、旋偏角较大、姿态不稳定、重叠度不规则等问题,因此在自由网平差中阈值的限定要求也相应地扩大。其参照《低空数字航空摄影测量内业规范》的要求:最大残差应不超过4/3个像素,中误差为2/3个像素。

2. 控制网平差

控制网平差在此可以理解成将控制点和匹配点的像点一起进行平差,但是控制网平差中的像点坐标不是等权观测,会对控制点进行权重的设置。其实现过程和自由网平差类似,对于阈值的要求也是根据自由网平差中国家规定的要求。所不同的是,平差解算出的外方

位元素和待定地面坐标时，也会根据解算出的外方位元素求出对应的控制点地面坐标，此时与真控制点坐标有个差值，对于这个差值的要求根据国家规定分别可以在《数字航空摄影测量 空中三角测量规范》和《低空数字航空摄影测量内业规范》查询，因为这个残差是根据成图比例尺来确定的，不同的成图比例尺要求的控制点残差也不一样。

3. 联合平差

联合平差可以简单地理解成对两种不同观测手段的数据在一起进行平差，在光束法空三加密中，则是 POS 与控制点一起进行平差。根据 POS 和控制点在平差过程中所占的权重，联合平差又可分为 POS + 控制点和控制点 + POS 两种方式。

对于以上的三种平差方式，目前在实际生产中，自由网平差是整个空三流程中必不可少的一步，需要对所有的像点进行平差剔除；而对于控制网平差，是根据实际生产中是否提供有外业控制点资料，是否按控制点方式进行空中三角测量。只有在引入控制点时才需要进行控制网平差，以及剔除粗差点。控制网平差的解算方式是目前国内应用最广泛的加密方式；联合平差限于国内研究的现状，研究还较少，应用还不是很广泛。

### （四）无人机空中三角测量流程

空中三角测量主要涉及资料准备、相对定向、绝对定向、区域网接边、质量检查、成果整理与提交等主要环节。空三加密流程如图 6-14所示。

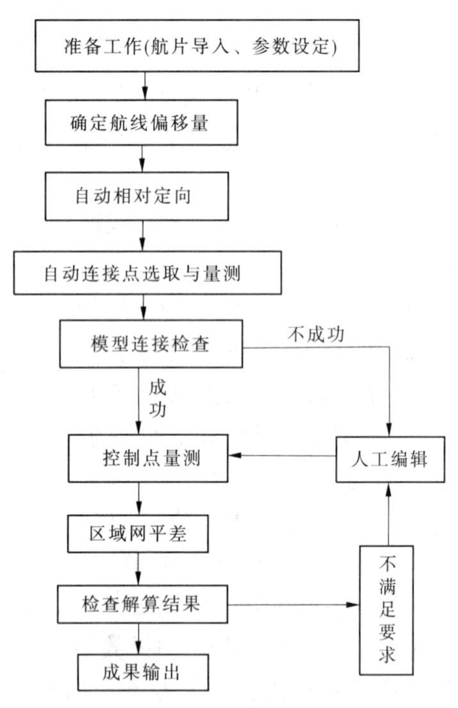


图 6-14　空三加密流程

首先进行立体像对的相对定向，其目的是恢复摄影时相邻两张影像摄影光束的相互关系，从而使同名模型连接检查不成功光线对对相交。相对定向完成以后就建立了影像间的成功相对关系，但此时各模型的坐标系还未统一，需通过模型间的同名点和空间相似变换进行模型连接，将各模型控制点人工量测编辑统一到同一坐标系下。利用立体像对的相对定向区域网平差构建单航带自由网，确定每条航带内的影像在空间的相对关系。构建单航带后，利用航带间的物方同名点和空间相似变换方法对各单航带自由网检查解算结果不满足要求的进行航带间的拼接，将所有单航带自由网统一到同一航成果输出带坐标系下形成摄区自由网。由于相对定向和模型连接过程中存在误差的传递和累积，易导致自由网的扭曲和变形，因此必须进行自由网平差来减少这种误差。自由网平差后导入控制点坐标，进行区域网平差，目的是对整个区域网进行绝对定向和误差配赋。

1. 相对定向

相对定向的目的是恢复构成立体像对的两张影像的相对位置，建立被摄物体的几何模型，解求每个模型的相对定向参数。相对定向的解法包括迭代解法和直接解法。其中，迭代解法解算需要良好的近似值，而直接解法解算则不需要。当不知道影像姿态的近似值时，利用相对定向的直接解法进行相对定向。相对定向主要通过自动匹配技术提取相邻两张影像同名定向点的影像坐标,并输出各原始影像的像点坐标文件。通过影像匹配技术自动提取航带内、航带间所有连接点,通过光束法进行区域自由网平差,输出整个区域同名像点三维坐标。通常利用金字塔影像相关技术和最大相关系数法识别同名点对,获取相对定向点,在剔除粗差的同时求解未知参数,从而增加相对定向解的稳定性。由于无人机的姿态容易受气流的影响,重叠度小的相邻影像间的差异可能很大,匹配难度增加,大的重叠度则可以减少相邻影像间的差异,使得同名点的匹配相对容易。

2. 绝对定向

绝对定向是无人机航空影像定位的重要环节,实现了相对定向后立体模型坐标到大地坐标转换。在实际定向解算中,需要求解两个坐标空间的3个平移参数、3个旋转角参数、1个比例参数。绝对定向后,即可依据无人机影像的图像坐标计算目标大地坐标。绝对定向参数求解的可靠性与精度直接影响定位的精度。绝对定向步骤如下:

(1)进行平差参数设置,调整外方位元素的权和欲剔除粗差点的点位限差,通过区域网光束法平差计算,分别生成控制点残差文件、内外方位元素结果文件、像点残差文件等平差结果文件。

(2)查看平差结果是否合格,如果不合格,继续调整外方位元素的权和粗差点的点位限差,直至平差结果合格为止。

(3)生成输出平差后的定向点三维坐标、外方位元素及残差成果等文件。

## 三、解析空三加密精度

在实际生产中,空中三角测量的定位精度是重要精度指标。空中三角测量的精度可以从两个方面分析:第一,从理论上分析,将待定点(或加密点)的坐标改正数视为一个随机误差,根据最小二乘平差中的函数关系,结合协方差传播定律求出坐标改正数的方差-协方差矩阵,以此得到平差精度。第二,直接将地面量测值视为真坐标值,通过比较地面控制点的平差坐标值和地面测量坐标值进行较值分析,将多余的控制点坐标值视为多余观测值和检查点,进行精度分析。

理论精度一般是反映了对象的一种误差分布规律,观测值的精度以及区域网的网形结构都会影响不同的误差分布,通过误差分布的规律,可以对网形以及控制点的分布进行更合理的设计。而实际精度是用来评价空中三角测量的更为接近事实精度,理论上,在不存在各种误差不必要的误差影响下,理论的精度应与实际精度相同,但是实际生产中,两者会存在不同的精度,不同的精度分析可以发现观测值或平差模型中存在不同的误差类型。因此,测量平差中对于多余控制点的观测是非常必要的。

### (一)空中三角测量中理论精度

摄影测量中的空中三角测量的理论精度为内部精度,反映了一区域网中偶然误差的分布规律,其与点位的分布有关。其理论精度都是以平差获得的未知数协方差矩阵作为测度进行评定的,通常采用下式来表示第$i$个未知数的理论精度。

$$m_i = \sigma_0 \cdot \sqrt{Q_{ii}} \tag{6-9}$$

式中 $Q_{ii}$——法方程逆矩$Q_{XX}$二阵对角线上第$i$个对角线元素;

$\sigma_0$——单位权观测值的中误差,可以用像点观测值的验后均方差表示,其计算式为:

$$\sigma_0 = \sqrt{\frac{V^{\mathrm{T}}PV}{r}} \tag{6-10}$$

其中,$r$ 为多余观测数,空中三角测量的理论精度表达了量测误差随平差模型的协方差传播规律,与区域网内部网型结构有关,区域网的何种布设,误差传播规律在区域网内部的传播就变得不同,导致的精度也不同,但各未知数的理论精度和像点的量测精度是成正比。因此,理论精度可以认为是区域网平差的内部精度。

**(二)空中三角测量的实际精度**

实际精度与理论精度存在差异是由于在平差模型中可能含有残余的系统误差,当与偶然误差综合作用产生的差异。但是实际精度上定义公式很便捷,一般把多余控制点的真实坐标与平差坐标之间的较值来衡量平差的实际精度。空中三角测量实际精度估算式如下:

$$\begin{aligned} \mu_x &= \sqrt{\frac{\sum (X_{真实} - X_{平差})^2}{n}} \\ \mu_r &= \sqrt{\frac{\sum (Y_{真实} - Y_{平差})^2}{n}} \\ \mu_z &= \sqrt{\frac{\sum (Z_{真实} - Z_{平差})^2}{n}} \end{aligned} \tag{6-11}$$

空三加密结果的精度由野外测量的检查点来评定,通过计算摄影测量加密坐标值与外业实际测量坐标的差值来完成。检查点的平面中误差和高程中误差均根据式(6-12)求解。

$$m_1 = \pm \sqrt{\sum_{i=1}^{n} (\Delta_i \Delta_i)/n} \tag{6-12}$$

式中　$m_1$ ——检查点中误差,m;

$\Delta_i$ ——第 $i$ 个检查点野外实测点坐标与解算值的误差,m;

$n$ ——参与评定精度的检查点的个数,一幅图应该有一个检查点。

**(三)区域网平差的精度分布规律**

(1)精度最弱点位于区域的四周。

(2)密周边布点时,光束法的测点精度接近常数。

(3)稀疏布点时,精度随区域的增大而降低,增大旁向重叠可提高平面坐标的精度。

(4)高程精度取决于控制点间的跨度,与区域大小无关。

**(四)精度评价要求**

无人机影像进行空三优化时,对空三优化结果的评价主要依赖于像点坐标和控制点坐标的残差、标准差、偏差和最大残差等指标,同时还需考虑点位的分布、数量和光束的连接性等因素。残差反映了原始数据的坐标位置与优化后坐标位置的差;偏差源于输入原始数据的系统误差;最大残差是指大于精度限差点位的残差;标准差反映了优化后的坐标与验前精度的比较,反映了数学模型优化的好坏。对无人机影像空三优化结果进行评价,应从以下几个方面考虑:

(1)对于连接点数量,一般要求每张影像上的连接点个数不能少于 12 个,且分布均匀。对于沙漠、林地和水体等特殊地区类型,可以降低要求,但也不能少于 9 个。每条航带间的连接点不能少于 3 个。

(2)对于空三结果精度报告的评价,一般要求连接点在 $x$ 和 $y$ 方向上的像坐标标准差值小于3像素;连接点在 $x$ 和 $y$ 方向的像坐标最大残差值小于1.5像素;每张影像的像坐标平面残差小于0.7像素。地面控制点与自由网联合平差计算时,控制点精度应符合成图要求,特殊地类、特殊影像可以适当放宽。

(3)对于应急响应的项目,空三优化可以放宽精度要求。连接点在 $x$ 和 $y$ 方向的像坐标标准差值可以放宽到0.6像素以内,$x$ 和 $y$ 方向的像坐标最大残差值在5像素以内,每张影像的像坐标平面残差值在1像素以内。每张影像上连接点个数不低于10个,对于特殊地图类型连接点个数不能少于8个,航带间的连接点个数不能少于2个,满足以上精度要求可以提交快速空三成果,生成应急正射影像图,但不能构建立体相对和生成数字表面模型(DSM)。

**(五)影响解析空中三角测量精度的主要因素**

1. 像控点精度和影像分辨率

控制点的可靠性与精度直接影响定位的精度,乃至最终定位能否实现。影像的精度依赖于影像分辨率。根据成像比例尺公式可知,影像的分辨率除与CCD本身像元大小有关外,还与航摄高度有关,在焦距一定的情况下航高越低,分辨率越高。

2. 量测精度

利用光束法对测量点进行加密的时候,首先对于量测的坐标观测值往往会有一个非常高的精度要求,但是在具体的测量作业过程当中这种中粗差往往是不可避免的。当粗差发生的时候,基本上都是在地面控制点以及各个人工加密点当中。它不仅影响误差的增大,而且会导致整个加密数学模型的形变,对加密的精度是极具破坏性的。另外,如果控制点或连接点存在较大的粗差,而没有剔除就进行自检校平差,会将粗差当作系统误差进行改正,导致错误的平差结果。因此,有效剔除粗差是提高加密精度的必然选择。

3. 平差计算精度

光束法平差的方法主要是把外业控制点为我们所提供的相应坐标值直接作为整个系统的观测值来使用,然后还能够通过这个数值来列出相应的误差方程,在这个方程中还需要赋予各个不同的元素以合适的权重,然后和待加密点所具有的相应误差方程进行联立求解。在加密软件中,控制点权重的赋予是通过在精度选项中分别设定控制点的平面和高程精度来实现的。为防止控制点对自由网产生变形影响,不宜在开始就赋予控制点较大的权重。一方面,可避免为附合控制点而产生的像点网变形,得到的平差像点精度是比较可靠的;另一方面,绝大多数控制点都不会被当作粗差挑出,避免了控制点分布的畸形。

## 四、解析空三加密软件与加密模块介绍

目前,市面上有很多可以对无人机航摄数据进行空中三角测量处理的软件,如国外的Inpho软件、国内的武汉讯图科技有限公司的GodWork天工系列软件中的空三软件。

**(一)天工航空影像空中三角测量软件 GodWork_AT**

武汉讯图科技有限公司是吸收武汉大学测绘遥感信息工程国家重点实验室技术力量成立的高新技术公司,公司主要从事无人机低空影像后处理技术研究、软件研发与数据生产。

GodWork天工系列软件产品是国内知名的航空影像数据后处理综合应用系统,具有算法先进、功能完善、配置灵活、高效自动、成果精确等优点。该系统拥有多项自主知识产权的

航空摄影测量处理技术:智能化平差技术、大高差大偏角影像立体匹配技术、逐像素级点云获取技术、多形式 DSM 滤波技术、大比例尺多片测图技术、空地一体化倾斜摄影测量技术等,并智慧集成全方位的数字化摄影测量解决方案。

天工航空影像空中三角测量软件(GodWork_AT)是由武汉大学针对航空遥感影像数据研发的高自动化数据处理软件,软件以当前国内外主流摄影测量流程为依据,结合计算机视觉的最新理论,提出了一套完整的摄影测量数据处理解决方案。成熟便捷高效的空三软件 GodWork_AT,支持通用航空影像、低空影像、多相机影像及倾斜影像的空中三角测量解算,尤其对无人机数据具有很强的适应性,对测区大小、形状、重叠度没有严格限制,适用于大偏角影像、大高差地区影像的解算。以输出高精度数字摄影测量产品为目的,在保证产品精度的前提下,尽量地减少人工干预或者交互,对必要的人工交互过程,软件产品在设计中加入人工智能和自动预测等功能,尽量避免不必要的人工或者重复操作,节省交互时间,简化操作。GodWork_AT 解决方案具有以下特点:

(1)多种航空数据支持:产品支持通用航空平台航空遥感数据以及多种低空高分辨率航空遥感数据输入。

(2)灵活的产品组装机制:产品基于灵活组装的框架实现,版本定制灵活。

(3)主流数字摄影测量解决方案:产品基于主流数字摄影测量流程、结合计算机视觉最新理论和算法解决摄影测量的定向和平差等问题,功能接口在实现与摄影测量原理对接的基础上,能够适应更多航空数据,具有很强的普适性。

(4)多种流程配置:针对不同的数据类型以及生产目的,可灵活选择操作流程。

(5)智能化可视化界面:人机交互中内置智能预测,使得作业人员在快速交互的同时更直观清晰地理解产品生成流程,减轻产品学习和理解负担。

(6)实时核线立体测图:基于实时核线的立体测图,便于作业人员更精准地描绘地物。

(7)针对新型数据的生产作业模式:针对无人机低空数据的多立体测图,舍弃传统测图的复杂配置和繁重人工,适应大比例尺测图。

**(二)Inpho 软件中的 Applications Master 模块和 UAS Master 模块介绍**

Applications Master 模块是各种应用软件的控制中心,并为工程的处理提供广泛、全面的基本工具。通过 INPHO 的模块系统,用户可以灵活地为自己的生产选择最佳的系统配置,为自己特定的工作流程选择所需要的模块。MATCH - AT 工具综合多窗口立体模块可以轻松地进行立体查证,以及控制点和其他连接点的量测。因为具有灵活的数据转换能力,MATCH - AT 可以很容易地与第三方摄影测绘系统结合。

UAS Master 系统包含一键式操作获取结果模式和摄影测量专家逐步质量控制的流程操作模式,以上两种模式保证操作人员不是必须具备摄影测量知识和经验的人员,采用该系统可获取高精度和高度可靠性的航测成果。

**(三)利用 GodWork_AT 软件进行空中三角测量实验案例**

选取随州某地区 8 条航带共 133 张影像进行实验,区域内控制点为 5 个。利用 GodWork_AT 软件进行空中三角测量。软件操作基本流程如下:

(1)数据准备。在天工航空影像空中三角测量软件中开始数据处理任务的第一步是为创建工程准备数据,创建工程对于数据有一定的格式和内容要求,系统可接受两种准备数据的方式,即手工准备数据方式和使用系统自带的准备数据工具的方式;所需准备的文件包括原始影像(存放于影像目录 images 中)、POS 文件(pos. txt)、pos 格式描述文件(posFormat)、相机文件(camera. txt)、控制点文件(control. txt)。其中,控制点文件、posFormat 为非必需文件。

(2)创建工程。在软件界面指引下逐步输入各种信息文件,创建空三工程。本次实验采用创建工程 2015,导入影像、相机、控制点等各种信息。

(3)一键空三。一键空三是封装了初始匹配、估计相机参数和精确匹配的一个过程的集合,做完一键空三则自由网的构建即可完成。

(4)刺控制点。采用刺点 2013 工具进行控制点的判刺。图 6-15 所示为 GodWork_AT 刺点界面。

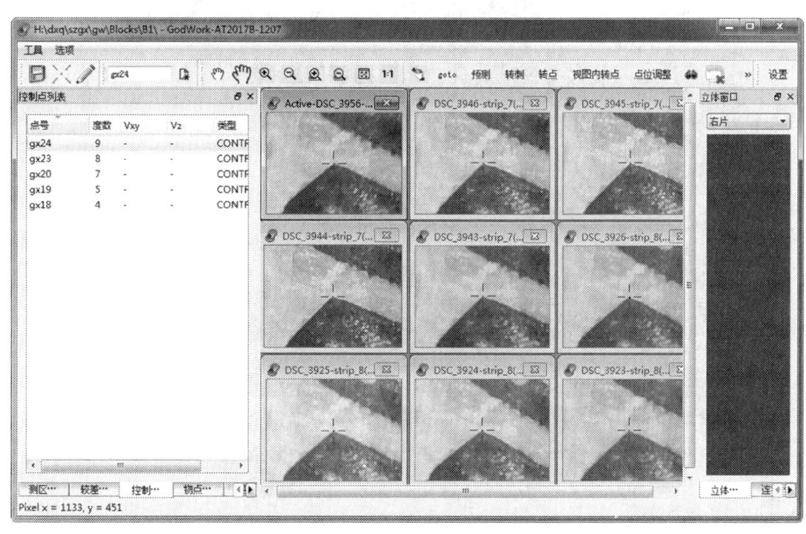


图 6-15　GodWork_AT 刺点界面

(5)绝对定向。执行菜单绝对定向(控制点),将工程数据从自由网坐标系定向到控制点的坐标系下(执行绝对定向(控制点)操作前,当前工程需要至少刺 3 个控制点,且每个控制点需刺两个以上像控点)。

(6)控制网平差。采用平差 2015,设置对应参数然后平差。图 6-16 所示为控制网平差结果。

(7)生成成果。根据需要可生成点云、DEM、正射影像等成果。

(8)输出成果。可以根据下一道工序的需要输出不同格式的空三成果文件,如果空三成果用于吉威软件则可输出 GeoWay 格式,用于立体采集测图软件可以输出为 PATB 格式,还可输出为 SSK 格式,转出 smart3D 格式、inpho 格式等。

图 6-17 所示是输出格式为 PATB 的成果文件,图 6-18 所示是输出为 inpho 格式的成果文件。

通过软件中质量检查菜单可以输出空三精度报告,空三精度报告如图 6-19 所示。

根据《数字航空摄影测量 空中三角测量规范》(GB/T 23236—2009)和《低空数字航空摄影内业规范》(CH/Z 3003—2010)要求,以上空三精度符合规范要求。

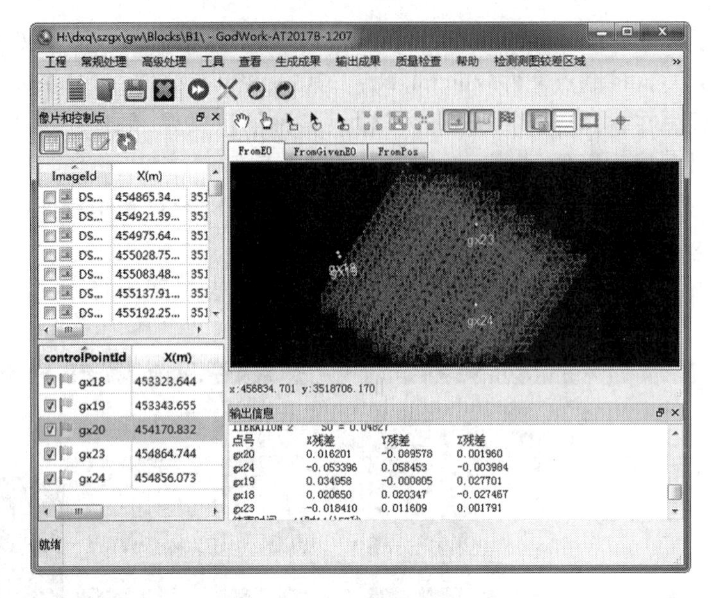

图 6-16　控制网平差结果

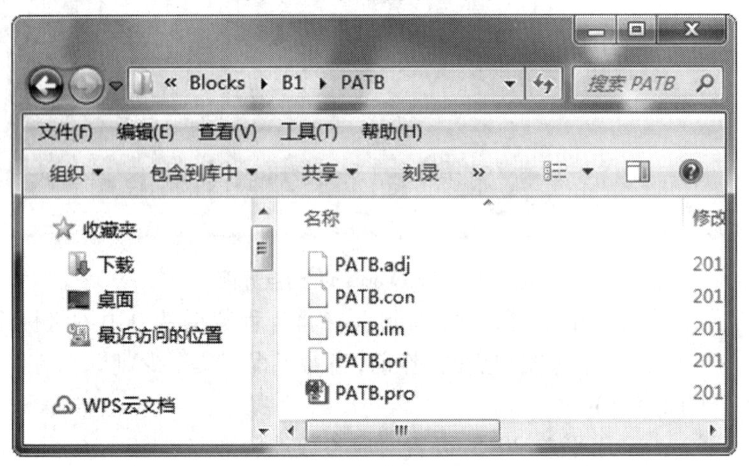


图 6-17　输出 PATB 格式

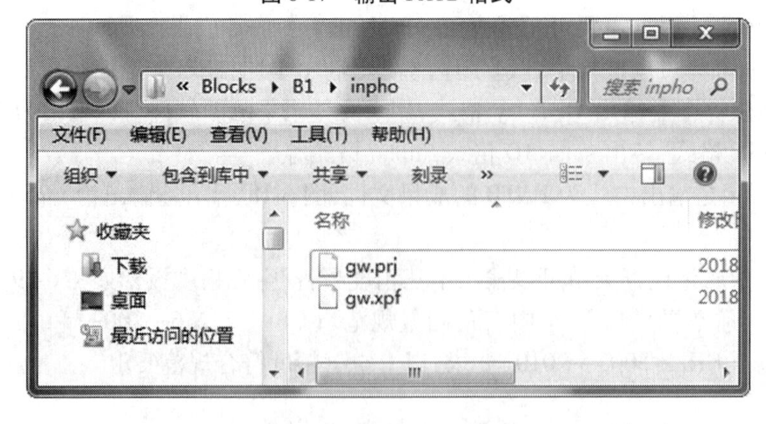


图 6-18　输出 inpho 格式

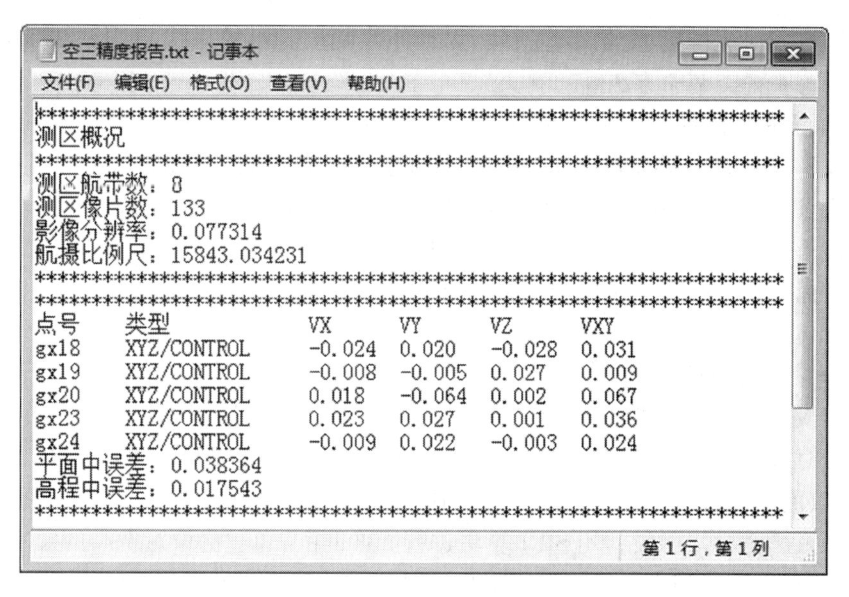


************************************************************
测区概况
************************************************************
测区航带数：8
测区像片数：133
影像分辨率：0.077314
航摄比例尺：15843.034231
************************************************************
************************************************************

| 点号 | 类型 | VX | VY | VZ | VXY |
|---|---|---|---|---|---|
| gx18 | XYZ/CONTROL | -0.024 | 0.020 | -0.028 | 0.031 |
| gx19 | XYZ/CONTROL | -0.008 | -0.005 | 0.027 | 0.009 |
| gx20 | XYZ/CONTROL | 0.018 | -0.064 | 0.002 | 0.067 |
| gx23 | XYZ/CONTROL | 0.023 | 0.027 | 0.001 | 0.036 |
| gx24 | XYZ/CONTROL | -0.009 | 0.022 | -0.003 | 0.024 |

平面中误差：0.038364
高程中误差：0.017543
************************************************************

图6-19　空三精度报告

## 第四节　无人机航摄像片快拼

无人机摄影测量技术存在影像量大、像幅小、无规律、拼接难的缺陷。要想获取整个区域的全局信息，还必须对无人机影像进行有效的拼接合成。

### 一、无人机影像拼接步骤

无人机影像拼接技术就是将数张有重叠部分的影像拼接成一幅大型的、无缝隙的、高分辨率的影像技术。由于不同无人机影像拼接方法算法的不同，其拼接步骤也有所不同，但是一般而言，无人机影像拼接步骤主要分为以下5步：

(1)影像预处理：包括去噪、直方图处理等基本操作以及建立影像匹配模板等操作。

(2)影像匹配：影像配准算法是无人机影像拼接的关键，即利用一定的影像匹配策略，找出待拼接影像中的特征点或者模板在参考影像中的对应位置，从而确定待拼接影像与参考影像间的变换关系。

(3)建立变换模型：根据步骤(2)得出的变换关系，计算出数学模型中的各参数值，并最终建立待拼接影像与参考影像间的数学变换模型。

(4)统一坐标变换：根据步骤(3)建立的数学变换模型，将待拼接影像转换到参考影像的坐标体系中去，完成两幅影像的统一坐标变换。

(5)图像融合重构：通过影像融合技术将影像间的重叠区域进行融合重构，最终将多幅影像拼接成为一幅无缝隙、平滑的全景影像。即消除配准之后各相邻影像之间的色彩差异、亮度差异及解决拼接缝问题。

### 二、无人机影像的几种拼接方法

根据无人机影像拼接目的、拼接速度，以及拼接精度等要求的不同，无人机影像拼接方

法可以分为有缝快速拼接、全景影像拼接、无野外控制正射影像拼接、有野外控制高精度正射影像拼接等4种类型的方法。

### （一）有缝快速拼接

其原理是将获取的概略POS数据转换到测量坐标系中去，对影像的主点进行展点，并以影像的主点作为定位中心点，快速排列影像，从而实现无人机影像的快速拼接。

无人机影像有缝快速拼接的速度极快，但缺陷就是快速拼接后的影像存在明显的接缝，而且带有坐标信息。有缝快速拼接方法可用于影像快速检查、野外控制测量作业的影像底图、测区简单变化分析等领域。

### （二）全景影像拼接

所谓全景影像拼接是指将无人机获得的影像拼接成一个大幅面的全景影像图。无人机在进行拍摄时，因受到气流等因素的影响，无人机的传感器与航测目标的相对位置会产生变化，导致获取的相邻影像，其拍摄尺度以及拍摄角度都会不一样，给全景影像拼接带来了一定难度。全景影像拼接一般利用SIFT算法进行影像匹配，通过提取影像中的尺度不变特征点，以排除待拼接影像间大的拍摄尺度变化、平移、旋转等因素的干扰，从而实现两幅存在较大差异的影像间的特征匹配，进而通过多个特征匹配点实现高质量的无人机影像的全景影像拼接。

无人机全景影像拼接的最大优点就是航带内可以实现快速无缝拼接，而且拼接速度较快，相对位置关系较为准确，地物变形小。无人机遥感影像全景影像拼接方法可以应用于应急突发事件的监测，从而以快速有效地为应急突发事件的救援决策提供重要依据。

### （三）无野外控制正射影像拼接

无人机遥感影像技术在实际的作业中，其自带有GPS与IMU构成的POS，以获得无人机作业时的WGS－84坐标以及无人机的飞行姿态等数据。将获得的POS数据作为遥感影像的初始外方位元素，参与空中三角测量平差，相继自动生成DEM（数字高程模型）与DOM（正射影像），并完成影像拼接。由于获取的POS数据精确度不高，因此自动生成的DOM（正射影像）经过拼接后，还需要对其进行精确配准，以生成高精确度的坐标。

无人机影像无野外控制正射影像拼接方法处理后的影像成果精度高，基本没有拼接裂缝与畸变现象，而且拼接成果还带有空间坐标信息。但是由于无人机航测获得的POS数据精度不高，导致拼接影像的高程信息精度也不高，但经过影像配准以及坐标纠正后，就可以获得高精度的平面坐标。

### （四）有野外控制高精度正射影像拼接

随着计算机技术的不断提高，以及类似于集群式无人机影像处理软件的出现，使得应用无人机影像快速制作高精度、高分辨率的正射影像成为可能。图6-20为利用PIX4D进行影像快拼的过程界面。

无人机遥感影像中有野外控制高精度正射影像拼接方法制作的影像拼接成果精确度最高，但是与其他三种类型的拼接方法相比，有野外控制高精度正射影像拼接方法的生产周期较长的缺点。

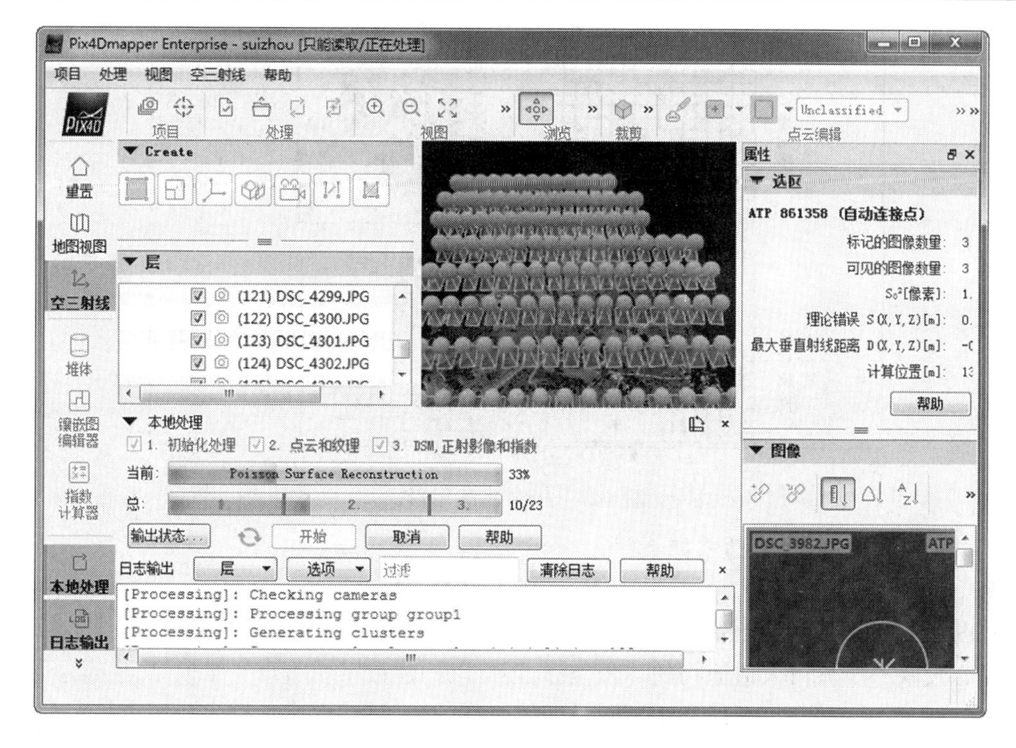

图6-20　利用PIX4D进行影像快拼的过程界面

## 第五节　DEM、DSM、DOM的制作

### 一、DEM、DSM、DOM的概念及应用

数字高程模型（digital elevation model，DEM）是在一定范围内通过规则或不规则格网点描述地面高程信息的数据集，用于反应区域地貌形态的空间分布。DEM是地形起伏的数字表达，它表示地形起伏的三维有限数字序列，用一系列地面点的平面坐标$X$、$Y$以及该地面点的高程$Z$组成的数据阵列。当数据点呈规则分布时，数据点的平面位置便可以由起始点的坐标和方格网的边长等参数准确确定。DEM的表示形式有四种，如图6-21所示，分别是规则格网、不规则三角格网、分层格网以及混合格网。

DEM的应用是多领域的，且新的应用还在不断地开发。在测绘中，可用于绘制等高线、坡度、坡向图、立体透视图，制作正射影像、立体景观图、立体匹配片、立体地形模型及地图的修测。在各种工程中，可用于体积和面积的计算、各种剖面图的绘制及线路的设计。在军事中，可用于巡航导弹的导航、无人驾驶或遥控飞行装置的控制、武器和传感器的发展计划、通信计划的制订、作战任务的计划等。在遥感中，可作为分类的辅助数据，在环境与规划中可用于土地利用现状的分析、各种规划及洪水险情预报等。

与DEM相比，DSM（Digital Surface Model，数字表面模型）不仅包含了DEM的地形三维信息，还包括人工地物（地表建筑物、桥梁等）和自然地物（树木等）高度的地面高程模型。在城市地区，DSM可以理解为数字地面模型加上数字建筑物模型（Digital Building Model，

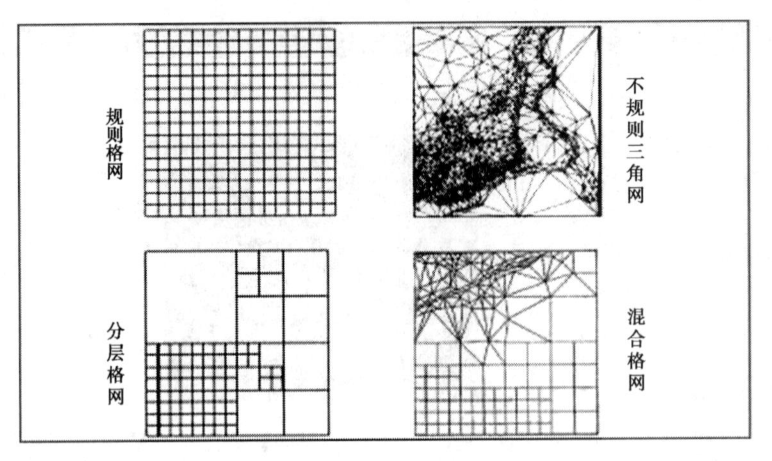


图 6-21　DEM 的表示形式

DBM),如图 6-22 所示,表达式如下:

$$DSM = DTM + DBM \tag{6-13}$$

DSM 是反映城市信息的重要手段,在数字城市的建设中发挥着重要作用。如图 6-23 所示,可以反映整个城市人造地物的高程坐标,还可以构建数字城市真三维模型,进行道路、建筑等的规划设计。同时,可以利用不同时期的航空/航天遥感影像数据生成城市数字表面模型和数字真正射影像,检测出城市地区人工建筑物、植被等城市变化区域的发展情况。

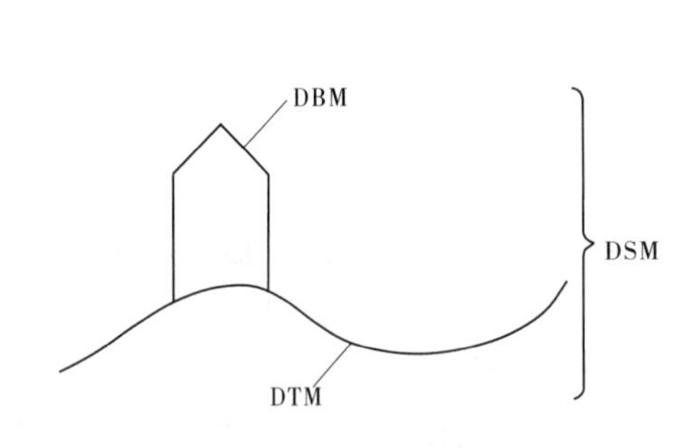


图 6-22　数字表面模型

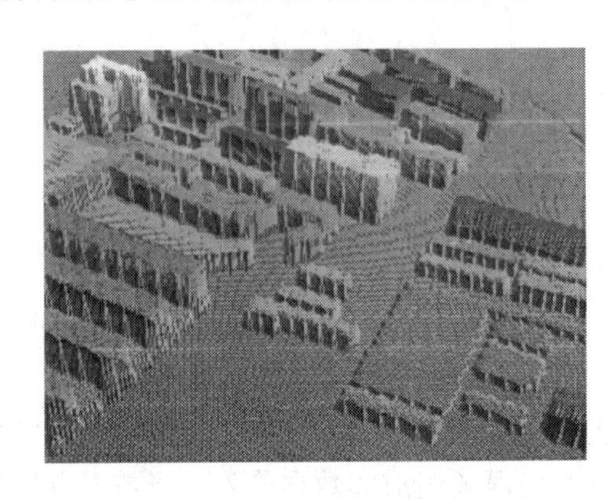

图 6-23　城市数字表面模型

在 DSM 的生产中,由于城市人工地物(建筑物、道路、桥梁等)形体大多较为复杂,含有大量的高度信息,难以投影到二维平面进行表达和描述。它们存在着空间位置关系相互相邻、交叉、覆盖等。这种获取方法需要人工辅助干预和地面控制点。

数字正射影像(Digital Orthophoto Map, DOM)是利用数字高程模型对经过扫描处理的数字化航空像片或者遥感影像(单色或彩色),经逐像元进行辐射改正、微分纠正和镶嵌,并按规定图幅范围裁剪生成的形象数据,带有公里格网、图廓(内、外)整饰和注记的平面图。如图 6-24 所示,数字正射影像图和地图一样,不存在变形,它是地面上的信息在影像图上真实客观的反映,但所包含的信息远比普通地图丰富,可读性更强。DOM 同时具有地图的几何精度和像片的影像特征,是国家基础地理信息数字成果的主要组成部分。

DOM 具有精度高、信息丰富、直观逼真、获取快捷等优点。由于 DOM 已附有坐标值,可

图6-24 DOM样图

作为地图分析背景控制信息,在GIS软件中调用DOM作为背景图层;也可从中提取自然资源和社会经济发展的历史信息或最新信息,为防治灾害和公共设施建设规划等应用提供可靠依据;还可从中提取和派生新的信息,实现地图的修测更新;还可以评价其他数据的精度、现实性和完整性。

## 二、无人机摄影测量技术获取DEM的特点

为了建立DEM,必须量测一系列点的三维坐标,这就是DEM数据采集或DEM数据获取,被量测三维坐标的这些点称为数据点(点云数据)。DEM数据获取的方法主要有航空摄影测量法、激光点云法、雷达干涉测量法、地形图扫描矢量化法等。

需要说明的是,不管采用哪种数据采集方法,数据点的密度是影响数字高程模型的主要因素。数据点太稀会影响数字高程模型的精度;数据点太密则会增加数据获取和处理的工作量,增加不必要的存储量。

与传统摄影测量技术相比,无人机获取的影像与传统量测相机获取的影像有所不同,采用常规的数据处理手段相对困难,难以达到预期结果,精度往往差强人意。因此,利用无人机摄影测量技术生产DEM产品有其自身独有的特点。对于无人机上使用的非量测相机,必须首先进行相机畸变影响的过滤,即全自动相对定向,根据相机检校参数和扫描坐标,可以识别对框标进行中心定位并得到精确的扫描坐标,为了得到较高精度的匹配结果,需要建立分层金字塔影像,为了提高匹配的速度,需要生成近似核线。基于分层的金字塔影像和核线影像,就能在手动提取部分同名点后,自动提取、识别出其他的分布合理、数量庞大且精度可靠的同名点,通过平差,计算出立体像对的相对方位元素和像方坐标。最终获得DEM。利用无人机影像获取DEM成本相对低廉,时相好,数据可靠。但自动化程度不高,人机交互较多。

自动化、高可靠性地从航摄影像中获取高精度三维地形信息的一个核心关键问题就是影像匹配,即如何由计算机来代替或模拟人眼进行立体观察自动确定同名像点的过程。

## 三、无人机摄影测量技术获取 DEM 的流程

图 6-25 所示为无人机摄影测量技术获取 DEM 的流程。

### (一)影像准备以及检查分析

无人机在空中飞行时姿态角和航向因受到气流和风向的影响,会产生偏差,导致获得的影像倾斜角和旋偏角过大,出现相邻影像重叠不稳定情况,因此在图像处理前需要预先对航摄影像数据、相机检校参数、控制成果以及航线结合表等进行分析,其数据的质量会直接影响到内业处理的精度和速度,应及时对这些数据进行检查,确保提交成果符合要求。实际作业中,航摄区域参数设定后,需对影像进行预先检查,结合惯导数据进行分析检查,可以去掉突变影像数据,对于重叠度过大的进行抽片,重叠度小于 50% 的分航线处理,可以保证空三加密网的精度。

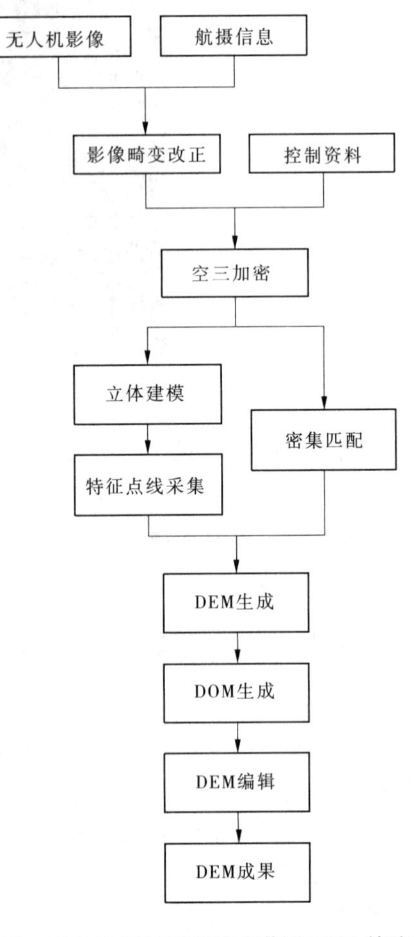

图 6-25　无人机摄影测量技术获取 DEM 的流程

### (二)影像畸变改正

无人机航拍挂载的相机一般为非量测相机,航摄影像存在无法避免的边缘畸变。畸变改变了实际地形的地面位置,需要对畸变图像进行畸变改正之后方可进行空三加密,这也是与传统摄影测量技术生产 DEM 最大的不同之处。此外,还需对影像进行格式的转换,并按照飞行方向将相片进行适当旋转以实现纠偏。实际作业时数据预处理工作时,利用相机检校参数,大部分软件可实现对无人机航片进行畸变差校正,批处理获得无主点偏移及畸变的航拍影像。

### (三)空三加密

在无人机影像处理中,空三加密是其中的关键过程,也是整个处理流程中的难点,其加密效果对后续成果的精度有直接影响,空三加密步骤如下:

(1)建立测区工程文件,并参考航线列表内容,以及相关参数如相机参数、航拍比例尺等参数,以实现畸变校正完成的航片影像的自动内定向。

(2)确定航带的起始点偏移量,并进行整个测区自动匹配。

(3)剔除多余的像点,交互编辑相关连接点,以实现区域平差解算。

(4)完成空三加密,输出空三成果。

### (四)影像匹配

影像匹配是确定相邻两幅影像或者多幅影像之间同名点的过程,同名点匹配的准确性将严重影响后续位姿估计以及三维信息获取的精确性。特征点匹配按匹配获得的同名点数

目可分为稀疏匹配和密集匹配。稀疏匹配主要采用基于灰度的匹配和基于特征的匹配两类算法。基于灰度的匹配以一定窗口内的灰度分布来确定匹配关系,常用的相似性测度有相关函数测度、协方差函数测度、相关系数测度、差平方和测度以及差绝对和测度等。基于灰度的匹配稳定性和精度较好,但是对于影像之间的旋转以及光照变化较为敏感;基于特征的匹配通过提取影像中较为明显的特征点,利用一种或多种相似性测度建立起匹配点对,所以该类算法对于影像间常见的旋转、缩放、模糊以及光照变换均有良好的匹配效果。目前,常见且匹配效果较好的算法有 Harris 算子、SIFT 算子、SURF 算子以及 KAZE、BRIEF、ORB 算法等。

**(五)DEM 生成与编辑**

自动空三结束后,已经获取了每张像片的外方位元素,同时提取到大量的连接点。如果地形起伏不大或者选择快速 DEM 采集,这些连接点可以满足 DEM 的生产。如果任务区内地形起伏较大或者需要高密度的 DSM 点,就需要进行 DSM 密集匹配再一次的提取特征点。为了能生成足够密度的数据点,保证数字高程模型的精度,密集匹配需要完成影像之间逐像素的匹配。经过密集匹配后将会得到影像覆盖区域的以点云形式展示的 DSM,它是包含了地表建筑物、桥梁和树木等高度的地面高程模型,在空旷地区和 DEM 基本一致,但当地表分布一些如建筑物、树林等三维目标时,顶部并没有被纠正到应有的平面位置与底部重合,而是有投影差存在,必须通过一定的技术手段,经过人机交互的方式精确去除高出地面的点云数据,即将地面上的建筑物、树木等过滤掉,才是真实的 DEM。

DSM 仅比 DEM 多一个地物的高度,对 DSM 进行匹配编辑及滤波处理,可以去除所有建筑物与植被等干扰项。

利用 DSM 直接生成的 DOM 有大量的扭曲变形、拉花,对这些变形,需要人机交互将 DEM 点通过立体影像切准地面,然后采取各种编辑方法,重构 DEM。重构 DEM 时,需要根据实际地形,人眼识别和判定地表地势,通过立体量测,选取正确的高程点,对地表地物进行内插、过滤、置平等处理,该过程需要较多的人机,费时费力。常用的方法包括三角网内插、房屋过滤、中值滤波等。具体编辑方法如下。

*1. 三角网内插*

该方法是首先切准区域边缘的高程值,然后搜索内插点所在的三角形,找到三角形后对三角网进行局部重构,产生新的三角形,并按照三角形结构存储点、矢量和拓扑关系。该方法能很好地纠正树木、房屋、道路、桥梁,较好地重构局部地形信息。采用三角网内插法编辑前及编辑后效果如图 6-26 所示。对选择好的区域,通过立体量测,切准边缘高程点,经过三角网内插之后,树木被过滤,地形明显清晰。

*2. 房屋过滤*

该算法与三角网内插作用类似,更针对大片房屋,通过设定坡度和宽度阈值,识别房屋后内插出地面高程值,它对于大区域、较分散的、高度坡度近似的房屋以及树木,效果明显,效率提高。采用房屋过滤法编辑前及编辑后效果如图 6-27 所示。经过房屋过滤,可有效地将成片房屋滤掉,同时空地高程保持不变。

*3. 中值滤波*

该算法是做有奇数个数的滑动模板,对模板中的数据由小到大,取排在中间位置上的数据作为最终的处理结果,这样,如果一个亮点、暗点为噪声,就会在排序过程中被排在数据序列的最右侧或者是最左侧由此达到抑制噪声的目的,这种方法对孤立噪声的抑制效果很好,

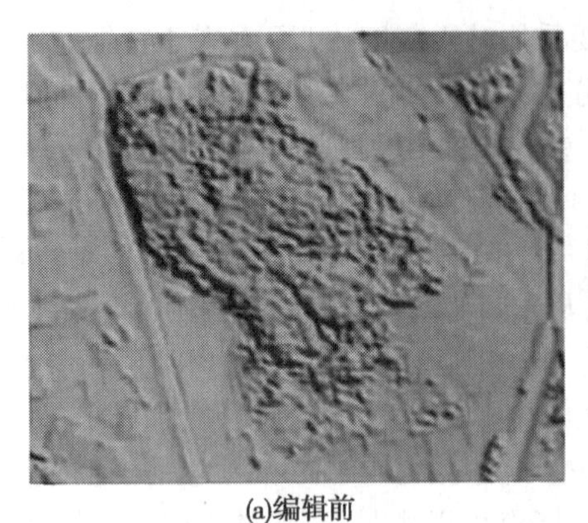

(a)编辑前

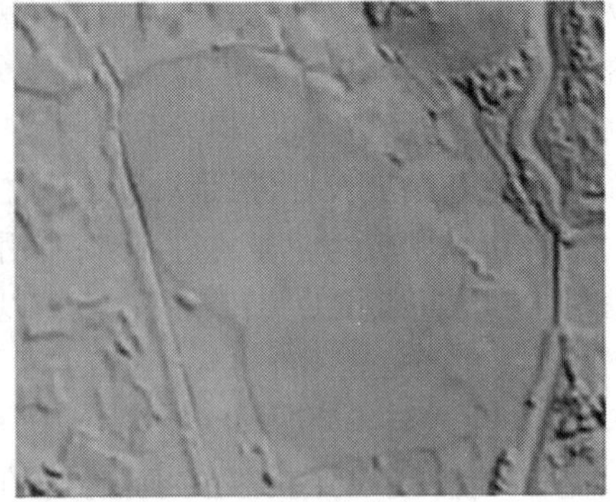

(b)编辑后

图 6-26　采用三角网内插法编辑前、后效果

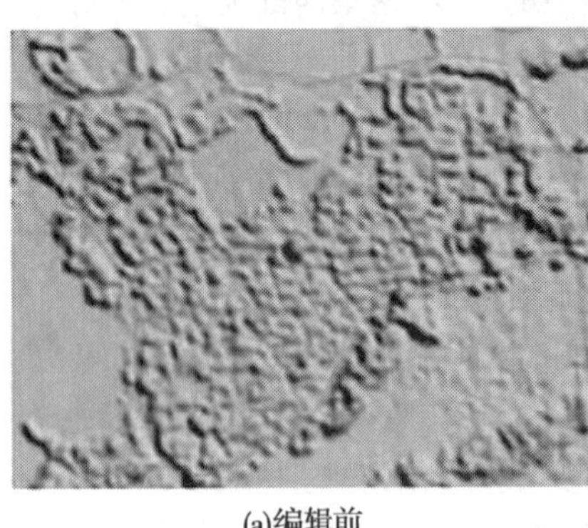

(a)编辑前

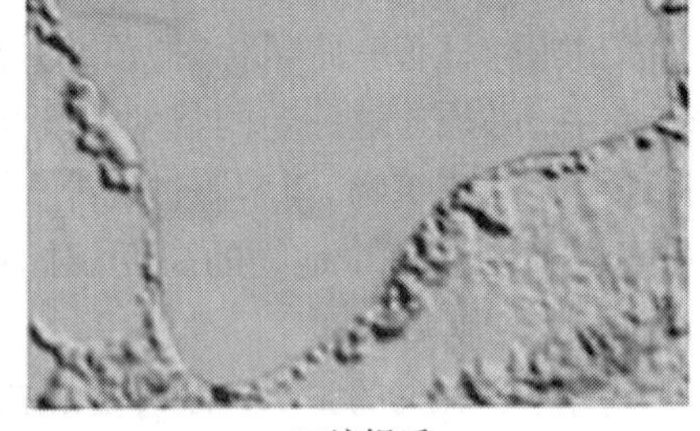

(b)编辑后

图 6-27　采用房屋过滤法编辑前、后效果

同时能保留图像内容。在 DEM 编辑中常用它来进行整体滤波,采用中值滤波平滑前及平滑后效果图如图 6-28 所示,从图 6-28 中可以看到,经过中值滤波算法的平滑后,抹掉了树木等地物引起的突起,同时保留了地面高程的整体趋势。

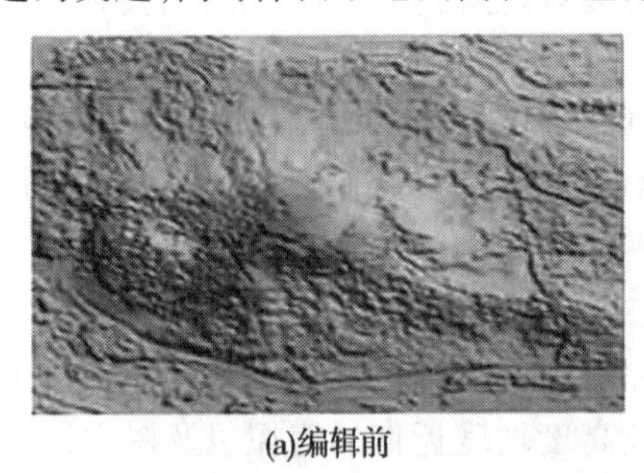

(a)编辑前

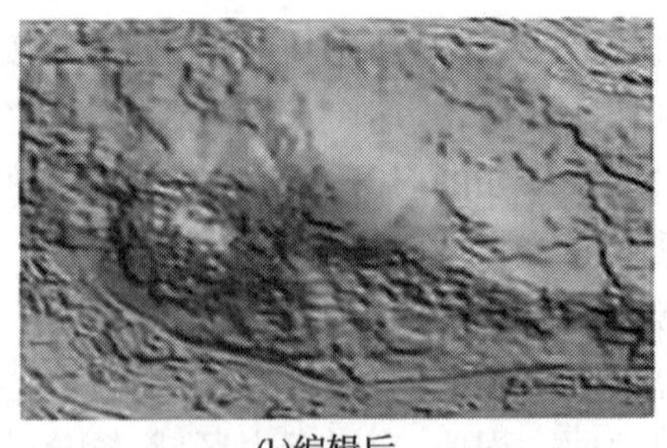

(b)编辑后

图 6-28　采用中值滤波平滑前、后效果

最后生成的 DEM 数据可以栅格图像的形式表示,其中每个像素都有对应的高程值,经渲染后的 DEM 数据如图 6-29 所示。灰度值越小代表高程越大,灰度值越大代表高程越小。

**(六)DEM 精度要求**

利用无人机航空摄影测量手段获取的 DEM 应满足国家测绘行业标准化指导技术文件

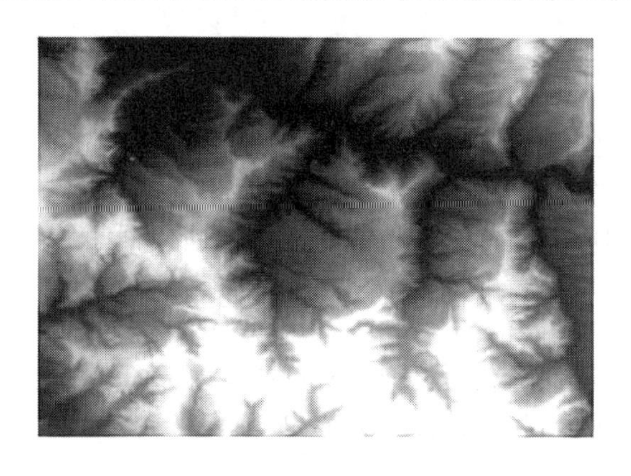

图 6-29 DEM 数据

《低空数字航空摄影测量内业规范》,该规范中 DEM 的产品要求按照《基础地理信息数字成果 1:500 1:1 000 1:2 000 数字高程模型》标准执行。其中 1:500、1:1 000、1:2 000 数字高程模型成果宜采用的格网尺寸见表 6-2。

表 6-2 数字高程模型的格网尺寸

| 比例尺 | 格网尺寸(m) |
|---|---|
| 1:500 | 0.5 |
| 1:1 000 | 1 |
| 1:2 000 | 2 |

数字高程模型成果的精度用格网点的高程中误差表示,其精度要求见表 6-3,高程中误差的 2 倍为采样点数据最大误差。1:500、1:1 000、1:2 000 数字高程模型值应取位至 0.01 m,高程值存储时可以采用浮点型或放大至整型。

表 6-3 数字高程模型精度指标

| 比例尺 | 高程中误差(m) | | |
|---|---|---|---|
| | 一级 | 二级 | 三级 |
| 1:500 | 平地 0.20<br>丘陵地 0.40<br>山地 0.50 | 平地 0.25<br>丘陵地 0.50<br>山地 0.70 | 平地 0.37<br>丘陵地 0.75<br>山地 1.50 |
| 1:1 000 | 平地 0.20<br>丘陵地 0.50<br>山地 0.70 | 平地 0.25<br>丘陵地 0.70<br>山地 1.00 | 平地 0.37<br>丘陵地 1.05<br>山地 1.50 |
| 1:2 000 | 平地 0.40<br>丘陵地 0.50<br>山地 1.20 | 平地 0.50<br>丘陵地 0.70<br>山地 1.50 | 平地 0.75<br>丘陵地 1.05<br>山地 2.25 |

## 四、DSM 的获取

### （一）基于无人机航空摄影数据

利用无人机航空影像数据，通过同名影像的自动识别、影像特征匹配的处理，可生成传统的 4D 产品和 DSM、TDOM 等数字产品。基于摄影测量手段获取城市数字表面模型的具体过程如下。

1. 定向参数的计算

利用框标的像点坐标（理论值）与扫描坐标，通过内定向和外定向，计算像片坐标与扫描坐标之间的转换参数和相对定向元素、绝对定向元素。

2. 空中三角测量

采用光束法空中三角测量方法，利用数字摄影相关法进行连接点的自动量测与转测，提高作业效率和精度。

3. 形成核线排列的立体影像

利用相对定向元素，将同名核线及影像的灰度予以排列，形成核线影像，恢复立体模型。

4. 沿核线进行影像相关或特征匹配

核线确定的精度直接影响到影像相关的精度。沿核线进行影像相关或特征匹配，确定同名像点。影像匹配的后处理工作，需要交互式的人工干预处理计算机难以识别的区域（如水面、人工建筑、森林等）。

5. 建立数字高程模型

可利用影像匹配过程获取一定数量的同名像点，根据定向参数计算对应的地面坐标，以此为依据内插 DEM 格网点的高程，建立 DEM。

6. 获得数字地表模型数据

利用已得到的数字高程模型数据与三维立体采集得到城市人工地物（建筑物、道路、桥梁等）顶部特征数据，内插得到数字地表模型数据。

航空摄影测量手段采用被动式获取 DSM，需要大量的人工干预，人工成本较高，时效性较差，不能满足人们快速生产 DSM 的要求，而且该方法受自然天气条件的影像较大，在多源遥感影像匹配生成 DSM 的过程中，其精度会大大降低。

### （二）基于激光雷达数据

激光雷达（Light Detection and Ranging，LiDAR），具有极高的角分辨率、距离分辨率、速度分辨率以及测速范围广、能获得目标的多种图像、抗干扰能力强、比微波雷达的体积和重量小等特点。此外，LiDAR 系统激光脉冲不易受阴影和太阳角度影响，高程数据精度不受航高限制，相较于常规摄影测量提高了数据采集的质量。根据载体的不同，三维激光扫描系统分为机载激光雷达系统和地面三维激光扫描系统两种模式。

1. 机载激光雷达系统

机载激光雷达系统具有高速度、高性能、长距离等性能。机载激光雷达系统由激光扫描仪，飞行惯导系统，DGPS 定位系统，成像装置，计算机以及数据采集器、记录器、处理软件和电源构成。其处理流程如图 6-30 所示，原理是由 DGPS 给出成像系统和扫描仪的精确空间三维坐标，飞行惯导系统提供空中的姿态参数，激光扫描仪采用空对地式的扫描来测定成像中心到地面采样点的精确距离，再根据几何原理计算出采样点的三维坐标。

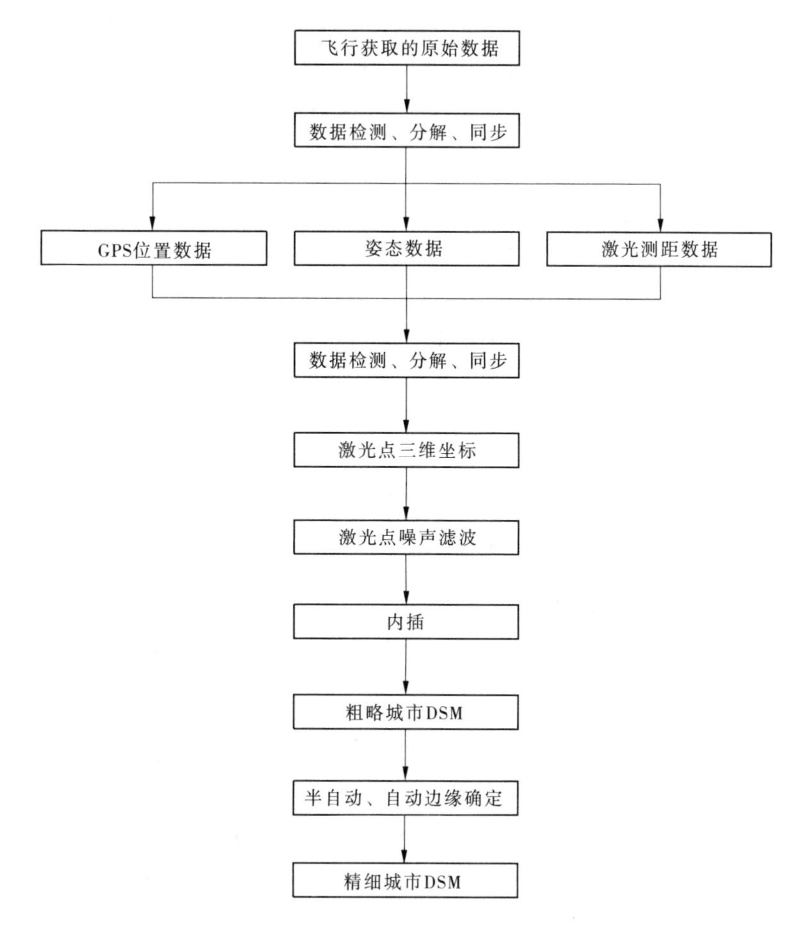


图6-30　基于机载激光扫描系统的DSM处理流程

2. 地面三维激光扫描系统

地面三维激光扫描系统是利用激光扫描仪、数码相机和GPS相结合，采用非接触式高速激光测量方式，进行水平360°或垂直90°～270°的快速扫描，获取地形的几何图形数据和影像数据，其分辨率高达毫米量级。其采集的高精度的三维立体影像图数据可与全球标准的坐标系融合，进行各种坐标系的转换，输出多种不同格式的数据。经过改装后，该系统可装载在汽车上，进行连续的三维城市数据采集。

基于LiDAR数据采用主动式获取DSM，可全天候采集数据，逐点采样直接获取地面三维坐标，能够识别比激光点小的物体，实现数据的自动化处理。

3. DSM表达形式

无论DSM的来源如何，在数据的表达形式上都是相同的。由于DSM是DEM加上地表地物的高度生成，因此DSM数据的格式应该与DEM是一样的。原始生产的DSM可能是不规则的点阵数据，记录了整个地面的高程信息，经过后续的内插重采样生成具体应用中的数据格式。在生产中，主要采用三种方式进行存储，即矩形格网Grid、不规则三角网TIN、混合格网Grid－TIN。

1) 矩形格网Grid

为减少数据的存储量、便于使用和管理，可利用一系列在$X$、$Y$方向上等间隔排列的地

形点的高程 $Z$ 值表示地形,形成一个矩形格网 DSM。其任意一个点的平面坐标可根据该点在 DSM 中的行、列号以及存放在该 DSM 文件头部的基本信息推算出来。这些基本信息包括 DSM 起始点(一般为左下角)坐标 $X_0$ 、$Y_0$ ,DSM 格网在 $X$ 方向与 $Y$ 方向的间隔 $\Delta X$ 和 $\Delta Y$, 以及行列数 $j$ , $i$ 等。如图 6-31 中,点 $P_{ij}$ 的平面坐标 $(X_i, Y_j)$ 为:

$$\begin{cases} X_i = X_0 + i \times \Delta X(i = 0,1,\cdots,N_{X-1}) \\ Y_j = Y_0 + j \times \Delta Y(j = 0,1,\cdots,N_{Y-1}) \end{cases} \tag{6-14}$$

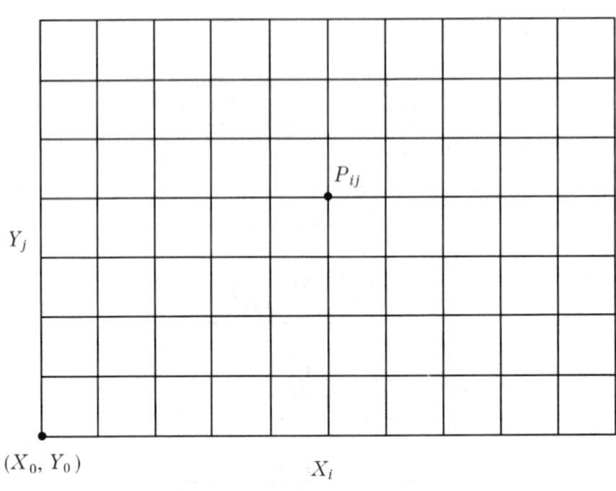


图 6-31　矩形格网 Grid

规则格网 DSM 结构简单,存储量小(可进行压缩),便于计算机存取、处理和管理,但也存在地形简单地区大量冗余数据以及地形复杂地区不能准确表示地形的结构与细部的缺点。

2)不规则三角网 TIN

不规则三角网(Triangulated Irregular Network,TIN)是另外一种表示数字高程模型的方法,如图 6-32 所示。它既减少了规则格网方法带来的冗余,在计算(如坡度)效率方面又优于纯粹基于等高线的方法。

不规则三角网的数据存储方式比格网 DEM 更复杂,它不仅要存储每个点的高程值,还要存储其平面坐标值、节点连接的拓扑关系、三角形和邻接三角形等关系。

不规则三角网能较好地顾及地貌特征点、特征线,所表示的复杂地形表面比矩形格网精确,在某一特定分辨率下,特别是当地形中含有大量的特征(如断裂线、构造线等)时,能用更少的空间和时间精确地表示更加复杂的地形表面。其缺点是数据量较大,数据结构较复杂,因而使用和管理也较复杂。

3)混合格网 Grid – TIN

德国 Ebner 教授等提出的 Grid – TIN 混合形式的 DSM,充分利用了上述两种形式 DSM 的优点。一般地区可使用矩形格网数据结构(可以根据地形采用不同密度的格网),沿地形特征则附加三角网数据结构,如图 6-33所示。

DSM 是地理空间定位的数字数据集合,数字高程模型的应用遍及整个地学领域。在测绘中可用于测绘等高线、坡向图、立体透视图等,并应用于制作正射影像图、立体地形模型以及地图的修测和三维仿真等。在工程中,可用于体积和面积的计算、各种剖面图的绘制以及线路的设计。在遥感中,可作为分类的辅助数据。在环境与规划中,可用于土地现状的分析、规划及防洪减灾等。

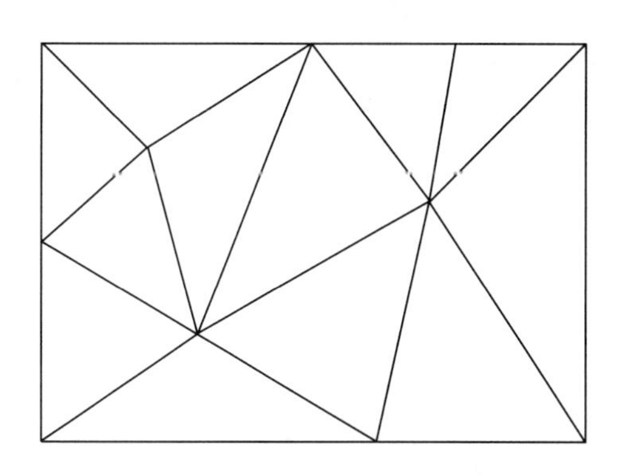

图6-32　不规则三角网 TIN

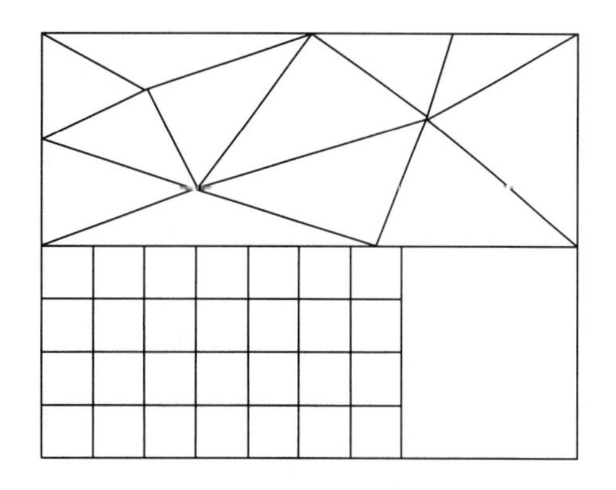

图6-33　混合格网 Grid - TIN

## 五、无人机摄影测量技术生成 DOM、TDOM 的特点及流程

### (一)DOM、TDOM 获取的特点

由于获取制作正射影像的数据源不同,以及技术条件和设备的差异,数字正射影像图的制作有多种方法。但是,在 DEM 数据编辑完成后,在生成 DOM 前需要对 DEM 进行数字微分纠正,将原始数字影像转化为正射影像。

数字微分纠正的基本任务是实现两个二维图像之间的几何变换,是通过解求对应像元的位置,然后进行灰度内插与赋值运算完成的。设任意像元在原始图像和纠正后图像中的坐标分别为 $p(x,y)$ 和 $P(X,Y)$ ,它们之间存在着映射关系,即:

$$\begin{cases} x = f_x(X,Y) \\ y = f_y(X,Y) \end{cases} \tag{6-15}$$

$$\begin{cases} X = \varphi_x(x,y) \\ Y = \varphi_y(x,y) \end{cases} \tag{6-16}$$

式(6-15)是由纠正后的像点坐标 $P(X,Y)$ 出发,根据影像的内、外方位元素及 $P$ 点的高程反求其在原始图像上的像点坐标 $p(x,y)$,经内插出 $p$ 点的灰度值后,再将该灰度值赋给纠正点 $P$ ,这种方法称为反解法(或称间接法)。式(6-16)则反之,是由原始图像上的像点坐标 $p(x,y)$ 解求出纠正后图像上相应纠正点 $P(X,Y)$ ,再将原始图像上的 $p$ 点灰度值赋给纠正点 $P$ ,这种方法称为正解法(或称直接法)。

1. 反解法(间接法)正射纠正

1)计算地面点坐标

设正射影像上任意一像点(像元中心)$P$ 的像素坐标为$(X',Y')$,由正射影像左下角图廓点的地面坐标$(X_0,Y_0)$与正射影像比例尺分母 $M$,计算 $P$ 点对应的地面点坐标$(X,Y)$:

$$\begin{cases} X = X_0 + MX' \\ Y = Y_0 + MY' \end{cases} \tag{6-17}$$

2)计算像点坐标

应用共线条件式计算 $P$ 点相应在原始图像上的像点 $p$ 的坐标 $(x,y)$ :

$$
\begin{cases}
x - x_0 = -f\dfrac{a_1(X - X_S) + b_1(Y - Y_S) + c_1(Z - Z_S)}{a_3(X - X_S) + b_3(Y - Y_S) + c_3(Z - Z_S)} \\
y - y_0 = -f\dfrac{a_2(X - X_S) + b_2(Y - Y_S) + c_2(Z - Z_S)}{a_3(X - X_S) + b_3(Y - Y_S) + c_3(Z - Z_S)}
\end{cases}
\tag{6-18}
$$

式中　$a_i, b_i, c_i(i = 1,2,3)$——3个外方位角元素组成的9个方向余弦；

$(X_S, Y_S, Z_S)$——摄站坐标；

$x_0, y_0, f$——像片内方位元素；

$Z$——$P$点的高程，由DSM内插得到。

3）灰度内插

坐标变换过程中，计算所得的像点坐标不一定正好落在像素中心，所以要获取其灰度值，必须进行灰度内插。常用的方法有最近邻法、双线性内插法、三次卷积法。表6-4给出常用插值算法的优缺点，实际应用中，一般多采用双线性内插，求得$p$点的灰度值。

**表6-4　采样方法比较**

| 采样方法 | 采样理论 | 缺点 | 优点 |
|---|---|---|---|
| 最近邻法 | 以距离内插点最近的像元的灰度值作为内插点的灰度值 | 内插精度低，图像灰度不平滑 | 不破坏原来的像元值，计算速度快 |
| 双线性内插法 | 内插点周围4个观测点的灰度值，按距离加权计算内插点的灰度值 | 破坏了原有数据，与最近邻法相比计算速度慢 | 图像比最近邻法平滑 |
| 三次卷积法 | 内插点周围16个观测点的灰度值，按距离加权计算内插点的灰度值 | 破坏了原有数据，运算量大 | 内插精度高，比前两种方法得到的图像平滑、清晰 |

4）灰度赋值

将像点$p$的灰度值赋给纠正后的像元$P$，则：

$$
G(X,Y) = g(x,y) \tag{6-19}
$$

依次对每一像元完成上述纠正，即能获得反解法纠正的数字影像，其基本原理与各步骤如图6-34所示。

2. 正解法（直接法）正射纠正

正解法数字正射纠正的原理如图6-35所示，它是从原始图像出发，将原始图像上逐个像元用正解公式（6-16）解求纠正后的像点坐标。

这种方法存在一定的缺陷，因为在纠正后的图像上所得到的纠正像点是排列非常规则的，有的像元素内可能出现“空白”（无像点），而有的像元点可能出现重复（多个像点），因此很难实现纠正后影像的灰度内插并获得规则排列的数字影像。

传统意义上的正射影像图，并不是真正意义上的正射影像。这是因为它是以数字高程模型（DEM）为基础进行正射纠正计算的。一方面由于传统数字正射影像未考虑高出地面的地物（建筑物、树木等）的影响，在建筑物密集的城市地区，高大建筑物的屋顶和墙体纹理因偏离其正确的位置，会对街道、管线设施和消防设施等地表信息产生严重遮挡；另一方面，

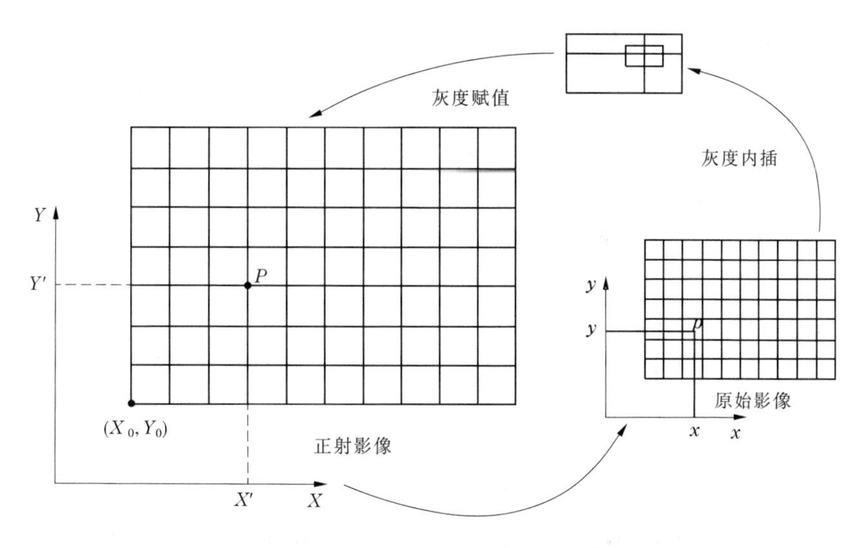


图6-34　反解法正射纠正

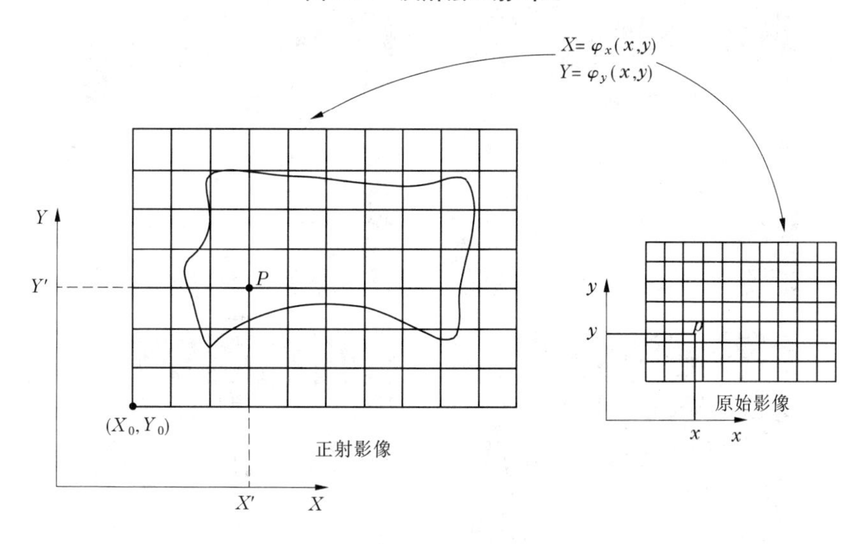


图6-35　正解法正射纠正

由于存在投影差,旧矢量图与正射影像无法套合,进而不能进行变换检测和地图数据更新。为了使正射影像图功能得到最大发挥,以数字表面模型为基础进行微分纠正生成的真正射影像(TDOM)应运而生。

真正射影像是利用包括地形和地物的完整三维数字表面模型进行纠正,可以避免高大建筑物等对其他地表信息的遮挡,从严格意义上得到完全垂直投影下的影像图,因此真正射影像图中不存在投影差。如图6-36所示为基于DSM的正射投影示意图。

正射影像与真正射影像的区别如图6-37所示。

**(二)DOM作业流程**

利用无人机影像获取DOM的方法与全数字摄影测量方法一致,生成的DOM不仅精度高,其自动化程度也十分高,同时也适用于大批量地生产DOM。其整体作业流程如图6-38所示,流程中DEM生产环节已在前文中详细阐述,本节重点介绍匀光匀色、影像拼接、拼接

线编辑、影像裁切、影像修正和 DOM 制作成果分析。

1. 匀光匀色

无人机在飞行过程中受天气、飞行方向或云雾等客观因素影响，致使航带之间或航带内影像之间存在色彩、对比度、明暗等方面的差异，这样会影响整个 DOM 图面信息的直观感知，所以对影像进行色彩、亮度和对比度的调整和匀色处理是十分必要的。匀光匀色处理应缩小影像间的色调差异，使色调均匀，反差适中，层次分明，保持地物色彩不失真。不应有匀光匀色处理的痕迹。目前可以进行像片匀光匀色的软件有许多，比较常用的有 Photoshop，通过对影像的处理，可以使航片之间的影像在纹理、灰度、亮度、色相上保持较好的一致性，从而保证影像拼接的准确率和镶嵌后的自然过渡，为后续处理提供精度保障。

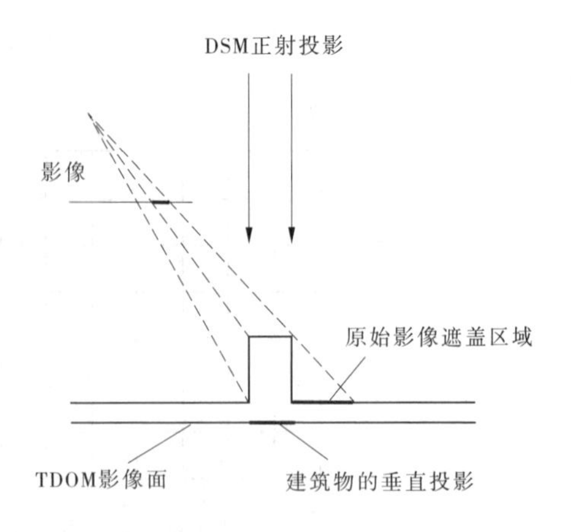


图 6-36　基于 DSM 的正射投影

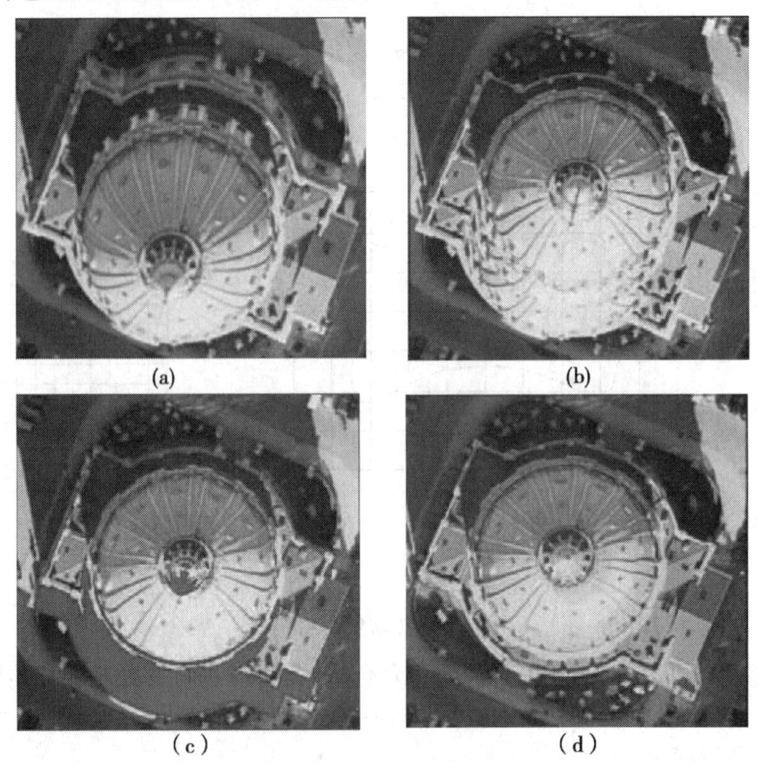


图 6-37　正射影像与真正射影像的区别

2. 影像拼接

经过正射纠正后获得的单模型 DOM，需要进行拼接获得 DOM 产品。DOM 拼接主要目的是使 DOM 的纹理保持一致，通过处理拼接线来实现。

影像拼接需要在相邻两幅图像的重叠区域中搜索并匹配相同的图像内容，从而确定两

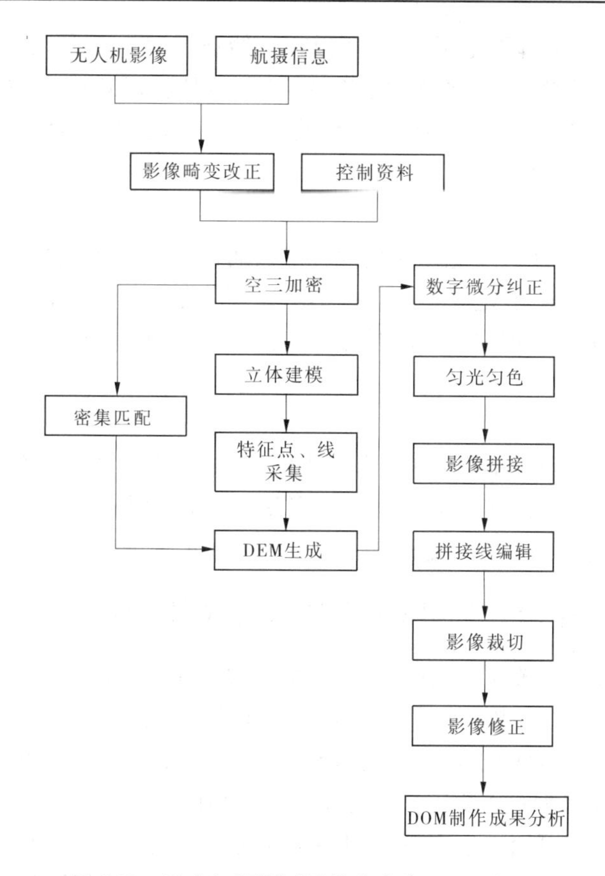


图6-38　无人机摄影测量技术生产DOM流程

幅图像之间的相对位置关系，实现相邻两幅图像对接处理。从实现方法上划分，影像拼接可分为手动拼接和自动拼接两类。手动拼接容易使拼接后的图像在接缝处出现错位或整体图像的各区域颜色不一致的现象，无法有效地保证图像的质量和拼接工作效率。利用计算机实现图像的自动拼接，可提高拼接的质量和效率，已成为影像拼接处理中的主要研究内容。影像拼接应确保无明显拼接痕迹，过渡自然，纹理清晰，其接边误差不应大于2个像素，接边超限应返工处理。拼接过程中需要进行大量的数值计算，如何实现快速、精确的图像拼接，是当前影像拼接研究领域的关键问题。

3. 拼接线编辑

拼接线编辑也是DOM生产过程中重要的一环。影像拼接后，会将整个测区可利用的影像拼接成一幅带有拼接线的初始DOM，通过对拼接线的编辑消除部分错位、扭曲等现象。为了保证DOM的整体视觉效果，通常要求拼接线沿道路或其他线状地物延伸；若碰到如公路等具有一定宽度的线状地物也可使拼接线沿垂直道路方向延伸。同时，尽量避免拼接线横穿房屋。

4. 影像裁切

DEM拼接完成后，按照规定的公里格网进行裁剪分割，加上相应的图框、图号才能作为最终产品。目前可以对DOM影像进行拼接裁剪的软件很多，比如ENVI、ArcGIS等。这里需要注意的是拼接后的DOM边缘地区一般都会发生扭曲变形，这是由于边缘地区控制点控制效果不好以及边缘航片不足引起的，所以在航线设计时一般会在测区边缘航线方向延展 2 ~ 3 条基线，旁向外扩 2 ~ 3 条航线，以保证整个测区 DOM 成果质量。为了保证最终 DOM 成果的准确性和美观性，必须将拼接后的 DOM 变形区进行裁剪去除，才能使最终的 DOM 真实正确地反映地物信息。

5. 影像修正

经过上述步骤处理，还有可能在立交桥、桥梁、居民地等人工地物范围出现错位、扭曲、重影、变形、拉花、脏点、漏洞、地物色彩反差不一致等问题，应查找和分析原因，并进行处理，通常此步骤用 Photoshop 即可实现。同时，还要对涉及保密的内容进行保密处理，与数字线划图成果保持一致。

6. DOM 制作成果分析

DOM 数据检查主要包括地物精度、影像质量、逻辑一致性等几个方面。其中，精度检查是最终成果检查的核心。精度检查主要检查影像点坐标中误差、相邻 DOM 图幅同名地物影像接边差。DOM 的平面数学精度检查主要分为内业地形网套合比对和外业实测检查。

## 六、目前可用于生产 DEM、DOM 的无人机数据处理软件介绍

无人机航摄影像与传统航空摄影影像、卫星遥感影像相比，具有像幅小、分辨率高、重叠度大、数量多等特点，传统的摄影测量处理软件和作业方式已不能满足无人机航摄数据处理需求，无人机航摄数据处理既要在短时间内处理大量的无人机数据，又要保证产品精度，这对当今数字摄影测量作业方式及从业人员提出了更高的要求。目前，国内外科研院所及软件开发商已研发了一些可用于生产 DEM、DOM 的无人机数据处理软件，本节主要介绍国内的 PixelGrid、航天远景 MapMatrix、GodWork _ AT 三款软件，国外的 INPHO USA Master、Pix4Dmapper、Agisoft PhotoScan 三款软件。

### （一）国内无人机数据处理软件

1. PixelGrid

PixelGrid 是由中国测绘科学研究院自主研发的新一代数字摄影测量系统，被誉为国产的“像素工厂”，曾获得 2009 年度国家测绘科技进步一等奖。PixelGrid 硬件由若干计算能力强大的计算节点组成，具有自动化、并行处理、兼容多种影像等特点，代表了当前航空遥感影像数据处理技术的发展方向。如图 6-39 所示，PixelGrid 系统全面实现对多种高分辨率卫星影像和航空影像（包括低空飞行器航空影像）的摄影测量处理，可以完成遥感影像从空中三角测量到各种国家标准比例尺的 DLG、DEM/DSM、DOM 等测绘产品的生产任务。其性能大大优于常规的数字摄影工作站，为快速处理海量影像数据提供了解决方法。

PixelGrid 实现了自动空三、自动 DEM 与正射影像自动生成，大大提高了自动化程度。PixelGrid UAV 是专门针对无人机低空航摄，能较好、较快地处理无人机低空影像数据，解决了无人机航摄影像快速处理的问题。

2. MapMatrix

远景图阵（MapMatrix）是武汉航天远景公司潜心研发的一款功能强大的新型数字摄影测量平台，是专为使用垂直摄影航空影像、卫星影像、无人机影像等快速生产包括数字正射影像 DOM、数字线划图 DLG、数字地面模型 DEM、数字地表模型 DSM 等标准基础测绘产品的专业用户打造的全功能数字摄影测量平台。如图 6-40 所示，MapMatrix 系列产品包括单

图6-39　PixelGrid 界面

机版立体测图系统、全功能数字摄影测量平台、企业级地理信息处理集群，可以满足不同用户、不同阶段、不同规模、不同生产组织形式进行基础测绘产品生产的功能和配置需求。

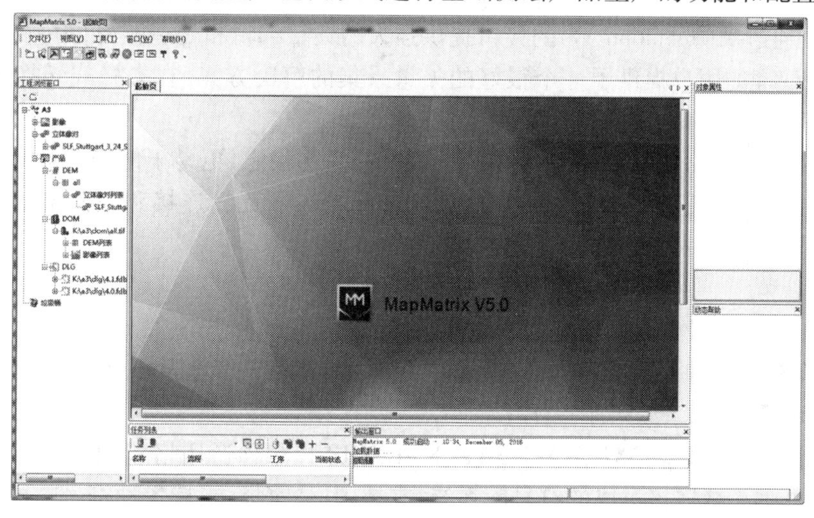


图6-40　MapMatrix 界面

MapMatrix 系列软件实现了真正意义上的采编入库一体化功能，打通了采集、编辑、入库数据之间的界限，所采即所得。该软件与传统的摄影测量平台相比，具备以下优势：作业过程自动化、采编入库一体化、数据处理海量化(TB 级)。应用领域与行业：4D 数据生产、灾害评估、应急测绘、林业、水利、国防等。MapMatrix 独特的传感器—模块无关设计(Sensor Independent)，支持了市面上从星载到机载(包括无人机)，热气球成像的诸多数据源。使用多核处理技术、网络化并行处理技术、GPU 加速以及计算机视觉领域的最新成果，将摄影测量作业从传统的工作站模式提升到现代的网络化集群计算模式。

1)产品模块

(1)DEMatrix 数字高程模型模块。

主要功能：全自动批处理进行影像匹配，特征点、线自动匹配，并自动生成 DTM、DEM、等高线，全区匹配直接生成全区的大 DEM。支持实时核线编辑模式、原始影像编辑模式，甚至是无立体情况下编辑 DEM 也毫无问题。支持三角网编辑直接编辑物方 DEM，直接编辑成果文件；支持跨模型编辑，可采用先拼接再编辑大 DEM 模式，简化 DEM 拼接流程；支持 DEM、DOM 编辑的联动，局部修正 DEM、DOM，亦能实时局部纠正、替换更新。支持独立的 DEMX 工具，用于 DEM、DOM 单独裁切，满足标准图幅裁切 DEM、DOM 任务，直接使用内、

外部矢量文件参与 DEM 编辑。

(2) DOMatrix 数字正射影像模块。

正射影像自动生成,并支持匀光后生成 DOM,直接支持正射影像正射修补、原始影像修补自动无缝镶嵌,自动生成大区域的 DOM,利用 DEM 和 DOM 恢复原始影像的外方位元素,提供多种同名点预测模式,提高正射影像的修复效率,采用全新的色彩过渡算法,使正射影像的重叠区过渡更加自然,提供控制点平均平面正射纠正。对于比较平坦的区域,比如城区,可以使用控制点平均平面正射纠正的功能生成正射影像。正射影像的范围以原始影像的范围为准,而且随着控制点数量的不同,纠正的基准也不同。

(3) MicroStation V8 接口模块。

MicroStation 联机测图软件模块以 MicroStation V8 为数据管理平台,采用 MapMatrix 进行工程管理和立体漫游,既具备 MapMatrix 丰富相机类型支持的优势,又具有优秀的立体漫游能力,并且通过 MicroStation V8 的接口提供强大的矢量编辑和处理能力,为基于 MicroStation V8 矢量处理的用户提供了一个很好的矢量采集的解决方案,省去格式转换等流程,提高了作业效率。

主要功能:基于强大的 MicroStation V8 平台支持,更稳定、更易于使用兼容所有 MapMatrix 所支持的影像、传感器、立体漫游等内容与 MicroStation 无缝连接和通信丰富的采集、编辑、查询工具。

2) 产品功能

(1) ProjectMatrix 网络协同作业。

数据库的创建、维护,智能化的网络管理模式,可视化的生产管理服务,可定义的生产流程。

(2) FeatureMatrix 采编入库一体化。

功能特征:支持军标、DXF、DWG、XYZ、XML、SHP 等多种通用格式的数据导入导出,使系统与后续处理无缝连接集成的符号库系统,支持国标、军标,支持各种符号的可视化浏览、修改和定制,可根据项目需要保存多套符号方案,提供 AutoCAD 等平台符号的直接导入。提供丰富的矢量采集、编辑功能,实现效率的最大化矢量检查功能。可以对采集和编辑错误做自动检查和定位,无须返工序或人工检查矢量成果出图、入库功能。还具有全面的批量分幅、图廓整饰、拓扑构建和打印出图的功能。

3. GodWork_AT

GodWork_AT 产品是国内知名的航空影像数据后处理综合应用系统,界面如图 6-41 所示,具有算法先进、功能完善、配置灵活、高效自动、成果精确等优点。该系统拥有多项自主知识产权的航空摄影测量处理技术:智能化平差技术、大高差大偏角影像立体匹配技术、逐像素级点云获取技术、多形式 DSM 滤波技术、大比例尺多片测图技术、空地一体化倾斜摄影测量技术等,并智慧集成全方位的数字化摄影测量解决方案。

4. 数字摄影测量网格(DPGrid)

DPGrid 系统是由中国工程院院士、武汉大学教授张祖勋团队研发的、具有自主版权的高性能航空航天数字摄影测量处理平台,主要应用于国家基础测绘、城市基础地理信息动态更新、国土资源调查、地理国情监测、快速响应等各个领域。该系统在影像数据处理的效率方面大幅度提升,使地图更新的周期进一步缩短,提高了空间信息获取的实时性,特别是在大型的自然灾害的快速评估、应急反应等方面的作用巨大,对于我国的社会经济快速发展以

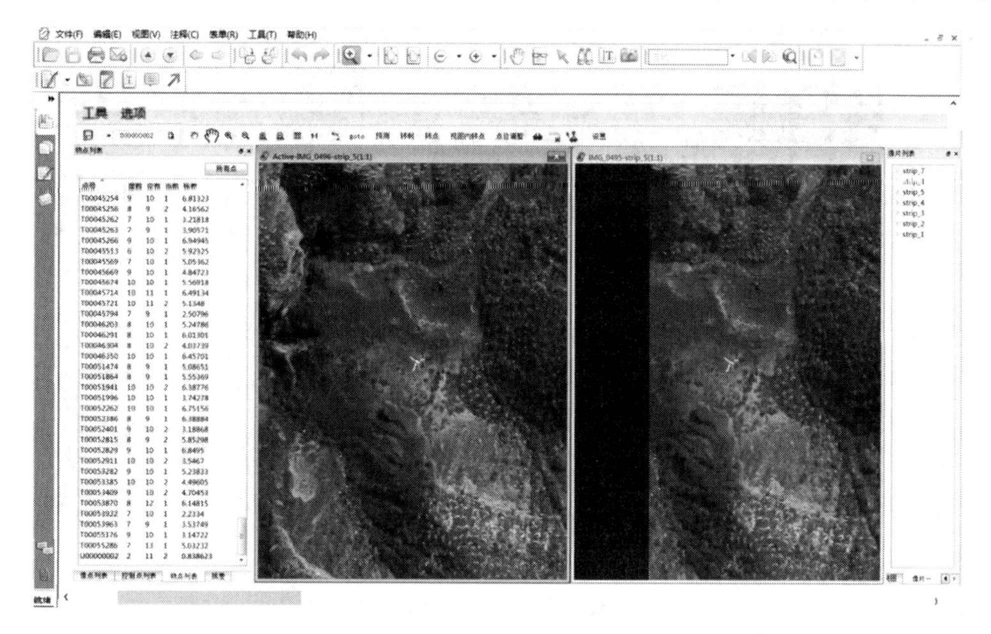

图6-41　GodWork_AT界面

及军事安全等都具有重要的意义。它填补了我国数字摄影测量数据处理技术的空白,标志着我国数字摄影测量技术整体上达到国际先进水平。

DPGrid是将计算机网络技术、并行处理技术、高性能计算技术与数字摄影测量处理技术相结合而研制的新一代摄影测量处理平台,其性能远远高于当前的数字摄影测量工作站。该设备可以应用于测绘企、事业单位、科研机关及相关单位生产测绘项目。针对学校相关专业及学科的科研、教学,提供实际数据生产条件,锻炼学生的实操能力,能够提高专业人才培养、科研和社会服务能力。

DPGrid系统是历经多年连续研究形成的重大科技成果。DPGrid系统既可以完成传统的航空摄影测量生产,又可以完成现今比较常用的无人机低空摄影测量生产,其应急测绘保障能力要比传统摄影测量更高。它既能生产常规的DEM(数字高程模型)、DOM(数字正射影像图)、DLG(数字线划地图),又能在紧急(突发)状况下通过快拼图功能完成对某一区域的航飞影像的快拼影像,为时时掌控局面提供依据。图6-42为DPGrid界面。其主要功能为:

(1)定向生产,既能做传统的空三加密,又能实现全自动的空三加密,并提供了iBundle、Xsfm、PATB等多种平差方式。图6-43所示为空三精度报告(平差报告)。

(2)DEM生产,目前提供了四种DEM密集匹配方法,分别是ETM双扩展匹配、BBM跨接法匹配、SGM半全局匹配、MVM多视匹配,并提供了DEM质检功能。图6-44所示为DEM密集匹配界面。

(3)DOM生产,即可以制作应急用的快拼图,又可以按传统方式生产DOM,并提供了DOM质检功能。

(4)DLG生产,即能利用立体模型进行立体采集,又能利用正射影像进行平面采集,并提供了整饰出版功能来快速输出DLG出版图。

除了上述主要功能,该软件还提供了TIN编辑、单片纠正、三维景观、DEM晕渲等功能。

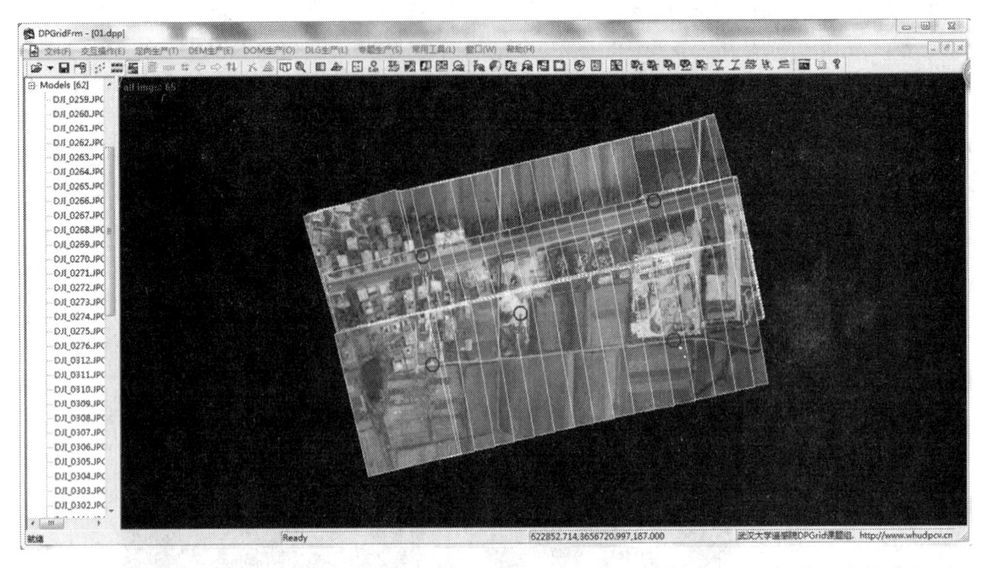


图 6-42　DPGrid 界面

01_xba.rep - 记事本

文件(F) 编辑(E) 格式(O) 查看(V) 帮助(H)

$Control_Point_Residues

| $Point ID | X | Y | Z | dX | dY | dXY | dZ | |
|---|---|---|---|---|---|---|---|---|
| 9007 | 622635.64863 | 3657001.19736 | 189.79149 | -0.007871 | 0.003364 | 0.008560 | -0.038507 | |
| 9009 | 622858.16386 | 3656963.11073 | 187.80130 | -0.006140 | 0.011727 | 0.013237 | -0.062702 | |
| 9013 | 622507.17693 | 3656930.30176 | 188.54161 | -0.007074 | 0.004756 | 0.008525 | 0.045609 | |
| 9014 | 622494.71413 | 3657082.09553 | 185.51681 | -0.000469 | -0.000470 | 0.000664 | -0.014195 | |
| 9016 | 622830.24396 | 3657159.59610 | 184.23379 | 0.015056 | -0.018904 | 0.024167 | 0.039791 | |

$Tie_Point_Residues

| $Image ID | resX | resY | pointSum | useSum |
|---|---|---|---|---|
| 1001 | 18.598307 | 9.098741 | 939 | 861 |
| 1002 | 14.210753 | 8.423877 | 1088 | 1030 |
| 1003 | 14.497397 | 9.691013 | 1130 | 1084 |
| 1004 | 5.771946 | 11.331248 | 993 | 960 |
| 1005 | 6.816968 | 5.943266 | 1075 | 1045 |
| 1006 | 7.334377 | 5.595043 | 1172 | 1144 |
| 1007 | 5.051790 | 4.855262 | 1044 | 1027 |
| 1008 | 7.998246 | 8.270652 | 1107 | 1084 |
| 1009 | 10.602977 | 6.271274 | 1063 | 1030 |
| 1010 | 22.078283 | 30.071308 | 1018 | 981 |
| 1011 | 14.117119 | 29.240321 | 1076 | 1039 |
| 1012 | 17.579557 | 26.921903 | 1083 | 1035 |
| 1013 | 11.713461 | 11.034468 | 962 | 902 |
| 1014 | 10.608308 | 12.231295 | 897 | 831 |
| 1015 | 12.225424 | 13.873664 | 997 | 936 |
| 1016 | 15.136945 | 13.122377 | 1151 | 1094 |
| 1017 | 8.916720 | 7.264931 | 1188 | 1127 |
| 1018 | 11.190774 | 6.944186 | 1098 | 961 |

图 6-43　空三精度报告(平差报告)

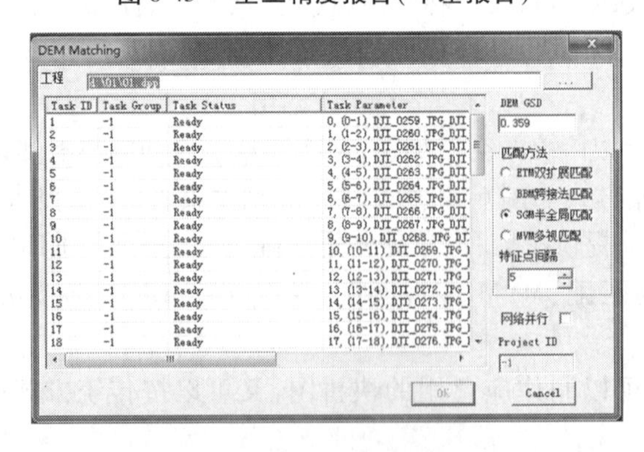


图 6-44　DEM 密集匹配界面

目前该软件已在多家测绘单位承担生产和更新等任务。该软件的自动化程度高,包含了整个航空摄影测量的过程,推行的 DPGrid 教育版被全国很多高校作为实训教学系统使用。

## (二)国外无人机数据处理软件

1. INPHO UAS Master 无人机航测系统

INPHO 摄影测量系统由世界著名的测绘学家 Fritz Ackermann 教授于 20 世纪 80 年代在德国斯图加特创立,历经 30 多年的生产实践、创新发展, INPHO 已成为世界领先的数字摄影测量处理及数字地表地形建模的系统工具,可以处理航飞、卫星、激光、雷达等数据,为全球各种用户提供高效、精确的软件解决方案。界面如图 6-45 所示,其主要功能模块有 Applications Master 模块、inBLOCK 测区平差模块、MATCH – AT 空三模块、MATCH – T DSM 提取模、DTMaster 编辑模块、Ortho Master 镶嵌模块等。

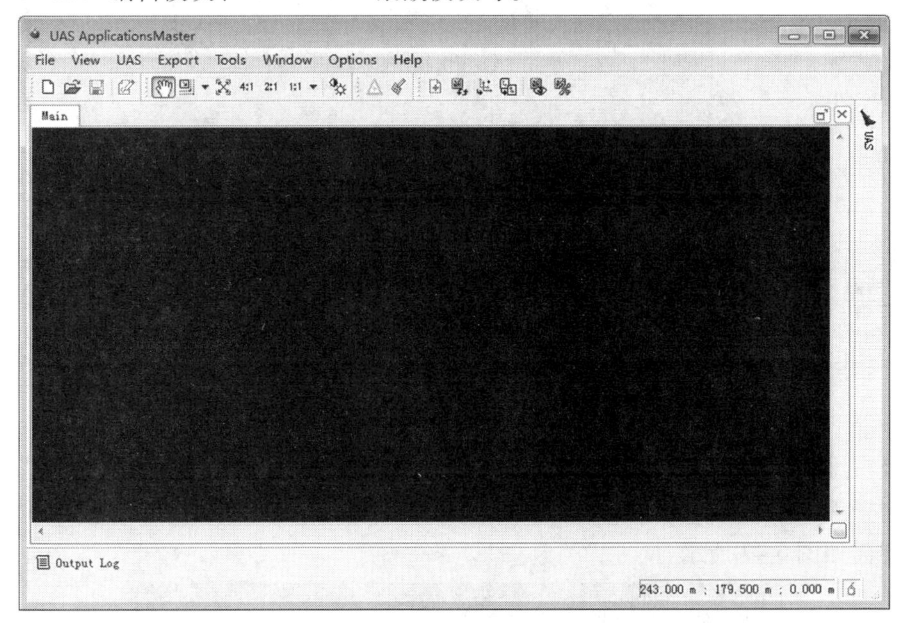


图 6-45　UAS Master 界面

INPHO UAS Master 无人机航测系统是继 Trimble 开发了 TBC 之后的一款非常优秀的无人机数据处理系统,可以处理任意无人飞行系统获取的数据,包括固定翼无人机、无人直升机和无人飞艇等。该系统包含一键式操作获取结果模式和摄影测量专家逐步质量控制的流程操作模式,以上两种模式保证操作人员不是必须具备摄影测量知识和经验的人员,采用该系统可获取高精度和高度可靠性的航测成果。

2. Pix4Dmapper 软件

Pix4Dmapper 来自于瑞士的 Pix4D 公司,是世界级研究机构 EPFL 近年的研究成果, Pix4Dmapper 是目前市场上独一无二的集全自动、快速、专业精度为一体的无人机数据和航空影像处理软件,无需专业知识,无需人工干预,即可将数千张影像快速制作成专业的、精确的二维地图和三维模型。界面如图 6-46 所示。

3. Agisoft PhotoScan 软件

Agisoft PhotoScan 是俄罗斯 Agisoft 公司研发的 3D 扫描软件,在影像的快速拼接、DEM、DOM 快速生成、三维实景建模等方面具有自己的优势。它可以基于影像自动生成高质量三维模型的软件,它根据多视图三维重建技术,可以对任意照片进行处理,小到考古摆件,大到大量航片数据处理,软件仅通过导入具有一定重叠率的数码影像,便可实现高质量的正射影

图 6-46　Pix4Dmapper 界面

像生成及三维模型重建，整个工作流程无论是影像定向还是三维模型重建过程都是完全自动化。对于无人机影像，利用 Agisoft PhotoScan 软件可以进行影像快拼、DEM、DOM 等产品制作。界面如图 6-47 所示。

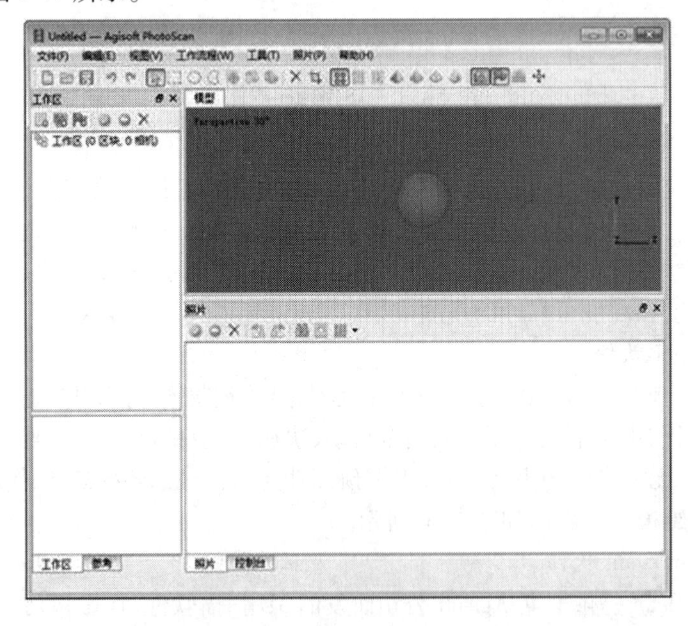


图 6-47　Agisoft PhotoScan 软件界面

# 第六节　DLG产品获取方法及流程

## 一、DLG基本概念

数字线划图(Data Line Graph, DLG)是以点、线、面形式或地图特定图形符号形式表达地形要素的地理信息矢量数据集。点要素在矢量数据中表示为一组坐标及相应的属性值；线要素表示为一串坐标组及相应的属性值；面要素表示为首尾点重合的一串坐标组及相应的属性值，数字线划图是国家基础地理信息数字成果的主要组成部分。

数字线划地图既包括空间信息，也包括属性信息，是各专业信息系统的空间定位基础。与其他地图产品相比，数字线划地图是一种更为方便放大、漫游、查询、检查和量测的叠加地图。其数据量小，便于分层，能快速地生成专题地图。此数据能满足地理信息系统进行各种空间分析要求，被视为多能的数据。可随机地进行数据选取、显示及与其他几种产品叠加，便于分析、决策。数字线划地图的技术特征为地图地理内容、分幅、投影、精度、坐标系统与同比例尺地形图一致。图形输出为矢量格式，任意缩放均不变形。

数字线划图由数字线划图矢量数据(包括要素属性)、元数据及相关文件构成。矢量数据包含定位基础(平面与高程)、水系、居民地及设施、交通、管线、境界与政区、地貌、植被与土质等地形要素的空间坐标、属性和几何信息，以及注记、图廓整饰要素及图形数据等；元数据是关于数据的说明数据；相关文件指需要随矢量数据同时提供的其他文件及说明信息。

数字线划图可广泛应用于各行各业，如用于建设规划、城市建设管理、资源管理、投资环境分析等各个方面，人口、资源、环境、交通、治安、土地使用规划与控制，商场、工厂、交通枢纽等地址的选择，农业气候区划、环境工程、大气污染监测、道路交通建设与管理，自然灾害、战争灾害、其他灾害的监测估计，自然资源、人文资源、地貌变迁、民生产业(医疗、公共事业、服务)等。因此，掌握DLG产品获取方法及流程是很有必要的。

## 二、无人机摄影测量DLG制作方法

相较于传统摄影测量技术，无人机摄影测量要处理的影像数量多，重叠度大，模型数量多，导致利用无人机影像制作DLG的工作量急剧增大，如要采集核线的模型和采集同一幅图的矢量时要切换的模型次数。同时，因为影像存在较大畸变，加之模型基高比小，如果不做去畸变和选择最佳交会角测图等处理，则空三加密成果差，3D产品成果精度低，特别是DLG的高程精度低。根据无人机摄影测量的特点，利用无人机影像制作DLG主要有以下两种方法。

### (一)立体采集法

DLG产品制作最常用的方法是利用数字摄影测量系统全要素立体采集，当遇到内业无法采集的要素时，辅以外业调绘工作。这是传统摄影测量常用的方法。

首先利用无人机影像和基础控制成果，进行野外像片控制测量，根据外业像控成果进行空三加密，在全数字摄影测量系统中恢复立体模型，在建立的视觉立体模型上采集居民地、道路、水系、植被、地貌等地形要素特征点的坐标和高程，以图幅为单位回放纸图，进行野外调绘与补测。内业根据外业调绘成果和立体测图数据，对矢量数据进行编辑，保存分层建库

数据，再进行数字地形图编辑，提交数字地形图成果。

采用全数字摄影测量工作站进行立体采集，原则上采用空三导入的方法建立数字立体模型。空三导入时，应对各种定向数据进行检查，以消除系统和人眼视差产生的误差，发现问题应及时找出原因，否则不能进入下一工序作业。

无人机航摄像幅小，重叠度大，基线短，立体模型范围较小，模型之间接边频繁，立体采集生产效率较低，高程精度很难得到保证。所以，立体模型恢复时，可采用外方位元素进行恢复，采用隔片构成立体像对，所建模型相对而言范围变大，可有效减小模型之间接边频率，此时基线长度增加，前方交会角增大，测图的高程精度提高。

**（二）综合法**

随着密集匹配技术的诞生，利用无人机航摄数据生产数字正射影像、真正射影像快捷且精度相对较高，生产单位为了提高 DLG 数据采集效率和提高高程精度，地物平面位置的采集直接在正射影像上（需要改正较高大人工建筑物产生的投影差）或真正射影像上进行，对错漏及属性不明确的以野外核查、调绘解决，对较小地物、被遮挡地物、发生变化的地物、阴影之中的及看不清的地物进行实地补测，对各类地形要素的高程进行实地测量。也就是采用内业确定平面位置，外业进行调绘、核查、补测和地貌测绘相结合的综合测绘方法。

若是用图单位对高程精度要求不高，可在立体模型上采集特征地貌元素、绘制等高线，尽量选取立体模型中间位置来采集，因为越靠近边缘的位置模型接边差越大。等高线采集时必须切准模型描绘，在等倾斜地段，当计曲线间距小于 5 mm 时，只测计曲线，内插首曲线，在植被覆盖的区域，切准地面描绘，当只能沿植被表面描绘时，应加植被高度改正。为了保证地貌采集精度，可以利用加密点结合真正射影像进行检核和修改。也可在 DEM 上生成等高线，最后将采集的地物、地貌进行合并，再进行相关编辑、修改，完善 DLG 数据采集工作。

## 三、DLG 制作时内业采集的有关要求

DLG 内业采集包括在立体模型上的立体采集、在正射影像图或真正射影像图上的二维矢量化平面采集。无论哪种方法，均应满足如下要求：

（1）内业在进行数据采集时，依比例尺表示的面状地物测出其范围，不依比例表示的地物测出其中心位置。

（2）根据三维模型或二维平面影像能定性质的地物、地貌元素用相应的符号表示，对影像清楚的地物地貌元素应全部、准确、无遗漏地采集。

（3）对成像不够清晰的地物地貌元素应尽可能地采集，并在相应区域做出标记，以便提醒外业调绘人员注意，进行位置、属性的核实及补绘。

（4）各种地物应以可见的外部轮廓为准，地貌用等高线、高程注记和特征地貌符号表示。对密集植被覆盖的地表，当只能沿植被表面采集高程时，外业应加植被高度改正。在林木密集隐蔽地区，应依据野外高程点和立体模型进行测绘。

（5）点状要素（独立地物）能按比例表示时，应按实际形状采集，不能按比例表示时应精确测定其定位点或定位线。有方向性的点状要素应先采集其定位点，再采集其方向点（线）。

（6）具有多种属性的线状要素（线状地物、面状地物公共边、线状地物与面状地物边界

线的重合部分),只可采集一次,但应处理好多种属性之间的关系。

(7)线状地物采集时,应视其变化测定,适当增加地物点的密度,以保证曲线的准确拟合。

(8)关于采集时地物的定位和定位线:依比例表示的面状地物定位点是地物轮廓的转折(角);依比例表示的带状地物(如公路、河流等)定位线是地物边线;半依比例表示的带状地物(如农村道路、小溪等)和线状地物的定位线是地物中心线;不依比例表示的面状和点状地物定位点是地物中心点。

半依比例尺表示的部分线状地物,如陡坎、陡坡等,其符号定位线在上边缘线,如图6-48所示。

石质陡崖
22.5
土质陡崖
18.6
人工陡坎
人工加固陡坎
天然斜坡
人工斜坡
人工加固斜坡

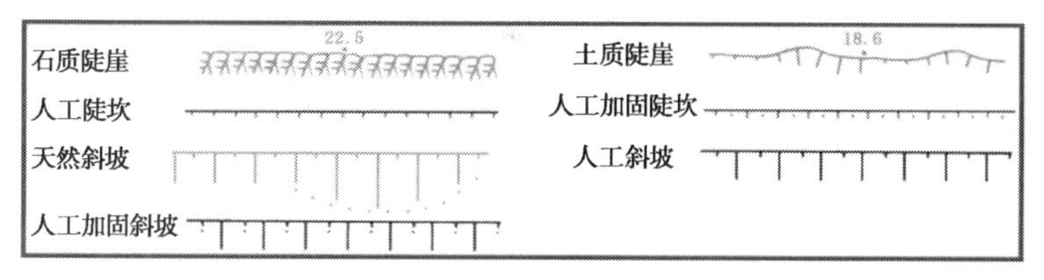

图6-48　半依比例边缘定位符号

半依比例尺表示的其他线状地物,如管线、垣栅等,其符号定位线为地物中线,如图6-49所示。

地面输水管道
水
有管堤输水管道
水
架空管道
热
围墙
石垄
栅栏
铁丝网
电
篱笆
乡村路
小路
低压线
活树篱笆
高压线
35

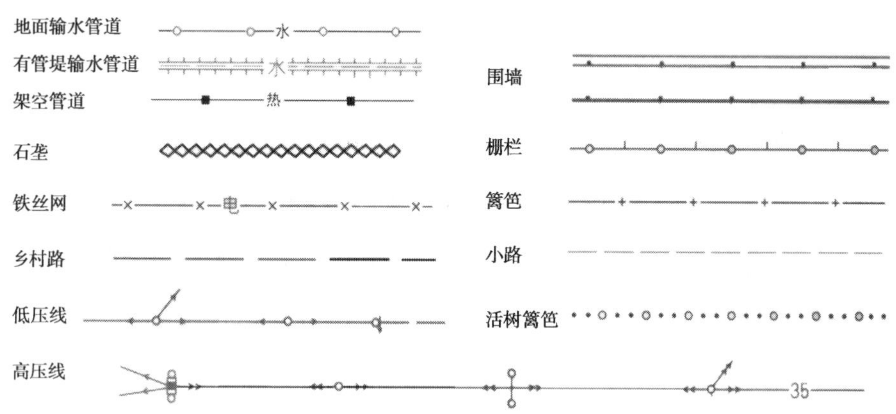

图6-49　半依比例中线定位符号

地物符号图形中有一个点的,该点对应为地物的实地中心位置;对于不依比例表示的面状和点状地物符号,若形状是圆形、正方形、长方形的,定位点在其几何图形中心,如图6-50所示。

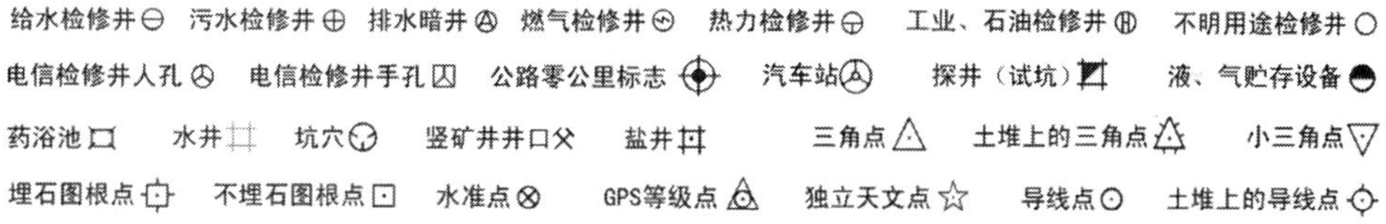

给水检修井
污水检修井
排水暗井
燃气检修井
热力检修井
工业、石油检修井
不明用途检修井
电信检修井人孔
电信检修井手孔
公路零公里标志
汽车站
探井(试坑)
液、气贮存设备
药浴池
水井
坑穴
竖矿井井口
盐井
三角点
土堆上的三角点
小三角点
埋石图根点
不埋石图根点
水准点
GPS等级点
独立天文点
导线点
土堆上的导线点

图6-50　不依比例几何中心定位符号

独立地物符号形状为宽底的定位点在其底线中心,如图6-51所示。独立地物符号形状

底部为直角的，定位点在其直角的顶点，如图6-52所示。独立地物符号形状为几种图形组成的，定位点在其下方图形的中心点或交叉点，如图6-53所示。独立地物符号形状是下方没有底线的，定位点在其下方两端点连线的中心，如图6-54所示。

放空火炬　烟囱　水塔烟囱　垃圾台　蒙古包
纪念碑　庙宇　水塔　灯塔　灯船　雕塑
卫星地面站、雷达站　露出的沉船　独立大坟
科学试验站　电视发射塔　宝塔、经塔　文物碑石

图6-51　不依比例底线中心定位符号

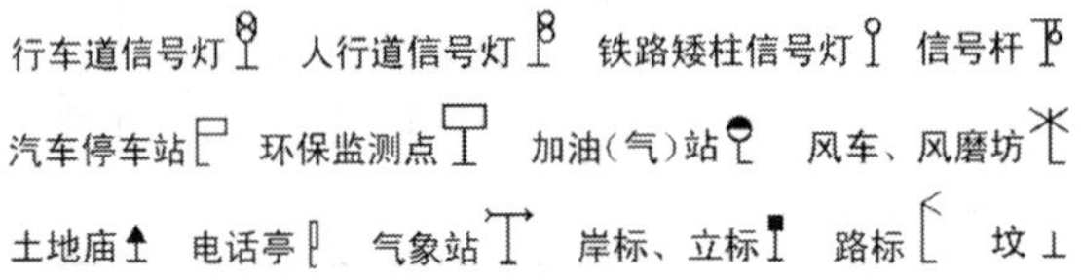

行车道信号灯　人行道信号灯　铁路矮柱信号灯　信号杆
汽车停车站　环保监测点　加油（气）站　风车、风磨坊
土地庙　电话亭　气象站　岸标、立标　路标　坟

图6-52　不依比例直角顶部定位符号

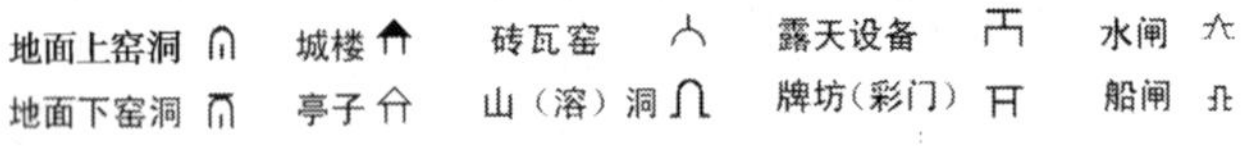

地面上窑洞　城楼　砖瓦窑　露天设备　水闸
地面下窑洞　亭子　山（溶）洞　牌坊（彩门）　船闸

图6-53　不依比例不封底定位符号

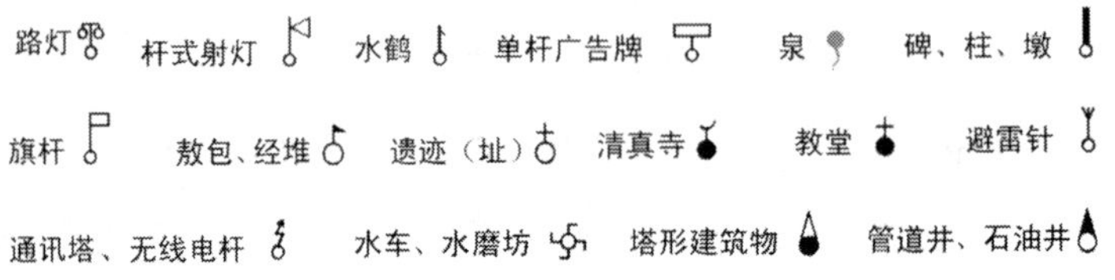

路灯　杆式射灯　水鹤　单杆广告牌　泉　碑、柱、墩
旗杆　敖包、经堆　遗迹（址）　清真寺　教堂　避雷针
通讯塔、无线电杆　水车、水磨坊　塔形建筑物　管道井、石油井

图6-54　不依比例组合符号圆心定位

不依比例尺表示的其他地物，如桥梁、水闸、拦水坝、岩溶漏斗等的符号，定位点在其符号的中心点。

(9)符号的方向和配置。

符号除简要说明中规定按真实方向表示者外，均垂直于南图廓线。土质和植被符号，根据其排列的形式可分成三种情况：

①整列式：按一定行列配置，如苗圃、草地、经济林等。

②散列式：不按一定行列配置，如小草丘地、灌木林、石块地等。

③相应式：按实地的疏密或位置表示符号，如疏林、零星树木等。

表示符号时应注意显示其分布特征。

整列式排列一般按图式表示的间隔配置符号，面积较大时，符号间隔可放大1~3倍。在能表示清楚的原则下，可采用注记的方法表示。还可将图中最多的一种不表示符号，图外加附注说明，但所有图应统一。

需要注意的是，配置是指所使用的符号为说明性符号，不具有定位意义。在地物分布范围内散列或整列式布列符号,用于表示面状地物的类别。

## 四、DLG内业采集的地形要素分类及内容

DLG上需要表示的内容,按照地形要素的性质可分为如下九类:

(1)测量控制点:包括三角点、水准点、GPS等级点、导线点、埋石图根点等。

(2)水系及附属设施:包括各种面状(湖泊、水库、坑塘)、带状(河流、沟渠)、点状水体(井、泉、水池)及附属物(滩涂、陡岸、水中滩、水中岛)和附属设施(航行标志、拦水坝、水闸、高架渠、提灌站)等。

(3)居民地及设施:包括各种类型居民地、居民地附属设施(垣栅、门顶、门墩、室外楼梯、柱廊等)、目标方位意义明显的独立地物(饲养场、打谷场、水车、风车、庙宇、教堂、宝塔、牌坊、独立树、碑、柱、墩等)、工矿(各种塔形设施、传送带、装卸漏斗、龙门吊车、起重机、矿井、盐田等)、公共设施(通信塔、停车场、公园、影剧院、体育场馆、博物馆、科技馆、电视台、邮政局、大型超市、宾馆)等。

(4)道路及附属设施:包括各等级道路(国道、省道、县道、乡道及其他公路、专用公路、农村道路)及附属设施、建筑物(桥梁、涵洞、排水沟渠、隧道、立交桥、隔离绿化墙、分道隔离墩、加油站、监管站、道班、路标、信号以及照明设施)等。

(5)管线及附属设施:包括通信线、电力线、变电站、各种管道及其变电站、检修井等。

(6)境界:包括国界、省界、地区界、县界、乡界、保护区界等。

(7)地貌:包括反映地表高低起伏形态的等高线和特征地貌元素。如冲沟、山隘、土堆、坑穴、山洞、岩峰、陡崖、冲沟、梯田坎等。

(8)植被及土质:包括地类界、森林、疏林、幼林、竹林、灌木林、草地、经济林、菜地、耕地、盐碱地、露岩地、沙地、石块地等。

(9)注记:包括行政区划名称、单位、居民点名称、各种地理名称、各种数字注记、各种说明注记等。

## 五、DLG产品制作流程

### (一)立体采集法DLG生产流程

在立体模型上直接采集地物、地貌数据,然后进行编辑处理,得到DLG成果。目前,国内测绘单位公认的比较好的DLG采集软件是武汉航天远景公司的MapMatrix软件。该软件DLG生产流程如图6-55所示。

#### 1. DLG文件创建

在MapMatrix中创建DLG文件,在MapMatrix的工程浏览窗口的产品节点下的DLG节点处,点击鼠标右键,在弹出的右键菜单中选择新建DLG命令。单击需要添加到模型中的立体像对,点击“确定”按钮。选中DLG节点下的DLG数据库(*.fdb)文件目录节点,点击工程浏览窗口的加载到特征采集图标,或在该节点处点击鼠标右键,在弹出的右键菜单中选择“数字化”命令,系统调出特征采集界面FeatureOne,在FeatureOne中打开或新建DLG文件。

#### 2. 建立立体像对

立体上采集矢量时,需要打开立体像对,FeatureOne提供了三种打开立体像对的模式:

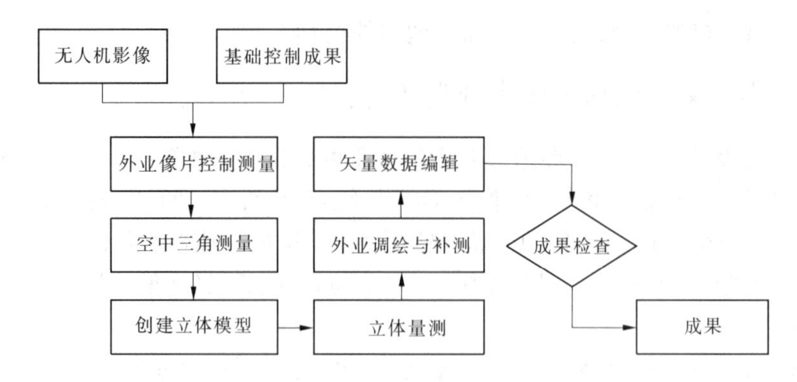


图 6-55　DLG 立体采集法生产流程

核线像对、原始像对和实时核线像对。

核线像对:采集核线的立体像对。

原始像对:对于卫星影像测图,可以直接在原始像对上进行,不需要采集核线,但航片影像不适合用该立体测图。为了加快原始像对的漫游速度,可以对原始影像进行分块处理。

实时核线像对:实时核线不但能自动根据立体构成方向将立体像对构建好,无须事先旋转影像,而且每个像对都是构建出最大立体范围的,确保没有立测漏洞。实时核线的优点:空三加密完后可直接测图;无须采集核线;无须旋转影像处理主点和外方位元素。

打开立体像对之后,选择“工具”菜单下的输入,输入相应设备进行立体采集。

3. 立体采集

在工程界面左下方选择相应的地物符号,戴上立体眼睛,进行立体量测,地物符号分类表示,一般从居民地里面的房屋开始采集,再逐类地物进行。

4. 外业调绘与补测

对于立体模型上无法判定其性质的地物,应依据其轮廓范围线采集;其他因遮挡无法采集完整的地物,分别加注“定位”“定性”“遮挡”,待外业调绘和地物补测来解决。目前常用“内外业一体化”操作方式进行,该方式的核心是将基于平板电脑(ipad)或专用调绘宝的外业调绘软件应用于航测数据生产之中,使外业调绘的成果数字化,实现外业调绘与内业编辑的衔接,满足内外业一体化数据生产的要求,减少对数据多次引用造成的精度损失。同时,可以克服现有外业数据生产的工序复杂和不规范性,提高航测成图的质量,减轻作业人员的劳动强度,提高成图效率。调会前,应首先制作调绘底图,常以内业立体采集后的线划图与DOM 套合在一起制成底图,存储于调绘用的平板电脑或专用调绘宝中,对初步学习者,可将调绘底图以纸质回放,外业配备调绘图板,以满足调绘学习需要。

5. DLG 编辑

DLG 编辑是影响影像数据质量的关键一环,主要从图面和数据入手检查。图面上与外业调绘成果为对照,检查主要、次要地物间的相互对应关系,各类要素表示是否合理,各类文字、数字注记是否规范、正确,符号线型运用是否恰当,地物地貌应合理分色。数据中首先检查数学基础坐标、高程,其次是要素的分类代码(图层),元素间逻辑关系一致性应正确,拓扑关系应合理,注意线状地物的方向性、面状地物的闭合性,公共边的删留,制图数据和母线数据的数学基础一致性,同时注意元素隐式属性,如高程注记点的高程信息、等高线的赋值检查等。重点检查图幅接边:几何位置和属性都要接,保持直线地物的直线性,曲线要素的自然接边等。符号或线性相同而实际地物类别不同的应合理分层,如自然坎、路提、路堑应分清。

(二)综合法DLG生产流程

利用空三加密成果全区域匹配生成DSM数据,对单片进行纠正、镶嵌处理,得到真正射影像,以该真正射影像为基础底图,进行地物平面位置采集,辅以外业属性调绘和核查、补测,并在实地以常规方法获取高程数据,然后进行矢量编辑以及等高线的生成和修改,得到DLG的最终成果。

综合法DLG生产流程如图6-56所示。

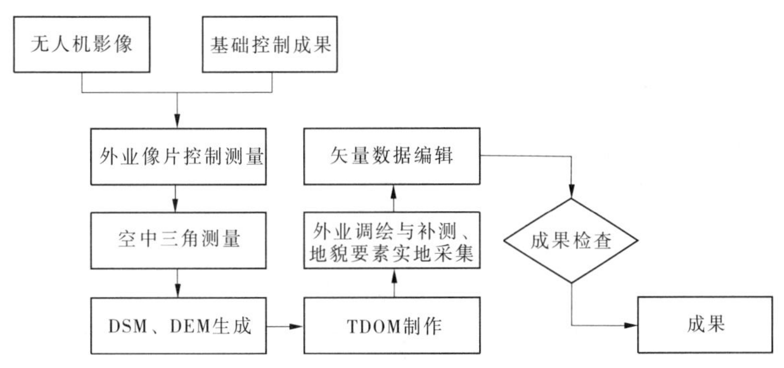


图6-56　综合法DLG生产流程

需要注意的是,在对采集的地物、地貌数据进行整合编辑时,应协调好各要素的关系,线状要素编辑时应保证线划光滑,严格相接。注意检查地物要素的采集位置是否准确,原则上不对等高线进行避让,同时注意等高线与水系、干沟的套合。

## 六、利用无人机影像制作DLG案例

### (一)测区项目简介

某市规划项目1∶1 000数字线划图制作,地形为平原,测区范围约7 $km^2$。采用航天远景最新无人机解决方案。航拍覆盖范围约9.75 $km^2$。

硬件:固定翼UV16+双轴云台+双频差分GPS+佳能5D3+35 mm镜头。

软件:空三加密HAT1.0+patb,双频GPS解算Trip1.0,MapMatrix4.2。

数学基础:平面坐标系统采用CGCS2000坐标系,中央子午线114°,高程采用1985国家高程基准。

项目要求:提供1∶1 000比例尺数字线划图成果,精度控制在平面位置中误差0.35 m,高程中误差0.28 m以内。

项目工期:15 d。

项目生产过程流程图如图6-57所示。

### (二)项目技术方案

1.航空摄影

1)相机检校

相机检校主要为获取精确的内方位元素和畸变参数。本方案采用易检校EasyCalibrate(ECT)临场相机检校软件,检校成本低,操作方便,结果可靠。实际中在航飞的前一天做相

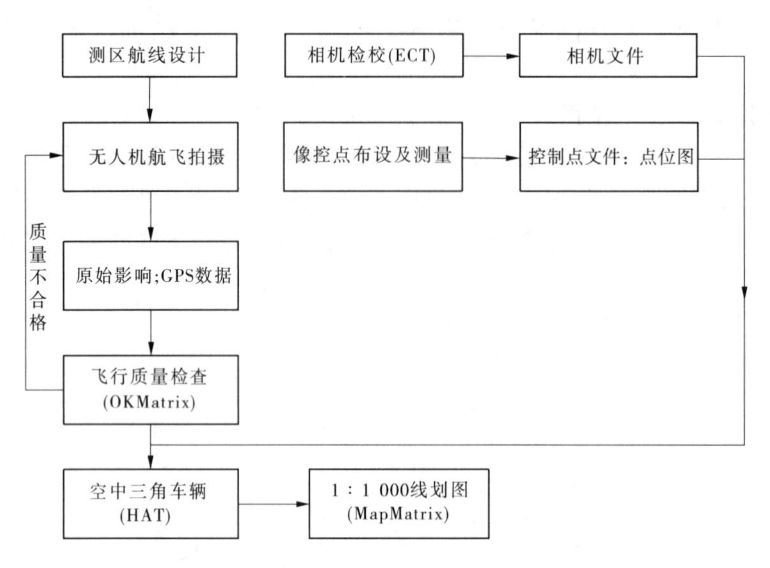


图 6-57 DLG 生产流程

机检校。图 6-58 所示为航空相机检校报告的式样。

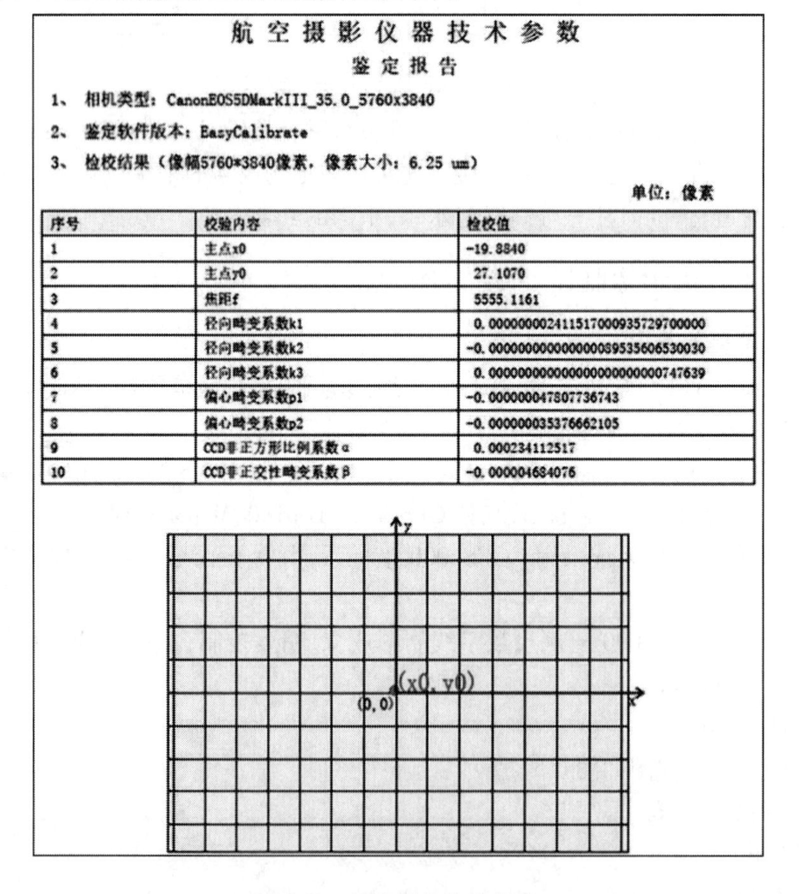

航 空 摄 影 仪 器 技 术 参 数

鉴 定 报 告

1、 相机类型：CanonEOS5DMarkIII_35.0_5760x3840

2、 鉴定软件版本：EasyCalibrate

3、 检校结果（像幅5760*3840像素，像素大小：6.25 um）

单位：像素

| 序号 | 校验内容 | 检校值 |
|---|---|---|
| 1 | 主点x0 | -19.8840 |
| 2 | 主点y0 | 27.1070 |
| 3 | 焦距f | 5555.1161 |
| 4 | 径向畸变系数k1 | 0.0000000024115170009357297000000 |
| 5 | 径向畸变系数k2 | -0.0000000000000000895356065300300 |
| 6 | 径向畸变系数k3 | 0.0000000000000000000000000747639 |
| 7 | 偏心畸变系数p1 | -0.000000047807736743 |
| 8 | 偏心畸变系数p2 | -0.000000035376662105 |
| 9 | CCD非正方形比例系数α | 0.000234112517 |
| 10 | CCD非正交性畸变系数β | -0.000004684076 |



图 6-58 航空相机检校报告

2）测区航线设计

航线规划和像控点布设标准方案示意图如图6-59所示，航向重叠度为75%，旁向重叠度为50%，地面分辨率约7 cm，正规航线共13条，相对航高约380 m，构架航线共2条，相对航高约420 m（比正规航线高10%）。

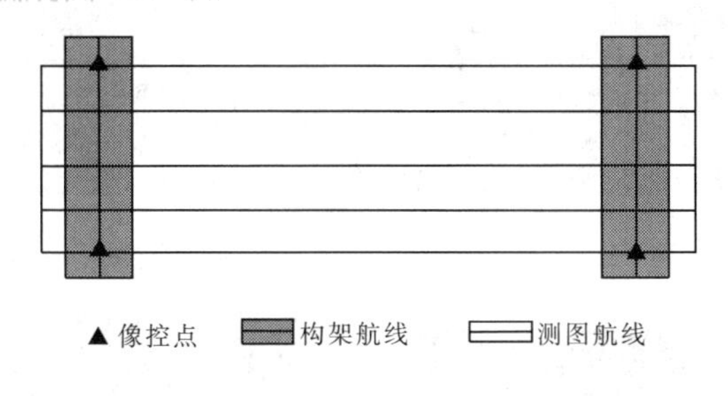


图6-59　航线与像控点布设方案

3）像控点布设及测量

测区四角选取四个控制点点位，每个点位采用双点方式布设，共8个点（实际只使用了4个像控点，另外4个作为备用点——为了防止高楼遮挡部分像控点，所以采用双点方式），分别布设在构架航线角点处（最外围的两条正规航线同构架航线相交处）。中间均匀测量了15个检查点。

4）无人机航飞拍摄

采用UV16固定翼电动无人机，该无人机最高升限为3 800 m，最大续航时间是150 min，有效航拍时间在300 m相对航高时可达120 min，针对佳能5D3、5DS专门定制双轴云台，图6-60所示为相机装在双轴云台时的情况，云台质量约1 kg，相机是佳能5D3；图6-61所示为双频差分GPS（黄色为差分GPS主机，白色为GPS天线，总质量约500 g）。

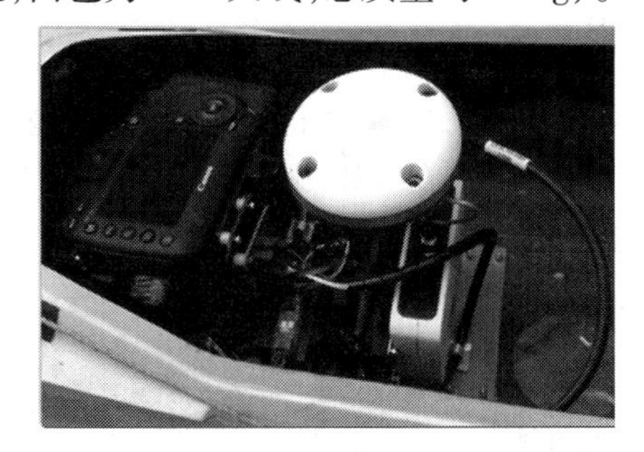

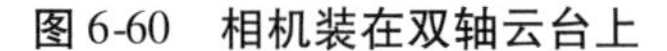

图6-60　相机装在双轴云台上　　　　图6-61　双频差分GPS

2. OKMatrix飞行质量检查

OKMatrix具备快速质量检查能力，可有效检查出航片重叠度、旋偏角、航线弯曲度、航拍漏洞等情况。本次航拍完后，现场用笔记本电脑做了航飞质量检查。检查结果：图6-62所示为一键快拼解算出的DOM叠加DEM的成果显示，图6-63所示为重叠度检查图。

从图6-63可以看出飞行质量很好，测图航线保证了最低3°重叠。

3. HAT空中三角测量

采取具有全自动转点、自动建工程、自动航带划分及影像排序等特点的空三加密软件HAT1.0和PATB进行空三加密。整个空三加密过程中，采用4个角像控点，中间分布的9

个点作为检查点(红色点并未刺入),共刺入 13 个点,如图 6-64 所示。

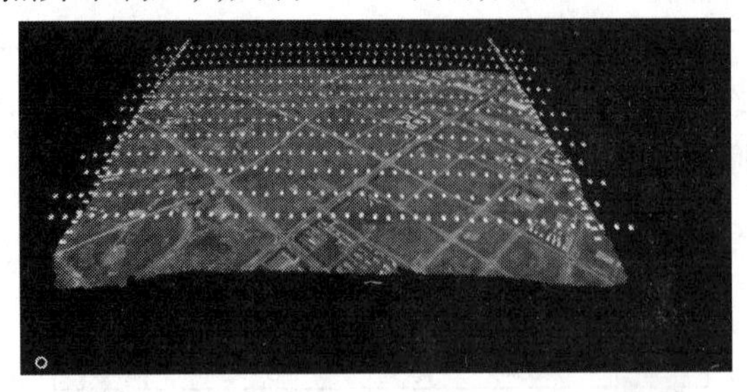

图 6-62　一键快拼解算出的 DOM 叠加 DEM 成果显示

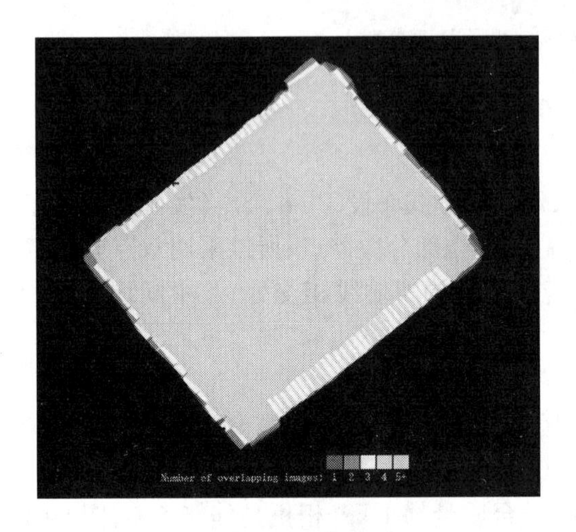


图 6-63　重叠度检查图

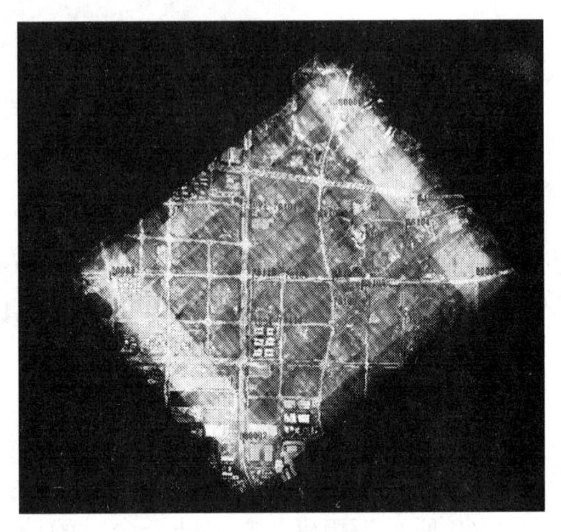

图 6-64　像控点与检查点的分布

最终空三加密平差结果如图 6-65 所示。残差依次为点名 dX、dY、dZ、dXY,从检查点结果来看,空三加密精度完全符合 1∶1 000 测绘精度要求。满足空三精度要求后,导出 MapMatrix 工程文件,在立体测图中进一步检查空三加密精度,检查结果如图 6-66 所示。

1.cres - 记事本

文件(F)　编辑(E)　格式(O)　查看(V)　帮助(H)

| | | | | |
|---|---|---|---|---|
| 控制点残差 | | | | |
| 80001 | -0.000010 | 0.000818 | -0.000546 | 0.000818 |
| 80003 | 0.000087 | -0.000613 | 0.000336 | 0.000619 |
| 80005 | -0.000379 | -0.000779 | 0.000449 | 0.000866 |
| 80007 | 0.000179 | 0.000124 | 0.000361 | 0.000218 |
| 检查点残差 | | | | |
| 71001 | -0.011885 | -0.011006 | 0.039422 | 0.016198 |
| 71003 | 0.045277 | 0.073939 | -0.020565 | 0.086701 |
| 71004 | -0.151461 | 0.084709 | -0.268372 | 0.173540 |
| 78101 | -0.035918 | -0.068742 | -0.084821 | 0.077560 |
| 78103 | -0.035037 | 0.025682 | -0.086636 | 0.043441 |
| 78106 | 0.066356 | 0.065854 | -0.192588 | 0.093487 |
| 78109 | -0.001519 | 0.007430 | 0.004042 | 0.007584 |
| 78110 | -0.092231 | 0.021798 | -0.119039 | 0.094772 |
| 78115 | 0.036689 | -0.032112 | -0.088840 | 0.048757 |
| 检查点中误差 | | | | |
| rms | 0.090798 | 0.135955 | | |

图 6-65　空三加密平差结果

4. 1∶1 000 数字线划图生产

在空三完成后,利用空三成果采用 MapMatrix 立体测图模块 FeatureOne,进行数据立体

2.txt - 记事本

文件(F)　编辑(E)　格式(O)　查看(V)　帮助(H)

| name | x1 | y1 | z1 | x2 | y2 | z2 | dxy | dz |
|---|---|---|---|---|---|---|---|---|
| 71001 | 257602.2233 | 3372084.3673 | 23.5760 | 257602.2631 | 3372084.3727 | 23.3791 | 0.0402 | 0.1968 |
| 71004 | 257647.1394 | 3370921.4009 | 17.4246 | 257647.0829 | 3370921.3560 | 17.2292 | 0.0723 | 0.1954 |
| 78101 | 257907.0818 | 3372060.7992 | 22.7170 | 257907.0585 | 3372060.8139 | 22.7041 | 0.0276 | 0.0129 |
| 78103 | 258798.4918 | 3371776.6143 | 13.5806 | 258798.5060 | 3371776.6286 | 13.3071 | 0.0201 | 0.2735 |
| 78106 | 258018.1486 | 3371381.6989 | 15.5213 | 258018.1716 | 3371381.5705 | 15.4872 | 0.1304 | 0.0341 |
| 78107 | 258519.9732 | 3371387.5239 | 10.7696 | 258520.0218 | 3371387.4707 | 10.5467 | 0.0722 | 0.2230 |
| 78108 | 258819.8203 | 3371299.6035 | 12.8343 | 258819.7228 | 3371299.5177 | 12.6491 | 0.1299 | 0.1852 |
| 78109 | 258514.4360 | 3371114.7121 | 8.5336 | 258514.5460 | 3371114.6945 | 8.4884 | 0.1115 | 0.0453 |
| 78125 | 257689.1888 | 3371412.0393 | 16.8423 | 257689.1846 | 3371411.9942 | 16.8411 | 0.0453 | 0.0012 |
| 80001 | 257545.8552 | 3369777.1958 | 12.7597 | 257545.9186 | 3369777.0240 | 12.4859 | 0.1831 | 0.2738 |
| 80002 | 257594.6499 | 3369781.3055 | 12.6028 | 257594.5985 | 3369781.1879 | 12.9283 | 0.1284 | 0.3255 |
| 80003 | 256250.8430 | 3371434.9748 | 26.5563 | 256250.8890 | 3371434.9864 | 26.3865 | 0.0474 | 0.1698 |
| 80004 | 256244.1871 | 3371411.4166 | 26.5078 | 256244.2250 | 3371411.4221 | 26.1545 | 0.0383 | 0.3533 |
| 80005 | 258588.1146 | 3373100.5817 | 13.7873 | 258588.0443 | 3373100.5308 | 13.6220 | 0.0868 | 0.1653 |
| 80006 | 258585.4360 | 3373101.4261 | 13.7183 | 258585.4234 | 3373101.4152 | 13.5539 | 0.0167 | 0.1644 |
| 80007 | 259982.8361 | 3371416.3582 | 11.3483 | 259982.8663 | 3371416.3378 | 11.1578 | 0.0364 | 0.1905 |
| 80008 | 259979.5906 | 3371408.8997 | 11.0878 | 259979.7272 | 3371408.8357 | 10.8967 | 0.1508 | 0.1911 |

| | min | max | RMSE |
|---|---|---|---|
| dxy | 0.0167 | 0.1831 | 0.0930 |
| dz | 0.0012 | 0.3533 | 0.2031 |

图 6-66　空三加密精度检查结果

采集、编辑、入库等一体化作业，最终的 DLG 成果可导出为 DWG、MDB 等各种数据格式。图 6-67所示为 DLG 成果界面。

图 6-67　立体采集获取的 DLG 成果

（三）DLG 生产中的问题总结

通过进行数据的立体采集生成实践，发现生产中存在的主要问题如下：

（1）对高差较大的区域，有少数影像质量差，分辨率偏低，特别是平地和丘岭及与山根结合部细节不能完全得到反映，影响内业采集精度；这个问题可在以后的飞行中采用加大飞行重叠度、采用精细航线规划的方法加以弥补。

（2）植被茂密导致部分影像纹理特征贫乏，存在少量模型相对定向精度不高导致测图基本定向点超限的问题。

(3)局部地区高程有错,测区内部分高程相差较大,其主要原因是控制点分布不合理,高差较大的山区控制布设困难。因此,在高山地区航测选择合适的季节航摄显得非常重要。

(4)无人机飞行因素的影响。无人机由于自身体积与重量的限制,在执行任务时容易受到气流与风力的影响,尤其是在空中气流突然变化时,会造成无人机飞行姿态的不稳定,导致飞行倾角过大及航线弯曲度、像片比例不一致等现象,这些都会影响后期的成图精度。

外业飞行时,选择较好的天气条件进行飞行,飞行质量较高,获取的影像较清晰,饱和度好,地貌信息丢失较小,从后期的外业检测精度统计来看,数据的精度较高。

(5)无人机的空三加密影响。由无人机所获取的航空影像相对于传统航空摄影获取的影像存在像幅较小、像对较多、旋偏角较大、重叠度不规则等问题 ,利用传统的空三软件进行空三加密处理,易出现错误情况。传统的空三软件对无人机影像的处理能力比较差,在空三加密的过程中, 造成连接点的自动提取困难,而且对这类小像幅影像的剔错能力也较弱,尤其是在高程方面。

随着 POS 技术的迅速发展,获取比较精确的航片外方位元素,可以实现减少地面控制点甚至无地面控制点,能有效减少外业的工作量,提高该系统的作业效率,缩短生产周期。

# 第七章　无人机倾斜摄影数据处理技术

## 第一节　无人机倾斜摄影数据处理现状

### 一、倾斜摄影技术的国内外现状

倾斜摄影技术是国际测绘领域近些年发展起来的一项高新技术。它改变了以往航空摄影测量只能使用单一相机从垂直角度拍摄地物的局限，如图7-1所示，通过在同一飞行平台上搭载多台传感器，同时从垂直、侧视和前后视等不同角度采集影像。倾斜影像不仅能真实反映地物情况，还能通过采用先进的定位技术，嵌入精确的地理信息、丰富的影像信息，给用户呈现出一个五彩缤纷的三维世界，使用户获得身临其境的体验。不得不说，倾斜摄影正在逐步替代传统人工建模的三维模型获取方式，具有相当大的优势。

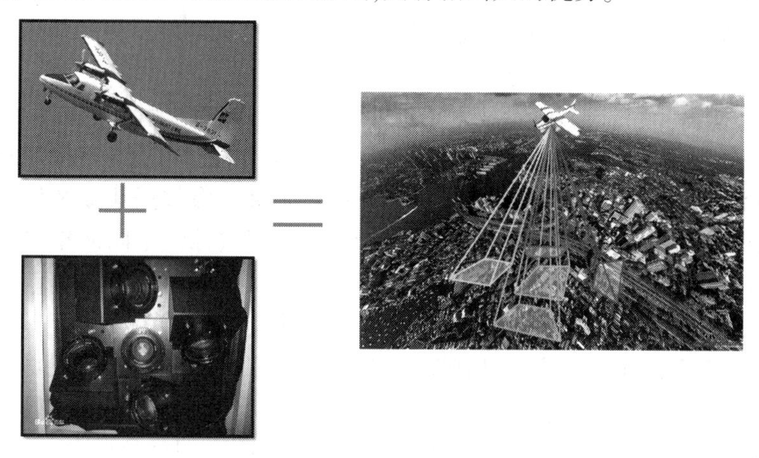

图7-1　倾斜摄影

**(一)满足人们多样化需求**

倾斜摄影是在摄影测量技术发展和人们需求增加的基础上发展起来的。传统的垂直摄影只能获取地物顶部信息，对于地物侧面信息则无法获得；倾斜影像能让用户从多个角度观察被制作建筑，更加真实地反映地物的实际情况，极大地弥补了基于正射影像分析应用的不足。

**(二)操作便捷，成本低**

通过无人机倾斜摄影技术获取资料，具有成本低、数据精确、操作灵活的特点。以往测绘用激光雷达的报价动辄一二百万元人民币，实在是一笔不小的开销，但最近两年兴起的倾斜摄影技术，可用低成本实现立体建模，即通过多个镜头从不同角度同时拍照。虽然精度仍不如激光雷达方案，但硬件的价格可以“少一个零”。

**(三)节约人力,效率高**

无人机倾斜摄影的作业效率比传统人工方式能提高300倍以上。一架无人机通过倾斜摄影技术一天的作业量,需要400个人同时工作一天才能完成。其解决了由于天气等外因造成的工作延误的问题,把原本大量的外业工作转变成内业工作,极大地减少了测绘人的劳动时间,并减小了外业劳动强度。

**(四)测量结果转化快、应用广泛**

通过配套软件的应用,可直接利用成果影像进行包括高度、长度、面积、角度、坡度等属性的量测,扩展了倾斜摄影技术在行业中的应用。

在国外,倾斜摄影技术获取装备和后处理软件都经历十几年的发展历程,国外代表性的有苹果公司收购C3公司采用的自动建模技术,天宝公司的AOS系统、德国IGI公司的Penta-DigiCam系统、以色列VisionMap公司的A3系统等都曾频繁出现在国际摄影测量展会和航摄仪市场上,随着徕卡公司旗下RCD30和微软公司旗下UCO的正式推出,将倾斜摄影的关注程度又提高到了一个新的层面。

倾斜摄影获取装备的快速发展,带动了倾斜后处理软件的推陈出新。目前,后处理软件主要有AirBus公司的街景工厂、美国Pictometry公司的Pictometry系统、被Bentley收购的Smart3DCapture、基于INPHO软件的AOS系统、俄罗斯的Agisoft PhotoScan软件、瑞士Pix4D公司的Pix4D mapper软件、以色列的VisionMap软件、微软Vexcel公司的Ultramap软件和Skyline的PhotoMesh软件等。这些软硬件系统代表了目前国际倾斜摄影技术发展的最高水平。

2010年,在国内,倾斜摄影测量技术由北京天下图公司首次引进国内。该公司结合美国Pictometry公司的倾斜摄影测量设备以及相关的测量手段,同时结合自身的技术优势和形成的市场资源,已经逐渐形成了一整套自有的倾斜航摄影像数据获取及处理和应用的技术,弥补了我国倾斜摄影技术领域的空白。同年10月,刘先林院士团队率先研发成功了第一款国产倾斜相机SWDC-5,并在河南地区进行了飞行试验。后续业内其他公司也相继推出了多款同类倾斜相机,国产倾斜航摄仪得到了一次快速发展。中科院遥感地球所初步完成了四光学相机无人机遥感系统的研制设计,并在江苏苏州和浙江嘉善成功地进行了飞行试验。武汉华正空间有限公司也研制了自己的地理信息应用平台“3DRealWorld”,该系统具有的影像三维量测技术能够提供真实、实时、可量测的三维空间信息服务,已经超越了国际上诸多同类软件。2013年,广州红鹏公司推出了轻型倾斜航空摄影产品,其广泛应用于倾斜摄影数据的获取;该公司又成功研发出了基于旋翼无人机的倾斜相机AP5100,并在2014年6月推出了首款无人机倾斜摄影产品,带动了中低空和超低空倾斜航空摄影技术在国内的迅速发展。

除了倾斜摄影硬件技术在国内快速发展以外,国产倾斜后处理软件也慢慢步入正轨。目前,国内北京无限界科技有限公司拥有完全自主核心技术的全自动三维建模系统。武汉华正空间有限公司也自主研发了基于航空倾斜影像的地理空间信息和应用平台系统。超图软件针对倾斜摄影三维模型特点也推出了SuperMap GIS 7C(2015)版本,攻克了海量倾斜模型加载、单体化、三维空间分析等诸多技术难题,并对其应用进行了深入挖掘,走在了世界前列。武汉天际航公司的倾斜摄影三维模型修复处理软件亦同步迅速发展起来,为打破该技术国际垄断奠定了一定的基础。进口倾斜后处理软件在国内的应用推广以法国的街景工厂和 Smart3D 软件为代表。

2013 年,在国家测绘地理信息局集中采购了三套街景工厂,并发给黑龙江、陕西、四川三个国家直属局,加上河北省测绘院自行采购的街景工厂,这些测绘单位作为倾斜摄影领域的先行者,对倾斜摄影技术做了有效的探索和验证,并由此激发了国内市场,引得众多测绘相关单位纷纷效仿,极大地促进了倾斜摄影技术在国内的应用发展。

事实上,随着国内倾斜摄影热潮的不断掀起,目前国内的数据生产和应用已经走在了国际先进行列。由于中国特殊的地理国情,国外软件产品已经开始积极寻求改变以适应日益增长变化的国内市场需求。中国将是倾斜摄影应用的大载体,相信在不远的将来,中国也将成为倾斜摄影技术发展的有力推动者。

面对倾斜摄影给三维空间信息产业带来的发展机遇。2014 年 6 月 11 日,国家测绘地理信息局经济管理科学研究所,国家测绘地理信息局第一、二、三航测遥感院,北京超图软件股份有限公司,北京红鹏天绘科技公司,武汉天际航信息科技公司等十家优秀企事业单位发起成立了全国倾斜摄影技术联盟。

## 二、倾斜摄影技术存在的问题

无人机倾斜摄影测量技术是集成了遥感传感器技术、POS 定位定向技术和 GPS 差分技术,具备自动化、智能化获取国土、资源、环境等空间信息,采用数据快速处理系统作为技术支撑,进行实时处理、建模的新型测绘技术。该技术具有生产设计成本低、作业方式快捷、操作灵活简单、环境适应性强、影像分辨率高等特点,在局部信息快速获取方面有着巨大的优势。但与传统的摄影测量技术相比,仍存在许多不足。

### (一)没有统一的标准,监管待完善

我国目前没有明确针对倾斜摄影的国家技术标准。行业内一般认为遵循传统航摄的相关技术规范,像片的获取满足相关航空摄影标准,数据处理满足空三、DOM、DEM、DLG 等产品生产标准,但这并不是技术健康发展的长久之计,想要获取更加精准的数据还需进行统一的规范。另外,不可否认的是无人机行业同样缺乏行业标准和相关的管理,这使无人机倾斜摄影技术的前景可能受到一定的局限。

### (二)数据的进一步处理待优化

虽然目前无人机倾斜摄影在测绘领域应用很广,但是由于该技术并未完全成熟,后期应用仍在行业开发迭代,从三维模型的单体化、网页引擎浏览、与其他应用平台或者软件的通用性,到后期的可改动性等,都是行业正在逐步解决的问题。各企业发展规划也是参差不齐,开发出来的数据处理系统也都有待加强和完善。

### (三)技术本身待优化

倾斜摄影与竖直摄影基本原理相同,但其与竖直摄影相比仍面临不少难题:

(1)倾斜摄影获取的多角度倾斜影像之间的尺度差别较大,加上较严重的遮挡和阴影等问题,导致连接点提取困难,造成在模型匹配时存在模型扭曲变形的地方。主要表现在:①建筑物或地物底部位置因匹配不到特征点而产生模型漏洞;②路灯、树木等小尺度地物呈现出破碎、悬空、突起等现象;③原有地形与倾斜模型不匹配问题;④拍摄到的地方才能建模。这就要求在使用层面上通过人工后期模型修补和改正等精细化处理来完善模型,费时费力。

(2)多视影像密集匹配会生成数量非常多的三角面,这对于数据编辑和后期的数据管理与表达都造成很大困难。

(3)纹理映射是三维重建的最后一个环节,直接决定着三维重建模型的视觉效果。该步骤存在诸多难点:①如何从测区繁多的影像中,为模型中的三角面元选择一张最佳影像,作为纹理绑定的来源;②测区影像在色调、亮度上存在较大差异,导致纹理重建后的模型外表失真、颜色突兀、边界明显;③构网后模型数据量大并结构复杂,如模型面元之间存在遮挡、碎布细小三角形过多、存在无效三角面元等,给纹理重建带来较大难度;④构网后模型数据量巨大,可达到几十 GB 量级,如果不采用相关的缓存机制,模型无法进行快速浏览。

此外,倾斜摄影获取的影像存在严重的地物遮挡现象,尤其是建筑物密集区域,目前为了获取全方位无信息盲点的倾斜影像,采取大重叠飞行观测方式。未来希望能研发出更好的解决方案。

**(四)数据不能共享**

出于商业机密的考虑,各家企业之间是没有实现信息共享的,这就造成了资源的浪费。未来希望整合行业的力量进行倾斜摄影测量标准化体系建设和相关软件的研发,通过对用户层面的整合,共享数据,使三维数据的使用成本大大降低。

**(五)行业尚未形成规模**

行业的发展需要联合其他技术为其增值,不仅要对三维建模、倾斜摄影测量技术本身的发展给予关注,而且也应该思考将包括雷达、多光谱、高光谱、红外等在内的多种不同的传感器进行结合,集成在更小型的无人机上,开启三维遥感的时代。

## 三、倾斜摄影技术的发展

随着高分辨率轻小型相机的快速发展,用无人机作为摄影平台使得倾斜摄影应用越来越广泛,如一些国家重大工程建设、灾害应急与处理、国土监察、新农村和小城镇建设、城中村拆迁数据留存,政府方面的公共安全、规划发展、灾害评估、环保,以及公众方面的位置服务、旅游等。而随着计算机软硬件技术和先进的高精度定位定姿技术的发展,倾斜影像快速高精度建模和模型后期测绘应用也有了跨越式发展,尤其在基础测绘、土地资源调查监测、土地利用动态监测、数字城市建设和应急救灾测绘数据获取等方面具有广阔市场前景,甚至会在这些方面颠覆测绘传统的作业方式。

**(一)利用真三维高精度三维模型直接测量**

无人机航空摄影一直以姿态稳定性较差为其软肋,近年来,无人机搭载差分系统的趋于成熟在一定程度上减少了需要布设的外业像控点,甚至国内一些公司已经研制无人机差分系统软硬件技术,试验无地面像控点可以做到满足 1∶500 比例尺地形测图的精度,并在多家生产单位成功进行了试生产应用。因此,利用差分系统并结合高分辨率小体积相机的发展以及集群式后处理系统的发展,无人机倾斜摄影基本可以实现当天飞行获取图像,当天完成高精度模型的建立。高达 2~3 cm 的模型分辨率可以重现真实世界的每一个细节。

当倾斜影像精度满足测绘精度要求,倾斜影像可基于成果影像量测,也可以利用生成的真实模型进行各种尺寸量测,例如地物高度、长度、投影平面面积、曲面表面积、角度、坡度、量测挖填土方量等。这种高精度、高分辨率真实世界的模型在各个行业领域的实用性将会大大提高。

多年来,地形测绘等地理信息获取工作主要采用的是野外人工测量模式,作为外业测绘人,经常跋山涉水,常年在野外奔波,这样的外业劳动存在着强度大、工序复杂、耗工费时、成本高等一系列的问题。而随着现代科技的发展,测绘行业对于地理信息数据的精确性、时效性要求越来越高,人工成本和时间成本也为行业带来巨大的压力和负担。因此,测绘行业需要能够快速、高效、准确地获取地理信息和数据的解决方案。

在大比例尺地形测量中,航测方法已经成熟,已经逐渐取代大面积全野外测图,但是无论是先内后外还是先外后内的航测作业模式,外业像控、调绘、检查工作依然很大。而近年来,国内外多家公司陆续推出利用高精度三维模型上直接采集地形要素的解决方案,利用倾斜摄影侧面信息可用的特点,快速获取城市的地物信息,可在不需要专业立体显示采集设备及专业立体测图技术人员的情况下,直接在裸眼可视的立体模型表面采集要素和部分属性信息。例如直观可数的楼层层数,直接从侧面四周量取房屋外围轮廓线,各种道路、企事业单位名称注记,各种建筑物结构、独立地物的高度,地形地貌类型等。尤其提高了采集正视方向被遮挡的地物可能性,例如窑洞的位置、大树下的房屋边线的准确位置、树木遮挡的道路边线及道路附属设施等,可用于快速生成数字线化图。

这种新的采集模式极大地调节了测绘内、外业的协同工作比例,把过去需要的大量外业工作转变到内业工作,可减少由天气等外因造成的外业调绘工作延误,降低了外业直接生产成本,极大地减少了外业劳动强度,提高了工作效率。相信这项技术经过不断发展和改善,会逐渐得到普及应用。

**(二)大面积单体化应用准确高效**

“单体化”是一个个可以被单独选中的实体,具体体现为鼠标单击实体可以高亮显示,并附加单独的属性,以供 GIS 中查询统计等。以建筑物为例,目前国内外一般有三种模式来体现倾斜摄影模型单体化。

第一种为“切割单体化”,就是用建筑物、道路、植被等对应的矢量面,对倾斜摄影模型进行统一切割,即把模型从物理上分开,从而实现单体化。其优点是大面积切割快,缺点是预处理矢量面时间长,需要矢量面和模型严格套合,切割后的模型效果锯齿感明显,例如国外的 Citybuilder 就是采用的这种模式;也可以使用人工干预,依据倾斜摄影模型重新构建单个的三维模型,类似于人工建模,例如国内天际航的 DP-Modeler 等。优点是模型漂亮,属于真正的单体化,缺点是人工量大、周期长。

第二种为“属性单体化”,计算矢量面与模型的交点,在位于矢量面中的所有模型的顶点都赋予同一个属性值,当鼠标点击时,相同属性值的模型顶点同时高亮显示,达到单独显示的目的。其优点是显示速度快,无锯齿;缺点是预处理时间长,存储数据增大,属于半单体化。

第三种为“动态单体化”,是在第二种的基础上演变而来,此方法不单独存储属性值,而是采用实时动态计算并用矢量面与模型叠加蒙版显示,从外观上与第二种相似。显示效果无锯齿,预处理时间短。缺点是实时计算对设备要求高,对网络的传输要求较高,属于表象单体化,模型依然为整体模型。

另外,利用无人机倾斜摄影快速生成的三维模型,可以友好对接多个第三方平台,从而实现更多应用,例如实时三维平台视频监控、地下管线三维管理、真实三维直观淹没分析用于城市低洼地区管理、空间可视域分析主要用于安保工作、基于倾斜摄影真实的地形剖面分

析等，目前也随着无人机倾斜摄影的低成本、高效率而逐渐得到广泛应用。

无人机倾斜摄影技术的诞生，正在逐渐颠覆传统测绘的作业方式。该技术通过无人机低空搭载先进的定位设备和多镜头摄影技术获取高清晰立体影像数据，实时嵌入精确的地理信息，获取更丰富的影像信息，后期可快速自动生成三维地理信息模型，快速实现地理信息的获取。随着电子技术的发展，以及国内外的软硬件厂商的开发应用，无人机倾斜摄影及其后期应用由于其效率高、成本低、数据精确、操作灵活等特点，将会得到更加广泛的应用。

## 第二节　无人机倾斜摄影数据处理技术指标与要求

无人机倾斜摄影数据处理过程中，存在模型分辨率不一致、精度不可靠、格式不匹配等问题。但目前国家和行业内还没有明确针对无人机倾斜摄影的技术标准，一般都是以数据质量、甲方的需求和处理软件自身能达到的性能为准。行业内一般认为应遵循传统低空航摄的相关技术规范。像片的获取满足《低空数字航空摄影规范》《无人机航摄系统技术要求》和《无人机航摄安全作业基本要求》，数据处理满足空三、DOM、DEM、DLG 等产品生产标准。参照《低空数字航空摄影测量内业规范》，本节提出一些无人机倾斜摄影数据处理技术指标与要求，为无人机倾斜摄影测量技术的从业人员提供一些参考。

### 一、对航飞的质量要求

#### (一)对像片重叠度的要求

航向重叠度一般应为 60%~80%，最小不应小于 53%；旁向重叠度一般应为 15%~60%，最小不应小于 8%。在无人机倾斜摄影时，旁向重叠度是明显不够的。无论是航向重叠度还是旁向重叠度，按照算法理论建议值是 66.7%。可以分为建筑稀少区域和建筑密集区域两种情况来介绍。

1.建筑稀少区域

考虑到无人机航摄时的俯仰、侧倾影响，无人机倾斜摄影测量作业时在无高层建筑、地形地物高差比较小的测区，航向、旁向重叠度建议最低不小于 70%。要获得某区域完整的影像信息，无人机必须从该区域上空飞过。以两栋建筑之间的区域为例，如果这两栋建筑由于高度对这个区域能形成完全遮挡，而飞机没有飞到该区域上空，那么无论增加多少相机都不可能拍到被遮区域，从而造成建筑模型几何结构的黏连。

2.建筑密集区域

建筑密集区域的建筑遮挡问题非常严重。航线重叠度设计不足、航摄时没有从相关建筑上空飞过，都会造成建筑模型几何结构的黏连。为提高建筑密集区域影像采集质量，影像重叠度最多可设计为 80%~90%。当高层建筑的高度大于航摄高度的 1/4 时，可以采取增加影像重叠度和交叉飞行增加冗余观测的方法进行解决。如著名的上海陆家嘴区域倾斜摄影，就是采用了超过 90%的重叠度进行影像采集以杜绝建筑物互相遮挡的问题。影像重叠度与影像数据量密切相关。影像重叠度越高，相同区域数据量就越大，数据处理的效率就越低。所以，在进行航线设计时还要兼顾二者之间的平衡。

#### (二)对像片倾角的要求

在《低空数字航空摄影规范》中，对测绘航空摄影也就是垂直摄影的相片倾角有着如下规定:倾角不大于 5°,最大不超过 12°。现有的航测软件处理能力已经有了很大提升,可以在这个标准的基础上,把倾角 15°以上的都划归到倾斜摄影的范畴。但像片倾角最大不能超过多少,暂时还没有明确的规定。

此外,对摄区边界覆盖保证、航高保持、漏洞补摄、影像质量等方面的要求与常规无人机摄影测量的要求相同。

## 二、控制点布设特点

控制测量是为了保证空三的精度、确定地物目标在空间中的绝对位置。在常规的低空数字航空摄影测量外业规范中,对控制点的布设方法有详细的规定,是确保大比例尺成图精度的基础。倾斜摄影技术相对于传统摄影技术在影像重叠度上要求更高,目前的规范关于控制点布设要求不适合应用于高分辨率无人机倾斜摄影测量技术。无人机通常采用 GPS 定位模式,自身带有 POS 数据,对确定影像间的相对位置作用明显,可以提高空三计算的准确度。

(1)对常规三维建模,从最终空三特征点点云的角度可以提供一个控制间隔,建议值是按每隔 20 000~40 000 个像素布设一个控制点,其中有差分 POS 数据(相对较精确的初始值)的可以放宽到 40 000 个像素,没有差分 POS 数据的至少 20 000 个像素布设一个控制点。同时也要根据每个任务的实际地形地物条件灵活应用,如地形起伏异常较大的、大面积植被及面状水域特征点非常少的,需要酌情增加控制点。

(2)应急测绘保障建模时。发生地震、山体滑坡、泥石流等自然灾害后,为及时获取灾区可量测三维数据,不能按照传统的作业方式进行控制测量,可通过在 Google 地图读取坐标、手持 GPS 测量、RTK 测量等方式快速获取灾区少量控制点,生成灾区真三维模型,为灾后救援提供帮助。

## 三、倾斜摄影数据处理技术要求

影像预处理、空中三角测量计算要求与无人机普通摄影测量要求相同,但在空三精度要求方面稍有区别,在《数字航空摄影测量空中三角测量规范》中,对相对定向中像片连接点数量和误差有明确的规定,但在无人机倾斜摄影空三中没有相对定向的信息,单个连接点的精度指标也未体现,不能完全按照传统空三挑选粗差点,可以从像方和物方两个方面来综合评价空三的精度。物方的精度评定比较常用,就是对比加密点与检查点(多余像片控制点,不参与平差)的坐标差;像方的精度评定,通过影像匹配点的反投影中误差来进行控制。空三常规的精度指标只能表现整体的精度范围,却不能看到局部的精度问题,通过外方位元素标准偏差更能全面的表现。通俗来讲,空三运算的质量指标包括:是否丢片,丢的是否合理;连接点是否正确,是否存在分层、断层、错位;检查点误差、像控点残差、连接点误差是否在限差以内。

## 四、产品规格与精度

倾斜摄影成果是指通过倾斜摄影手段,获取多镜头倾斜影像与相应的 POS 位置信息,结合相机参数,采用自动空三加密与建模软件,生产的实景三维模型(OSGB)、真正射影像(TDOM)、数字地表模型(DSM)等产品。

### （一）实景三维模型（OSGB）

实景三维模型是街景工厂的成果之一，经过密集匹配的点云完全覆盖了城市的每个角落，每一个点都有精确的坐标，在建立三维 TIN 网的基础上可以到原始影像或经过处理后的影像上提取纹理，还原实际面貌，得到具有测量价值的实景三维模型，如图 7-2 所示。

图 7-2　实景三维模型

### （二）真正射影像（TDOM）

倾斜摄影测量可以获得全区域覆盖的高精度 DSM，这就保证了 TDOM 的生成。不同于传统的 DOM，TDOM 的效果与地形图无异，在后续的测图中效果更好，如图 7-3 所示。

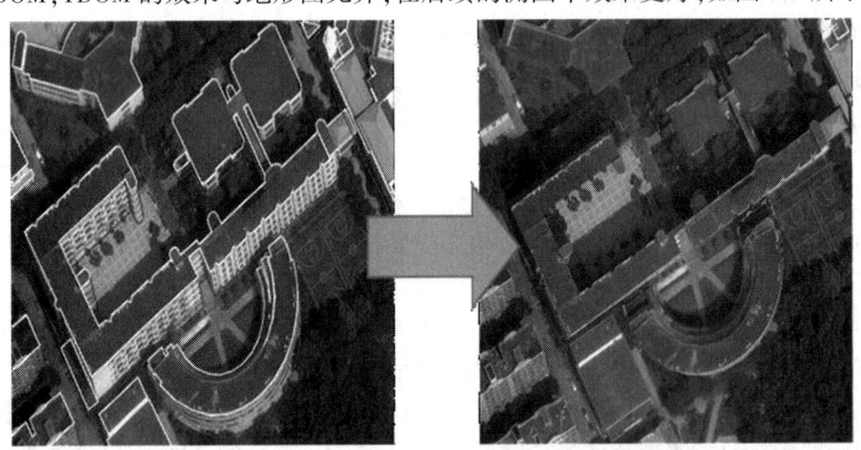

图 7-3　传统 DOM 与 TDOM 比较

### （三）数字地表模型（DSM）

与传统的摄影测量相比，倾斜摄影测量的数据采集达到 100% 重叠，而且重叠维数极高，采集的数据包括侧面和角落，这就极大地保证了点云的数量和质量（精度），从而生成高精度的 DSM，如图 7-4 所示，为三维模型和 TDOM 的生产打下基础。

无人机倾斜摄影测量技术提供的三维模型具备真实、细致、具体的特点，通常称为真三维模型。可以将这种真三维模型当作一种新的基础地理数据来进行精度评定，包括位置精度、几何精度和纹理精度 3 个方面。

图 7-4 DSM 案例

1.位置精度

三维模型的位置精度评定跟空三的物方精度评定有类似之处,通过比对加密点和检查点的精度进行衡量。在控制点周边比较平坦的区域,精度比对容易进行;在房角、墙线、陡坎等几何特征变化大的地方,模型上的采点误差比较大,精度衡量可靠性降低,可以联合影像作业,得到最终的成果矢量或模型数据再进行比对。

2.几何精度

传统手工建模可以自由设计地物的几何形状,而真三维自动化建模,影像重叠度越大的地方地物要素信息越全,三维模型的几何特征就越完整;反之,影像重叠度不够,可能出现破面、漏面、漏缝、悬空、楼底和房檐拉花等情况,影响地物几何信息的完整表达。这种属于原理性问题,无法完全避免,可以按照下面的方法进行评定:在三维模型浏览软件中参照航拍角度固定浏览视角,同时拉伸到与实际分辨率相符的高度去查看模型,看不出明显的变形、拉花即可判定为合格,反之为不合格。

3.纹理精度

真三维建模完全依靠计算机来自动匹配地物的纹理信息,由于原始影像质量不同,匹配结果可能存在色彩不一致、明暗度不一致、纹理不清晰等情况。要提高纹理精度,就必须提高参加匹配的影像质量,剔除存在云雾遮挡覆盖、镜头反光、地物阴影、大面积相似纹理、分辨率变化异常等问题像片,提高匹配计算的准确度。

## 五、成果验收及移交

### (一)验收程序

验收应按照以下程序执行:

(1)航摄执行单位按低空数字航空摄影规范和摄区合同的规定对全部航摄成果资料逐项进行认真的检查,并详细填写检查记录手簿。

(2)航摄执行单位质检合格后,将全部成果资料整理齐全,移交航摄委托单位代表验收。

(3)航摄委托单位代表依据低空数字航空摄影规范和航摄合同规定对全部成果资料进行验收,双方代表协商处理检查验收工作中发现的问题,航摄委托单位代表最终给出成果资料的质量评定结果。

(4)成果质量验收合格后,双方在移交书上签字,并办理移交手续。

**(二)移交的资料**

移交的资料应包括:

(1)影像数据。

(2)标明飞行方向、起止像片编号的航线示意图,见图7-5和图7-6。

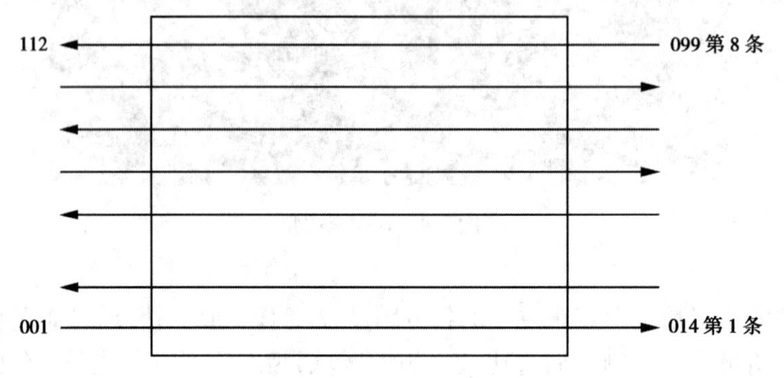


图7-5 面状摄区航线示意图

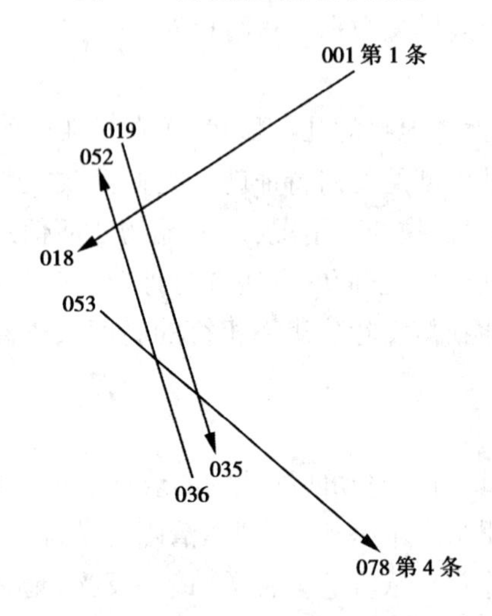


图7-6 线状摄区航线示意图

(3)倾斜相机在无人机上安装角度示意图。

(4)航空摄影技术设计书。

(5)航摄飞行记录表。

(6)相机检校参数报告。

(7)航摄资料移交书(见表7-1)。

**表 7-1　航摄资料移交书**

航摄资料移交书应包括航摄任务说明、航摄面积统计表和航摄资料统计表。具体格式和内容如下：

根据××××年××月××日合同执行×××摄区航空摄影任务,完成摄影面积及移交资料。

**航摄面积统计表**

| 地区类别 | 完成航摄面积（$km^2$） | 地面分辨率（cm） | 影像类型 | 像幅 | 航向重叠 | 旁向重叠 | 备注 |
|---|---|---|---|---|---|---|---|
| | | | | | | | |
| | | | | | | | |
| | | | | | | | |
| | | | | | | | |
| | | | | | | | |
| | | | | | | | |

**航摄资料统计表**

| 项目 | 规格 | 单位 | 份数 | 数量 | 备注 |
|---|---|---|---|---|---|
| 航摄影像 | | 套 | | | |
| 航线示意图 | | 张 | | | 附电子文档 |
| 相机安装示意图 | | 张 | | | 附电子文档 |
| 相机检校参数报告 | | 张 | | | 附电子文档 |
| 航摄技术设计书 | | 本 | | | 附电子文档 |
| 航摄资料移交书 | | 本 | | | 附电子文档 |
| 航摄飞行记录 | | 本 | | | 附电子文档 |
| 航摄军区批文 | | 套 | | | 附电子文档 |
| 航摄资料审查报告 | | 套 | | | 附电子文档 |
| 其他 | | | | | |

以上经甲乙双方代表确认,并核实清点无误。

接收单位(章)　　　　交出单位(章)

验收代表　　　　交出代表

接受代表　　　　负责人

年　月　日　　　　年　月　日

(8)航摄军区批文。

(9)航摄资料审查报告。

(10)其他有关资料。

**(三)验收报告**

航摄委托单位代表完成验收后,应写出验收报告。报告的内容主要包括：

(1)航摄的依据——航摄合同和技术设计。

(2)完成的航摄图幅数和面积。

(3)对成果资料质量的基本评价。

(4)存在的问题及处理意见。

# 第三节　无人机倾斜摄影数据处理技术内容

## 一、无人机倾斜摄影数据预处理

无人机倾斜摄影数据预处理在方法和流程上与无人机普通摄影数据处理是相同的,这里不再赘述。

## 二、多视影像联合平差

多视影像不仅包含垂直摄影数据,还包括倾斜摄影数据,而部分传统空中三角测量系统无法较好地处理倾斜摄影数据,因此多视影像联合平差需充分考虑影像间的几何变形和遮挡关系。结合 POS 系统提供的多视影像外方位元素,采取由粗到精的金字塔匹配策略,在每级影像上进行同名点自动匹配和自由网光束法平差,可得到较好的同名点匹配结果。同时,建立连接点和连接线、控制点坐标、POS 辅助数据的多视影像自检校区域网平差的误差方程,通过联合解算,确保平差结果的精度。

多视影像联合平差是倾斜影像处理过程中的关键步骤,由于多视影像包含垂直影像和倾斜影像,多视影像联合平差没有忽略掉影像之间的变形与遮挡现象,而大部分传统的空三加密方法都不具备此功能。目前,普遍使用的多视影像联合平差方法是:首先根据 SIFT 特征提取算法对影像进行特征提取,然后建立连接点和连接线、控制点坐标以及 POS 辅助数据的多视影像自检校区域网平差的误差方程,通过联合平差计算,得到每张像片的外方位元素以及所有加密点的物方坐标。

### (一)特征提取

在影像数据处理与匹配的过程中,影像特征提取是一项非常基础的工作。因为基于特征的影像匹配首先就要进行特征提取,这一步的任务就是提取全幅影像中的特征和它的属性,并且将特征用具体的参数来表达,为下一步的特征匹配提供依据。因此,特征提取对特征匹配的可靠度有着最为直接的影响,而特征点提取的精度与特征点的分布,也决定了空三加密的精度。

一般情况下,影像特征是指影像中物理与几何特性变化不连续的区域,其表现形式为影像在部分领域中的灰度急剧变化。具体包括以下三种类别:点特征、边缘特征以及面特征。其中,点特征是使用较为普及的一类特征。因为它相较于其他两类特征来说,其算法实现起来比较容易,而且效率很高,同时也可以得到较高质量的特征。我们把提取点特征的算子叫作兴趣算子,目前基于点特征的匹配算法非常多,其中被普遍使用的几种特征提取算子有 Moravec、Forstner、Harris、SIFT 算子等。

多视影像和普通的航空影像相比,其影像中物体的旋转、缩放和光照变化等问题比一般的影像更为突出。因此,为了尽可能避免由上述现象带来的不利影响,更好地获取高质量的点特征,应该选择 SIFT 算法来提取特征。它是一种局部不变的特征提取方法,即通过建立图像尺度空间和方向向量,寻找到一种对图像旋转、缩放、光线变化以及仿射变换等都具备不变性的特征点。这种算法可以更好地获取特征点的位置和邻域信息,并且特征点描述符里所包含的信息也很完整。因此,此种点特征提取方法的应用更为普遍。

SIFT 算法的实现过程可分为以下四步：

(1)尺度空间的建立。

(2)特征点定位：首先对尺度空间极值点进行检测，确定候选的特征点。然后确定特征点的精确位置，去除不稳定的点。

(3)特征点主方向的确定。

(4)获取关键点的特征描述符。

**(二)光束法区域网空中三角测量**

空三加密是无人机影像内业处理的关键部分，其目的是通过影像匹配提取的连接点以及部分地面控制点，将全部区域纳入已知的控制点地面坐标系中去，获得每张影像的外方位元素和加密点的地面坐标。空三加密结果的好坏直接影响后期三维模型的精度。

## 三、多视影像密集匹配

多视影像密集匹配一般指在完成测区的光束法区域网平差后，进行逐像素的匹配，获取与原始影像对应地面分辨率同等精度的密集点云和数字地表模型。与激光扫描等直接获取三维信息的方式相比，通过影像密集匹配获取三维点云的方式成本较低，且每一离散点的精度都可以进行评定；同时，影像密集匹配的方式还能获取丰富的纹理信息。

多视影像密集匹配算法按照处理单元的不同可以分为基于立体像对的算法和基于多视对应的算法。前者首先对所有立体像对进行匹配生成视差图，再进行多视匹配结果的融合；后者通常在多视影像间利用强约束关系进行匹配，再利用区域生长算法向四周扩散。按照优化策略的不同也可分为基于局部匹配的算法和基于全局匹配的算法，前者使用了一个表面光滑的隐式假设，它们对窗口内的像素计算一个固定视差；相反，所谓的全局算法使用显示的方程来表达光滑性假设，之后通过全局最优问题来求解，全局算法的效果要优于局部算法，但是算法复杂度也要高于局部算法。代表算法有动态规划法、置信传播法及图割法等。Hirschmuller H 提出的半全局匹配(Semi Global Matching, SGM)算法也是应用能量最小化策略，该算法的思想是基于点的匹配代价，利用多个一维方向的计算来逼近二维计算，通过对视差的不同变化加以不同惩罚保证了平滑性约束，因此对噪声具有较好的稳健性。半全局匹配算法顾及了算法的效率和精度，其计算精度优于局部算法，计算时间优于全局算法。Remondino F 等对目前流行的 4 款密集匹配软件 SURE、MicMac、PMVS(Patch-based Multi-view Stereo，基于物方面元的多视立体匹配)、PhotoScan 进行了试验，其中 SURE 属于一种基于立体像对的多视密集匹配方法，首先利用 tSGM 算法计算每个立体像对的视差影像，接着对视差影像进行融合生成最终点云；MicMa 是一种多分辨率多视匹配方法，支持基于像方和物方几何两种匹配策略，在匹配结束后采用能量最小化策略来重建表面；PMVS 采用一种基于光照一致性的多视匹配方法，首先进行初始匹配生成种子面元，接着通过区域生长来得到一个准稠密的面元结果，最后通过滤波来剔除局部粗差点；而 PhotoScan 则采用一种近似 SGM 的半全局匹配算法。Remondino F 等研究结果表明采用 SGM 策略的 SURE 和 PhotoScan 在算法精度和效率上要优于 PMVS 和 MicMac。国内对于多视密集匹配的相关研究还比较少，杨化超等提出一种基于对极几何和对应映射双重约束及 SIFT 特征的宽基线立体匹配算法。王竞雪等提出一种像方特征点和物方平面元集成的多视影像匹配方法，但上述算法都是基于特征来进行影像匹配，只能获取稠密或准密集点云。吴军等提出一种融合 SIFT

和 SGM 的倾斜航空影像密集匹配方法,利用匹配的 SIFT 特征作为 SGM 优化计算的路径约束条件,减少错误匹配代价的传播并加速最优路径搜索过程。

## 第四节　三维实景建模与模型单体化精细处理

目前在实际的项目生产中,大范围城市三维建模多采用测量建模的方法。该方法可具体地分为基于大比例尺二维数据的三维建模、基于三维激光扫描技术的三维建模和基于航空摄影测量技术的三维建模等。

(1)基于大比例尺二维数据的三维建模。地形图给建立三维数字城市模型提供了较为完善的数据源,主要包括地貌、地表植被、居民用地、道路、草坪及独立地物等多种地物要素。它可以为城市的三维可视化提供基础数据,既具有丰富的属性数据,又具备较为严密的几何图形数据。因此,在二维城市数据的基础上建立三维城市模型是一个方便快捷的更为理想的方式。使用此方法建立三维模型可以节约成本,提高模型平面精度。但是其模型精度低、模型后期修补工作量较大,更适合部分模型数据的建立与更新。

(2)基于三维激光扫描技术的三维建模。根据搭载平台的不同,把激光扫描系统分为三类,分别是机载激光扫描系统、车载激光扫描系统和地面激光扫描系统。目前激光扫描技术应用的非常重要的一个方面就是把地面和车载扫描技术相结合来获取三维城市重建的数据。

地面三维激光扫描技术可以经过实地扫描得到建筑物的点云数据,然后进行数据配准和精简、三维建筑模型轮廓线提取、模型制作及贴纹理等关键过程,生产出大范围的城市真三维模型数据。目前数据的获取方法主要有移动测量车、激光扫描仪、机载激光雷达。机载激光雷达获取数据速度比较快,更加适合于生产大面积区域的数据。移动测量车用来生产街道、景观等条带状区域的数据。单栋建筑物等小面积的三维模型数据生产,通常采用三维激光扫描仪来实现。使用该技术数据不太受天气情况的影响、获取数据效率高,经常被称作“一采多得”的作业方法。但是也有很多缺陷,就是获取的数据量大、后期处理数据工作量大、容易造成数据冗余。

(3)基于航空摄影测量技术的三维建模。采用航空摄影测量技术获取原始影像,用外业采集的像控点坐标作为控制资料,进行空中三角测量。然后利用空三加密成果采集制作三维模型所需的基本框架,并且将外业采集的建筑物的纹理数据贴附在建筑物表面,最后建成真实的三维模型,目前大范围的三维数字城市模型的建立,都是采用航空摄影测量技术来得到原始数据的。采用此方法建立三维模型具备诸多优势,比如数据处理速度快、模型成果精度高、可以处理大范围模型数据。但是此技术容易受天气因素的影响,影像获取速度慢、申请空域时间较长。而且因为机载相机的视场角受限,导致不能获取更多的建筑物侧面纹理,尤其是建筑物底部纹理很难获取,必须通过后期补拍,对模型进行修补才能得到更加真实的三维模型。以上这些因素都使得采用此技术进行三维建模具有工作量大、制作成本高、不确定因素多等诸多缺陷,给地理信息领域的三维方向发展带来了较大困难。

利用倾斜数据进行三维实景建模继承于第三种方法,是基于图形运算单元进行快速三维模型的构建,通过摄影测量原理对获得的倾斜影像数据进行几何处理、多视匹配、三角网构建、自动赋予纹理等步骤,最终得到三维模型。该过程仅依靠简单连续的二维图像,就能还原出最真实的真三维模型,无须依赖激光点云扫描辅助设备、POS 定位系统,也无须人工干预便可以完成海量三维模型的批量处理。目前市面上比较成熟的全自动三维建模软件有AirBus公司的街景工厂(StreetFactory),被Bentley收购的Acute3D公司的Smart3DCapture。

## 一、街景工厂

### (一)StreetFactory特点

2013年,在国家测绘地理信息局集中采购了街景工厂,并下发给黑龙江测绘地理信息局。黑龙江省测绘科学研究所(隶属黑龙江测绘地理信息局)基于街景工厂,在倾斜摄影测量数据基础上,对其生产与开发的技术流程进行研究,并针对倾斜摄影外业作业不足之处,采用移动道路测量系统、三维激光扫描仪、快速定位与采集系统等设备进行弥补,制订协同作业方案,并对其多阶段测绘成果进行应用与推广,从而形成多元数据成果从开发到应用的一体化技术流程。

### (二)自动建模流程

利用街景工厂自动化建模主要包括5个步骤:数据导入/新建项目、空三、多视匹配、三维TIN网生成、多视角纹理贴图。其中数据导入、空三以及相关参数设置需要人机交互,其他步骤由软件自动完成,见图7-7。

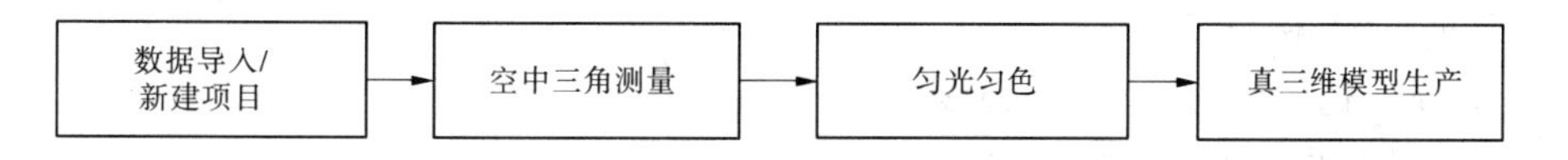


图7-7　自动建模流程图

1.数据导入/新建项目

街景工厂支持几乎所有型号的倾斜数据,包括Pictometry、Midas、DigiCam、SWDC、无人机航摄数据。为满足产品精度要求,原始数据需要提供初始内、外方为元素,包括每张影像拍摄瞬间的坐标$X$、$Y$、$Z$,姿态角omega、phi、kappa,相机相对位置、焦距、PPA等。另外,街景工厂提供无POS处理模块,但是需要足够多的、均匀布设的控制点来保证成果精度。

针对不同的传感器,街景工厂提供相应的模板和数据组织格式,按照模板和格式规定整合原始数据即可完成导入工作。表7-2列举了Pictometry航摄仪导入文件的组织结构。

表7-2　Pictometry导入数据结构

| 序号 | 内容 |
| --- | --- |
| 1 | Images文件夹,用于存放原始影像 |
| 2 | Sbet文件夹,用于存放轨迹文件 |
| 3 | picto_image.csv文件,用于说明影像信息,包括影像编号、拍摄编号、拍摄时间、航带信息、初始外方位元素 |
| 4 | picto_camera.csv文件,用于说明相机信息,包括相机编号、相机配置文件地址、相对位置信息、像幅、像素尺寸、中心点位置、畸变参数等 |
| 5 | 元数据文件夹,用于存放PSF文件 |
| 6 | parameter.txt参数文件,用于描述投影信息 |

成功导入数据之后需要新建项目,并设置相应的参考椭球、高程系统和投影信息,见图7-8。

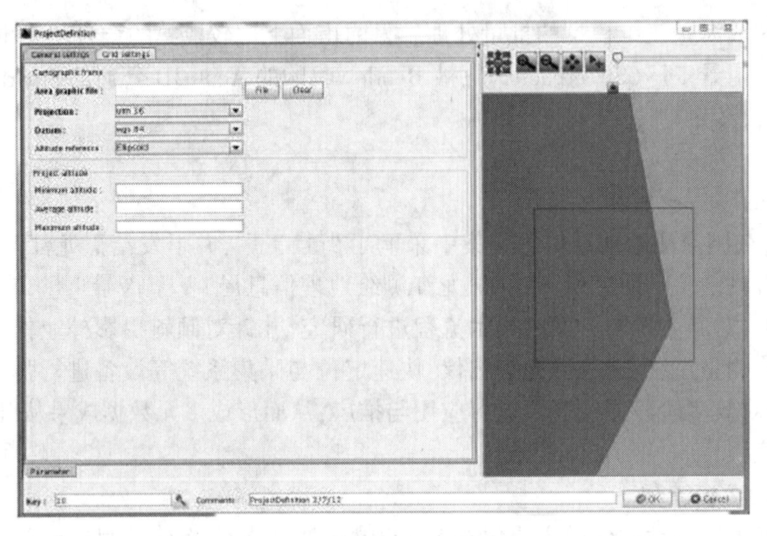


图 7-8　新建项目操作界面

在 General Setting 中,进行相关参数设置:

Area graphic file:选择一个 ESRI shp 矢量用于定义测区范围,要求 shp 文件采用经纬度坐标系统(wgs-84 椭球)。

Projection: 选择项目所对应的投影。

Datum: 选择项目所对应的椭球。

Altitude: 选择项目所对应的高程基准(一般选择 Ellipsoid)。

矢量文件作用:确定测区的范围(也会被默认为三维模型生产范围),测区的平均高程/最高和最低高程信息。

参数设置完毕之后需要对工作流程进行设计。针对不同的数据源,街景工厂系统预设了三类工作流:①针对 Pictomery 倾斜相机平台设计的工作流;②针对 midas 倾斜相机平台设计的工作流;③针对其他通用倾斜相机平台设计的工作流。

图 7-9 提供了可选的流程节点。

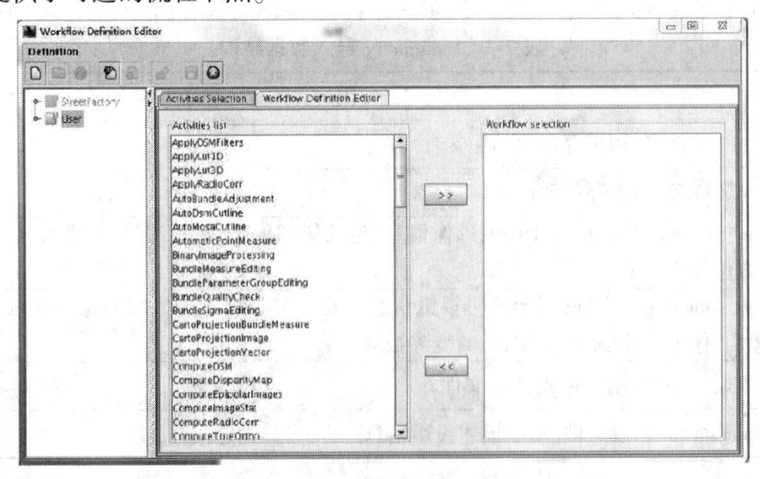


图 7-9　可选流程节点

用户可以设计自己的流程,更改每个节点的参数,设置断点,见图 7-10。

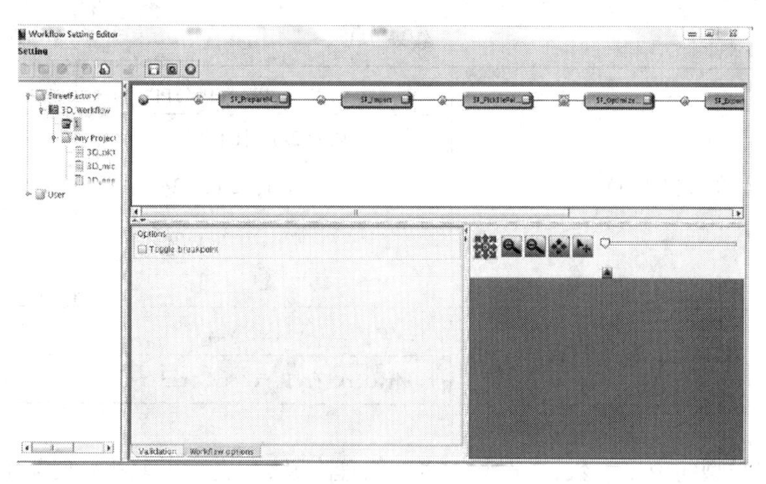


图 7-10　流程节点设计及参数修改

为保证工作流在空三干预前停止，需要在 SF_OptimizeGeometry 后的节点处设置断点，勾选 workflow options 下的 Toggle breakpoint 选项。最后点击 Execution 执行。

2.空中三角形测量

空中三角形测量是自动建模的基础，空三的精度直接影响模型的精度，甚至影响到后续流程是否可以进行。街景工厂提供两种空三处理方案：有 POS、无 POS。有 POS 的数据内部平差时提供初始值，更容易迭代收敛从而获得较为准确的外方为元素；无 POS 的数据初始值设置为 0，需要更多的地面控制点来保证精度。

1）空三文件夹准备

影像关联的相机文件 SF * _Track * /Camera * /Shot * .cam；

影像关联的外方位元素文件 SF * _Track * /Camera * /Shot  * .ori；

影像对应的时间文件 SF * _Track * /Camera * /Shot  * .at；

影像文件（link） SF * _Track * /Camera * /Shot  * ；

影像关联的空三初始文件 frame_ SF * _Track * /Camera * /Shot * _init；

影像关联的空三结果文件 frame_ SF * _Track * /Camera * /Shot * _opt；

影像关联的空三 sigma 文件 frame_ SF * _Track * /Camera * /Shot * _sigma；

空三项目描述文件 specif_chantier；

空三项目椭球和投影参数文件 carto_ini t/carto_dst，geo_init/geo_dst。

2）传感器模型

街景工厂针对倾斜相机平台专门设计了一套有别于传统框幅式的全新传感器模型，能够更好地模拟优化包括倾斜相机在内的所有影像。将误差分为 4 类，见表 7-3。

表 7-3　传感器模型误差列表

| | | | |
|---|---|---|---|
| A | GPS/IMU 观测误差 | Xn，Yn，Zn | 单位：m |
| | | $R_{Xn}$，$R_{Yn}$，$R_{Zn}$ | 单位：弧度 |
| B | 相机镜头与 GPS/IMU 平台的位置偏差 | Xc，Yc，Zc | 单位：m |
| | | $R_{Xc}$，$R_{Yc}$，$R_{Zc}$ | 单位：弧度 |

续表 7-3

| | | | |
|---|---|---|---|
| C | 相机相关参数 | Focal,ppx/ppy,xpps/ypps | 单位:mm |
| | | k1/k2/k3,P1/P2 | 畸变差 |
| | | x2col ,y2col,x2col,y2col | |
| | | Colc,nrow,rowc,nrow | |
| | | AT | 时间参数 |
| D | 切比雪夫多项式参数 | x0/y0,x1/y1,x2/y2,x3/y3 … | 单位:m |
| | | rx0/ry0,rx1/ry1,rx2/ry2,rx3/ry3 … | 单位:弧度 |

对于不同类型的模型参数,根据其特定的物理意义,在进行平差优化时采取不同的计算模式,见表 7-4。

表 7-4　传感器模型优化模式

| 参数类型 | 优化模式 |
|---|---|
| A | 参与计算的每张影像对应参数各自优化,互不影响 |
| B | 属于同一相机拍摄的影像其优化值应该保持一致(相机位置固定) |
| C | 属于同一相机拍摄的影像其优化值应该保持一致(相机镜头不变) |
| D | 属于同一相机拍摄且同一航线的影像其优化值应保持一致 |

3)组文件制作

由于不同类型的参数在平差计算过程中有对应的优化模式,因此需要有一个配置文件用于控制计算中的不同参数的优化模式。这种文件在 StreetFactory 中被称为组文件 Groupfile。

4)生产连接点文件

街景工厂提供了两种生产连接点的工具,用户可以根据具体项目情况进行选择:①SF 特有的匹配方法;②传统匹配方法。前者生成连接点效率较高,同时连接点维度较好,但是连接点的绝对数量相对较少。后者在指定采样精度和搜索范围的基础上全像素匹配,通过核线匹配的方法搜索重叠影像,可以生成更多的连接点,但是效率低一些。

5)空三优化工具

在组文件和连接点的基础上,街景工厂通过设置 Sigma 文件规定在空三过程中,参与计算的参数及其预计优化幅度。为了方便对优化参数项进行修改,采用 link 方式将所有影像对应的 sigma 文件关联到同一实体文件上。每次执行优化时,所有影像的连接点会根据这次优化进行更新,同时会生成空三报告文件,计算过程结束后,同时会输出本次平差优化过程的结果报告,报告格式见图 7-11。

Image coordinates residuals:

xy bias : 0.000002 0.000018 (pixels)

xy std : 0.304035 0.272852 (pixels)

xy max : 1.540085 1.510066 (pixels)

图 7-11　连接点误差报告

6)连接点调整

用户可以在 bundleview 工具中,加载连接点文件进行编辑修改,见图 7-12。

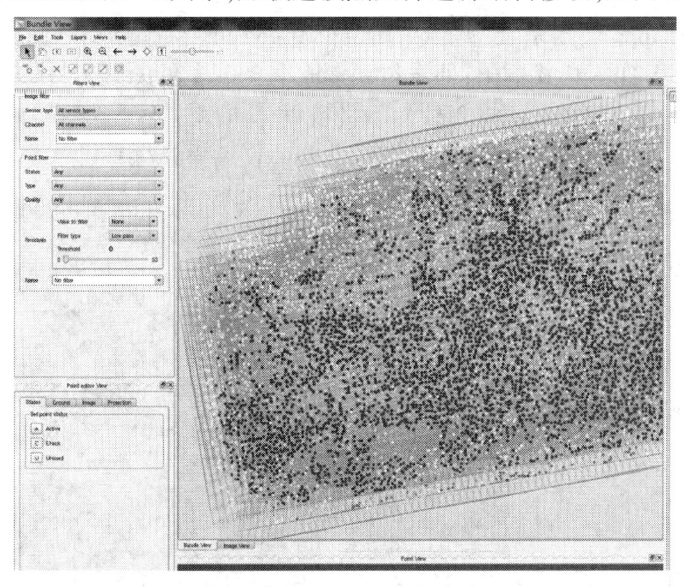

图 7-12　bundleview 操作界面

街景工厂提供 clbv 工具,可以帮助用户读取空三报告文件,根据连接点在空三报告中的残差进行排序,如图 7-13 所示,方便用户找出在关联位置错误的连接点。

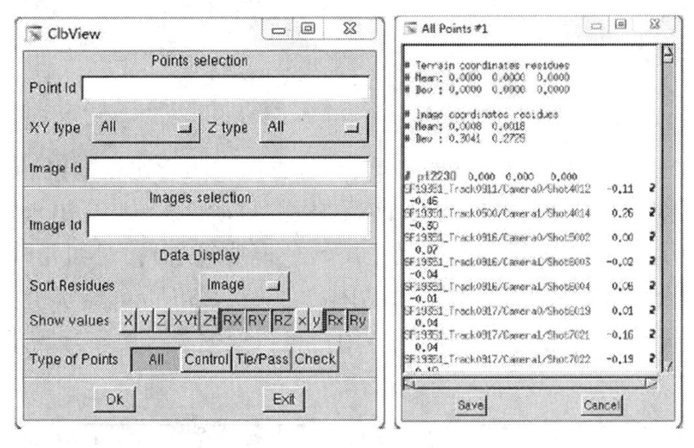


图 7-13　连接点误差列表

前期错点以调整为主,由于空三控制网还不稳定,许多错点的调整可相应纠正其周边的错点,使控制网趋于正确。待控制网和残差值稳定后,对错点则以删除为主。调整之后再重复上一步反复调整。

7)增加控制点

用户可以在空三项目中加入控制点信息,以完成对本次空三项目的绝对定向过程。首先根据控制点的物方信息,建立起所有相关影像与控制点之间的关联,然后使用 bundleview 工具加载控制点文件,根据点位参考资料信息确定控制点在影像上的具体位置。当确认空三结果满足项目精度要求时,可以发送命令进行空三结果的提交。

8)导出空三结果

街景工厂提供 ExportGeometry 模块(见图 7-14)将空三成果转换为标准的 6 外方位元素格式(omega-phi-kappa 转角系统)并输出。ExportGeometry 会根据空三优化结果,消除原始影像的畸变差,并以 TIFF 格式输出;外方位元素成果会存放在 txt 文件中。用户可以使用纠正后的影像配套外方位元素在第三方软件中进行立体测图工作。在测图软件中,只需要输入最新的相机焦距值即可,无须输入像主点(ppx/ppy)、畸变差(k1/k2/k3)等信息。

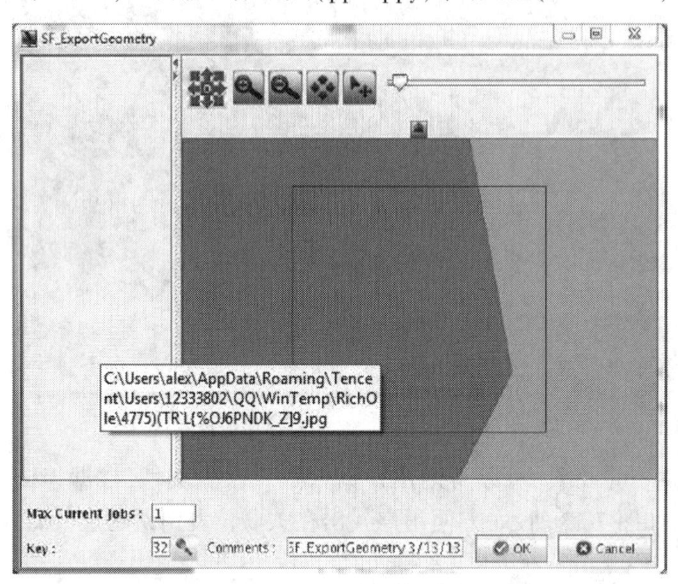


图 7-14　ExportGeometry 操作界面

3.匀光匀色

由于飞行中受云层和太阳高度角的影响,部分影像中阴影比较多,且同一地区不同航线的影像中云影的位置也不一致,因此在对 TIN 结构的材质匹配中,会出现斑块状阴影贴图,影响模型质量。可以采用 GeoDoging、街景工厂匀色模块等工具,对纠正畸变差后的影像进行匀光匀色,替换掉原始影像,重新对模型贴图。如图 7-15 所示,经实验,减轻了云影对房顶、地面贴图的干扰,提高了模型的整体感。用户可以根据自己的实际需求选择是否在生产流程中加入这一节点。

图 7-15　匀光匀色前后对比

4.真三维模型生产

三维建模是街景工厂利用分布式计算模式进行任务处理的过程,该过程不能人工干预,系统会根据子任务数量自动为运算节点(8 个 GPU)进行任务分配。执行步骤如下。

1)确认生产区域

项目默认生产 area_shp 中定义的全部区域,实际情况是倾斜摄影的边缘 3~4 条航线由于缺少影像无法生成完整模型,因此用户可通过修改 Project/CONFIG/wf_config.txt 中的角点信息自定义生产区域,如图 7-16 所示。模型生产区域以 tile 表示,设为 300 就意味着 300 m×300 m=0.09 $km^2$ 的区块,MARGIN 表示模型接边范围。

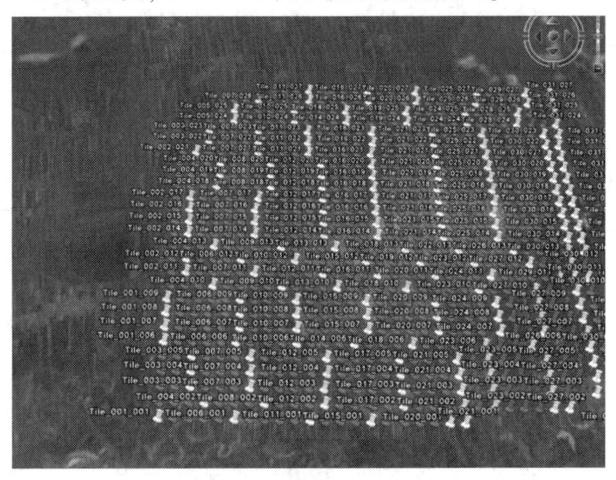

图 7-16　自定义生产区域

以讷河数据生产为例,调整各参数如下:

TILE_SIZE=300;

TILE_MARGIN=50;

……

CARTO_RANGE_X='638300 639500';

CARTO_RANGE_Y='5371000 5371900';

Z_RANGE='100 400'。

近 60 $m^2$ 的生产区域会包含 800 多个 300 m×300 m 的 tile,为方便 tile 格网的管理,软件提供了 KML 和 SHP 文件,可以在 google earth 中加载管理。

KML 目录:Project/Tiles/KML/ProjectName.kml,ProjectName 为项目名称(Leica_nh)。

2)模型生产

打开街景工厂,执行最后一步 3D_reconstruction,在监控面板的任务名为 GenericCommand,可通过任务数(807)监控模型生产进度,如图 7-17 所示。

| | | | | | | | | | | | |
|---|---|---|---|---|---|---|---|---|---|---|---|
| ✔ | 141 | SF_3DReconstruction | pfuser pfuser | | 3/15/14 09... | 4/1/14 16:... | 3 | 3 | 3 | 0 | Successful |
| ✔ | 142 | GenericCommand | pfuser pfuser | | 3/15/14 11... | 4/1/14 16:... | 807 | 807 | 807 | 0 | Successful |

图 7-17　模型生产时的任务监控

模型生产的整个过程中,均由对应的文件夹进行存储归类,用户可根据各文件夹内 Tiles 的生成时间,判断目前的生产状态。

01_TILES_UNPROCESSED:未处理的 Tiles;

02_TILES_BEING_PROCESSED:计算中的 Tiles;

03_TILES_PROCESSED:已处理完毕的 Tiles;

07_TILES_FILED:计算错误的 Tiles。

虽然无法干预三维重建过程,但可以通过看工作流文件更新情况判断模型生产是否正常。表 7-5 为工作流文件更新步骤表。

表 7-5 工作流文件更新表

| 步骤名称 | 含义说明 | 输入状态 | 输出状态 |
|---|---|---|---|
| MakePyramid | 建立影像金字塔 | -v views.txt | 多级影像金字塔 tif 文件 |
| SelectPair | 创建像对文件 | -v views.txt | pairs.txt |
| ExtractCloud | 提取点云 | pairs.txt | dense.g00 |
| GlobalMesh | 构建不规则三角网 | dense.g00 | global.g00 |
| RefineMesh | 三角网与原始影像匹配 | global.g00 | refine.g00 |
| simplifiedMesh | 精简 TIN 结构 | refine.g00 | simplified.g00 |
| FinishMesh | 关联模型纹理信息 | simplified.g00 | final.g00 |
| GeoMesh | 建立模型 LOD 结构 | final.g00 | Tile_0XX_0XX.g00 |
| GeoOpen | 将 G00 转换成 OSGB | Tile_0XX_0XX.g00 | Tile_0XX_0XX.osgb |

3)坐标转换

街景工厂中的三维模型采用局部笛卡儿三维坐标系统,坐标原点在测区中间,$Z$ 值起点为测区高程最低值。因此,某点真实坐标等于原点坐标加上该点与原点的偏移量,而偏移量是平面坐标,因此需要坐标转换。坐标转换完成后,真三维模型自动化生产完毕,如图 7-18 所示。

图 7-18 城市三维模型成果

## 二、Smart3DCapture

### (一)Smart3DCapture 特点

Smart3DCapture 自动建模系统是基于图形运算单元 GPU 的快速三维场景运算软件,整个过程无须人工干预,可从简单连续影像中生成最逼真的实景真三维场景模型。其具有快速、简单、全自动,身临其境的实景真三维模型,广泛的数据源兼容性和优化的数据输出格式等优势。模型成果所有建筑物的空间关系和纹理,均采用分层显示技术(LOD),分层多达 20 层以上,以保证任何配置的计算机均能流畅地显示地物模型,充分详细地表达建筑物细部特征。

运用倾斜摄影技术获取沿线的倾斜影像及正射影像数据,通过合理布设部分野外像控点,然后将影像数据、POS 数据、野外像控点数据导入 Smart3DCapture 自动建模系统进行批处理。在计算三维模型数据或 3D TIN 纹理方面,Smart3DCapture 自动建模系统并不需要人工干预。人工参与工作主要是:质量控制、野外控制点对应同名点、航空影像的选择、用外部软件编辑修饰三维模型、人工对修改过的三维模型纹理进行清除,然后导入系统中进行新的纹理贴面。

为保障客户的不同需求 Smart3DCapture 自动建模系统可生产的数据产品有 DSM、TDOM、点云数据和三维模型。三维模型的数据格式具有多兼容性,可输出的数据格式有 s3c、obj、osg(osgb)、dae 等。s3c 格式的数据只能在 Acute 3D 的浏览器 Smart3DCapture Viewer 里面打开。

### (二)数据检查与预处理

1.航空影像数据检查与预处理

(1)影像数据地面分辨率是否达到要求。

(2)通过目视观察,影像质量应确保影像清晰,反差适中,颜色饱和,色彩鲜明,色调一致,有较丰富的层次、能辨别与地面分辨率相适应的细小地物影像,满足外业全要素精确调绘和室内判读的要求。

(3)影像重叠度的检查,确保影像重叠度是否达到要求。

(4)影像数据编号,为了方便于后期数据管理和检查。

2.POS 数据的检查与预处理(可选)

(1)POS 数据的记录是否与影像一一对应。

(2)将 POS 数据整理成软件对应格式。

3.野外控制点成果数据的检查与预处理

(1)借助 Google Earth 检查野外控制点成果。

(2)在作业范围内均匀挑选部分控制点为建模时使用,剩余控制点为后期精度检查时使用。

(3)对于建模时使用的控制点,提前挑选好控制点片。

### (三)三维模型生产过程

三维模型数据生产是将获取到符合建模要求重叠度的航空影像进行预处理,导入 Smart3DCapture 软件系统,均匀挑选出一定数量的野外控制点,软件则自动匹配运算,进行三维模型生产。

1.精准控制的空三

自动化空三加密,在 Smart3DCapture 自动建模系统中加载测区影像,人工给定一定数量的控制点,软件采用光束法区域网整体平差,以一张像片组成的一束光线作为一个平差单元,以中心投影的共线方程作为平差单元的基础方程,通过各光线束在空间的旋转和平移,使模型之间的公共光线实现最佳交会,将整体区域最佳地加入到控制点坐标系中,从而恢复地物间的空间位置关系。空三结果如图 7-19 所示。

图 7-19　空三结果

2.影像密集匹配

密集匹配技术,系统根据高精度的影像匹配算法,自动匹配出所有影像中的同名点,并从影像中抽取更多的特征点构成密集点云,从而更精确地表达地物的细节。如图 7-20 所示,地物越复杂,建筑物越密集的地方,点密集程度越高;反之,则相对稀疏。

图 7-20　点云视图

3.纹理映射

由空三和影像密集匹配后建立的影像之间的三角关系构成三角格网 TIN,如图 7-21 所示。再由三角格网 TIN 构成白模型,软件从影像中计算对应的纹理,并自动将纹理映射到对应的白模型上,最终形成真实三维场景,如图 7-22 所示。

4.多节点运算

Smart3DCapture 自动建模系统是为满足多节点并行计算而设计的,适用于大面积的真三维模型和 DOM、DSM 的生产,通过并行运算可大大提高生产效率,具体生产效率根据服务

图 7-21　高精度的三角格网 TIN

图 7-22　TIN 白模型(左)和 3D 纹理映射后模型(右)

器数量而定,如图 7-23 所示。此外,用户无须深究如何安排工作,只须设置子节点的环境变量工作目录,即可参与运算。所设计的并行体系架构是基于专用磁盘存储访问的高端计算机群,允许多个节点快速访问数据和高效计算。

5.成果输出

采用 Smart3DCapture 进行倾斜摄影快速三维建模,可输出的成果产品有真三维模型、正射影像(DOM)、数字地表模型(DSM)、点云数据(*.las 格式)。

真三维模型可输出的数据格式主要有 * dae、* osgb 和 * obj。模型成果所有建筑物的空间关系和纹理,均采用分层显示技术(LOD),分层多达 20 层以上,以保证任何配置的计算机均能流畅地显示地物模型,充分详细地表达建筑物细部特征。

## 三、模型单体化精细处理

### (一) DP-Modeler 单体化特点

倾斜摄影自动建模的模型效果不是很好,尤其是近地面部分有比较大的瑕疵,使用街景采集车进行了补采拍摄,把街景和倾斜模型进行配准,经过局部的分离编辑,精细修编,最后更新合并回去,实现修饰的效果,能解决自动化生成模型效果不佳的问题。DP-Modeler-mesh 还算不上真正意义上的修饰,真正的修饰过程是直接在三角网上进行编辑,武汉天际航公司正在尝试做这样的实验。DP-Modeler-mesh 暂时是一个模型重建的过程。修饰后的

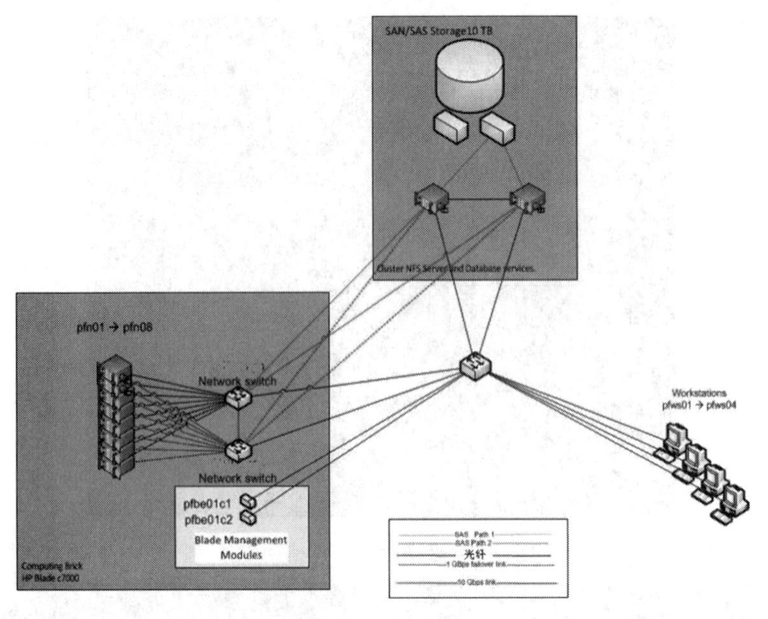


图 7-23　多节点结构

模型都是单体化的模型。其具有以下特点：

(1)模型平整均一。

(2)场景无缝融合。

(3)良好的人机交互,易于学习。

(4)不用佩戴立体镜,平面精度、高程精度均可保证大比例尺测图精度。

**(二) DP-Modeler 技术构架**

1.导入/新建工程

DP-Modeler-mesh 支持 osg、ive 格式的实景三维模型。用一个格式转换工具,将 osgb 格式的模型转为 osg、ive 格式模型。DP-Modeler 支持多种空三成果(Smart3D、Street Factory、INPHO 等),也可将倾斜影像和地面街景、手持相机拍摄影像进行结合,完成准确的定姿定位,为自动纹理映射提供关键参数数据。对无 POS 街景影像模块,需要足够多的、均匀布设的控制点来保证成果精度。

2.局部分离编辑

打开 DP-Modeler-mesh 工具,导入 mesh 模型,打开选择工具面板,将需要修饰的模型局部分离,发送到 DP-Modeler 重建,如图 7-24 所示。

3.精细编修重建

1)单体化建模

空三成果与影像数据集成 DP-Modeler 平台,通过自动检索多角度影像,从多角度精细勾勒三维模型建筑细节,实现测图与建模同步完成,多个视图联动,如图 7-25 所示,保证了平面和高程位置的高精度。

2)纹理自动映射

通过摄影测量算法,实现模型贴图自动从影像中采集,一键完成模型贴图,无须调整 UV,如图 7-26 所示。

图 7-24　局部分离示意图

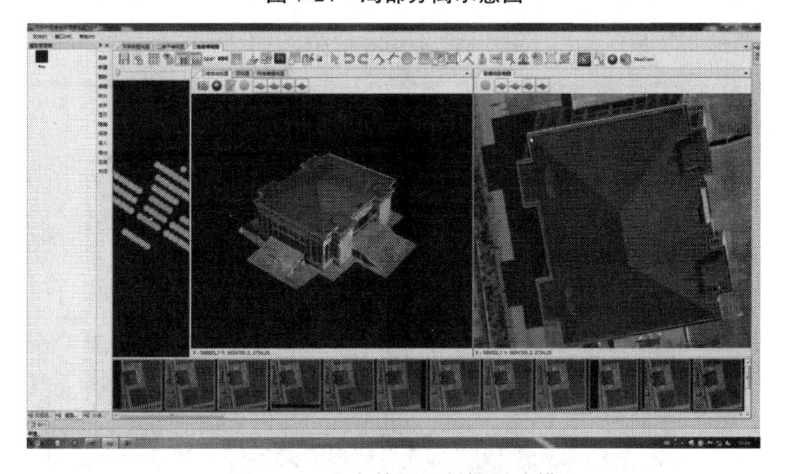

图 7-25　完全基于倾斜摄影建模

图 7-26　纹理自动映射示意图

3)人工修饰贴图

提供贴图手工编辑功能,实现纹理拾取与 Photoshop 的联动,单张贴图存在色差或者遮挡时,关联 Photoshop 编辑纹理去掉色差或遮挡,如图 7-27 所示。

4.更新合并

将精修后的模型与大场景模型合并,如图 7-28 所示,得到合并后的效果图。

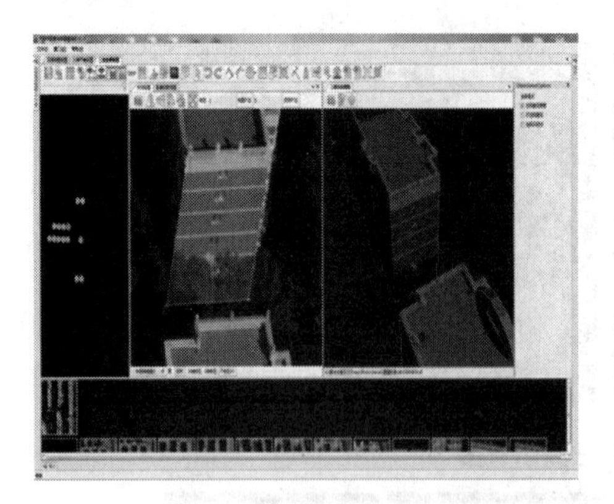
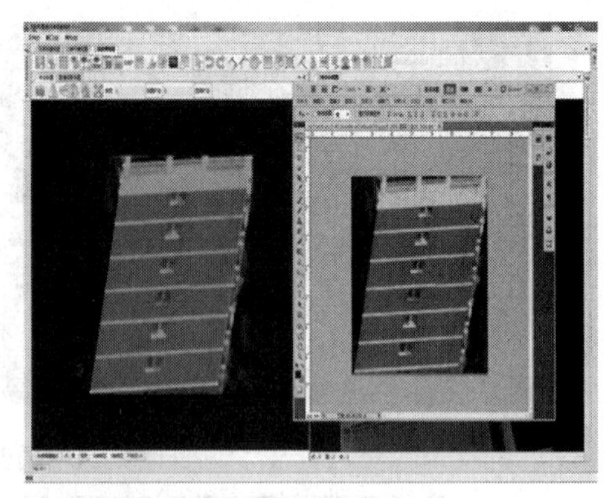

图 7-27　贴图修饰对比图

图 7-28　合并后效果图

## (三)建筑模型修饰

### 1.建筑整体修饰

由软件自动建模出来的重要建筑(政府大楼、商业区等)在近距离观察的时候,会有空洞、拉花等瑕疵,需要对整栋建筑分离重建,DP-Modeler-mesh 的"平面选择"工具提供模型整体修饰方案。图 7-29 给出了房屋整体修饰前后的对比效果。

### 2.建筑局部修饰

三角网模型离地面 15 m 以内的破碎性特别大,尤其是一些电线杆和道路标志,可以用"立体选择"将这些悬浮物删除。对一些重要的街道,对底商要求比较严格的建筑,DP-Modeler-mesh 的"立体选择"工具可将楼底商局部分离出来,回到三维自由视图重建。图 7-30 给出了底商修饰前后的对比效果。

### 3.桥修饰

有两条技术路线:一是直接用 DP-Modeler-mesh 修饰,二是结合 DP-Modeler-max 对立交桥修饰。①对于简单的桥梁,直接用 DP-Modeler-mesh 足以完成修饰过程,流程和模型整体修饰类似。②对于复杂的立交桥,结合 DP-Modeler-max,在 max 里面建好立交桥,在软件里自动贴图,最后和原场景融合;或者直接将建好的 mesh 模型桥底掏空,再创建平面和大场景模型融合在一起。图 7-31 给出了立交桥修饰前后的对比效果。

图 7-29　房屋整体修饰前后对比

图 7-30　底商修饰前后对比

图 7-31　立交桥修饰前后对比

4.电网、信号塔修饰

对于电网、信号塔类型的模型，可将悬浮在空中的碎片模型用“立体选择”工具直接删掉，然后基于原始影像建模，最后自动贴图。图 7-32 给出了信号塔修饰前后的对比效果。

图 7-32　信号塔修饰前后对比

5.城市部件的修补

城市部件如树木、红绿灯、垃圾桶、路灯等,武汉天际航公司提供另外一套解决方案——VR Explore 虚拟现实平台。将做好的城市部件三维模型加载到三维平台 VR Explore 的模型库中,依据三维场景,在相应的位置,“种植”模型。模型库的好处是:①随时调用模型库里面的模型;②依据场景直接“种植”快捷方便。图 7-33、图 7-34 给出了城市部件修饰前后的对比效果。

图 7-33　城市部件(行道树、路灯)前后对比

图 7-34　广告牌修饰前后对比

## 四、SuperMap 模型修补

### (一)水面效果的修补

倾斜摄影从不同角度对地物进行拍摄得到多张影像,从同一地物特征点在不同影像上的位置以及拍摄参数,可以推算出这个点的空间三维坐标,这些不同影像上的同一地物特征点称为同名点。通过计算大量同名点的坐标,可以得到这个区域的高密度点云,倾斜摄影数据就是将这些高密度点云连接为三角网构成的。因此,影响倾斜摄影数据质量的一个关键因素是这些点的密集程度。当一个区域的特征点过少,就会导致这个区域形成的模型上出现空洞。

倾斜摄影数据中水面部分经常会出现空洞,如图 7-35 所示,这是因为倾斜摄影建模软件在建模过程中会在同一区域不同角度的影像上自动寻找同名特征点,所谓特征点就是影像上与邻近像素有一定差异因而具有某种参数化特点的像素点,而影像中的水面区域由于水体的波动导致软件很难找到这样的特征点,从而水面区域形成了空洞。

图 7-35　水面区域空洞效果

SuperMap 软件可以使用带水面特效符号的矢量面补上水域空洞,该过程需要四个步骤。

(1)新建一个三维矢量数据集,存储水面多边形。

(2)在模型上有空洞的部分绘制一个多边形,如图 7-36 所示,绘制的点尽量落在岸边的模型上,这样新增的点就会具有该点河岸的高度,方便后续精细编辑。

图 7-36　在空洞区域绘制矢量面

(3)对匹配不好的顶点进行精细编辑。如图 7-37 所示,通过鼠标拖动可以对每个顶点的位置进行编辑,也可以随时加入新的顶点以及删除冗余顶点。

图 7-37　对匹配不好的顶点进行精细编辑

(4)创建一个水面符号,可以根据倒影、波纹、颜色等多种水面效果参数调整水面效果,如图 7-38 所示,最后将图层的填充符号设置为水面符号。

至此,原倾斜模型上的空洞就由栩栩如生的水面填补好了,图 7-39 为填补水面后的效果。

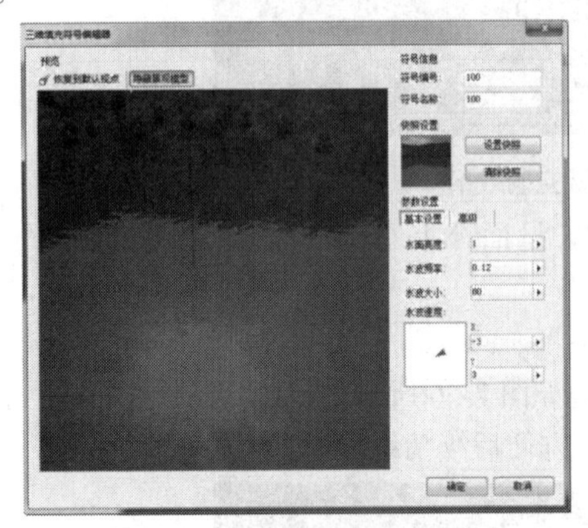

图 7-38　调整水面效果参数

图 7-39　填补水面后的效果

## (二)行道树效果的修补

倾斜摄影数据处理技术对诸如路灯、树木等小尺度地物的建模效果较差,这些地物在倾斜模型中往往会呈现出破碎、悬空、突起等现象,如图 7-40 所示。

为了解决这个问题,SuperMap GIS 软件提供了倾斜摄影模型局部压平功能,将倾斜模型中破碎、悬空的部分剔除掉,然后在上面放置三维模型符号来替代它们。该过程需要在替换区域上绘制一个压平多边形,为了精确调整压平范围,还可以对该多边形的顶点进行所见即所得的顶点编辑。绘制完压平区域后,区域中的倾斜摄影数据就会被压平成一个平面,然后在该区域上放置三维模型符号即可,如图 7-41 所示。

图 7-40　倾斜行道树原始效果

图 7-41　压平替换后的效果

（三）地形与模型的匹配

倾斜摄影模型是数字地表模型，它本身包含了真实的地形信息。在已经具有地形的场景中叠加倾斜摄影模型可能会出现原有地形与倾斜模型不匹配的问题，如图 7-42 所示，出现地形插入倾斜模型等现象，这可能是原有的地形数据采集时间、采集精度与倾斜摄影模型不一致导致的。

为了解决这类问题，SuperMap GIS 软件提供了在显示层面解决地形匹配问题的方法，该修改只针对显示层面，不会修改真实数据。该功能可通过节点编辑精确修改地形，将指定区域的原有地形压低到倾斜摄影模型下面，如图 7-43 所示，这样就不会出现原有地形插入倾斜摄影模型的问题了，同时又不会影响没有倾斜摄影模型区域的地形显示。

图 7-42　地形数据与倾斜模型不匹配

图 7-43　修改地形之后的效果

## 第五节　基于二维图像的三维重构技术简介

客观世界在空间上是三维的，而现有的图像采集装置所获取的图像是二维的。尽管图像中含有某些形式的三维空间信息，但要真正在计算机中利用这些信息进行进一步的应用处理，就必须采用三维重建技术从二维图像中合理地提取并表达空间三维信息。三维重建技术能够从二维图像出发，构造出具有真实感的三维图形，为进一步的场景变化和组合运算奠定基础，从而促进该技术在航天、考古、工业测量等领域深入广泛的应用。

三维信息获取的技术手段多种多样，大致可概括为三种：第一种方式利用建模软件构造三维模型；第二种方式通过仪器设备获取三维模型；第三种方式利用图像或者视频来重建场景三维模型。

在市场上可以看到许多优秀的建模软件，较知名的有 3DMAX、Maya 以及 AutoCAD 等。

它们的共同特点是利用一些如立方体、球等基本的几何元素，通过一系列如平移、旋转、拉伸以及布尔运算等几何操作来构建复杂的几何场景。用这种方法建模的优点是：可以精确地构建许多人造物体的三维模型，特别是建筑物、家具等；可以生成一些奇异的渲染效果，这一点被广泛地运用于影视作品和广告特效中；此外，也可以让人们更好地控制光照和纹理。其缺点在于：第一，必须充分掌握物体的大小比例，相对位置等场景数据，缺乏这些信息就难以建模；第二，这些软件的操作都十分复杂，以 3DMAX 为例，其中包括百余个基本操作以及数倍于此的扩充功能，如各种插件。这些操作分散在许多菜单、工具条中，同时还要求用户填写大量的参数。这也令这种方法的自动化程度低；第三，由于操作复杂，使得建模周期长，同时需要熟练的操作人员，因而提高了制作成本；最后，对于许多不规则的自然物体或者人造物体，用建模软件构造的模型往往真实感不高。

第二种建模方法是利用具有测距功能的设备来获取物体的三维信息，如三维激光扫描仪、深度扫描仪等。这些设备利用激光、超声波或者红外线测距，能够获得的比较精确的三维数据，适用于复杂机械零件等有一定精度要求的建模应用中。此外，该方法简单方便，建模所需时间短。然而这样的设备都比较昂贵，携带不便，对于一些无法搬动的物体或者室外较大的物体就无法适用了。

第三种建模方法是根据图像或视频建模。通过对场景实拍的一系列图像，可以恢复出具有相片级真实感的场景或者物体模型，同时建模过程自动化随着技术的进步也在不断提高，使得人工劳动强度越来越轻，降低了建模成本。基于图像建模所需的设备也非常简单，只需要一部数码相机，或者一个普通摄像头。因此，在需要真实感建模的场合，基于图像的建模无疑具有很高的实用价值。根据视频实时生成模型是另外一个诱人的应用，但就目前的技术手段以及硬件水平来看难度比较大。通常的做法是使用参数化模型，通过实时跟踪特征点改变参数模型。这方面的技术已经应用在虚拟视频会议中。

图像是二维数据，但是在关于某一场景或物体的一幅或多幅图像中可以找到许多线索，从中能够推知图像所记录的场景或物体的几何信息。这些线索包括物体边与边之间的几何关系、两幅图像的视差关系、两幅以上图像中特征点的对应关系以及物体轮廓信息等。这些线索是场景中物体所具有的，称为“被动线索”。有时候还可以根据需要创造线索，如在物体表面上用光线打上条纹或者制造出阴影。这样的人造线索称为“主动线索”。基于二维图像的三维重构技术如图 7-44 所示，主要分为主动线索法和被动线索法，后者是在自然光条件下获得三维信息的方法，主要包括阴影恢复形状法、纹理恢复形状法、手动交互操作法、光度立体学方法、运动图像序列法、立体视觉法等。

### 一、阴影恢复形状法

阴影恢复形状法是计算机视觉中三维形状恢复问题中关键技术之一，其任务是利用单幅图像中物体表面的明暗变化来恢复表面各点的相对高度或表面法向量等参数值。对实际图像而言，其表面点的亮度受到许多因素的影响，如光器参数、物体表面材料性质和形状、摄像机（或观察者）位置等。为简化问题，传统 SFS 方法进行了如下假设：①光源为无限远处点光源；②反射模型为朗伯体表面反射模型，如图 7-45 所示，其中 $L$ 为光源方向，$N$ 为表面点的法向，$\theta$ 为 $L$ 和 $N$ 的夹角；③成像几何关系为正交投影。这种假设下，物体表面点亮度 $E$ 仅由该点光源入射角余弦决定，即 $E = \cos\theta$。

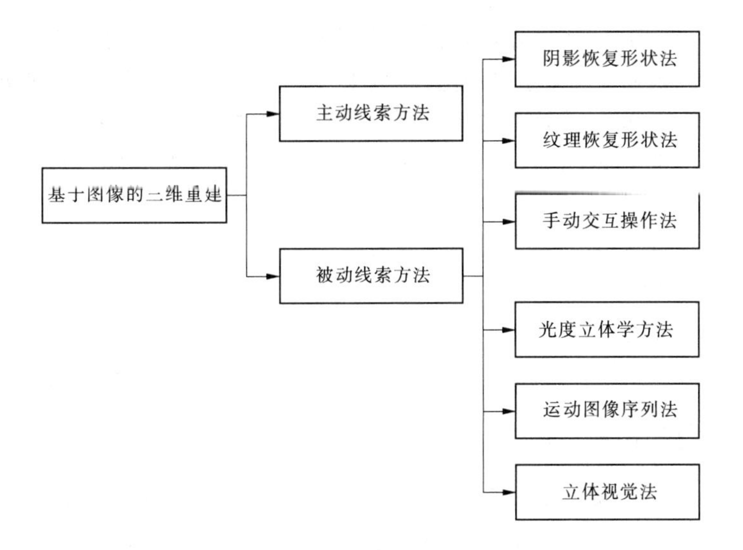


**图 7-44　基于二维图像的三维重构技术**

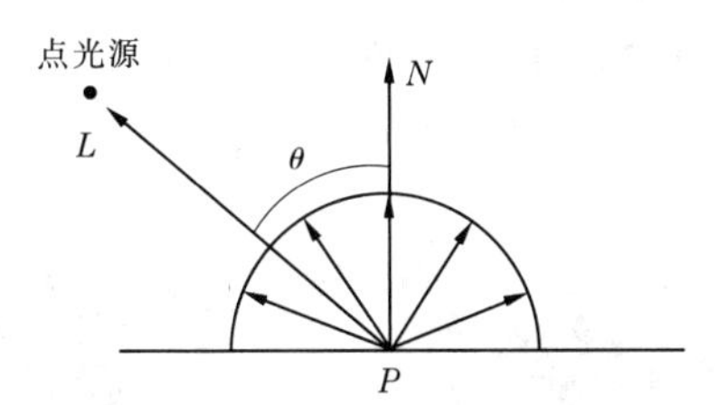


**图 7-45　朗伯体表面反射模型**

朗伯体表面反射模型就可表示为：

$$E(x,y)=\frac{n_0\cdot n}{|n_0\cdot n|}=\frac{n_{01}n_1+n_{02}n_2+n_{03}n_3}{\sqrt{n_{01}^2+n_{02}^2+n_{03}^2}\sqrt{n_1^2+n_2^2+n_3^2}} \tag{7-1}$$

式中　$n_0=(n_{01},n_{02},n_{03})$ ——光源方向；

$n=(n_1,n_2,n_3)$ ——表面各点法向量；

$E(x,y)$ ——归一化图像亮度。

仅由朗伯体表面反射模型所确定的 SFS 问题是病态的(没有唯一解)。为了消除其病态性,并建立相应的正则化模型,必须对其表面形状进行约束。现有的 SFS 算法基本上都假设所研究的对象为光滑表面物体,即认为物体表面高度函数是二阶连续的。实际上,通过建立物体的光滑表面模型这种假设,已经对其表面形状进行了约束,将上述物体表面反射模型和物体的光滑表面模型相结合,再利用关于物体表面形状的初边值等已知条件,就构成了 SFS 问题的正则化模型。根据建立正则化模型方式的不同,SFS 算法大致可以分为最小值方法、演化方法、局部方法和线性化方法。

## 二、纹理恢复形状法

由于纹理可以帮助确定表面的取向并进而恢复表面的形状,所以纹理恢复形状法也是一种重建三维表面的方法。但利用物体表面的纹理确定其朝向要满足一定的条件,在获取图像的透视投影过程中,原始的纹理结构有可能发生变化,这种变化随纹理所在表面朝向的

不同而不同，因而带有物体表面朝向的信息。常用的基于纹理的重建方法根据纹理的变化可以分为三类：①基于纹理元尺寸的变化；②基于纹理元形状的变化；③纹理元之间关系的变化。另外，将纹理方法和立体视觉方法结合，称为纹理立体技术。该技术通过同时获得场景的两幅图像来估计景物表面的方向，避免了复杂的对应点匹配问题。从纹理恢复形状可以分成四个步骤。

(1)在图像上找到具有纹理元的区域。

(2)确定纹理的特性。

(3)计算纹理的变化。

(4)根据纹理的变化计算表面方向。

## 三、手动交互操作法

由于大部分基于计算机自动的重建方法效果不是很好，研究人员提出在重建过程中适当增加人为交互的方法。通过人工标记特征点，输入已知参数来重建三维表面。一方面可以使算法简单，另一方面也可以使重建的效果更好。一个典型的例子是由 BioVirtual 公司开发的 3DmeNow 三维建模软件，它用正面和侧面两张人脸照片，加上一组轮廓控制点，即可生成立体的三维模型。制作过程中不需任何专业知识，而且过程极为简便，效果很好。图 7-46 为用该方法重建的头像效果。

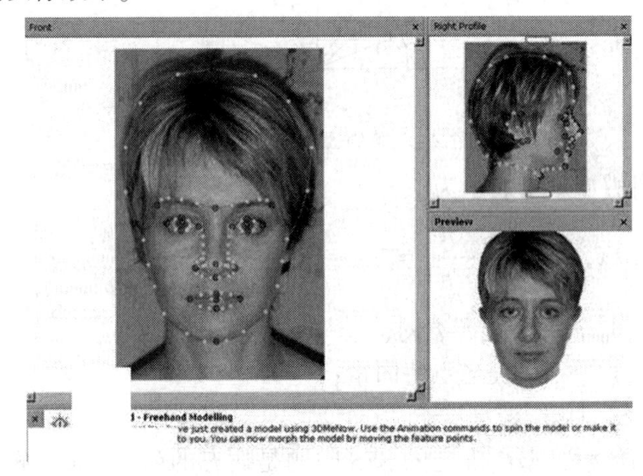


图 7-46　3DmeNow 重建效果图

## 四、光度立体学方法

光度立体学方法的核心是图像中各点的亮度方程，即辐照方程，其数学描述如下：

$$I(x,y) = K_d(x,y)\, S \times N(x,y) \tag{7-2}$$

式中　$I$ ——表面点的亮度；

$S$ ——光源向量；

$N$ ——表面法向量；

$K_d$ ——表面反射系数。

式(7-2)只能提供一个约束，而表面法向量 $N$ 有二个未知分量，如果没有附加信息则无法根据图像的辐照方程恢复表面的方向。光度立体学方法就是在不改变拍照相对位置的情况下,利用不同的光照条件得到多幅图像,从而得到多个辐照方程。联解方程即可求得物体表面的法向量 N,从而实现三维重构。

由于摄像机与物体的相对位置没有变化,因此不需要做多幅图像之间的匹配计算。但由于式(7-2)是一个比较理想的关系,式中 $K_d$ 的经验性也很强,所以实际效果不会很好。该方法在卫星遥感领域和地形地貌恢复方面应用较多。

## 五、运动图像序列法

运动可用运动场描述,运动场由图像中每个点的运动(速度)矢量构成。当目标在相机前运动或相机在一个固定的环境中运动时我们都能获得对应的图像变化,这些变化可用来获得相机和目标间的相对运动以及场景中多个目标间的相互关系。

当相机和场景目标间有相对运动时所观察到的亮度模式运动称为光流(Optical Flow),光流可以表达图像中的变化,它既包含了被观察物体运动的信息,也包含了与其有关的结构信息。通过对光流的分析可以达到确定场景三维结构和观察者与运动物体之间的相对运动的目的。所以,通过求解光流方程,可以求出景物表面方向,从而重建景物三维表面。这种方法的缺点是运算量比较大。

## 六、立体视觉法

计算机立体视觉是运用两个或多个摄像机对同一景物从不同位置成像并进而从视差中恢复深度(距离)信息的技术。在几十年的发展中,计算机立体视觉已形成了自己的方法和理论。

立体视觉主要是利用几何原理实现三维信息恢复,受场景物理属性干扰较小,因此能较精确地恢复场景的三维信息。观察世界时,可以比较左右眼得到的信息的差别来判断物体的相对深度,这是因为两只眼睛在视点上存在着一些差别,这种现象称为立体视差。对立体视差进行模拟来实现三维信息恢复的过程,即为立体视觉模拟。可采用射影几何原理根据同一物体的两幅照片生成物体上特征点的空间位置来模拟立体视觉。

计算机立体视觉是被动式测距方法中最重要的距离感知技术,它直接模拟了人类视觉处理景物的方式,可以在多种条件下灵活地测量景物的立体信息,其作用是其他计算机视觉方法所不能取代的,对它的研究,无论从视觉生理的角度还是在工程应用中都具有十分重要的意义。计算机立体视觉的开创性工作是从 20 世纪 60 年代中期开始的。美国麻省理工学院的 Robert 把二维图像分析推广到三维景物分析,标志着计算机立体视觉技术的诞生,并在随后的 20 年中迅速发展成一门新的学科。特别是 20 世纪 70 年代末,Marr 等创立的视觉计算理论对立体视觉的发展产生了巨大影响,现已形成了从图像获取到最终的景物可视表面重建的比较完整的体系。

立体视差反映了客观景物的深度。人能有深度感知,就是因为有了这个视差,再经脑子加工而形成的。基于视差理论的机器立体视觉,是运用两个或多个摄像机对同一景物从不同位置成像获得立体像对,通过各种算法匹配出相应像点,从而计算出视差然后采用基于三角测量的方法恢复深度(距离)信息或三维坐标值。

上述各种基于图像的三维重建方法的理论基础不同,可以从它们的自动化程度、算法难易程度、三维重建质量、重建需要的时间和运用的领域来进行比较,见表 7-6。

表 7-6 基于图像的三维重建方法比较

| 基于图像的三维重建方法 | 自动化程度 | 算法难易程度 | 三维重建质量 | 重建需要的时间 | 适用领域 |
| --- | --- | --- | --- | --- | --- |
| 阴影恢复形状法 | 可以实现完全自动化 | 比较容易实现 | 重建效果不好 | 很短 | 适用于较简单的曲面重建 |
| 纹理恢复形状法 | 一定程度上实现自动化 | 需要强壮的算法,较难实现 | 重建效果不好 | 一般 | 适用于较简单的曲面重建 |
| 手动交互操作法 | 自动化程度低 | 比较容易实现 | 可以比较精确地恢复出物体的表面模型 | 一般 | 适合于平面组成的多面体重建,但只能得到部分表面模型,无法得到完整模型 |
| 光度立体学方法 | 一定程度上实现自动化 | 需要强壮的算法,较难实现 | 可以很精确地恢复出物体曲面 | 较长 | 适用于较简单的曲面重建 |
| 运动图像序列法 | 一定程度上实现自动化 | 比较容易实现 | 和图像采样密度有关 | 很长 | 需要图像采样密度比较大,适合凸物体的重建 |
| 立体视觉法 | 可以实现完全自动化 | 需要强壮的算法,较难实现 | 可以很精确地恢复出物体曲面 | 很长 | 适用于移动不大的相机拍摄的两幅图像三维重建。受匹配算法影响,对有重复纹理的模型不合适 |

# 第八章　无人机摄影测量技术应用领域

## 第一节　应急测绘保障中的应用

测绘应急保障的核心任务是为国家应对突发自然灾害、事故灾难、公共卫生事件、社会安全事件等突发公共事件高效有序地提供地图、基础地理信息数据、公共地理信息服务平台等测绘成果，根据需要开展遥感监测、导航定位、地图制作等技术服务。

国外无人机摄影测量技术在应急测绘保障领域的最早应用范例是20世纪70年代，美国利用无人机对北卡罗莱纳州进行自然灾害调查。美国国家航空航天局(NASA)专门成立了无人机应用中心，利用其对地球变暖开展研究。2007年，NASA使用“伊哈纳”无人机评估森林大火。2011年，日本使用RQ-16垂直起落无人机对福岛核电站进行了监测。2012年，NASA使用全球鹰无人机对飓风“纳丁”进行了长时间监测。

我国无人机摄影测量技术应用起步不算太晚。20世纪80年代初，西北工业大学就首先尝试利用D-4固定翼无人机进行测绘作业。发展至今，目前国内的主要无人机研发和制造单位，如成飞、贵航、北航、西工大、大疆公司等，生产的固定翼无人机、多旋翼无人机都已具备了应急测绘任务执行能力和成功范例。

无人机摄影测量技术是现代化测绘装备体系的重要组成部分，是测绘应急保障服务的重要设施，也是国家、省级、市级应急救援体系的有机组成部分。无人机摄影测量技术将摄影测量技术和无人机技术紧密结合，以无人驾驶飞行器为飞行平台，搭载高分辨率数字遥感传感器，获取低空高分辨率遥感数据，是一种新型的低空高分辨率遥感影像数据快速获取系统。

无人机摄影测量技术在应急测绘领域的应用，主要集中在无人机遥感(UAVRS)技术的具体实践和应用。无人机遥感技术包括先进的无人驾驶飞行器技术、遥感传感器技术、遥测遥控技术、通信技术、POS定位定姿技术、GPS差分定位技术和遥感应用技术。它是自动化、智能化、专业化快速获取应急状态下空间遥感信息，并进行实时处理、建模和分析的先进新兴航空遥感技术的综合解决方案。

历经数十年的发展，无人机应急测绘已呈现出如下一些特点。

### 一、应急测绘保障任务的行业性

无人机摄影测量技术在海洋行业由无人机海面低空单视角转换为海面超低空多视角，并获取SAR、高光谱、高空间分辨率多种海况海难、海洋环境的监测数据。电力行业主要采用大型无人直升机对高压输电线路及通道进行巡检检查作业。石油行业多使用多旋翼无人机对油气平台、场站、阀室进行监测，使用小型固定翼无人机进行管道巡查等。

## 二、系统技术趋于智能化和高集成

无人机遥感系统在应急测试保障技术的发展方面向自主控制、高生存力、高可靠性、互通互联互操作等方向发展，不断与平台技术、材料技术、先进的发射回收技术、武器和设备的小型化及集成化、隐身技术、动力技术、通信技术、智能控制技术、空域管理技术等相关领域的高新技术融合和互动。

## 三、任务执行趋于高效性

无人机遥感系统硬件的发展反馈于应用领域，主要体现在任务执行时的无人机续航时间更长、负荷能力更强。随着科技的不断发展及新材料、新技术的应用，无人机续航、载重能力持续得到提高，任务执行趋于更高效。

## 四、载荷多样化平台集群化

针对自然灾害频发易发、灾害种类特点各异等，无人机遥感载荷系统已由单一可见光相机，发展成为包括高光谱、LiDAR、SAR 等多传感器综合的载荷系统。获取的应急测绘地理信息更为丰富，数据表达更为明确，实现了无人机的“一机多能”。同时，无人机遥感平台的应用，也陆续由单无人机独立作业发展成为多无人机、集群无人机的协同作业。这样，既可提高执行应急保障的质量，也可扩展应急保障的能力。

## 五、有效补充了影像获取手段

无人机低空航摄系统广泛用于小范围局部高分辨率遥感影像的快速、实时获取，成为卫星遥感、传统航空摄影的有效补充，有力地提高了遥感技术在小范围、零星区域获取水平和能力。

# 第二节　数字城市建设中的应用

无人机航拍摄影技术作为一项空间数据获取的重要手段，是卫星遥感与有人机航空遥感的有力补充。目前，我国的无人机在总体设计、飞行控制、组合导航、中继数据链路系统、传感器技术、图像传输、信息对抗与反对抗、发射回收、生产制造等方面的技术日渐成熟，应用也日益增多。尤其是近几年，我国民用无人机市场的应用不断拓展，不仅在空管、适航标准等因素突破后实现跨越式发展，在数字化城市建设领域的应用前景也越来越广阔。

## 一、在数字化城市建设中的应用范围及工作原理

无人机空间信息采集完整的工作平台可分为四个部分：飞行器系统部分、测控及信息传输系统部分、信息获取与处理部分、保障系统部分。无人机低空航拍摄影广泛应用于国家基础地图测绘、数字化城市勘探与测绘、海防监视巡查、国土资源调查、土地地籍管理、城市规划、突发事件实时监测、灾害预测与评估、城市交通、网线铺设、环境治理、生态保护等领域，具有广阔的应用前景，对国民经济的发展具有十分重要的现实意义。

下面就无人机在数字化城市的部分应用场景作简单说明。

**(一)街景应用**

利用携带拍摄装置的无人机,开展大规模街景航拍,实现空中俯瞰城市实景的效果。街景拍摄目前有遥感卫星拍摄和无人机拍摄等几种方案,但在有些地区由于云雾天气等因素,遥感卫星的拍摄质量以及成果无法满足要求时,低空无人机拍摄街景就成了首要选择。

**(二)电力巡检**

装配有高清数码摄像机和照相机以及GPS定位系统的无人机,可沿电网进行定位自主巡航,实时传送拍摄影像,监控人员可在电脑上同步收看与操控。采用传统的人工电力巡线方式,条件艰苦,效率低。无人机实现了电子化、信息化、智能化巡检,提高了电力线路巡检的工作效率、应急抢险水平和供电可靠率。而在山洪暴发、地震灾害等紧急情况下,无人机可对线路的潜在危险,诸如塔基陷落等问题进行勘测与紧急排查,丝毫不受路面状况影响,既免去攀爬杆塔之苦,又能勘测到人眼的视觉死角,对于迅速恢复供电很有帮助。

**(三)灾后救援**

利用搭载了高清拍摄装置的无人机对受灾地区进行航拍,提供一手的最新影像。无人机动作迅速,起飞至降落仅需几分钟,就能完成100 000 $m^2$的航拍,对于争分夺秒的灾后救援工作意义重大。此外,通过无人机拍摄还能充分保障救援工作的安全,通过航拍的形式,避免了那些可能存在塌方的危险地带,将为合理分配救援力量、确定救灾重点区域、选择安全救援路线以及灾后重建选址等提供很有价值的参考。此外,无人机还可实时全方位地监测受灾地区的情况,以防引发次生灾害。

## 二、无人机数字化城市测绘应用案例

**(一)某小区基础测绘**

1.测区概况

有效影像总数:526;总控制点数量:84个;每条航带有效影像数量:约48张片子;有效航带数量:11条;有效控制点数量:76个(有部分点没有给刺点片);每张影像大小:3 744×5 616个像素;60.1 MB计算机存储空间。

2.作业概况

(1)空三加密。采用英特尔i7 920处理器电脑处理,除了前期建工程和添加像控点平差解算外,其余部分全自动处理,整个空中三角测量加密自动化程度达80%以上,周期为电脑自动处理12 h加单作业员人工刺像控点平差4 h。

(2)DEM和DOM生产。采用同一区段百兆局域网内5台电脑解算,DEM(物方匹配)生产耗时约4 h,单作业员人工编辑8 h。DOM生产耗时约1 h 40 min,匀光匀色耗时3 h 21 min,拼接裁切一体化耗时45 min,部分拼接线单作业员人工重新干预耗时半个工作日。

(3)DLG生产。采集1∶1 000(城区人工建筑物密集),3个工作日+编辑半个工作日;采集1∶2 000(城区人工建筑物密集),不到3个工作日+编辑0.75个工作日。

**(二)某县城城区无像控快速成图应用**

1.测区概况

测区总共265张影像,重叠度为70%、40%,拍摄相机为佳能5D MARK II,24 mm定焦,航高约为550 m(相对地面)。利用到的数据为JPG格式影像、对应的POS参数、相机文件。

2.数据处理

直接使用 JPG 格式影像,没有对影像做去畸变改正,利用 POS 参数自动划分航带,添加相机文件自动内定向,然后程序全自动处理,处理过程中自动提点,自动利用 POS 数据减去相对航高,作为像主点位置的地面点的大地坐标当作地面像控点坐标值,自动调用 PATB 进行平差解算,自动利用空三加密生成的点云内插生成 DEM,然后利用 DEM 纠正影像得到 DOM,自动匀光匀色,自动拼接 DOM 得到全区影像图。整个过程全自动进行,无须人工干预(软件也提供了人工干预功能)。从建工程到得到全区影像图仅需 3 h 49 min,人工调整全区影像图拼接线约需 30 min。

### 三、数字城市建设无人机应用综述

为使城市发展能够适应经济高速发展的需要,城市规划的作用日益明显,对城市规划地图数字化的要求越来越高,对地图的更新周期要求越来越短。航拍航测不仅能为城市制作大比例尺地图提供有效数据,而且为及时更新这些数据提供极大便利。我国的航拍航测大部分依靠有人机,这种手段无论在效率、成本及快速性上都不能满足要求,而无人机正适合于这样的应用。无人机使用方便灵活,成本低廉,维护方便,尤其适合小面积航空影像的获取,可为需要测量的部门提供高分辨率的影像数据,可测到 1∶500 的高精度地形图。无人机拍摄覆盖面广,一次起落可覆盖 20~80 $km^2$,大大提高了勘测工作的效率;无人机可在空中实现 GPS 定高、定距、拍摄,提高成图效率,能在交通不便、地貌复杂、人迹很难到达的区域执行拍摄任务,与传统全野外测量相比,无人机低空遥感技术可大大减少野外工作量,而且超视距自动驾驶,图像实时传输,全面提高了国土资源动态监测的能力。

无人机在空间数据采集方面应用优势明显,已成为数字化城市建设中应用前景最为广阔的一种测绘手段。现阶段,我国的无人机测绘总体上仍处于起步阶段,应用的范围还较为狭窄,随着数字化城市建设对数字测绘信息的需求越来越高,无人机应用将会发挥巨大的作用。

## 第三节　地理国情监测中的应用

地理国情监测是利用现代测绘技术形成反映各类资源、环境、生态、经济要素的空间分布及其发展变化规律的监测数据、地图图形和研究报告,为政府、企业和社会各方面提供了真实可靠和准确权威的地理国情信息,是提高国家宏观调控和科学管理决策的重要手段。

为了满足国家经济社会发展的迫切需要,国家测绘地理信息局已经在《测绘地理信息发展"十二五"总体规划纲要》中,将地理国情监测纳入其中。

21 世纪以来,类似地震、泥石流、洪涝等自然灾害地理国情紧急事件在我国频繁发生,给国民经济的持续增长和和谐社会的建设带来了沉重的负担。应急监测是地理国情监测的特殊部分,它对遥感数据源的获取方式、数据精度、处理时间等都有其特殊的要求。地理国情应急监测的客观需求也促进了测绘监测手段的发展,尤其是无人机遥感监测技术,不仅可以对地理紧急事件做出快速响应,而且无人机影像数据分辨率远高于其他遥感技术的影像,相对于其他遥感技术可以提供更高的实时性和准确性。

近年来,国内民用无人机摄影测量技术得到了长足的发展。目前国内测绘各种类型的无人机在升限、续航能力、载荷、飞行速度等无人机技术方面都有了质的飞跃,而且机载遥感技术迅猛发展,无论是各种机载传感器,还是遥感数据快速后处理成图软件,都有一个很大的提升。无人机遥感技术的进步逐渐满足了地理国情应急监测的需求,为无人机在突发事件应急响应监测中的应用奠定了技术基础。但无人机遥感技术相对于其他遥感技术也有不小的问题和应用不便之处,因此如何进一步明确这些问题,提出无人机技术的下一步发展方向,使无人机遥感更好地为地理国情应急监测和经济社会的发展服务,成为了亟待解决的问题。

## 一、无人机摄影测量技术服务地理国情监测

地理国情监测既是国家经济社会发展的必然需求,也是我国测绘和地理信息未来发展的重大战略之一。中国测绘科学研究院作为总体设计牵头单位,出台了地理国情的总体框架,研究试验了一系列的监测技术平台,完成了国家级地理国情监测试点的建立。“十一五”与“十二五”期间,国家相关单位和技术人员针对无人机在服务于地理国情监测方向做了大量的研究和尝试,并将其广泛地应用到国情监测领域,主要包括农林遥感、国土监测、环境监测、海洋监测、地质矿产勘查、测绘制图、气象预测、灾害应急服务等。

### (一)农林、国土、环境监测

农林、国土和环境监测是地理国情监测的基础内容,以往一般采用基于国外卫星数据TM或SPOT影像长时间序列的动态监测方法,但是随着动态监测需求时间的缩短、分辨率的提高、常态化的发展,这种方法难以满足当前的需求。无人机技术以其独特的优势,逐渐在农林、国土、环境等监测中推广使用。

例如,2010年,国内研究人员以鄂尔多斯市东胜区航拍数据资料为基础,在区域土地利用动态监测应用中进行了技术探索和应用实践,验证了无人机在区域土地利用动态监测中的应用是可行的。

### (二)海洋监测

我国地处太平洋西岸,濒临渤海、黄海、东海和南海,大陆海岸线长18 000 km以上,有岛屿6 500多个,只有加强海洋测绘监测的能力才能更好地管理维护我国的海洋权益。我国正处于由一个陆地大国向海洋大国的迈进过程中,如何对周边海域进行常态测绘监测是一个非常关键的问题。无人机监测是海洋监测的重要手段之一,它主要针对海面目标或海岛礁进行常态监测。例如,2010年至今,浙江测绘局协同有关部门在舟山某岛开展了多次海岛礁的测量试验项目。海洋的地理环境与气象环境都比较特殊,主要面临以下困难:

(1)无起飞和降落场地,因此采用弹射起飞或撞网回收。

(2)天气变化比较快,短时间内可能出现阴晴雨的交替。

(3)海上海风比较大,需加大旁向和航向重叠度。

### (三)地质矿产勘查、测绘制图

我国地质矿区开发引发生态环境的变化,矿产资源规划执行情况不清,缺乏客观有效的数据,由于缺乏实时监控,违法行为频繁发生。无人机可以观测矿产资源开发引发的地质灾害,包括地面沉陷范围、地裂缝长度、塌陷坑位置、山体陷裂(垮塌)范围、崩塌位置、滑坡位置等。

测绘成图是目前国内无人机应用最广泛、最主要的手段。近年来,无人机遥感航摄系统

完成了小城镇、新农村建设的测绘服务保障，满足了基层单位规划建设小城镇、新农村的需要；承担了大量公路、铁路、石油管线的测绘任务，为工程设计、实施、监测、数字信息系统建设提供了有力的技术装备和手段；主要完成了国家西部测图工程 1∶5 万无图区 34 个高原县城的 5 km×5 km 测图与三维信息系统建设任务。

**（四）气象、灾害应急监测**

气象、灾害应急的监测往往伴随着气象或地理环境的急剧恶化。比如，2008 年“5 · 12”汶川地震后，由于地震影响地球磁场，无线电与微波通信受到干扰，飞机仪表也受到了极大的影响，同时气象环境极差，重灾区不仅弥漫着厚厚的云层，而且含有大量的有毒气体，地震多发区往往地形复杂，所以常用的卫星遥感与普通航摄遥感无法及时获取地面情况。无人机因为无人员安全考虑且受天气影响小，所以在救灾中发挥了独特的作用。

其他的应急突发事件也类似，如在冰雪灾害、洪涝灾害、森林火灾、核电站泄漏等救援中，无人机都发挥了越来越大的作用。

## 二、无人机应急监测分析

从无人机应用于地理国情监测实例着手探讨，分析应急监测与非应急监测情况的异同点，总结无人机应用于地理国情应急监测的优势和问题。应急情况下的国情监测不同于非应急情况下的监测特点，一般监测范围较小，但必须实时性监测。一般的监测手段无法满足要求，无人机则以快速的机动能力、简单的操作、低成本、高分辨率等特点在应急监测中发挥了重要的作用。分析无人机服务于国情监测的实际情况，能够更好地分析出无人机应用于应急国情监测的优缺点，可以为下一步无人机技术在应急国情监测中的发展方向提供重要的借鉴。

**（一）技术优势**

1.机动能力强

无人机的应用机动灵活，能够快速到达指定目标区域，起飞比较方便，需要跑道较短或不需要跑道，可以通过车载、手抛、弹射等方式从田间、空地、山坡等多种地形环境直接发射回收。目前，无人机航摄既可以提前设定航线飞行，也可以远程遥控，机动响应能力强。

2.操作简单、便于携带

无人机技术不断成熟，操作智能化程度越来越高，集成度也越来越高。一般的无人机都配有故障自动诊断系统，如果发生故障，飞机会自动返航到起点上空盘旋等待排除故障。无人机高度的集成化与小型化，已经可以单人携带，航空作业。

3.成本低、安全

无人机体型小、耗费低，对操作员的培养周期短、花费少。系统的保养和维修简便，不需要额外租用存放场地。无人机无人驾驶，不需考虑人的因素，因此它可以用于一些极度恶劣环境、极度危险的航摄中，所以具有非常高的安全性。

4.低空获得高分辨率遥感数据

高分辨率遥感数据获取能力是无人机遥感的最大特点。在一些分辨率要求特别高的情况下，其他遥感平台无能为力，无人机平台可以搭载多种传感器实时传回高分辨率遥感数据。例如反恐侦查，无人机不仅可以直接获得反恐区域的地形地貌，而且高分辨率的影像可以分辨出火力人员配置，还可以进行重点人物识别与实时跟踪。

### (二)无人机应急监测存在的问题

1.起降技术与抗风性

目前国内无人机航摄的环境要求比较苛刻,无法满足恶劣环境下的航摄需求。在应急环境的处置中,没有满足滑跑、滑降要求的场地,且无人机一般在低空作业,尤其是轻小型无人机受风速、风向影响很大。一般采用增加飞机重量来提高抗风性,但是起降要求提高、载荷有限,同时能耗增加。所以,如何更好地利用弹射起飞、撞网回收技术对起飞场地的要求以及如何改进飞行控制技术无人机气动性设计来保障飞行的稳定性,都是无人机成为成熟遥感平台急需解决的一个问题。

2.传感器、姿态控制、定姿定位技术

虽然国内民用无人机技术水平在某些关键技术领域得到了很大的提高,但是仍无法满足搭载高分辨率传感器、高精度的姿态控制系统和定姿定位系统的需求。国内民用无人机一般搭载的相机为 2 000 万像素的轻型相机和体积小、轻小型 POS。高分辨率的大像幅数码相机可以获取更高精度的影像。无人机的姿态控制系统直接关系到遥感影像的效果,是可以完成自主飞行遥感航摄任务的关键,定姿定位技术是应对稀少或无地面控制点的应急航摄情况的关键。这些关键技术直接关系到无人机应用的范围,同时也是无人机应用于地理国情监测的必备技术。例如,在地震灾害应急无人机遥感中,定姿定位技术起着非常重要的作用,地震后无地面控制点,无法进行空三解算,一般依靠 POS 系统提供的外方位元素成图,因此对 POS 系统的精度要求很高。国内现在暂无法做到这三个系统的高精度、轻小化组合,除了对无人机平台有体积、重量和载荷的要求外,还对三个系统各自的精度有苛刻的要求。

3.数据传输存储技术

高分辨率航空遥感设备获取的数据量巨大,目前无线通道的数据传输效率比较低,因此数据下传过程中多采用高压缩比的 JPG 有损图像压缩技术或 MPEG 有损图像压缩技术,但是这样引起的误差限制了一些高标准领域的应用。所以,一般情况下,无人机数据存储多采用两条数据传输链路,即将原始遥感数据保存在机上存储卡中,同时进行数据压缩,实时传输到地面控制站,即使是这样也无法达到实时获取的要求,总有不小的时间延迟。另外,在无人机监测区域较大的情况下,为了提高数据传输的距离和质量必须提高机上无线电的功率,这样就大大增加了无人机的载荷要求,缩减了它的有效时间和功能。因此,如何提高无人机数据传输存储技术仍是国内无人机航测发展的研究课题之一。目前,虽然无人机遥感可以暂时满足一般的应急事件,但是类似汶川大地震的应急事件,无人机遥感无法满足大范围应急监测的要求,究其原因,一是受无人机自身飞行技术的限制,二是受遥感技术的制约。怎样提高无人机的起降技术与抗风性,提升传感器、姿态控制、定姿定位技术,改进大数据的传输存储技术是下一步无人机发展的方向,也是其更好地服务于地理国情监测和应对国情应急监测的技术保障。

## 第四节　在传统测量领域中的应用

基于无人机小、巧、灵的特点,在小区域和飞行困难地区高分辨率影像快速获取方面具有明显优势。随着无人机与数码摄影技术的发展,无人机摄影测量技术已显示出其独特的

优势。无人机数字低空遥感技术成为摄影测量与遥感技术领域的一个崭新发展方向,无人机摄影测量技术已广泛应用于国家重大工程建设、灾害应急与处理、国土监察、资源开发、新农村和小城镇建设等方面,尤其在基础测绘、土地资源调查监测、土地利用动态监测、数字城市建设和应急救灾等方面的测绘数据获取中作用突出。

## 一、在大比例尺航测成图中的应用

无人机航测成图是以无人机为飞行载体,以非量测数码相机为影像获取工具,利用数字摄影测量系统生产高分辨率正射影像图(DOM)、高精度数字高程模型(DEM)、大比例尺数字线划地形图(DLG)等测绘产品。随着无人机技术的广泛应用,客户的需求水平也越来越高,无人机大比例尺航测成图的质量在无人机技术应用中尤为关键,对如何提高产品质量的研究,大大促进了无人机摄影测量技术的应用。

传统的大比例尺地形图测绘多采用内外业一体数字化测图的方法,即首先采用静态 GNSS 测量技术布设首级控制网,然后采用 GNSS RTK 与全站仪相结合的方法进行碎部测量。可以看出,传统的地形测量方法为点测量模式,即需要测量人员抵达每一个地形特征点,通过逐点采集来获取数据,非常辛苦,但测量效率较低,在大范围地形测量中受到了一定的限制。因此,探讨更加灵活机动、高效率的地形测量方法非常必要。近年来,无人机低空摄影测量技术的发展和成熟,提供了新的大比例尺地形测量的方法。

基于无人机低空摄影测量制作大比例尺地形图可以划分为技术设计、外业测量、内业空三加密、内业测图与野外调绘、资料整理和成果检查五个阶段。其中技术设计主要包括项目的设计方案、设计依据、进度安排、实施方案等内容,外业测量包括像控测量和无人机低空摄影测量两部分内容。先完成内业空三加密工作,然后进行内业测图,并完成野外调绘工作,最后进行资料整理和成果检查。

## 二、在长江航道整治工程中的应用

长江航道整治工程,利用超轻型固定翼无人机进行数码航空摄影,获取高分辨率、高成像质量、高几何精度的影像数据。应用这些数据进行摄影测量,把快速得到的成果用于工程的设计、审核以及利用空间信息技术将获取的离散高程信息建立三维模型展示河段的宏观状态等业务中。

## 三、在土地综合整治中的应用

自古以来土地资源都是人类赖以生存的重要物质基础,由于我国的人口众多,所以人均耕地面积稀少,致使我国耕地的后备资源严重不足。近年来,我国经济快速发展以及我国改革开放的进程也不断加快,我国人口数量和人们对工业化的需求等方面都得到了很大的提高,所以对耕地的需求量也与日俱增。但是,我们所面对的现实却是耕地、矿产等资源在不断减少,生态环境日益恶化,土地资源面临着严峻的考验。近 20 多年来,我国的土地开发整理工作经历了从社会自发到政府自觉、从小范围到大规模、从分散到集中、从目标单一到具有综合目标的发展历程,取得了一定的效果,并逐步被社会所认知。但是在土地整理工作的实践中,仍然存在一些问题阻碍土地整理工作的进展,主要表现为:①一味重视耕地在数量上的增加;②资金来源单一,市场机制观念淡薄;③现代高科技手段在土地整理项目中应用较少。传统土地调查方法是利用大量人力资源,拿着项目现状图、当地地形图、项目规划图和竣工图等纸质材料去现场采集,传统的实地测量的工具也只是采用全站仪、水准仪等传统的测量仪器,这就导致在实际工作中费了大量人力、物力和财力,并且用传统方法测量和调查出的精度和成果都有一定的限制,有时由于精度未能达到标准,还要进行复测和复查,更是浪费了大量人力、财力资源,工作效率极其低下。随着我国经济的发展,目前最新的高科技手段在土地整理项目中应用还较少,因此需要运用新的技术手段来提高土地整理的工作效率。

随着我国各类高新技术的发展,土地整理项目也需要新的技术应用进来,提高工作效率和工程质量。利用无人机获取土地整理后的影像,制作完成了高精度的土地利用分类图,可以作为土地整理项目竣工验收的基础资料。无人机航测技术在土地整理项目中的成功应用,大大提高了土地整理工作的工作效率,可在以后的实际项目中广泛推广应用。

## 第五节　在电力工程中的应用

近年来,我国的经济快速发展,这样对电力的需求也变得更加紧张,随之而来产生了很多的问题,主要是对电力工程建设的需求也要加强。国家电网公司正进行超高压大容量电力线路大幅扩建,线路将穿越各种复杂地形。如何解决电力线路检测的精度和效率,是困扰电力行业的重大难题。伴随着无线通信技术、航空遥感测绘技术、GPS 导航定位技术及自动控制技术的发展,无人机的航空遥感测绘技术可以很好地完成对电力巡查和建设规划的任务,也可以在一定程度上降低国家的经济损失。电力无人机主要指无人机在电力工程方面所充当的角色。具体应用于基础建设规划、线路巡查、应急响应、地形测量等领域。随着技术的不断提高,电力无人机在未来电力工程建设中将会发挥出更加强劲的优势。

### 一、测绘地形图

无人机测量地形图的技术用于电力勘测工程上,主要基于以下三个方面:

(1)用于工程规模较小的新建线路航飞。据统计,全国每年有数千公里的线路较短的工程,由于路径短小,工程时间紧,难以实施航飞。同时,这些工程规模小,也不便于收集资料。因此,这些工程还是以传统的工测方法进行路径选择设计,无法贯彻全过程信息化技术的应用,不能对未来整体的智能电网建设提供基础数据。而无人机摄影测量系统的特点可以很好地满足此种类型工程勘测需要。

(2)用于工程路径局部改线的航飞。电力工程施工定位或建设中可能会遇到一些意想不到的情况,导致路径的调整而超出原有航摄范围,此时再调用大飞机进行航空摄影不仅手续烦琐,成本较高,而且不能保证工期要求。无人机航空摄影测量系统的“三高一低”特点,恰恰弥补了常规摄影测量的不足。

(3)用于运行维护中的局部线路数据更新维护的航飞。随着电力工程的不断建设,输电线路的安全显得尤为重要,线路的运行维护日益得到重视。目前主要有直升机巡线、在线监测系统等手段辅助线路的运行管理工作。在复杂山区,人员难以到达,使用无人机系统,可以快速获取相关数据,保证了数据库不断更新和基础数据的时势性,便于技术人员对比分析,查找对输电线路运行安全有影响的危险因素,以便于及时采取处理措施。

## 二、规划输电线路

在对各种各样类型的输电线路进行走廊规划的时候，对规划的区域要进行详细的信息采集和测绘工作，最好的方式就是采用无人机的测绘系统，这样不仅可以在获得数据的时候实现高效的特性，还可以在多方面降低环境对信息采集与勘测的影响。这样可以有效地对数据进行分析，全面考虑到各方面的因素，再由各方进行相互协调，对有限的资源充分的利用，可以使区域规划与线路的走向更加合理，优化输电线路的路径，同时还可以起到降低成本的作用，有效地保障国家的财产安全。

## 三、无人机架线

最原始的架线方式是人力展放牵引绳，适合一般跨越，但是施工效率低，而且对于特殊跨越难度较大。动力伞是目前输电线路工程较常用的展放牵引绳的施工方式，但是需要驾驶员操控，施工过程存在危险，容易出现人身事故，飞行稳定性较差。再者就是现在发展势头迅猛的无人机架线方式。电力无人机架线可以轻松地飞越树木，向地面空投导引绳；在施工中也会遇到沼泽、湖面、农田、高速公路、山地等，当人拉马拽都难以实现架线施工的时候，电力无人机可以大显身手，完成跨越任务；带电跨越这种情况通常存在于线路改造过程中，需要在一条通电线路的基础上横跨一条新的线路，为了保证施工人员的安全，无论多重要的线路，传统施工只能首先对原线路进行断电后再施工，而用电力无人机来架，就可避免断电的情况；电动无人机配上自主飞行系统就可以完成巡线等任务，在减少劳动强度和难度的同时，电力工人的人身安全也得到了保障。

## 四、无人机巡检

在电力行业，无人机主要被应用于架空输电线路巡检，为此国家电网公司发布了《架空输电线路无人机巡检系统配置导则》，南方电网公司发布了《架空输电线路机巡光电吊舱技术规范(试行)》，中电联发布了《架空输电线路无人机巡检作业技术导则》，对无人机巡检系统及光电吊舱进行规范。

根据国家电网公司发布的《架空输电线路无人机巡检系统配置导则》，无人机巡检系统指利用无人机搭载可见光、红外等检测设备，完成架空输电线路巡检任务的作业系统。

无人机巡检系统一般由无人机分系统、任务载荷分系统和综合保障分系统组成。无人机分系统指由无人驾驶航空器、地面站和通信系统组成，通过遥控指令完成飞行任务。任务载荷分系统指为完成检测、采集和记录架空输电线路信息等特定任务功能的系统，一般包括光电吊舱、云台、相机、红外热像仪和地面显控单元等设备或装置。综合保障分系统指保障无人机巡检系统正常工作的设备及工具的集合，一般包括供电设备、动力供给(燃料或动力电池)、专用工具、备品备件和储运车辆等。

无人机输电巡线系统是一个复杂的集航空、输电、电力、气象、遥测遥感、通信、地理信息、图像识别、信息处理于一体的系统，涉及飞行控制技术、机体稳定控制技术、数据链通信技术、现代导航技术、机载遥测遥感技术、快速对焦摄像技术以及故障诊断等多个高精尖技术领域。无人机智能巡检作业过程中，可首先采用固定翼无人机巡检系统，通过遥控图像系统对输电导线、地线、金具、绝缘子及铁塔情况进行监测，对输电线路进行快速、大范围巡检筛查,巡检半径可以达到 100 km 以上;如发现异常,利用运载平台运载无人机智能巡检系统进入作业现场,利用旋翼无人机巡检系统或线航两栖无人机前往异常点进行精细巡检,并利用便携式检测设备进行人工确认。

无人机作业可以大大提高输电维护和检修的速度和效率,使许多工作能在完全带油的环境下迅速完成。无人机作业还能使作业范围迅速扩大,而且不被污泥和雪地所困扰。因此,无人机巡线方式无疑是一种安全、快速、高效、前途广阔的巡线方式。

## 第六节　其他领域的应用

### 一、灾后救援

利用搭载了高清拍摄装置的无人机对受灾地区进行航拍,提供一手的最新影像,对地震、滑坡、泥石流、火山爆发、台风、暴雨、洪灾、沙尘暴等突发灾害情况,可提供最新影像数据,帮助指挥决策。

在无人机上搭载视频传感器和导航定位设备,获取实时动态影像及灾区定位信息,在搜救工作中开展定位服务,弥补救灾人员救援漏洞,提高搜救效率。利用灾后航空影像快速对灾害遥感解译和评估,开展对比分析,获得倒塌房屋及受损公路、桥梁等各种灾情的位置、类型、规模、分布特征等信息,并进行初步的灾情评估,及时了解灾害发生情况、影响范围、受困人员、道路是否畅通等,提高灾害救助时效性和针对性。应急处置阶段,预测震后受威胁的对象与潜在次生灾害发生体,如对于滑坡、泥石流、塌方等形成的淤塞,结合降雨统计数据、河流流量信息等,预测蓄满溢流的可能性。通过无人机影像了解安置点周边环境信息和空间分布,分析应急安置点布置的合理性,为灾害预防和救援方案制订提供科学依据。灾后恢复重建阶段,可以对重点地区进行监测,用不同时间数据对比,分析重建进度。

无人机动作迅速,从起飞至降落仅 7 min,就已完成了 100 000 $km^2$ 的航拍,对于争分夺秒的灾后救援工作而言,意义非凡。此外,无人机保障了救援工作的安全,通过航拍的形式,避免了那些可能存在塌方的危险地带,将为合理分配救援力量、确定救灾重点区域、选择安全救援路线以及灾后重建选址等提供很有价值的参考。此外,无人机可实时全方位地监测受灾地区的情况,以防引发次生灾害。

例如,2008 年 5 月 12 日四川汶川发生 8.0 级特大地震,2010 年甘肃舟曲发生泥石流特大灾害,2013 年 4 月 20 日四川庐山发生 7.0 级大地震。在灾难发生后,无人机对灾区进行航摄勘测,为灾后救援提供现场第一手资料。

### 二、国土勘测

国土资源管理、全国土地利用变更调查监测与核查、土地执法检查等时间紧任务重的项目,无人机低成本、高效率、快速及时获取高分辨率的大比例尺影像的特点,使得其在国土资源管理领域中的应用有着非常大的潜力。

例如,每年开展的全国土地变更调查监测与核查项目中对遥感数据的需求量非常大,并且时效性非常强,卫星遥感数据往往难以满足。特别是在一些重点地区,如国家审批监管城市,这些地区一般面积不大,要求在年底 1~2 个月的时间内采用高分辨率的遥感数据进行

监测。采用无人机航摄技术配合高分辨率卫星，对于高分辨率卫星未获取到合格数据的地区，在一定时间点启动无人机航空摄影作业，能大大增加这些地区高分辨率遥感数据全覆盖概率，保证变更调查和监测时有图可查。

## 三、石油和天然气管道巡线

石油和天然气管道巡线应用无人机的巡护效率远远高于传统的人工巡护，能在短时间内完成原本需要多人进行的巡护工作，同时，运行成本也极为低廉。

例如，无人机在待巡查的石油或天然气管道上空沿线飞行，用内置高清摄像机指向待巡查的石油管道，采集管道详情影像，并通过无线远距离实时回传至地面站，绘制出完整的管线航测图。通过3G网络传输功能，还可将无人机视频影像实时传输至石油企业在全球任何地点的手机终端或指挥中心。使用不受地理条件、环境条件限制，可应用于山区管道巡检、近海油气管道监视、灾后次生灾害评价、漏油和盗油点现场定位等。利用无人机对管道定期巡检、应急巡查，可及时发现安全隐患，降低重大事故发生概率；可精准定位、不定时监控漏油和盗油点，有效地遏制、打击盗油频繁的现象；可及时定位、定性管道突发事件，缩短事故处理时间，减少能源浪费、环境污染甚至可避免灾害的发生。

## 四、环境保护

无人机在环保领域的应用，大致可分为三种类型。

(1)环境监测：观测空气、土壤、植被和水质状况，也可以实时快速跟踪和监测突发环境污染事件的发展。

(2)环境执法：环监部门利用搭载了采集与分析设备的无人机在特定区域巡航，监测企业工厂的废气与废水排放，寻找污染源。

(3)环境治理：利用携带催化剂和气象探测设备的柔翼无人机在空中进行喷撒，与无人机播撒农药的工作原理一样，在一定区域内消除雾霾。

无人机航摄技术在环保领域的常见应用是采集图像数据，形成对大区域环境的整体认知，从而观察地面是否存在废气偷排乱放现象。无人机代替工作人员对高危或者不宜进入的地区进行航空摄影，并且面临大面积环境巡查任务时，无人机巡查效率优势明显。

无人机开展航拍，持久性强，还可采用远红外夜拍等模式，实现全天候航拍监测，无人机执法又不受空间与地形限制，时效性强，机动性好，巡查范围广，尤其是在雾霾严重的京津冀地区，使执法人员可及时排查污染源，一定程度上减缓雾霾的污染程度。

例如，2015年3月中旬，环保部利用无人机对河北省邯郸市等地进行执法检查，利用无人机航摄的空中巡查手段，发现邯郸市一些重点企业的大气污染治理设施不正常运行、夜间治污设施停运、烟气排放超标等问题线索。

## 五、农业保险

自然灾害频发，面对颗粒无收的局面，农业保险有时候是农民的一根救命稻草，却因理赔难，又让人多了一肚子苦水。无人机在农业保险领域的应用，既可确保定损的准确性以及理赔的高效率，又能监测农作物的正常生长，帮助农户采取针对性的措施，以减少风险和损失。

利用集成了高清数码相机、光谱分析仪、热红外传感器等装置的无人机在农田上飞行，准确测算投保地块的种植面积，所采集数据可用来评估农作物风险情况、保险费率，并能为受灾农田定损，此外，无人机的巡查还实现了对农作物的监测。

## 六、植保

利用无人机作为飞行平台，搭载药箱、喷洒设备或者监测设备，对农田进行喷药或者数据采集。

无人机做植保早在几年之前就已经被业内所认可，但由于技术限制和飞行安全限制等因素，该行业只有零星的厂商以服务外包形式在做。而随着我国无人机政策的完善和实行，在有法可依的情况下，加之植保无人机的快速高效的优势，该领域一定会被越来越多的人所关注。

## 七、影视剧拍摄

无人机搭载高清摄像机，在无线遥控的情况下，根据节目拍摄需求，在遥控操纵下从空中进行拍摄。

无人机实现了高清实时传输，其距离可长达 5 km，而标清传输距离则长达 10 km；无人机灵活机动，低至 1 m，高至 4~5 km，可实现追车、升起和拉低、左右旋转，甚至贴着马肚子拍摄等，极大地降低了拍摄成本。

## 八、快递

无人机可实现鞋盒包装以下大小货物的配送，只需将收件人的 GPS 地址录入系统，无人机即可起飞前往。

这早已不是天方夜谭，美国的亚马逊、中国的顺丰都在忙着测试这项业务，而美国达美乐披萨店已在英国成功地空运了首个披萨外卖。据悉，亚马逊宣称无人机会在 30 min 内将货物送达 1.6 km 范围内的客户手中。无人机送快递，如果能不落到用户脑袋上的话，还算是个新颖的好点子，至少在婚礼上用无人机来送戒指的话，还有点小惊喜。

## 九、消防

林业消防的应用，解决了在地面巡护无法顾及的偏远地区发生林火的早期发现，以及对重大森林火灾现场的各种动态信息的准确把握和及时了解等问题，在林业火灾的监测、预防、扑救、灾后评估等方面优势突出；火灾救援时，可进行火情分析、火源确定、火势蔓延趋势预测、救援方案制订等。利用无人机航摄获取火场环境数据，进行火势分析，为救援途径选择、救援设备及人员部署提供决策依据。

例如，2015 年 4 月福建漳州 PX 项目漏油爆燃救火中，有关部门迅速采用多旋翼无人机对现场着火点拍摄高清影像和视频，把现场火情在第一时间内汇报给前方指挥部，达到了救火工作中的高效保障和快速响应。

## 十、警务

警务工作中，无人机航摄可高效率地完成应急救援、陆地搜救、应急追踪、现场取证等任

务，是公安机关完成打击罪犯、维护稳定、服务人民等警务工作的杀手锏。

例如，2013 年 12 月，广东省公安厅成功围剿广东陆丰“第一大毒村”博社村。此次行动中，利用无人机航摄技术找到 84 个疑似制贩毒窝点的精确地理位置数据，为案件侦办提供了关键线索。

# 参考文献

[1] 孙朝阳,郑彦春,徐秀云,等.无人机航空摄影测量技术在风能开发勘测方面的应用[J].电力勘测设计,2011(5):24-29.

[2] 马超,常青,夏广,等.基于快眼无人机技术的应用探讨[J].能源与节能,2014(5):133-134.